国家社会科学基金教育学资助项目:
课题批准号:BLA090071

高等院校环境艺术设计专业规划教材

城市景观规划设计

赵慧宁　赵　军　编著

中国建筑工业出版社

图书在版编目（CIP）数据

城市景观规划设计/赵慧宁，赵军编著．—北京：中国建筑工业出版社，2010.12（2025.1重印）
高等院校环境艺术设计专业规划教材
ISBN 978-7-112-12748-1

Ⅰ.①城… Ⅱ.①赵…②赵… Ⅲ.①城市－景观－园林设计 Ⅳ.①TU986.2

中国版本图书馆CIP数据核字（2010）第254943号

全书分为上下两篇共18章，比较全面地阐述了现代城市景观规划设计与理论，主要内容包括：景观规划设计的现状与发展、美国自然景观保护建设、顺应自然的景观设计、东西方哲学思想和传统文化对景观学科的影响、城市空间的产生与发展、城市景观的作用与意义、城市景观设计基础、城市广场景观设计、城市街区景观设计、城市滨水景观设计、城市居住区景观设计、城市公园环境景观设计、大学校园景观设计、闲置工业遗址景观改造设计、城市雕塑设计、城市公共艺术设计、城市户外公共家具设计、城市色彩设计等。

本书适用于从事城市景观设计的专业人员、高校环境艺术设计以及景观规划专业的师生参考使用。

责任编辑：张　晶
责任设计：张　虹
责任校对：陈晶晶　关　健

高等院校环境艺术设计专业规划教材
城市景观规划设计
赵慧宁　赵　军　编著
*
中国建筑工业出版社出版、发行（北京西郊百万庄）
各地新华书店、建筑书店经销
北京嘉泰利德公司制版
建工社（河北）印刷有限公司印刷
*
开本：880×1230毫米　1/16　印张：24　字数：580千字
2011年7月第一版　2025年1月第十次印刷
定价：58.00元
ISBN 978-7-112-12748-1
（20029）

版权所有　翻印必究
如有印装质量问题，可寄本社退换
（邮政编码100037）

目 录

绪 论

上 篇

第1章 景观规划设计的现状与发展
1.1 中国景观规划设计　9
1.2 景观规划设计存在的问题　11
 1.2.1 城市缺乏总体和区域规划　12
 1.2.2 不重视生态环境和可持续发展　12
 1.2.3 不重视古城和古建筑的保护　13
 1.2.4 环境风格不统一　13
 1.2.5 景观设计重形式、轻功能　14
 1.2.6 景观规划设计量化标准的欠缺　14
1.3 历史文脉与城市特色　15

第2章 美国自然景观保护建设
2.1 美国的环保史　21
2.2 自然景观建设的发展　24
2.3 美国景观规划与自然景观重建　28
2.4 美国自然与文化资源及其管理　31
 2.4.1 自然资源管理　32
 2.4.2 文化资源管理　37
2.5 美国的自然景观设计　43
 2.5.1 粗犷生动的地貌　43
 2.5.2 乡土的自然韵味　44
 2.5.3 与环境融为一体　44
 2.5.4 地方特色的植被　44
 2.5.5 多变的石材景观　45
 2.5.6 个性的田园景观　46

第3章 顺应自然的景观设计
3.1 景观设计的发展趋势　48
 3.1.1 重视生态环境和可持续发展　48
 3.1.2 向人性化方向发展　49
 3.1.3 新价值观主导下的审美　50
3.2 自然景观同样需要保护　51
3.3 对场地设计的重新认识　54
3.4 湿地的保护建设　55
3.5 城市环境的生态重建　55
3.6 自然地理的保护和发展原则　59
3.7 景观设计的自然元素　59
 3.7.1 植物元素　60
 3.7.2 石与土元素　63
 3.7.3 空气元素　65
 3.7.4 水元素　66
3.8 自然景观的色彩　69
 3.8.1 自然景观的色彩分析　69
 3.8.2 自然景观的色彩组合　70

第4章 东西方哲学思想和传统文化对景观学科的影响
4.1 东西方景观价值观　72
4.2 景观设计学科的定位　76
4.3 自然生态景观建设的复兴　81

下 篇

第5章 城市空间的产生与发展

- 5.1 影响城市环境的相关因素 … 93
  - 5.1.1 聚居观与环境的关系 … 93
  - 5.1.2 环境对人性的影响 … 94
  - 5.1.3 城市建筑物与环境的关系 … 94
  - 5.1.4 城市规划与环境的关系 … 95
  - 5.1.5 城市空间与环境的关系 … 96
  - 5.1.6 城市道路与环境的关系 … 97
- 5.2 城市公共空间特征 … 97
  - 5.2.1 自然性特征 … 97
  - 5.2.2 历史文化性特征 … 98
  - 5.2.3 社会活动性特征 … 98
- 5.3 人类生活方式的转变 … 98
  - 5.3.1 人的行为基本需求 … 98
  - 5.3.2 人与自然 … 99
  - 5.3.3 人与城市化 … 99
  - 5.3.4 人与城市环境 … 99
  - 5.3.5 人的行为特征 … 99
  - 5.3.6 环境对人行为的影响 … 101
  - 5.3.7 人与环境空间 … 101
- 5.4 景观、艺术、设计的关系 … 102
  - 5.4.1 景观设计的范畴与体系 … 102
  - 5.4.2 景观设计的性质与构成 … 103
  - 5.4.3 景观设计与艺术的关系 … 104
  - 5.4.4 景观设计的思维特征 … 106
- 5.5 景观的演变与发展 … 107
  - 5.5.1 西方古典园林的形成 … 107
  - 5.5.2 工艺美术运动影响下的景观设计 … 109
  - 5.5.3 新艺术运动与景观设计 … 110
  - 5.5.4 现代艺术、当代艺术对现代景观设计的影响 … 111
  - 5.5.5 现代景观设计的观念与思潮 … 114
  - 5.5.6 生态学与景观生态设计 … 122
  - 5.5.7 工程技术影响下的现代景观设计 … 123
  - 5.5.8 后工业景观设计 … 124
  - 5.5.9 泛景论与景观设计 … 125
  - 5.5.10 可持续的景观设计 … 126
- 5.6 当代景观设计理念 … 128
  - 5.6.1 景观设计的生态理念 … 128
  - 5.6.2 景观设计的传统文脉理念 … 129
  - 5.6.3 景观建筑学的设计理念 … 129
  - 5.6.4 生态都市的理念 … 130

第6章 城市景观的作用与意义

- 6.1 景观的作用与意义 … 132
- 6.2 城市景观特征 … 132
- 6.3 公共空间的活动类型 … 133
  - 6.3.1 必要性活动 … 133
  - 6.3.2 自发性活动 … 133
  - 6.3.3 社会性活动 … 134
- 6.4 环境空间的品质 … 134
- 6.5 环境空间的认知 … 134
  - 6.5.1 环境空间知觉的认知 … 134
  - 6.5.2 视觉认知 … 135
  - 6.5.3 听觉认知 … 135
  - 6.5.4 嗅觉认知 … 135
- 6.6 环境空间距离、尺度的认知 … 136
  - 6.6.1 空间距离的认知 … 136
  - 6.6.2 空间尺度的认知 … 136
- 6.7 城市环境空间的属性 … 137

第7章 城市景观设计基础

- 7.1 城市景观主体要素 … 140
- 7.2 城市空间系统结构 … 141
- 7.3 城市空间构成基本要素 … 141
  - 7.3.1 关于"点"构成要素 … 142

7.3.2	关于"线"构成要素	143
7.3.3	关于"面"构成要素	143
7.3.4	关于"体"构成要素	144
7.4	影响要素变化的因素	145
7.4.1	数量	145
7.4.2	位置	145
7.4.3	形状	146
7.4.4	色彩	146
7.4.5	肌理	147
7.4.6	空间	147
7.5	空间形式认知与分析	148
7.5.1	环境空间形态	149
7.5.2	景观空间构成原理	150
7.6	景观要素组合的形式美法则	153
7.6.1	统一关系	154
7.6.2	主次关系	154
7.6.3	对比关系	154
7.6.4	比例关系	155
7.6.5	韵律关系	156
7.7	景观设计方法及程序	156
7.7.1	科学的方法	156
7.7.2	项目策划	157
7.7.3	设计程序	157
7.7.4	新技术在景观设计中的运用	160

第8章 城市广场景观设计

8.1	城市广场的定义	162
8.2	城市广场的产生与发展	162
8.3	城市广场的分类	165
8.3.1	行政广场	165
8.3.2	宗教广场	167
8.3.3	交通广场	169
8.3.4	商业广场	170
8.3.5	文化广场	171

8.3.6	街道广场	172
8.3.7	多功能综合型广场	172
8.4	城市广场的空间形态	173
8.4.1	广场的空间形式	174
8.4.2	广场平面形态的制约因素	175
8.5	城市广场的空间构成与尺度	175
8.5.1	广场的空间构成	175
8.5.2	广场的尺度关系	175
8.6	广场的边界与过渡	176
8.6.1	广场的边界	176
8.6.2	广场的过渡	176
8.6.3	广场的组合形式	177
8.7	我国城市广场设计存在的问题	177
8.7.1	广场与周边景物的比例失调	177
8.7.2	广场功能单一	177
8.7.3	广场设计个性化和地域性特点缺失	178
8.7.4	环境的破坏与资源的浪费	178
8.8	城市广场规划设计的目标	178
8.9	城市广场设计策略	179
8.9.1	整体性	179
8.9.2	多样性	179
8.9.3	效率性	179
8.9.4	生态性	179
8.9.5	保护与发展	179
8.9.6	可持续性发展	180

第9章 城市街道景观设计

9.1	城市街道的产生与发展	182
9.2	现代城市街道景观空间特征	184
9.2.1	城市道路的分类	184
9.2.2	城市街道景观空间特征	184
9.3	城市道路景观界面	185
9.3.1	城市道路界面的分类	185
9.3.2	城市道路景观界面的含义	186

9.4	现代街道景观界面的设计思路	186
	9.4.1　道路中的建筑界面	187
	9.4.2　道路路面界面	189
	9.4.3　道路绿化界面	189
9.5	城市步行街景观设计	191
	9.5.1　城市的记忆	191
	9.5.2　步行街概念的界定	191
9.6	城市步行街空间结构	192
	9.6.1　步行街的环境格局	193
	9.6.2　步行街的肌理	193
	9.6.3　步行街的脉络	194
9.7	步行街的形态构成要素	194
	9.7.1　步行街的形制	194
	9.7.2　步行街的遗迹	195
	9.7.3　步行街的特色建筑	195
	9.7.4　步行街的文脉	196
	9.7.5　市民的生活方式	198
9.8	现代步行街景观设计思路与方法	199
	9.8.1　步行街风格的延续	199
	9.8.2　步行街形态的延续	200
	9.8.3　步行街色彩的延续	200
	9.8.4　步行街空间尺度的关联	200
	9.8.5　步行街材质的关联	201
	9.8.6　生活方式的延续	201
	9.8.7　传统活动的延续	201
	9.8.8　社会结构的延续	202

第10章　城市滨水景观设计

10.1	城市滨水景观的兴起	204
10.2	城市滨水与城市发展的关系	205
	10.2.1　河流与城市安全	205
	10.2.2　河流与城市交通	205
	10.2.3　河流与城市生态	206
	10.2.4　河流与城市景观及文化	206
	10.2.5　城市滨水景观特点	207
	10.2.6　城市滨水发展的新理念	207
10.3	城市滨水的功能与价值	208
	10.3.1　城市滨水的自然功能	208
	10.3.2　城市滨水的社会功能	208
	10.3.3　城市滨水的生态功能	208
10.4	城市滨水开发类型及发展趋势	209
10.5	城市滨水的地域性和差异性	210
	10.5.1　地域性	210
	10.5.2　差异性	210
10.6	我国城市滨水环境现状	211
10.7	城市滨水带景观设计策略	211
	10.7.1　滨水与自然环境的融合	211
	10.7.2　滨水用地结构的更新	212
	10.7.3　滨水景观特色魅力的体现	212
	10.7.4　滨水景观人文特色的体现	213
10.8	滨水空间亲水性的营造	214
	10.8.1　水环境对人的行为与心理的影响	214
	10.8.2　环境现状特征与亲水性	214
	10.8.3　亲水活动的类型划分	215
10.9	城市滨水景观规划的基本策略	216
	10.9.1　建筑与滨水景观设计的关系	216
	10.9.2　滨水区与交通构成元素的关系	217
	10.9.3　滨水区景观空间层次的创造	218
10.10	城市滨水景观设计的生态化途径	218
	10.10.1　城市滨水景观生态化的实质	218
	10.10.2　城市滨水景观生态化的核心	219
	10.10.3　城市滨水景观生态化设计方法	219
10.11	目标和评价体系	221
	10.11.1　目标体系	221
	10.11.2　评价体系	221
10.12	城市滨水亲水设施规划设计	222
	10.12.1　城市滨水亲水设施的规划	222
	10.12.2　城市滨水亲水设施的设计	222

10.13 城市滨水驳岸生态化设计　224

第11章　城市居住区景观设计

11.1 居住区形态的历史演变　226
　　11.1.1 西方传统居住形态的特点　226
　　11.1.2 中国传统居住形态　227
　　11.1.3 现代西方城市规划思想对居住形态的影响　227
11.2 居住区的界定　228
11.3 居住区空间组合形式　229
11.4 居住区景观构成要素　230
11.5 居住区景观规划设计的基本目标　230
　　11.5.1 个性的塑造　231
　　11.5.2 适应性　231
　　11.5.3 多样性　231
　　11.5.4 统一性　232
11.6 居住小区景观设计的步骤　232
11.7 居住区环境景观设计关注要点　232
　　11.7.1 以人为本　233
　　11.7.2 功能性　233
　　11.7.3 审美性　234
　　11.7.4 文化传承　234
　　11.7.5 社会性　235
　　11.7.6 生态性　235
　　11.7.7 整体性　236
11.8 居住小区景观形态的营造策略　236
　　11.8.1 确立居住区景观的整体设计理念　236
　　11.8.2 重视场所精神的体现　236
　　11.8.3 注重居住区景观空间品质的塑造　237
　　11.8.4 居住区交往空间的营造　237
　　11.8.5 居住区个性景观形态的营造　239
11.9 居住区环境绿化设计策略　241
11.10 我国现代居住区景观设计存在的主要问题　241

第12章　城市公园环境景观设计

12.1 城市公园的概念　244
　　12.1.1 城市公园的概念　244
　　12.1.2 主题公园的概念　244
12.2 城市公园的发展与演变　245
　　12.2.1 西方国家城市公园的发展过程　245
　　12.2.2 我国城市更新中城市公园的发展状况　246
12.3 影响城市公园发展的主要因素　246
　　12.3.1 城市化发展对城市公园演变的影响　246
　　12.3.2 当代艺术发展对城市公园的影响　247
　　12.3.3 生态主义思想对城市公园演变的影响　247
12.4 城市公园的价值与功能　248
　　12.4.1 城市公园的价值　248
　　12.4.2 城市公园的生态功能　249
　　12.4.3 城市公园的景观功能　249
　　12.4.4 城市公园的防灾功能　249
　　12.4.5 城市公园的美育功能　249
12.5 相关理论的实践与启示　250
　　12.5.1 系统论与系统理论　250
　　12.5.2 生态可持续发展理论　251
　　12.5.3 景观生态学理论　251
　　12.5.4 人本主义、行为主义理论　251
　　12.5.5 文脉主义理论　252
12.6 城市公园建设的总体发展方向及设计目标　252
　　12.6.1 发展方向　252
　　12.6.2 设计目标　253
12.7 主题公园　253
　　12.7.1 主题公园的分类　253
　　12.7.2 公园主题与景观的关系　254
　　12.7.3 主题公园景观特色营造　255
12.8 公园景观空间组合序列　255
　　12.8.1 公园景观空间的发端　255

12.8.2　公园景观空间的延伸　255
　　　12.8.3　公园主体景观的营造　255
　　　12.8.4　公园空间景观的收合　256
　12.9　公园的交通空间设计　256
　12.10　影响公园景观设计的因素　256
　　　12.10.1　自然因素　256
　　　12.10.2　人文资源　259
　　　12.10.3　社会因素　260

第13章　大学校园景观设计

　13.1　大学校园发展历史演变　262
　　　13.1.1　西方大学校园发展简述　262
　　　13.1.2　中国大学校园发展简述　263
　13.2　大学校园空间形态演变的动因　265
　　　13.2.1　科技的发展　265
　　　13.2.2　人文的影响　265
　13.3　大学校园的空间形态　266
　　　13.3.1　带状校园空间形态　266
　　　13.3.2　块状校园空间形态　266
　　　13.3.3　立体校园空间形态　266
　　　13.3.4　混合校园空间形态　267
　13.4　大学校园的文化特色　267
　　　13.4.1　历史文化与传统的延续　268
　　　13.4.2　地域性特色的反映　270
　　　13.4.3　塑造人文学术氛围　271
　13.5　大学校园景观规划策略　271
　　　13.5.1　校园景观规划指导思想　271
　　　13.5.2　校园景观设计的总体思路　273
　　　13.5.3　大学校园空间组织　273
　　　13.5.4　大学校园主题景观特色表现　274
　　　13.5.5　校园外部空间景观设计　276
　　　13.5.6　校园道路景观设计　277
　　　13.5.7　校园绿地系统设计　277
　13.6　校园景观小品的营造　278

　　　13.6.1　大学校门　278
　　　13.6.2　标志物　279
　　　13.6.3　校园雕塑　280
　　　13.6.4　景观小品　281

第14章　闲置工业遗址景观改造设计

　14.1　闲置工业遗址的概念　284
　14.2　西方国家闲置工业遗址改造历程　285
　14.3　我国城市闲置工业遗址改造现状　286
　14.4　工业景观的成因　287
　14.5　工业遗址潜在的价值　288
　　　14.5.1　社会历史价值　288
　　　14.5.2　文化艺术价值　289
　　　14.5.3　经济价值　289
　14.6　工业遗址开发的形态类型　291
　　　14.6.1　博览场馆类　291
　　　14.6.2　再生设施类　292
　　　14.6.3　园林景观类　293
　14.7　工业遗址景观形态构成系统　294
　14.8　工业遗址景观设计理念　294
　　　14.8.1　生态意义上的回归　294
　　　14.8.2　环境空间的相融与共生　295
　　　14.8.3　形式上的嬗变　295
　14.9　工业遗址的改造原则　296
　14.10　工业遗址改造策略　296
　　　14.10.1　工业遗址外环境改造策略　297
　　　14.10.2　闲置工业厂房改造方法　299
　　　14.10.3　工业遗址中公共设施与环境小品的设计　302

第15章　城市雕塑设计

　15.1　城市雕塑与架上雕塑的区别　305
　15.2　城市雕塑与建筑的关系　305
　15.3　城市雕塑的特性　306

15.3.1	城市雕塑的公共性特征	307	17.3	城市户外公共家具的功能	337
15.3.2	城市雕塑的景观性特征	307	17.3.1	实用性功能	337
15.3.3	城市雕塑的文化性特征	308	17.3.2	审美性功能	337
15.3.4	城市雕塑的工程性特征	309	17.3.3	文化性功能	337

15.4 城市雕塑的类型 310
15.5 城市雕塑制作材料 312
15.6 城市雕塑对公共空间的作用 314
  15.6.1 控制空间 314
  15.6.2 引导空间 314
  15.6.3 划分空间 314
  15.6.4 赋予空间活力 315
15.7 城市雕塑与公共环境的联结 315
  15.7.1 表层联结 315
  15.7.2 形态上的联结 315
  15.7.3 材质上的联结 316
  15.7.4 色彩上的联结 316
15.8 城市雕塑的创作原则 316
15.9 影响城市雕塑创作的相关因素 318
15.10 我国城市雕塑创作存在的问题与解决策略 319
  15.10.1 存在的问题 320
  15.10.2 解决的策略 322

第16章 城市公共艺术设计

16.1 公共艺术的基本概念 324
16.2 公共艺术及其文化特征 325
16.3 公共艺术的种类与特点 326
16.4 公共艺术的表现形式 328
16.5 公共艺术与城市公共空间的关系 331
  16.5.1 场所的因素 331
  16.5.2 功能的因素 331

第17章 城市户外公共家具设计

17.1 城市户外公共家具的概念及内容 334
17.2 城市户外公共家具对城市环境的意义 336

17.4 城市户外公共家具的构成要素 338
  17.4.1 公共家具的形态 338
  17.4.2 公共家具的色彩 339
  17.4.3 城市公共家具的材质 340
17.5 城市户外公共家具设计策略 340
  17.5.1 功能性 340
  17.5.2 安全性 340
  17.5.3 适宜性 341
  17.5.4 人性化 341
  17.5.5 环保性 341
  17.5.6 审美性 342

第18章 城市色彩设计

18.1 色彩的概念 344
18.2 色彩与形态的关系 344
18.3 色彩与视觉 345
18.4 色彩与心理 345
18.5 城市色彩的概念 346
18.6 城市色彩研究的特殊性 346
  18.6.1 城市色彩构成的特殊性 347
  18.6.2 城市色彩的地域性 349
  18.6.3 城市色彩的环境性 349
  18.6.4 城市色彩的人文性 351
  18.6.5 城市色彩的相对永久性 355
  18.6.6 城市色彩的公众性 355
18.7 人文色彩 356
  18.7.1 人文色彩的表现现象 356
  18.7.2 人文色彩的相关学说 356
18.8 城市色彩景观规划设计的目的性 359
18.9 城市建筑色彩 360

18.10 城市色彩研究的理论依据 363
    18.10.1 城市色彩景观主色调 363
    18.10.2 城市色彩景观分区 363
    18.10.3 城市色彩的控制与设计 364
    18.10.4 城市色彩控制原则 365
18.11 城市色彩研究的工作方法 365
    18.11.1 调研阶段 365
    18.11.2 城市色彩设计案例分析研究 366
    18.11.3 色彩规划设计 366

参考文献 369

后　记 373

绪 论

绪 论

　　在绘画的分类中有风景画，取景是绘画中首先要考虑的问题。《辞海》一书将"景"解释为"日光"，"景物"一词解释为"风景"，风景和"光"与"物"有着密切的联系。景观是近年来提的频率较高的一词；在西方，景观在古英语中最初是指"留下人类文明足迹的地区"。到了17世纪，"景观"作为绘画术语从荷兰语中再次引入英语，意为描绘内陆自然风光的绘画；18世纪人们将"景观"和"园艺"联系起来，与设计行业有了密切的联系。进入19世纪后，地质学家和地理学家则用"景观"一词代表"一大片土地"。"景观"的英文为"landscape"，其意是指一种自然景象，或在人的视野中能看到的一切自然形态之集合体。弗雷德里克·斯坦纳在《生命的景观——景观规划的生态学途径》一书中将"景观"解释为："景观是所有自然和文化的总和，如聚落、田野、山体、建筑、荒漠、森林和水体等有别于其他地表的特征。通常，我们所看到、识别的土地的一部分，包括其自然和文化特征都是景观。"而詹姆斯·康纳在《恢复景观》一书中认为："景观不只是一个真实的地点或环境，还是一种'理念'，或者说是一个重新看待'文化'的方式。""landscape"一词在西方分为三个层次，第一层次是人为的力量无法改变的；第二层次是为了某种特殊的目的，进行部分改变；第三层次是我们周围生活、活动的环境，如：居住环境、街道环境、学习环境、休闲活动环境等。

　　西方对"景观"有四种解释：第一种为印象体；第二种是表现为一个开放的空间；第三种是自然效应的组合；第四种是地理上的一个整体。

　　景观设计学从20世纪中期发展成为一门相对独立的学科，成为创造空间景观的一种方式。景观设计学的内核是什么？1909～1920年，美国景观设计师协会称景观设计学是一种为人们装饰土地和娱乐的艺术。20世纪50年代，景观设计学被定义为安排土地，并以满足人们的使用和娱乐为目标。当景观设计师丹·凯利提出"设计就是生活"，使景观设计摆脱了单纯的审美意义，并进入了以人为本的功能主义设计理念。1975年称景观设计学是一门设计、规划和土地管理的艺术，通过文化与科学知识来安排自然与人工元素，并考虑资源的保护与管理。1983年称景观设计学是一门通过艺术和科学手段来研究、规划、设计和管理自然与人工的专业。到了20世纪90年代，美国景观设计师协会又申明，景观设计学其内容是灵活的设计，使文化与自然环境相融合，构建自然和谐的可持续平衡。从学科理论上对景观设计学的关注也呈多元化，景观设计师霍维特将景观设计学的中心知识确定为三部分，即：系统生态学、符号和环境心理学。而设计师西蒙·R·斯瓦菲尔德将景观设计学的理论知识概括为：客观主义、构成主义和主观主义三个类别。国内学者孔祥伟先生对景观设计概念的诠释为："景观设计作为一种物质性和社会性的实践，其责任在于为人类营造生活环境和文化语境并处理人与自然之间的关系，它与社会、人的生活世界的各个层面有着紧密的联系。"

目前，我国在景观学方面的研究主要从以下三个学科领域进行。

1. 中国传统园林向城市美学的渗透

中国传统园林主要分为皇家园林和私家园林两种类型，悠久的造园历史形成了以天人合一、师法自然为意境的园林格局和建筑美学体系。中国传统园林所倡导的设计思想和造园手法，作为体现一种民族文化和精神的载体，在当代城市景观实践中得到广泛的运用。其移步换景、虚实相间，以及对景、借景等手法和审美观念向城市景观设计的渗透，形成了以"山水城市"思想为代表的城市环境规划设计美学观念。

2. 建筑设计及其美学理论发展的影响

建筑的本质不仅体现出人类具有与自然和谐相处的能力，而且也表现出人类在某种程度上可以摆脱大自然的控制，他们在不断探索中学会了建造木结构建筑、砖石建筑等建筑类型，在整个人类发展历史上，建筑自始至终反映了人类对美和对技术进步的渴望与不断追求。

建筑是经济、技术、艺术、哲学、历史等各种要素的综合体，作为一种文化，它具有时空性和地域性，这种特性造成了建筑文化多元化的美学特征。西方传统建筑美学的发展基本上依附于西方美学的演变进程，从传统"和谐"说、形式论、神学、人性论的美学思想到现代主义建筑设计所倡导的功能性、简洁性、空间性、环境性、技术性、生态性、可持续性等新的设计理念，使建筑设计有了空前的发展，思想观念的多样性形成了建筑设计及其理论真正的多元化格局。

3. 景观建筑学理论的发展及影响

景观建筑学是工业文明及后工业的产物。景观建筑学在西方的发展已有一百多年的历史，至今景观建筑学已脱离建筑学和城市规划成为重要的学科之一，景观建筑学最初由世界风景园林文化发展而来，而现代建筑设计理论的发展和实践性探索对景观建筑学也产生了重要的影响。

景观建筑学在城市环境建设中，和建筑学、城市规划学科成三足鼎立之势，景观建筑学是一门综合学科，是一个集建筑、艺术、科学技术、工程技术等为一体的应用型学科。随着人类生活方式的变化，城市概念与城市功能的发展，景观建筑学涉及区域规划、城市规划、建筑学、植物学、旅游学、生态学、心理学、社会学、文化、美学、资源等广泛的学科领域，它是以研究人类生存环境为重点的。因此，景观建筑学的理论与实践研究对推动当今城市环境建设有着重要的意义。

上 篇

第1章
景观规划设计的现状与发展

第 1 章 景观规划设计的现状与发展

  用巨变来描述中国过去十多年的景观变迁虽然带有修辞上的夸张，但仍然难以表达这一过程对中国物质空间造成的深远影响。中国经济发展所积聚的部分财富在过去十多年中迅速转化为物质空间，这一度使世界范围内的设计师对中国设计市场趋之若鹜。

  中国过去十多年中的景观巨变，体现为旧城市空间的消解与演替、新城市空间的积聚、城市化波及的乡村空间格局的变化，以及因资源的索取而导致的部分自然空间体系的破裂，同时包含着工业生产和人们生活所形成的对环境的污染。在过去的十多年中，城市的开放空间和绿色空间实现了快速的量变，以膨胀的姿态渗透到我们的生活当中，但作为综合的城市基础设施，未经积累和沉淀，几乎在一夜之间浮现出来的城市空间缺乏系统性，一方面缺乏对人性化的关照，另一方面缺乏基本的生态性；作为一种文化的产物，多以混搭的形式和错位的主题表达出现，同时存在着审美上的混乱和拙劣。宏大的尺度和堆砌，对华丽和奢华的追求是其典型的特征，展示性是其第一要诀，这与中国城市化进程中的时效性有着密切的联系。在过去的十多年中，城市化进程大舞台的两个主角——城市开放空间和居住区环境，对中国城市面貌的改变起着决定性的作用。超城市化进程中的中国速度，促生了时效性强、见效快的城市美化运动。而房地产开发中的重要环节——房产交易更要求效率，居住环境的景观视觉效果是促成产品交易的良药，寻找瞬时视觉震撼和展示性是地产开发商不变的追求。

  大量新空间在短时间内爆炸式地出现，实际上积聚了巨大的能量，这种能量实现了从自然到城市空间的转换。物质堆砌背后的主要危机是生态性的缺失和可持续发展的忧患，一方面城市空间的人本合理性有待检验，另一方面这些新的景观缺乏生态过程的生产性和循环性，同时巨大的维护成本又持续地耗费着能源和资源。就算有些空间被人们乐于使用，我们同样要警醒平民式的欢腾和集体主义式的自信背后所隐含的危险。中国超城市化过程中新形成的城市景观背后存在着人本主义的缺陷，存在着文化上的错位和缺失，但最大的危机是生态的危机。可持续发展这枚硬币的两面——需求与能源虽然是永远不可协调的矛盾，但景观这个事物本可以具有一定的自我循环和生产功能，却不幸沦为视觉展示的工具。

1.1 中国景观规划设计

20世纪的大多数时候，景观学被视为以少数西方国家为活动中心向外传播的规范化了的知识形式。几十年过去了，在各种不同的情况下，产生了不同的而且重叠的景观学，有时是以国家的边界，有时是以语言区，有时是以文化背景来区分。从业人员和学者所在的特定圈子划分总是围绕着民族的、国际的和跨文化的内容。

当"景观设计"作为一个全新的词汇很快被人们使用，新的设计观念和方法即在发达的媒介交流中被迅速效仿，并相互产生影响。其中设计形式和语言得到最为快速的传播，而科学的方法却在高时效性的过程中显得奢侈而又无力。所以说，中国当代景观设计的首要变化来自于语言和形式。

在中国，景观在很多时候被作为一个地理学的词汇运用，同时它也在文学的语境中，被作为一个抽象的词汇来运用，泛指可见的物质空间图像和不可见的联系性图景。《景观设计：专业、学科与教育》一书的编者导读将景观（Landscape）定义为土地及土地上的空间和物体所构成的综合体。它是复杂的自然过程和人类活动在大地上的烙印。并进一步解释道，景观是多种功能（过程）的载体，因而可被理解和表现为：风景，视觉审美过程的对象；栖居地，人类生活其中的空间和环境；生态系统，一个具有结构和功能、具有内在和外在联系的有机系统；符号，一种记载人类过去，表达希望与理想，赖以认同和寄托的语言和精神空间。在当代景观设计语境中，景观很少是单指田园风光和园艺栽植——这些传统的意向。相反，它的运用多元而丰富，蕴涵着城市化、基础设施、策略规划和围绕熟悉的自然和环境主题的探索性意念。景观设计学是一门建立在广泛的自然科学和人文与艺术学科基础上的应用学科。

俞孔坚认为：景观是一个含义丰富的概念，在视觉美学意义上，景观从古沿用至今的概念与"风景"、"景致"、"景色"同义；从19世纪开始，景观在审美对象之外，开始作为地学的研究对象；到了20世纪，景观除了作为审美并从空间结构和历史演化上研究外，开始成为生态学，特别是景观生态学和人类生态学的研究对象。景观设计职业范围扩大到拯救城市、人类和生命地球为目标的国土、区域、城市和物质空间规划和设计。今天，我们将景观定义为土地及土地上的空间和物体所构成的综合体。景观设计学是关于景观的分析、规划布局、设计、改造、管理、保护和恢复的科学和艺术。

景观规划是指环境的自然景观和人文（人类社会各种文化现象构成的）景物的规划。景观设计并非独立于日常生活的美学行为，它既是艺术又是科学，既是实物又是理念，且与环境密不可分。景观具有双重属性，其一，景观的物质实体隐喻、承载着该环境的历史文化发展；其二，景观也存在于人们的脑海中，并通过各种途径形成对该环境的印象。景观作为环境形态构成要素中的主要要素之一，是环境的符号集合，这种符号集合代表着一个城镇环境特色，且为其居民所认同，它具有释放情感、刺激反应、勾起回忆和激发想象的作用，因此，景观既是一种城镇环境的符号又是居民和城镇结构的象征，还是环境朝气的动力和传承，影响着城镇发展的所有方向。

景观规划设计是指在进行城镇环境建设之前，对城镇中的自然景观和人文景物预先制订的方案、图样等。景观设计是城镇建设的艺术，也是历史文化的衍射和自然生态的辐射，更是创造人们愉悦视觉的活动，追求愉悦视觉的形式塑造过程。在景观设计中不仅要考虑美观，而且要考虑满足人们高层次的需要以及可持续发展的功能要求，因此，景观规划设计应属于构建环境与现状环境相协调的发展模式。

良好的景观规划使城镇居民热爱城镇、热爱故里，并产生精神的凝聚力和自豪感。要创造高品质的景观环境，反映环境的特色和面貌，使自然环境与人工环境完美地结合，提升城镇环境的物质和精神财富价值，为居民创造良好的居住、工作环境，也为外地来客留下极为深刻的印象，就必须依托成熟和适宜的景观规划设计方案，并使之顺利实施，因此，设计者应认真分析中国现代环境建设思路和景观设计中存在的问题，塑建经济、美观、健康的景观规划体系和景观设计理念，从而确保中国景观规划设计与人、自然、环境的和谐可持续发展。

而当前现状是无论在北方大都市还是南方小镇，无论是新建的小城，还是具有数千年历史的古城，都毫无例外地开始城市化妆运动。有的不惜耗费数千万元巨资修建"人造景观"，不顾居民的生活休闲和活动的需要。更有甚者，强行改变自然环境的地形、地貌，改成奇花异木的"公园"；伐去蜿蜒河流两岸的林木，铲掉自然的野生植物群落，代之以水泥护岸等。这些轰轰烈烈的城市美化，不但没有提高居民的生活质量、改善城市环境，也与建设可持续、生态环保、自然与健康的城市相去甚远。

面对生态环境的日益恶化、文化身份的丧失以及人与土地精神联系的断裂，当代景观设计学必须担负起重建"天地—人—神"和谐的使命，在这个城市化、全球化、工业化的时代里设计新的"桃花源"。卓越的博物学者、生物学家爱德华·威尔森曾经说过："在生物保护中，景观设计将会扮演关键的角色。即使在高度人工化的环境里，通过树林、绿带、流域以及人工湖泊等的合理布置，仍然能够很好地保护生物多样性。明智的景观规划设计不但能实现经济效益和美观，同时能很好地保护生物和自然。"而景观不仅仅事关环境和生态，还关系到整个国家对于自己文化身份的认同和归属问题。景观是家园的基础，也是归属感的基础。在处理环境问题、重拾文化身份以及重建人地的精神联系方面，景观设计学也许是最应该发挥其能力的学科。景观设计学的这种地位来自其固有的、与自然系统的联系，来自其与本地环境相适应的农耕传统根基，来自上千年来形成的、与多样化自然环境相适应的"天地—人—神"关系的纽带。

中国正处于重构乡村和城市景观的重要历史时期。城市化、全球化以及唯物质主义向未来几十年的景观设计学提出了三个大挑战：能源、资源与环境危机带来的可持续挑战、关于中华民族文化身份问题的挑战、重建精神信仰的挑战。景观设计学在解决这三项世界性难题中的优势和重要意义表现在它所研究和工作的对象是一个可操作的界面，即景观。在景观界面上，各种自然和生物过程、历史和文化过程，以及社会和精神过程发生并相互作用，而景观设计本质上就是协调这些过程的科学和艺术。

中国城市化的惊人速度及其对全球的影响，已经或即将成为21世纪最大的世界性事件之一，中国的人地关系面临空前的紧张状态。设计人与土地、人与自然和谐的人居环境是当前的一大难题和热点，也是未来几个世纪的主题之一。所以，景观规划设计作为一门以人与自然的和谐共生为宗旨，以在不同尺度上进行人地关系的设计为己任的综合性学科，在中国具有广阔的应用前景。

1.2 景观规划设计存在的问题

生态性和人性化的缺失、设计形式和语言的崛起，是过去十多年来中国当代景观设计的普遍特征，中国速度导致中国景观设计表象的变化，却没有促成真正能够解决中国快速城市化矛盾的方法和实践的形成，中国当代景观设计普遍还是成为一种助推中国城市面貌改变的工具，而没有成为真正科学地介入到城市基础设施建设中的实践。在快速的城市化进程当中，我们把山体推掉了，把水塘填平了，把弯曲的河道拉直了，把几百年上千年难得保留下来的历史文化遗产拆光了，从而导致"千城一面"，导致生态环境恶化，导致城市地面沉陷，洪灾水患每每不断，导致地方文化特色消失，导致空气质量大幅度下降，导致生物多样性消失等，这是路人皆知的现状。倘若长此以往，后果不堪设想。

中国的园林景观文化有着悠久的历史。目前，在中国的许多城镇特别是中小城镇还存在不少具有很高艺术价值和观赏功能的园林景观，这些都是人类园林景观设计的宝贵财富，对现代景观设计具有重要的借鉴作用。20世纪80年代以来，中国城市建设进入了发展时期，为城市建设与景观设计带来了契机，人们越来越重视城市规划与景观设计，美化城市、优化城市环境的研究与实践活动蔚然成风，中国城市面貌发生了巨大变化，在景观规划设计上取得了令世人瞩目的成就。从环境建设的结果看，有得有失，既有一批成功的建设成果和景观设计作品，也有不少经验教训值得吸取。因此，中国现代城市景观规划设计过程中存在的突出问题主要表现在以下几个方面。

1.2.1 城市缺乏总体和区域规划

城市的景观设计与城市总体规划息息相关。中国的城市规划和景观设计的历史非常久远，但对于目前国内大大小小的城市而言，经过系统规划和设计过的城市还是微乎其微的。大规模的城市设计几乎从 20 世纪 80 年代才开始，因此国内的许多城市都存在缺乏整体规划的问题。近些年来，随着经济的发展和社会理念及教育的进步，我国也开始在城市建设和规划方面大规模投入，城市的整体面貌也有了很大的改观，但这些改观并不全都是成功的。从现有的方案来看，有些规划没有生态和环保概念，不符合自然规律，生搬硬造地造出人造景观破坏自然；有些则照搬西方的设计概念，与中国的具体环境不相协调，造出一些不伦不类的建筑；有些则弃传统于不顾，大肆拆毁古建筑，搞所谓的新城市运动等。有些城市则是今拆明建，今天这个风格，明天那个想法。总体来说，就是缺乏整体规划，这样的例子很多。大多数中国城市既有古建筑的部分剩余，也有美式的摩天大楼，还有欧式的拱廊圆柱；许多城市都存在越来越严重的污染问题、生态问题和环境保护问题；还有很多的城市建设沦为了领导们的"政绩工程"，建设规划考虑的只是形象问题，而很少科学地进行全盘系统的规划。

我国城市区域规划除了仅有的几个孤立案例以外，开展得并不活跃。但随着这方面认识的进一步加深，人们越来越意识到必须进行区域间合作，必须保护自然和人文资源。

1.2.2 不重视生态环境和可持续发展

不重视生态保护，自然环境破坏严重。人类一直企图在自然中留下自己的痕迹，随着城市的繁荣与文明程度的不断提高，人们却越来越远离了自然。目前许多城市建设项目和景观作品盲目追求标新立异，过分追求个性的张扬，急切地想证明自身的存在，不注重生态环境保护，不考虑与周围环境的和谐关系，从而破坏了自然原有的统一和谐。

可持续发展的概念是 1987 年世界环境与发展委员会提出的一个概念，是指既满足现代人的需求，也不损害后代人满足需求的能力。也就是指经济、社会、资源和环境保护协调发展，它们是一个密不可分的系统，既要达到发展经济的目的，又要保护好人类赖以生存的大气、淡水、海洋、土地和森林等自然资源和环境，使子孙后代能够永续发展和安居乐业。

近年来，生态、环境以及能源危机等问题不断突显出来，各国都开始把目光放到生态城市的建设上来，我国也不例外。生态城市是社会和谐、经济高效、生态良性循环的人类居住形式，是自然、城市与人融合为一个有机整体所形成的互惠共生结构。在更多地有了生态的意识和环境保护的概念以后，才发现原来我们所生存的城市存在这样多的问题。水污染、空气污染、噪声污染、石油缺乏、燃气缺乏等，我们生活在一个以往不注重生态环境保护以及可持续发展的社会当中。

1.2.3 不重视古城和古建筑的保护

中国是一个拥有五千年灿烂文化的文明古国，城市的历史更为久远，自然拥有许多在历史上产生过重要作用的名城古城，诸如汉代古城洛阳、九朝古都西安、六朝古都南京、大宋京都开封、杭州、元明清首都北京等。仅仅这些城市的名称就能使人们的思绪回到那古老的年代，为我们曾经辉煌的历史感到骄傲，然而现在发现许多古城已经大变样，在大规模的城市改建和现代化建设中，很多古建筑和传统标志被当做陈旧的东西一并铲除。近些年，历史遗产保护的问题被专家学者们一再提出，也得到了人们的重视，但古城和古建筑的保护仍然是一个需要以实际行动来落实的问题。

当年梁思成先生对老北京城的保护问题所提出的古城保护思想中，分析了北京城的特点，最先指出了对古城进行整体保护的意义，他提出了两条建议，可最后，梁先生的这两个建议都被否定了。经过这么多年的发展，人们终于深刻地认识到了这个问题的重要性。但是，回顾这几年中国城市景观的发展，发现不少古建筑在城市的日新月异中逐渐消失了，取而代之的是摩天大楼和各种风格的现代标志性建筑。我们在感慨古老的中国旧貌换新颜的同时，也为那些古建筑的消失扼腕痛惜。

1.2.4 环境风格不统一

在当今的世界，每一个国家都在努力追求全球化，全球化不仅使世界各城市经济活动相互依赖，也使得各城市之间的文化趋于近似。在全球化背景下，无论你生活在什么样的城市，本地的生活可能就是全球的生活。对于城市景观来讲，也同样，全球化也就意味着本土特征的消失，这就是为什么我们会发现我们身边的许多城市面孔一律地相似，走在哪个城市、感受怎样的文化似乎已不再重要，重要的是我们正在经历全球化。于是，大家进行城市建设所用的思路和手段几乎雷同，一个城市中几乎同时上演所有的风格，以旧翻新，全面全球化，这种打扮似乎很现代，然而正是这种相似性让城市失去了本该有的地方特色。

漠视社会文化，忽视历史文化遗迹。在景观设计中，最容易被忽视的是其作为社会精神文化系统的作用。保护生态原貌就是挖掘其历史文化内涵，使其不断延续下去，而这正是现在中国景观规划设计中较缺乏的。不少景观规划设计师在从事景观设计时，感觉别人好的作品就盲目抄袭，丝毫不考虑本地的实际情况，因而，与整个城市文化背景相脱节的生硬的景观作品比比皆是。满目掠过，不是大片欧陆式的广场，就是在中国文化韵味浓厚的城市街头排满巴洛克式的街灯，这严重破坏了城市原有的宝贵历史遗存和传统风貌。

对建筑物、场地和景观三者之间整体观念的忽略。缺乏整体设计理念和协调艺术。许多人认为景观就是对已有空间的一种美化，是随意性的附加物。目前很多建筑在建设时毫不考虑与周围环境的和谐关系，在建设完工之后，才让景观师"随便种种树栽栽花"，这是缺乏整体景观概念的行为。虽然局部环境设计也属于景观设计，但景观应是更高层次上的一种统一，美好的景观是一种和谐、一种完整，任何将环境割裂成部分来设计的思想都是不对的。城市景观实质是一种协调艺术，建筑实体与由建筑围成的虚空是互动的，在设计过程中应该作为整体来设计。

1.2.5　景观设计重形式、轻功能

可能是受到我国古典园林影响较深的缘故，因为中国园林一开始就被当做一件艺术作品来处理，功能性相对较薄弱。而现代景观已经不只是艺术的概念，而是一种我们每天看到、听到、感觉到并生活在其中的视觉生活空间，里面有很多功能性的东西，使我们每天都要使用它。因此，景观的功能性越来越重要，做景观设计绝不应该只考虑美观，而应该把更多的精力投入到功能的处理中去。

在当今的城市建设中，"贪大求异"的重形式问题非常突出，"大广场"、"宽马路"、"大草坪"、"大喷泉"等大而不当的景观泛滥，没有将人们对景观环境的真正需求予以足够的重视，对居民的行为活动规律缺乏研究，将景观作为自我感觉的视觉美而设计，以城市建设决策者或设计者的审美取向为美，设计中盲目堆砌视觉符号以追求所谓的丰富，导致景观设计的繁琐、累赘。这一现象已非常普遍，导致景观设计过分追求表面形式，而忽略了景观的功能。一些城市在追求"日新月异"的思想影响下，误将环境建设中的"大拆、大建"视为城市快速发展的标志，脱离城市所处的自然环境与人文环境，致使中国许多城镇形象雷同、千城一面，没有独特的景观风貌，而如何营造出类似巴黎、伦敦等鲜明的城市空间构架特征，是当代中国景观规划设计师应该肩负起的责任。

1.2.6　景观规划设计量化标准的欠缺

目前中国城市扩张迅猛，景观规划设计的手段又日益多样化，景观设计面临

许多问题,而中国对于单项的景观设计方案并没有作出法定规定,更没有提出一系列完整的城市景观设计方案的量化标准。就总体而言,中国尚未形成系统化的关于城市景观设计的法规体系,这也是导致目前中国现代景观设计过程中存在诸多突出问题的根本原因之一。因而,依据景观设计方案的基本原则,尽快建立符合中国国情的城镇景观设计方案的量化标准,是确保获得适宜的景观设计方案的重要保障措施,也是当务之急。

我们还必须制定全球性的景观法规、法律。我们知道欧洲有景观法规,正因为有了这样的景观法规欧洲的景观才能得以保护。因此,针对景观还应该有全球性的景观公约,这个景观公约可以保护全球的景观。

在景观设计中不仅仅要考虑美观,营造宜人的健康环境,满足当代人们的需求,而且更要注重保护人类生存的自然环境,维持生态系统的良性循环,构建城市与现状环境相协调并具有可持续发展的模式。因此,为了使景观设计更完美,要在熟谙景观设计的原理基础之上,研究探索景观设计达到期望意图、目标的系统方法。还需要进一步探索具有挑战性的创新思路,从而保证社会、经济、环境的协调,人与自然的和谐。由于中国幅员辽阔、地域广博、民族众多、城镇林立,各城镇的历史人文积淀各异,气候、水文、生态环境不尽相同,加之各城市的总体发展目标和发展速度存在差异。因此,在实施城镇化战略这一巨大系统工程的进程中,具体进行景观设计要透彻地了解、掌握国情、省情、市情和县情,着眼于全球思考,立足于地方行动,要精心地研究和组织实施。优秀的景观规划设计应该以画家的眼光、音乐家的听觉去创造城市的自然之美,应该以诗人的爱心、哲学家的智慧、儿童的天真去拥抱自然。

1.3 历史文脉与城市特色

据考古学家的发现,我国最早的城市出现于距今约 5500 年,即史前时期就已有了城市生活的痕迹,可见我国城市历史的久远。人们从不固定的游牧生活转到相对固定的城市生活,依据一定的气候和地域条件,逐渐形成了各自不同的居住形式、劳作方式和生活习惯。我国地域辽阔,地理环境差异大,因此,南方、北方、东部、西部等地区几千年历史沉淀下来的文化差异也很大。经历几千年的风雨洗礼,呈现在现代人面前的我国城市形态各异:有的是保存较完好、富有个性的老城,如苏州的老城区、杭州西湖景区;有的是被历史施过浓墨重彩、饱含历史沧桑的古城,如北京、西安;有的是具有现代史教育意义的、被西方文明浸染过的城市,如青岛、澳门。

城市的历史文脉不同,面貌就不同,所承载的精神也不同,相应的城市设计也应不同。诸如南京，历史上曾做过东吴，东晋，南朝的宋、齐、梁、陈六国的都城，被称为著名的"六朝古都"。后又做过南唐都城。朱元璋先定南京为大明首都，后明成祖迁都北京，南京亦为南都城。太平天国时期，南京名为天京，是太平天国首都。中华民国时期，南京是民国政府中央政权的所在地。有着这样几千年的历史沉淀，南京自然蕴涵着著名古都的豪迈大气和厚德载物的内在气质。南京的历史注定它有着深厚的人文资源和古迹名胜，如明孝陵、中山陵、秦淮河、玄武湖、莫愁湖、雨花台等。所以，南京的城市景观设计应蕴涵深刻的历史感，将深厚的文化底蕴和名都风采容纳在各式景观中，形成南京独特的历史人文景观。

当代的中国城市景观设计是在一个有着几千年文明发展史的国度里进行，它除了要考虑地理和生态环境之外，城市的历史文脉更是不可缺少的要素。城市的历史文脉，是指一个城市的历史文化和发展脉络，它像一条穿越城市的历史轴线，贯穿整个城市的历史，体现城市文化的积淀，是城市文明的结晶，也是人类历史的见证，更是一个城市无法再生的宝贵资源，理清中国城市的历史发展文脉在当代城市景观设计中显得尤其重要。

城市，是人类文明的标志，是社会发展的缩影。它的身上既集中了当代社会林林总总的精神面貌，也体现着历史的沉淀。古老的城市，历经沧桑，在洗尽铅华后毅然显现出独特的民族神韵和文化魅力。新建的城市，以它崭新的姿态给人们提供现代的生活方式和对未来生活的无限神往。人们对城市倾注了极大的热情和渴望，城市成为人们物质与精神生活的理想栖居地。

历史文化是社会文化的积淀，是物质文化和精神文化的结晶，人类能够从历史文化中直观自己的天性，这是任何生物所不具有的特征。历史文化具有继承性，人类也更喜欢历史文化、历史遗迹，这也是人类本身的特性所决定的，因此，人们更加怀念历史文化，喜欢有历史文化内涵的建筑环境，历史文化遗迹的保护也成为人们生活的一部分。正因为城市承担了现代人物质与精神的双重寄托，因此当代的城市景观设计也相应地要承载更多的历史人文精神。景观设计师如果只考虑表面风格已远远不够，他必须将城市的历史人文精神融入到整个景观的设计中，让人们在城市景观建筑中体会和寻找历史感，感受人类的进步和延续人类优胜劣汰的生存史。人们对历史所产生的依赖性，是由于历史给人们提供了寻找心灵家园和判断优劣与否的心理依据，人们依据历史，可以认识人类社会的发展，可以认识自己，认识自己所处的环境，从而作出决定以确定人类今后的发展方向。历史扩大了现代人的精神空间，人们可以从过去的生活中寻找慰藉、自信、勇气和方向等。人们在城市景观建筑中寻找的这种历史感就要由我们的景观设计师来完成。

对于城市的景观设计来说，一方面要理清历史文脉，另一方面还要突显出城市特色。城市特色，是人们对于一个城市历史与文化的、形象的、艺术上的总体概括，这种概括既是感性的认识，又是可以上升为理性的、意识性的总体认识。一个城市的特色是它区别于其他城市的符号特征。城市特色主要由文物古迹的特色、自然环境的特色、城市格局的特色、城市景观和绿化空间的特色、建筑风格和城市风貌的特色以及城市物质和精神方面的特色等构成。城市在形成发展中所具有的自然风貌、形态结构、文化格调、历史底蕴、景观形象越是有差异，特色就越容易显现，这种个性和特色源于历史和传统，源于久远和遥远。在现代的城市景观设计中，一方面应保持这种文化延续性，使城镇景观反映一定的历史文化形态；另一方面，从历史片段、历史符号的联想中凝缩历史文化的遗迹，并在城市景观中得以再现和升华。

真正的现代景观设计是人与自然、人与文化的和谐统一。景观作品，尤其是规模较大的，一定要融合当地文化和历史以及运用园林文学，比如：借鉴诗文，来创造园林意境；引用传说，来加深文化内涵；题名题联，来赋予诗情画意。用最少的投入、最简单的维护，充分利用当地的自然资源和本色，达到与当地风土人情、文化氛围相融合的境界。作为中国人，更要了解中国的文化传统、风俗民情，更好地创造出中国人喜好的生活环境和空间。

城市景观设计不是一个现时现世的简单工程，它将成为历史，永远镌刻在关乎人们生存与审美的史书中。我们不能改变历史，但我们却可以客观地去评价历史，去发现所存在的问题，去查缺补漏；我们不可能拥有全世界，我们却可以主动地去认识世界，去创造真正属于我们自己的东方世界。我们的目的是在当今世界全球化、现代化的背景之下，寻求一种适合我们中国人自己居住的，属于我们自己文化的，同时又是世界的一种合理的居住方式。

第2章
美国自然景观保护建设

第 2 章 美国自然景观保护建设

人类和自然、精神和物质本是统一的，没有裂痕，不可分割的整体，所有的力量都在它的内部相互作用。在很长一段时间里，自然界像钟表那样机械地发挥作用，脱离并独立于我们之外的印象挥之不去。尽管它尚未受到广泛质疑，但对它不满的表现越来越普遍。破坏的环境、裸露的山坡、干涸的湖泊、地平线上污浊的空气、连绵数公里的废料堆和汽车报废场、城市的无序扩张，这些反馈已经不容忽视。事实上，任何哲学家或科学家都不会质疑，我们避免对自然资源的滥用是最好甚至安全的方式。

20 世纪 60 年代以来，人类开始反思工业文明所带来的高增长和自然遭到的破坏，城市环境问题得到了重视。20 世纪 70 年代联合国教科文组织（UNESCO）开始实施人与生物圈计划（MAB），生态城市、绿色城市的概念相继出现。西方国家在治理城市污染、灾害等环境问题的同时，城市自然保护与生态重建活动也广泛开展，形成了一些概念与方法。学习借鉴其相关经验，对我国城市生态建设理论与实践活动的开展有积极意义。

不管是环境建设还是环保，中国和美国都相差甚远。但美国并非从 1776 年建国起就自始至终是梦境般美丽，已经发达的美国发展中的环境教训也是一言难尽，例如：1930 年发生的席卷美国的黑风暴。正在发展中的中国完全可以将其引为"前事不忘，后事之师"，再加上中美双方是全球罕见的可比性很强的大国，因此与美国的比较对中国今后的全面、协调、可持续的发展有着最佳的借鉴意义。

文明发展过程中的规律是：不加节制的物质文明终将导致环境灾害，导致天怒人怨。而如果文明观、发展观有了突破，自助者就会顺天而得天助，就有可能后来居上。

自 20 世纪 30 年代开始，美国的社会、经济、政治价值观发生了根本变化。和第一次世界大战后的情况相反，第二次世界大战以后的时期里，人们对人文主义价值一度极为关注。在越来越强调个人价值的背景下，许多老的价值观为新的价值取向所取代。人们已经习惯于公开表达自身对生活基本自由的要求。因此，这些变革和近数十年来发生的大的文化方向上的改变密切相关。

在这些背景下，景观设计学科有必要进行大量研究和理论思考。人们需要更大的勇气去询问和重新估价对这一学科的原有理解，并对之进行必要变革，以便与环境规划领域的其他学科相适应。

2.1 美国的环保史

美国自然环境相对中国而言，是得天独厚。美国与中国一样，其领土位于北纬25°～45°之间最适于人类居住的北温带，在自然地理条件、领土幅员和自然资源分布上都不逊于中国。而且由于濒临两大洋，气候湿润，全国平均降雨量比中国高30%以上；平原多，国土中适宜耕作的面积比例高达90%，平原面积比例在70%以上；荒漠少，人口密度及人口分布合理，又已经处于环境库兹涅茨曲线表述的工业化后期生态恢复阶段，现在称得上是真正的人杰地灵、物华天宝。美国从20世纪初就已领导了世界工业化潮流，并且至今仍是全球主要资源的净生产国，但仍然拥有美丽家园，良好的环境资源是其重要原因。

在美洲中部和南部的原始社会发展了很多的文化，如玛雅（Maya）、阿斯特克（Aztec）、托尔梅克（Tolmec）、托尔铁克（Toltec）等文化。在北美洲却没有产生这些文化，在这里只发展了原始的农业，还是个简单的狩猎和采集社会，有思想的"食肉动物"在此经营和维持着体系的平衡长达几千年之久。他们对自然和自然的发展过程有了很敏锐的反映，这些反映在多种多样的泛神论者的宇宙志中得以制度化并成为习惯。这些东西可能不被现代西方人所接受。但作为人与自然的关系的一种，对当时的社会和他们的技术产生了实际而有效的影响。

作为曾经的新大陆和移民国家，美国最早的原住民——印第安人是以一种天人和谐的游猎文明生存的，因此2000万km²的北美大陆连农耕文明的干扰都未受过，保持了良好的原生态，是当时地球上面积数一数二的野生动植物天堂。那些土著的社会成员指望他们的后代所继承的物质环境，至少和前人继承时的环境一样好，这种要求今天我们很难做到。他们是美国历史上的第一批居民，他们认为自己很好地经营了他们的资源。

17世纪后，来自爱尔兰的新移民首先将大西洋沿岸带入农耕文明，在美国赢得独立战争后，这片领土又迅速开始资本主义社会的工业化进程。阿巴拉契亚山脉的矿藏被挖掘一空，城市污染和生态破坏成为东部的主基调。为发财而疯狂的移民继续向西部进军，在工农业生产中大规模破坏了印第安人的原居地。

19世纪的美国，也不是处处鲜花、富得流油，而是到处充斥热情似火又不顾一切的拜金移民、乌烟瘴气和污水四溢的工厂，以及"把一切推平重来"的农场。这种疯狂的经济增长，一直持续到20世纪30年代，当社会领域的大萧条（经济危机）和自然领域的黑风暴（生态危机）实施报复后才逐渐回归理性。这个回归的过程也是天长日久，直到20世纪40～50年代，美国还发生了世界八大公害事件中的两起——多诺拉烟雾事件、洛杉矶光化学污染事件，20世纪50～60年代，因为滥施农药、化肥，还导致了"寂静的春天"，就连美国国鸟白头鹰也因为农业导致的栖息地破坏和农药积累导致的繁殖障碍几乎灭绝！今天美国的"美"，其实才刚刚到来。

回顾这个过程，可以发现美国环保最宝贵的经验——从教训中幡然悔悟。20世纪下半叶美国在环保上的成功，无一不受益于这个经验。在独特的资本主义民主体制和高度市场化的经济环境中，美国的环保尽管跌跌撞撞，却从哪里跌倒就从哪儿爬起来。在关键时候，美国出现了一些"高瞻远瞩"或"有权有势"的绿色人士，使不惜环境资源代价的经济活动有所节制，大大推动了环境保护的进程。

19世纪末期，在美国西部开发改天换地的浪潮中，自然被天翻地覆，精华所剩无几。这时，约翰·缪尔出现了。早在1876年，他就强烈要求联邦政府采取森林保护政策。1897年美国国会从商业利益出发阻挠森林保护政策，缪尔就通过媒体获得公众支持，使议员们改变了主张。缪尔最大的功绩在于开创了自然保护区建设事业，被誉为"美国国家公园"之父，在以缪尔为首的一些人的积极活动下，美国于1872年通过黄石法案（Yellowstone Act），成立了全球第一个自然保护区黄石国家公园，又于1916年成立了全球最早的国家公园管理局。目前，美国国家公园管理局管理着57座国家公园、327处自然和历史胜地、12000个历史遗址和其他建筑、8500座纪念碑和纪念馆，美国的自然精华悉数被罗致入"园"。今天，缪尔倡导的自然保护宗旨仍然镌刻于黄石国家公园的大门上——"为了人民的利益和快乐"。当然，单凭他的一己之力是不可能张罗这么大的事业的，这个事业是他与另一位代表——西奥多·罗斯福共同完成的。

1903年，缪尔开始与美国总统西奥多·罗斯福交往。罗斯福认为："我们建设自己的国家，不是为了一时，而是为了长远。作为一个国家，我们不但要想到目前享受极大的繁荣，同时要考虑到这种繁荣是建立在合理运用的基础上的，以保证未来的更大成功"。基于这种理念，罗斯福在政务之余与缪尔考察了大峡谷、约塞米蒂等国家公园，并据考察结果开始限制一些开发，例如在大峡谷中建设大坝。为了使这种环保思想在官员中蔚然成风，罗斯福曾在议会演讲时特别以中国为例来说明森林破坏造成的恶果："中国内地（主要指的是黄河下游地区）森林缺乏，乡村只有坟墓、庙祠附近有林木，江河的堤岸没有林木保护，以致洪水经常决堤。山坡都被开垦，导致严重的水土流失……"。罗斯福还积极倡导土地的分类规划利用，使不同自然条件的土地能用于不同的产业，以发挥环境容量的作用。这位最高决策者的绿色意识，是美国由疯狂开发转向理智发展的关键。

第二次世界大战后，美国真正成为决定全球政治经济命运的超级大国，其工业化的成果在相当程度上改变了地球面貌，改变了人类的生活方式。例如，农药DDT和氟利昂空调都是在美国工业的推动下才在全世界大行其道的。这种规模的工业对全球环境产生了深刻的影响，一位名叫蕾切尔·卡逊的女士开始关注工业污染带来的环境蠕变。1962年，根据她的研究成果，一本名叫《寂静的春天》的书动摇了整个美国化工业。卡逊女士发现，由于滥施农药，通过食物链积累整个生态系统都在朝着崩溃的方向发展，因此美国的鸟语花香的美好环境存在着极大的危机。这种发现尽管起初遭到一些大工业集团的歪曲，但还是渐渐改变了美国化工业巨头（例如杜邦公司）的发展理念。美国的工业开始有了两个转变：一是注重衡量化工产品全方位的效益，注重实施清洁生产；二是逐渐将生产环节转移到国外。自此，美国的环境才算真正摆脱了工业化的负面影响。在这个阶段，还有一个人发挥了巨大作用——丹尼斯·海斯。

1969年，民主党参议员盖洛德·尼尔森提议在全国各大学举办有关环境问题的讲习会，哈佛大学法学院学生丹尼斯·海斯将尼尔森的提议变成了一个在全美各地展开大规模群众活动的具体构想，并提议从次年开始，以每年的4月22日作为"地球日"在全美开展环保活动。1970年的首次"地球日"活动声势浩大，美国各地约2000万人参加，是人类有史以来第一次规模宏大的群众性环境保护运动，也是第二次世界大战以来美国规模最大的社会活动。这次活动标志着美国绿色文化主流地位的确立，并促使美国政府加强了环境污染治理：成立了国家环保局，颁布了《清洁空气法》、《清洁水法》和《濒危动物保护法》。一定程度上，这次活动也是1972年联合国第一次人类环境会议的诱因。丹尼斯·海斯在地球日活动后，迅速成为全球民众环境运动的领军人物，至今仍然在为一系列国际间环境公约的推行而奔走呼号。

目前，美国环保政策具有两个突出的特点：一是强调环保措施上的多样性、创新性和灵活性，力求充分发挥各级地方政府和企业的积极性；二是它基本上是一种经济发展政策，即强调以开发新技术和新产品而不是以改变生活方式的方法来实现对环境的保护和经济的持续发展，所以没有改变生产高效和消费低效以及大量耗用能源资源的情况。

1980年后，美国总体的环境状况在改善，美国的政策应该说是成功的。但也应该看到，民主体制下灵活的环保政策虽然给解决环保问题提供了相当多的渠道、方法和途径，但是也给美国的环保工作带来了一定的消极影响。由于美国的环境政策不严格，标准不统一，法规不健全，致使没能全方位地推动美国环保技术的开发和使用，也影响了其在国际市场的竞争能力，使得处于领先地位的美国环保技术的发展受到阻滞，环保产业出口额仅排名世界第11位。另外，由于美国政治体制有时过度强调民主和政务公开，使得一些对国家有益的建议，当遇到公众反对时，便很难实施，这在一定程度上也影响了美国环保产业的发展。

还应该看到，美国的美并不能包罗万象，更不能一美遮百丑。从中美环保比较的角度来看，美国的环保是一种片面的环保，是一种损人利己的环保，是一种我国不能照搬的环保。这是因为美国还有两个特点：一是太浪费。美国每人年平均钢材耗用量为一般发展中国家的 37 倍，铝耗用量为 85 倍，总的能源耗用量为 30 倍。以英美为代表的西方工业文明，通过全新的科技手段开发了更多的矿产资源，集约化地利用了更多的土地和森林，形成了一个以扩大物质消费为根本导向的社会。一方面是消费上的不加节制和资源占有上的贪婪无度，另一方面却是对环保责任的推诿，这就是美国的第二个特点——太无德。

近年来，美国在环保领域的惊世骇俗之举当是布什政府突然以全球已有 110 个国家签署的《京都协议书》（关于共同减排温室气体的国际协议）会损害美国的经济利益为由，公然宣布拒绝签署该协议。虽然美国人口占全球总人口的 4%，而二氧化碳排放量却占到全球的四分之一，是全球最大的温室气体排放国。美国理应承担主要责任和积极履行减排义务。但美国出尔反尔、推卸责任，充分反映了其国家决策中太无德的一面。

在高度评价美国在环保上的巨大成果和先进举措的同时，也必须充分认识到美国在环保上太无德的这一面：美国是靠先污染自己发展起来，然后再靠产业结构高级化和更直接的污染物转移减轻自己的环保负担的，因此被一些国家称为"环境帝国主义"。美国前总统吉米·卡特曾经就此行为承认："美国和其他富国是世界环境灾难的主要根源。"

正是因为美国的这两个特点，及时注意学习美国环保经验的中国，环保的光芒开始显现。1990 年后，中国注意了美国等发达国家走过的环保弯路，采取了一些自力更生、因地制宜的环保对策，在国际环保舞台上一直被公认为是一个负责任的发展中大国。中国只要坚持这样的政策并保持经济高速增长，可以率先在环保领域成为全球的领袖国家，中国环保就有可能快速缩小与美国的差距。尤其重要的是，华夏文明从来都是励精图治、勤俭持家的文明，像美国那样生产无数、消费无度的畸形工业化在中国不可能出现，中国政府倡导的是生产、消费效率并重的新型工业化，这为中国在保持经济高速增长的同时继续改善环境提供最大的文化保证。中国"先进的传统文明"也许是中国环保最终将超越美国的根本原因。

2.2 自然景观建设的发展

纵观园林景观的发展史，可以看到有四个明显的阶段，每个阶段都和某个民族有联系。16 世纪，意大利的文艺复兴时期，倡导对人和自然的人文主义的表达。这种抵制中世纪宇宙观，体现人的伟大力量的设想，在一系列工程中都可以见到。最早是在佛罗伦萨出现的花园和别墅，此后，这种形式集中表现的中心移到了罗马和蒂沃利（Tivoli）。伯拉孟特（Bramante）、拉斐尔（Raphael）和帕拉第奥（Palladio）。在这块土地上创造了象征人文主义的形式，可以看到美第奇别墅（Villa Medici）和德·埃斯特（Villa d'Este）别墅。在这些花园别墅中，通过强行设置简单的欧几里得几何形状的景观，可以看到人们的权威和力量，而在这时期内，这种形式用得越来越多。人们将简单、有趣、有规划的幻想和伟大的艺术结合在一起，强加到当时人们不了解和不关心的自然中去。这种花园体现了人的优越感。

第二阶段是在一个世纪后出现的，这是最早的殖民时期，但是影响力和表现的中心转向法兰西。在一块平坦而任人处理的土地上，大规模地应用了同样简单的人格化的景观，所以在孚－勒－维贡特别墅（Vaux-Le-Vicomte）和凡尔赛宫（Versailles）可以见到安德烈·勒诺特（Andrede Le Notre）的作品所表达的法兰西巴洛克形式，在这里欧几里得几何图形达到了顶峰。路易十四在凡尔赛宫设置了一对交叉的轴线，象征着君权神授；错落有致的花园，证明他是神的化身，对其领地和受其支配的自然有至高无上的权力。在这里，植物的装饰性是压倒一切的，决不被生态群落的概念所动摇。植物和家畜、狗、猫等的功能是一样的，既要忍受人的摆布，又要依赖于人；草地、树丛、花丛和树木都易于处置和于人有益，因而就成了人的伴侣，成为家庭中的供养物。这是一种用墙围起来和自然分开的花园。

这些花园不仅是从自然中精选出来的，而且经过装饰和栽培，通过有规则的装饰布置，它们不像大自然那样复杂，而是简化为一个简单的可以理解的几何图案。因此，人们仅仅要求这些精选出来的自然能够保证创造一个象征亲切和有秩序的世界——这是世界上的一个岛，却又与世界隔绝。不过，人们还是认识到围墙之外的自然形式和景观显然是不同的。这种花园象征着一个人工栽培的自然，野生的东西是被排除在外的。的确，只有那些相信自己可以与自然分离的人才需要这样的花园。对于泛神论（pantheism）者来说，自然本身是最好的花园。泛神论认为神融化在自然界中，"自然界是万物之神"，"上帝就是自然"，每一种事物本身就是上帝。泛神论的所谓"上帝"不是超自然的人格化的神，而是自然的别名。泛神论者认为世界上的所有现象都具有神一般的属性：人和这个世界的关系是神圣的。他们相信人在自然界中的行为能影响自己的命运，而这些行为会对生命带来影响，直接和生命有关。在这种关系中，既不存在非自然（non-nature）范畴，也不存在浪漫和感情色彩。[1]

每个世纪你都能看到一种影响力的转变，到了18世纪即第三阶段，这种影响力转移到了英格兰，那里开始出现了现代的观点，但还未达到真正的全盛时期。人们相信，人和自然的某种结合是可能的，这种结合不仅能创造而且能加以理想

---

1 （美）伊恩·麦克哈格著. 设计结合自然 [M]. 芮经纬译. 天津：天津大学出版社，2008：85.

化，一批风景建筑师利用这一时期的作家和诗人的幻想、画家的想象，以及来自东方学家（Orientalist）威廉·坦普尔爵士（Sir William Temple）提供的完全不同的有关秩序的启示，继而又通过后继者威廉·肯特（William Kent）等人的努力，终于把英国杂乱的地形和景色变成我们今天见到的美好的样子。没有任何一个社会能将整个景观改变得如此完善，这是西方世界最伟大的艺术创造，而它的经验至今仍鲜为人知。事实证明了肯特、布朗和他们的追随者的预见，他们缺少生态科学知识，采用本地的植物来创造群落，很好地反映自然过程，使他们的创造物持续至今并能自生不灭地生存下去。

这种关于自然的概念在中世纪的景观中显然是不存在的，它毕竟是种创造。其主导的原则是："自然是最好的园艺设计师"，这是一种经验主义生态学的观点。围墙内花园里装饰性的园艺技术被人蔑视，人们放弃了文艺复兴时期简单的几何图形，早期的生态学观念代替了它。唯有低洼的草地是由人工技艺栽培的，其他组成部分保持自然状态。把自然中引人注目的和具有美感特性的东西开发利用起来，真实地表现自然，但是首先出自于观察自然。

在东方，则把美建立在内在的不对称平衡的基础上。18世纪时景观开始了革命，排除了古典主义的形式和强加的象征人和自然结合的几何图形。确立了在景观中以应用生态学作为功能和美学基础的理念。在现代建筑宣言"形式追随功能"提出以前已被18世纪的概念所取代。在那种观念中，形式与过程是单一现象不可分割的两个方面。否认自然是粗野的、恶劣的，承认土地是生命的环境，它可以变得富饶而美丽，这是西方世界伟大的根本性的观念大转变。

最后一个阶段包括19世纪和20世纪。这时期采用了威力越来越大的工具来征服自然，极大程度上代表了旧时代征服自然的态度，引起了对社会公平忧虑的不断增加。在农村，河水中和陆地上都有DDT存在，放射性废物残留在大陆架上，许多生物灭绝，许多原始森林被砍伐光了，认为那些第三或第四代生长的次生林木会比它们祖先有更大的树荫，只是一种无知的幻想。

当人类向着他们所宣告的征服大自然的目标前进时，他们已写下了一部令人痛心的破坏大自然的记录，这种破坏不仅仅直接危害了人们所居住的大地，而且也危害了与人类共享大自然的其他生命。最近几个世纪的历史有其暗淡的一节——在美国西部平原对野牛的屠杀；猎商对鸟类的残害；为了得到白鹭羽毛几乎把白鹭全部捕杀。在诸如此类的情况下，现在我们正在增加一个新的内容和一种新型的破坏——由于不加区别地向大地喷洒化学杀虫剂，致使鸟类、哺乳动物、鱼类，事实上使各种类型的野生生物直接受害。地球上生命的历史一直是生物及其周围环境相互作用的历史。可以说在很大程度上，地球上植物和动物的自然形态和习性都是由环境塑造成的。就地球时间的整个阶段而言，生命改造环境的反作用实际上一直是相对微小的。仅仅在出现了生命新种人类之后，生命才具有了改造其周围大自然的异常能力。[1]

生活在同样的世界环境中的人，他们的宗教观都出自于《创世纪》的同一来源，但对于人和自然之间关系的看法却发展出两种很不相同的观点。第一种是以伊斯兰教为代表，强调人能在地球上建造天堂，使荒芜土地开花结果，他们将成为创造者和管理者。但犹太人和后来的基督教则强调征服。在耶稣教新教运动中，有两种明显不同的观点。路德教徒（Lutherans）强调上帝随时随地都存在于宇宙万物之中，需要的是感觉和领悟而不是行动。相反，加尔文教徒（Calvinsts）决心要完成上帝在地球上的工作，通过神圣的人的工作拯救自然，加尔文相信他的作用是要征服世俗的、无理性的自然，使它屈从于上帝的信徒——人。

20世纪，景观项目不可避免地随岁月兴衰。历史性的景观周期的发展程度与当时特定社会的文化重要性是一致的，18世纪和19世纪是欧洲的兴盛时期，而20世纪是衰退时期，除了由罗伯特·史密森（Robert Smithson）、迈克尔·海泽（Michael Heizer）和理查德·朗（Richard Long）几个艺术家所作的土地艺术实验的特例外，景观在很大程度上被进步主义艺术运动和现代文化所忽略。除了上述几个有限的作品外，无论是为了怀旧、实用至上目标或为环境保护论者议程服务，这个世纪大多数时间里的景观意念都局限于唯美式和田园风光的形式里。

当然，新景观中的建筑物和它们在艺术领域里的相关表现都影响了更大的景观意念的革新，价值和意义以及其他的文化实践。例如中央公园帮助城市社区确定了自身及其与自然界的关系，就好像在无等级的网格下对美国的中心地带进行直线的测量、描绘和计算，帮助建立表明一个公平、自由和共享性的集体理想。[2]

纽约城市中央公园（New York Central Park），是纽约最大的都市公园，也是纽约第一个完全以园林学为设计准则建立的公园，号称纽约"后花园"。公园四季皆美，春天嫣红嫩绿、夏天阳光璀璨、秋天枫红似火、冬天银白萧索。公园占地843英亩，长跨51个街区，宽跨3个街区，拥有26000株大树、9000只长椅，水道长58英里，四处绿荫密布，水流清澈。公园南起59街，北抵110街，东西两侧被著名的第五大道和中央公园西大道所围合，名副其实地坐落在摩天大楼耸立的曼哈顿岛的中央。里面设有浅绿色草地、树木郁郁的小森林、庭院、溜冰场、回转木马、露天剧场、两座小动物园，可以泛舟水面的湖、网球场、运动场、美术馆等。园内的活动项目很多，从平时的垒球比赛，到节庆日举办的各种音乐会，为身处闹市中的居民和游客提供了急需的休闲场所和宁静的精神家园。公园面积

---

1 （美）蕾切尔·卡逊著. 寂静的春天 [M]. 吕瑞兰，李长生译. 长春：吉林人民出版社，2004：4.
2 （美）詹姆士·科纳主编. 论当代景观建筑学的复兴 [M]. 吴琨，韩晓晔译. 北京：中国建筑工业出版社，2008：8-9.

宏大，独特的城市景观设计使她与自由女神、帝国大厦等同为纽约乃至美国的象征。

中央公园有150年的历史。这里原是一片偏僻的垃圾场，1850年新闻记者威廉·布莱恩特在《纽约邮报》上进行公园建设运动宣传之后，1856年"美国景观设计之父"弗雷德里克斯·劳·奥姆斯特德（Frederick Law Olmsted，1822～1903年）和沃克（Calbert Vaux，1824～1895年）两位庭院设计师在纽约的东北部规划出了纽约中央公园。1857年纽约市的决策者为这座城市预留了这个为公众使用的绿地，为人们忙碌紧张的生活提供一个休闲的场所。事实上，在中央公园酝酿出现的19世纪50年代，纽约等美国的大城市正经历着前所未有的城市化。大量人口涌入城市、经济优先的发展理念、不断被压缩的公园绿化等公共开敞空间使得19世纪初确定的城市格局的弊端暴露无遗。包括传染病流行在内的城市问题凸现使得满足市民对新鲜空气、阳光以及公共活动空间的要求成为地方政府的当务之急。1851年纽约州议会通过的公园法正是这种状况的集中体现。中央公园于1873年全部建成，历时15年。

这种自然生态的"原始森林"150多年来一直存在于世界著名的国际大都市纽约的市中心，就像一颗璀璨的珍珠。150年，不短的岁月，虽然城市的面貌发生了许许多多的变化，但是在这寸土寸金的地方，这片"原始森林"岿然不动。可以说，纽约市的中央公园就是现代城市所推行的极具重要意义的城市森林的"城市绿肺"。它体现了久居城市的人们对自然景观的渴求。开放的空间、自然的植被和生态环境，使人们得以忘记紧张的城市生活节奏，获得属于个人的轻松和闲适的时光。这一事件开了现代景观设计学之先河，更为重要的是，它标志着普通人生活景观的到来，美国的现代景观设计从中央公园起，就已不再是少数人所赏玩的奢侈品，而是普通公众身心愉悦的空间。他结合考虑周围自然和公园的城市和社区建设方式将对现代景观设计继续产生重要影响。他是美国城市美化运动原则上最早的倡导者之一，也是向美国景观引进郊外发展想法的最早的倡导者之一。奥姆斯特德的理论和实践活动推动了美国自然风景园林运动的发展。

对于今天，我们关心的是要树立一种观念，即自然现象是相互作用的、动态的发展过程，是各种自然规律的反映，而这些自然现象为人类提供了使用的机遇和限制。每块土地或水面对某一种或多种的土地利用都具有内在的适应性，在这些使用的类目中都有它的次序——这些都是可以衡量评价的。

2.3 美国景观规划与自然景观重建

人类适应自然不仅带来了利益，也要花费代价，但自然演进过程不总是具有价值属性的，也没有一个综合的计算体系来反映全部费用和利益。自然演进过程是整体的，而人类的干预是局部的和不断增加的。人们没有认识到填平河口沼泽地、砍伐高地上森林的结果及相关的对水体的影响——洪水泛滥和干旱等，也没有看到这两种活动的结果是一样的。一般都没有认识到郊区的建设与河道的淤积是有关系的，也没有认识到在河中废物积聚和远处井水的污染是有联系的，通常地认为城市发展总是不断扩大而与所在场地的自然演进过程没有什么联系，但是这种发展方式所聚集的后果是不可预估的。

自然景观建设探索的目的反映了自然的演进过程具有整体的特性，必须在规划过程中考虑：对系统的局部改变会影响到整个系统，自然演进过程确实具有价值，但这些价值应统一到一个单一的计算体系中去。但很不幸，我们掌握的具体调节自然过程的成本—效益比例的信息资料不多。不过，某些综合性的关系已显示出来了，作为判断基础的假设已经提出来了。显然，需要精心编制有关土地利用和开发建设的法规，以便反映公共利益的损失费用和私人行动的后果。目前的土地利用规章既没有考虑自然演进过程中的洪泛、干旱、水质、农业、美化或游憩等方面所包含的公共利益，也没有使土地所有者或开发者的行动负有责任。[1]

自然景观的重建一度为景观设计专业所遗忘，直至1970年"地球日"创立，才又成为景观设计理论和实践的范围。20世纪70年代，中西部长草草原（Tall Grass Prairie）区不同的几个基地显示出植物种群的重建可能带来的生态和美学潜力，这包括威斯康星州由Darrel G. Morrison设计的住宅和企业园区，以及高速公路局在中西部进行的一些公路旁草原重建。

第二次世界大战后，伊恩·麦克哈格（Ian McHarg）成为20世纪60年代景观规划最重要的代言人，他的《设计结合自然》（Design with Nature，1969年），建立了当时景观规划的准则。环境运动为景观规划者提供了许多机会，他们被邀请去作土地利用的重要决定，评估大区域的视觉及文化特色，评估各种景观特质并协助决定都市化地区应进行哪种形态的发展及其发展程度。20世纪70年代以后景观科学的发展，为景观规划奠定了坚实的基础；电脑技术的进步，尤其是ESRI公司的地理信息系统，使得其在各层次土地利用政策的决策上更为明智。Philip H.、Lewis Jr.在威斯康星州进行的极富创意的全州休闲计划和设立遍州的环境保护带便是重要的实例。美国东海岸的一些生态规划，强调人类发展和资源及环境的可持续性，强调能源与资源利用的循环和再生性、高效性、生物和文化的多样性。

美国进行景观重建最有名的大概要算景观设计师Jensen和他的芝加哥公园设计。深受植物学家Henry Cowles影响的Jensen，从1918年芝加哥哥伦布公园的

---

1 （美）伊恩·麦克哈格著. 设计结合自然 [M]. 芮经纬译. 天津：天津大学出版社，2008：80.

"草原河"到1936年设计的伊利诺伊州春田林肯纪念花园，一直致力于景观重建。植物生态学家Edith A. Roberts和景观设计师Elsa Rehmann合著的《American Plants for American Gardens》(1929年)，提出了重要的生态观念，提倡根据自然植物的种群关系将乡土植物配置在一起，并列出了景观设计可以使用的乡土植物种类。

　　设计师赖特之所以能成为一代建筑大师，无疑与他把建筑看做是对自然界的敏感回应有关，他设计的草原式住宅和流水别墅，表现了美国人特有的对自然的尊重和崇尚，这种对自然朴素而强烈的愿望，反映了他们对自然的热爱与好奇，人和自然的交流关系成为其民族性格中的一部分，它的影响深远。这在美国的一些城镇中的景观和生活场景中都表露无遗，参天大树，石头垒起的基座，原木房子，木板条的栏杆粗糙而结实。

　　美国人对自然的理解是自由活泼的，现状的自然景观会是其景观设计表达的一部分，自然热烈而充满活力，于是会有一大片的水面和巨大的瀑布、水层层跌落，自由地折过一个平台汇入下面深潭，流淌至更远的一块水面中，这自由的蜿蜒曲折、哗哗的水声，给都市营造了安静的生活场景，许多的意外和戏剧化也迎合了美国异想天开的创造力，好莱坞场景与生活场景互换与重叠。好莱坞、迪斯尼的城市发展历史不长，在市场经济推动下，城市迅速膨胀扩张，其中商业文化的意义非凡。好莱坞和迪斯尼，是美国现代社会人们休息、娱乐的方式，它们所创造的故事情节和场景，已经成为美国社会文化的缩影和代表。从自然的景观和日常的场景中，人们认识了解美国的景观意义，许多场景如同游戏的布景一样能够在美国的许多城镇、社区中看到，也成了美国的特征，如拉斯韦加斯的景观就是一种快餐式娱乐的文化，表现了美国人的价值观念，自由的天性和游戏的乐趣。

　　特别是波特曼的共享空间中景观自然凸现，形式自由而丰富。把自然景观引入到建筑中与建筑相互渗透，共享空间很完整地表达了美国的观念，建筑中有阳光、泉水、高大的树林、灌木和花卉，人们轻松地在室内享受着自然的恩惠，但这一切都是商业的推动。在许多美国的大型商场和购物街中，自然完全融入其中，高大的喷泉、潺潺的小溪流、参差的树木、满布的花草，阳光从玻璃天棚中泻下，透过斑驳的树叶落在木椅子上，儿童在嬉戏，水中还有水鸟游戏，这丰富多彩、变化万千的场景就是美国景观特征的写照。它如同其他商品一样，组成了人们日常生活场景的一部分。城市的可持续发展和生态效应得到关注，人的自然化的倾向又受到大家的重视，自然环境延伸入城市景观和生活中，成为了城市生活特征中的一部分。

　　美国人把自然延伸到商业化的城市中，自然的元素，加上超平常想象的技术和能力，移入城市建筑中，成就了一道道风景。人与自然接触交流更加密切，他们也从中得到了更多的快乐与健康。美国城市的景观规划能使我们比以往更明智地使用我们的资源，自然景观重建，将有种群关系的乡土物种重新生长在可以繁衍的场地上，以恢复一个地方原有自然风貌的过程，则是整修景观的积极方法之一，其目标是重新建立人类移居前的原生植被，模仿当时物种的组成、多样性和分布模式。所以美国城市景观是自然、自由而亲切的。

总之，重建自然土地这种艺术首先必须熟悉区域的自然景观和原生植物种类。接着是要将它简化并形成某种风格，但不能失去设计场地内原有复杂系统的美感，还要具备植物种植的技术。最后一点是要了解自然景观需要明智的管理，特别是经过重建的自然景观，只有在维持设计的空间结构的同时，才能永久保有充满活力的自然特色。美国丰富的资源以及广阔多变的景观可以使国民拥有健康、美丽的环境，但这只有在普遍运用景观生态学原理进行规划时才有可能达到。越来越多的土地开发者聘请景观设计师来为其进行场地规划，以使其开发更吸引人、更适于环境，也更合乎经济效益。

2.4 美国自然与文化资源及其管理

当人类进入工业时代，对大自然进行掠夺式的开发之时，人类对自然环境的破坏便日趋严重，为了保护保存那些具有特殊价值的自然地区，为后人享用，1872年，美国诞生了世界上第一座黄石国家公园。它以法律形式，明确规定国家公园是全体美国人民所有，并由中央政府直接管辖，保证"完好无损"地"留给后代"，永续享用，达到"保护并防止破坏或损坏，保护所有林木、矿藏、自然遗产，保护公园里的奇景，保持公园的自然状态"的目的。

从1872年的《黄石公园法》，到1916年的《组织法》、1935年的《历史纪念地保护法》、1964年的《野生动物保护法》以及《土地和水资源保护法》、1968年的《国家小径系统法》和《自然风景河流法》、1970年的《一般授权法》、1978年的《国家公园及娱乐法》、1980年的《阿拉斯加国家土地保护法》、1998年的《国家公园系列管理法》，美国国会的立法、决议、决定以及相关管理政策的制定始终伴随着美国国家公园发展的全过程。美国内政部、国家公园管理局关于国家公园的决策，大到发展目标及规划的确定，小到建设项目的审批和经营行为的规范，无一不是按照法律规定的程序来进行的。国家公园管理机构只有依法保护国家公园资源的责任和义务，没有不受法律限制的开发权利。美国现有384个国家公园单位分别被界定为国家公园、国家纪念地、国家保护区、国家湖岸、国家海岸、国家历史公园、国家战争公园、国家历史地、国家娱乐区、国家纪念公园等20个不同类型，这些类型代表了具有全国意义的自然文化遗产的各个方面，作为历史的物质见证和美丽的自然景观并成为公众娱乐活动的载体。

在加入国家公园系统的地域中，具有珍贵的自然价值或特色，有着优美风景或很高科学价值的土地或水体，通常被命名为国家公园、纪念地、保护区、海滨、湖滨或滨河路。这些地域，包含着一个或多个有特色的标志，诸如森林、草原、苔原、沙漠、河口或河系；或者拥有观察过去的地质历史、壮丽地貌的"窗口"，诸如山脉、台地、热地、大岩洞；也有的是丰富的或稀有的野生动物、野生植物的栖息地、生长地。

由于国家公园的宗旨符合工业文明时代人类对大自然精神文化、科教和游乐活动的需求，因而世界各国也纷纷建立各自的国家公园系统。几百多年来，国家公园始终是"美国最引以为荣的创造物"，是"美国最完美的形象"，一位美国的政治家说："如果说美国对于世界文明发展做过什么贡献的话，恐怕最大的就是国家公园的创建了。"世界各国的国家公园都是各国最具价值的自然或自然文化遗产。

世界上不管哪种类型的保护地，都是在保护的前提下，永续利用，而利用的性质内容是大体相同的。风景区和国家公园的利用性质与功能，是在符合建园宗旨的原则下，开展的启发性、教育性或保健性的活动，促进对公园资源价值的理解与欣赏活动、可持续性活动等，世界共识的国家公园功能是"科研、教育、游览和启智等活动"。国家风景区应该在继承传统游览的山水审美和创作山水文化体验等精神文化功能基础上，发展上述国家公园的多种功能，形成自己独特的功能体系。

公园景观特点，包括白天和夜间的自然观赏性、自然声音和气味、水和空气资源、土壤、地质资源、古生物学资源、考古资源、文化景观、人类学资源、历史和史前遗址、建筑和物品、博物馆收藏，以及土生动物和植物。

2.4.1 自然资源管理

国家公园管理局将保护国家公园系统内所有单位的自然资源、自然过程、自然系统和价值，使它们处在免受破坏的环境之中；永久地保护它们的完整性，使当代和后代的公民都有享受它们的机会。公园的自然资源、自然过程、自然系统和价值一般包括：物质资源如水、空气、土壤、地形特点、地理特点、古生物资源、自然声音和明澈的天空；物质过程如天气、侵蚀、洞穴的形成和自然火灾；生物资源如当地土生植物、动物和社区；生物过程如光合作用、生物繁衍和进化；生态系统；与特色相关的价值如景色等。

1. 基本管理概念

自然资源的管理是要保护基本的生物和非生物的过程，包括单一物种、特征以及动物、植物栖息环境。管理局不单独地保护单一的物种（除非它是受威胁或濒危的物种）或单一的自然过程，而是保护公园生态系统自然进化的所有因素和过程，包括自然的丰富性、多样性以及这个生态系统中土生动物、植物物种的基因、生态的完整性。由于自然系统中的所有组成因素都是同等重要的，自然变化将被认为是自然系统的完整功能。要保护这些自然因素和过程，使之处于完整的自然状态之下，管理局就要避免这些资源的降低以及降低之后的恢复。被过去人类活动改变的生物和非生物过程，可以根据管理的需要，使之恢复自然状态或接近自然状态，而真正的自然系统是难以达到的。

管理局将恢复公园自然系统中受人类活动干扰的自然功能和过程。自然现象对景观的破坏，例如泥石流、地震、洪水、台风、龙卷风和火灾，只允许自然地覆盖，除非对保护公园发展或游客安全是必需的，才允许加以人工干扰。对自然系统的影响来自人类的干扰，如外来种的引进，空气、水和土壤污染，水文类型变化及水上交通、加速侵蚀和沉淀以及对自然过程的干扰。管理局将努力使人类破坏的区域恢复到自然的状态和具有生态区域特征的过程，使自然资源得到恢复。管理局将运用现有的最新技术，针对受到干扰的资源恢复这个系统生物和非生物的组成部分，加速景观和生物结构和功能的恢复。

2. 调查研究和收集资料

只要对公园自然资源的调查研究符合相应的法律和政策，管理局就鼓励这类研究。这些调查研究通过向管理局、研究机构和公众提供对公园资源、过程、价值和不断增加和完善的利用的理解，强化管理局的功能。这些调查研究将为公园规划、开发、经营、管理、教育和讲解提供研究和学术基础。进行这类调查研究项目的研究人员和学者来自大学、基金会、其他研究机构、印第安学院和组织、其他联邦和州机构以及公园管理人员。通过在公园调查研究获得的数据和信息应该公布于众。

公园内所有的调查研究都要使用非破坏性的方法，最大限度地尊重公园资源保护，尊重获得信息和调查资料的研究方法、科学和管理价值。尽管研究对公园资源有一些物质上的影响，但采集标本和样品是允许的，不过导致破坏公园资源和价值完整性的研究和调查活动是禁止的。

3. 特殊区域

管理局对那些具有充分理由需要进行特殊管理的公园或公园的一部分予以申请特殊命名。这些命名包括自然研究区、实验研究区、野生动物保护区、国家自然和风景河流、国家自然标志、生物圈保护区和世界遗产地。尽管这些区域增加了许多管理要求，但并不削弱管理局的权力。

4. 生物资源管理

国家公园管理局将把公园内所有本地动物和植物作为自然生态系统的组成部

分加以保护。所谓"动物和植物"的概念,是指生物界所有的类型,包括被子植物、蕨类、苔藓、地衣、藻类、菌类、细菌、哺乳动物、鸟类、两栖爬行动物、鱼类、昆虫、蚯蚓、甲壳类动物以及微生物。管理局将采取下列保护措施:

(1) 保护和恢复自然的丰富性、多样性、活跃性、自然分布、动植物种群的习性和行为以及它们所处的环境和生态系统。

(2) 当公园中本地动物和植物由于以前的人类活动导致灭绝时,恢复它们的种群规模。

(3) 最大限度地缩小人类活动对当地动物、植物、种群、环境、生态系统和它们的成长过程的干预。

景观植物的恢复是通过种子、扦插、移植和公园生态系统本地基因库等方式来进行的。如果一个自然区域出现退化,说明公园的本地基因库恢复是不成功的,也可能出现新的变种或使用了与本地接近的物种。根据地质和土壤资源管理政策,景观的恢复将利用地质材料和土壤。在临时的基础上,景观的恢复可以使用合适的肥料和土壤材料,但不能接受改变土壤和生物区域的物理性质、化学性质和生物学特点,也不能导致地下资源和地表水的破坏。外来物种的管制项目要避免对当地物种、自然生态系统、自然生态过程、文化资源以及人类健康和安全造成明显的伤害。

国家公园管理局还将实施害虫综合防治计划,以减少害虫和与害虫相关防治措施对公众、公园资源和环境的危害。针对害虫可能对人类、资源和环境造成的危害,害虫综合防治计划通过综合昆虫生物学、环境、相关技术,在合理成本的基础上,降低害虫所造成的危害。在国家公园管理局害虫综合防治计划中,所有杀虫剂的使用都由国家公园管理局控制或规定,一旦使用,不管是否经过授权,都必须在年度报告中表述。

5. 火情管理

自然引燃的火情是构成公园自然系统的组成部分。人为火灾常常导致公园自然资源的非自然破坏。每个拥有可燃植被的公园都将制订火情管理计划,并解决火情管理计划的资金和人员问题。这个计划将指导每个项目都要满足公园自然和文化资源管理目标,对公园游客、员工、周围居民和开发设施提供安全条件,避免对公众和公园周围私人财产产生潜在的影响。这个计划包含的环境评估,将包括考虑对空气质量、水体质量、健康和安全、自然和文化资源管理目标的影响。这个计划和环境评估的编制将包括与周围社区、有关团体、州和联邦机构以及部落管理机构的协调。

6. 水资源管理

管理局将永远把地表水和地下水作为公园水域和陆地生态系统的完整组成部

分。在国家公园系统中的联邦土地上的所有水的使用权，都属于联邦或联邦土地上的合法的特许经营者、租赁经营者和许可经营者。

水权用于国家公园系统保护和管理的水的开采和利用，必须符合法律授权。国家公园管理局将通过个案处理的方式考虑所有可能的授权，并积极采取那些最适合保护与水相关的公园资源的方式。在依法进行保护的同时，国家公园管理局将与州政府水资源管理者协同工作，保护水资源，并积极参与谈判，寻求解决各种水的利益主体之间冲突的方法。

由点源和非点源造成的地表水和地下水污染，可能破坏水域和陆地生态系统自然功能的完整性，降低游客使用和欣赏的质量。管理局将确定公园地表水和地下水的质量，在任何时候都要避免来自公园内外人类活动的污染。

为控制公园土地上的泛洪区，国家公园管理局将掌握泛洪区价值的保护，最大限度地缩小洪水可能造成的危害，避免直接或间接地对泛洪区的开发行为和可能使自然资源、泛洪区的功能改变或增加洪水风险的行动。

对于湿地，将按照国家公园管理局发布的命令、行政命令，组织并采取行动防止湿地的破坏、丢失和退化，保护和强化湿地的自然和有益的价值，避免直接或间接地支持湿地中新的建设项目。管理局将实施"保护湿地网络"政策。除此以外，管理局将通过恢复已明显退化或破坏的湿地，建立一个覆盖整个国家公园系统湿地网络的长远目标。为更有效地保护湿地资源，管理局将不仅是简单地保护，而且要通过建立教育、娱乐、科学和不干扰自然湿地功能的目标，强化自然湿地价值。

管理局将把公园里的水域作为完整的水文系统，最大限度地减少人类活动对水源地自然过程、溪流中沉积物、木屑等自然过程的干扰。包括水土流失、侵蚀和由于火灾、虫害、气象灾害、聚众事件对植被和土壤造成的影响。管理局将保护那些形成溪流特征的自然过程，这些特征包括泛洪区、急流、木屑堆、坡地、沙砾、浅滩、水池等。溪流的自然过程还包括洪水、溪流的迁移以及有关的侵蚀和储蓄。管理局将通过对水域和植被的影响和保护河流自然形成的过程，保护水域和溪流的主要特征。

7. 空气资源管理

国家公园管理局根据1916年的组织法案和《净化空气法案》行使保护空气质量的职责。公园内所有污染源都要符合联邦、州和地方空气质量的规定和许可要求。当公园某个区域的空气污染超过了国家和州对保护公众健康的标准，公园园长将采取合适的方式提请游客和员工注意。除此之外，由于现在或将来的公园空气资源很大程度上依赖其他人的行为，国家公园管理局将获取影响公园空气质量决策的相关信息，调查与每个公园相关的空气质量和价值；监测和记录空气质量状况；评估空气污染的影响，找出原因；最大限度地缩小与公园运营相关的空气污染排放，包括火的使用和游客活动；保证公园管理设施和室内空气质量。

8. 地质资源管理

国家公园管理局把地质资源作为完整公园自然系统的组成部分，加以保护。地质资源包括地质特点和地质过程。管理局将允许自然地质过程在不受干扰的情况下进行。在广泛的时间和空间内，地质过程中发生的物理变化和化学变化既来自于自然系统内部，也受人类开发活动的影响。这些过程包括但不限于剥落、侵蚀和沉淀、冰川、岩溶形成过程以及海岸形成过程、地震、火山运动。在规划和其他管理活动中，要尽量减少地质活动对游客、员工安全和公园基础设施的长远发展的威胁。

自然海岸形成过程将在不受干扰的情况下进行，如侵蚀、堆积、沙滩形成、冲刷、海湾形成和海岸迁移等。如果人类活动和建筑已经改变了自然海岸的形成过程和特征，管理局将咨询相关的州和联邦机构，采取多种方案，缓解这些活动和建筑的影响，恢复自然状态。对于岩溶地貌，管理局将控制喀斯特地带，保护水质、泉源、灌溉系统以及洞穴的天然完整性。在由水溶性石灰岩形成的岩溶过程中，可以形成排水口、地下溪流、洞穴和泉。

当自然过程还在持续进行的情况下，国家公园管理局将保护地质特征，使之免受人类活动的负面影响。所谓"地质特征"的概念是指地质过程中的产物和物质构成。公园中地质特征的例子，包括岩石、土壤和矿物，地热资源系统中的间歇泉和温泉，荒漠景观中的沙滩、沙丘、碎石和台地，奇峰怪石的生长和形成，古生物化石或古生物资源（动植物化石和它们的遗迹等）。

9. 声音管理

国家公园管理局将尽最大努力保护公园里的自然声音。公园自然声音是指没有人工声音干扰情况下出现的，包括公园里所有自然声音的综合，也包括传播自然声音的物质载体。自然声音可以处在人类听觉范围内，也可以超出听觉范围，它们可以通过空气、水和固体材料传导。一些自然风景中的自然声音还可以作为公园生物和非生物资源的组成部分，这些声音包括：各种动物发出的声音，以及由风吹林木、雷电或流水产生的声音。如果可能，管理局将恢复已破坏声音的自然状况，防止不必要的人工噪声对自然声音产生干扰。

10. 光的管理

国家公园管理局将尽最大努力保护公园的自然光，也就是保护那些不受人造灯光干扰的自然资源和价值。洞穴中和水体深处的光的消失会影响物种的生物过程和进化，比如对黑暗洞穴中的蟋蟀。黑夜中闪烁的磷光可以帮助海龟辨别回到海洋的方向。在明静的夜空可以看到的星星、流星和月亮可以影响人类和其他动物物种，如在星光照耀下飞行或者因缺少月光减少捕食活动的鸟类。考虑到白昼和黑夜以及黑暗度在自然资源过程中的作用，管理局将保护公园中自然的黑暗度和其他自然光的组成部分，最大限度地避免人造灯光对公园生态系统的夜景造成干扰。

11. 化学物质和气体

国家公园管理局将尽最大努力保护公园中自然化学物质和气体的自然流动，预防阻碍自然化学物质释放、储存和感觉的化学物质的人类活动，及对化学物质流动途径造成破坏的人类活动。[1]

这些化学物质和气体是自然产生的，并发生化学变化，而化学物质的交换是通过生物器官完成的。物质交换中的自然化学气体是通过动物、植物和生物材料来释放的。在释放的同时，这些化学气体通过空气和水进行传播。很多动物可以接受自然的化学气体而改变它们的行为，包括交配、迁移、逃避猎食、捕食和交往环境的建立。

2.4.2 文化资源管理

国家公园管理局负责管理美国很多非常重要的文化资源。这些资源可以分为：考古资源、文化景观、人种资源、历史和史前建筑和博物馆收藏品。管理局的文化资源管理项目包括：一是研究文化资源以及那些在传统上有联系的民族，通过研究发现、评估、证明、记录和建立这方面的基本信息；二是计划以确保用于决策和确定重点的管理程序能够结合有关文化资源的信息，提供咨询并和外部机构进行合作；三是管理以确保文化资源得到保护、合理处理（包括维护），并可供公众了解和欣赏。国家公园管理局的文化资源管理政策以一整套历史保护、环境和其他方面的法律、公告、行政命令和条例为基础。这些政策让管理局有权力和责任管理国家公园系统中每个单位的文化资源，以便使这些资源可以不受损害地传给下一代。文化资源管理应遵循这些法律法规的规定，实施的政策和办法。

管理局将支持文化资源专业人员维持和提高其专业知识和技能，并通过继续教育、研究生课程、研讨会、培训、授课、专业会议、专业或学术机构主办的其他项目来提高文化资源专家的专业水平。负责文化资源的国家公园管理局人员将学习并保持必要的知识、技能和能力以履行这些责任。从事文化资源研究、计划和管理活动或与文化资源研究、计划和管理活动有关的所有职业性团体，应具备与其工作和级别相关的文化资源工作的资格要求。

国家公园管理局将积极开展研究每个公园文化资源的跨学科项目。该研究的

---

1 李如生编著. 美国国家公园管理体制 [M]. 北京：中国建筑工业出版社，2005：33-58.

主要目标是：确保有系统地充分利用最新的信息代表公园文化资源和有传统联系的民族，以支持计划、管理和运营；确保利用最新的学识合理保护、保存、对待和解释文化资源；制定管理公园文化和自然资源的办法，切实考虑有传统联系的民族以及其他有关人员所持有的观点；收集有关公园生存和其他消耗性使用的资料以作出英明的决策；开发监督、保护和对待文化资源的有关技术和方法。

公园管理局还将维护和扩大国家公园系统各单位有关文化资源的编目，将信息输入有关数据库，并开发综合的信息系统。管理局还将进行调查以确定和评估每个公园的文化资源，并在更广泛的文化、年代和地理背景下对资源进行评价，实施恰当的管理。

1. 保护和保存文化资源

国家公园管理局将采用最有效的概念、技术和设备，在不破坏资源完整性的情况下，保护文化资源不受偷窃、火灾、破坏、过度使用、磨损、环境影响以及其他方面的威胁。并制定在紧急、灾难或火灾的情况下保护或抢救文化资源的措施，作为公园应急措施和防火管理计划程序的一部分。将对指定人员进行培训，以便能在所有紧急情况下尽最大努力保护游客、雇员以及资源和财产的安全。

还将采取行动防止或尽量减少荒野火灾、建筑火灾等对文化资源的影响，包括灭火和修复活动对文化资源的影响。在维护历史建筑、博物馆及图书馆收藏品时，应尽一切努力遵守国家建筑和消防规定。在不严重破坏建筑完整性和特征就不能遵守这些规定的情况下，应对建筑的管理和使用进行改变，以减少潜在的灾害，而不是改变建筑本身。

2. 残疾人通道

在合理保护每项财产重要历史特征的情况下，国家公园管理局将为残疾人提供最切实可行的通道以便他们访问历史财产。在设计和修建残疾人通道时，应力求对具有重要意义的财产的特征产生最少的影响。一旦对最切实可行的通道选择方案进行过审查，为修建通道而对某些特征的修改就可能是可以接受的。如果根据顾问委员会在《联邦法规汇编》的规定，确定某些特征的修改将会破坏一项财产的完整性和特征，那么就不能进行这种修改。通道的改建应尽可能使最大数量的游客、职员和公众受益，应和通往入口和停车场的主要道路形成一体或邻近这些主要道路。如果不能改建通道，就应采取其他方法实现通道计划。

3. 历史财产租赁和合作协议

如果租赁或合作协议能确保财产被保护，则国家公园管理局可以通过合作协议出租或允许使用历史性财产。每次出租都应以竞争方式进行。政府获得的价值至少应是调整承租人投资后的公平市场租赁价值，租赁期限应为建议用途所需的最短期限，应考虑所需的承租人投资、租赁类型的通常做法，财产未来的其他用途以及其他相关因素。任何租赁都不得超过 50 年。可以与州、地方和部落政府、其他公共机构、教育机构和非营利性私人机构签订合作协议以养护、修理、修复、重建历史财产或在历史财产上进行建设。

4．遗体和墓地的管理

应确定、评估和保护有标记或没有标记的史前墓地和墓穴、历史性墓地和墓穴。在策划公园开发和管理公园业务时，应尽一切努力避免对墓地和墓穴造成影响。除非其有被毁坏的威胁，否则不应故意扰乱这种墓地和墓穴，或对其进行考古调查。在遗体可能受打扰或在公园地产上被无意触及时，管理局应向那些与可能被辨认的遗体有血缘或文化关系的美洲印第安人部落、其他土著美国人团体和其他个人和团体磋商，可以允许在同一公园内重新埋葬，还可以埋葬原本可能从公园土地上迁走的遗体。

5．文化资源的处理

公园管理局将长期维护并让公众参观和欣赏具有重要意义的文化资源特征、材料和特性。根据类型的某些不同，文化资源需要进行几种基本的处理，包括：维持现有状态；在保证其完整性和特征的情况下修复，以满足当代用途；去掉事后增加的部分和更换丢失的部分，从而使文化资源恢复到原貌。

至于如何处理才能最好地保护和使公众欣赏某个文化资源的决定，应遵循有关规定：通过计划并且考虑资源的性质和重要性，资源的状况和解释性价值，以及资源的研究潜力；处理办法所需的干扰的程度；数据的可用性，和任何有约束力的限制条款的规定；有传统联系的民族以及其他利益相关者所关心的问题等因素。

管理局在处理公园的有关文化资源时应通盘考虑。在确定具体的处理和管理目标时，应考虑所有的文化资源和自然资源的价值。为避免作出孤立的决定，应按顺序协调地进行研究。应对每项行动建议进行评估以确保公园资源的总体处理具有连续性和兼容性。应权衡所有价值的相对重要性及其相互关系，以发现资源保护目标、公园管理和运营目标以及公园使用目标之间是否有冲突。应通过计划考虑和解决矛盾，计划时应遵照《美国法典》的有关规定进行磋商。

尽管每种资源类型几乎都与某个学科有着紧密的联系，但为了对文化资源的具体处理和管理目标作出正确界定，通常还需要采用跨学科的方法。

1) 考古资源

除非经过研究、咨询或按维护、保护和解释的要求证明物品的移动或干扰是合理的，否则，考古资源应就地管理。维护处理应包括各种先行措施，以保护资源不受破坏、抢劫，并通过减少自然或人为因素的损害来维护或改进它们的状况。只有在经过计划、咨询和适当的决策后才能采取恢复数据的有关措施。应在批准的研究计划范围内进行维护处理和数据恢复活动。考古研究应尽可能使用非破坏性的检测和分析手段。公园管理局应将有关考古资源的信息纳入解释、教育和维护计划。从考古资源中重新获得的物品和标本以及相关的记录和报告将一起保存在博物馆收藏室中。文化景观、建筑和遗迹中考古部分的维护也应遵守文化景观、历史和史前建筑、历史和史前遗迹方面的处理政策。应使用干扰最少、破坏最小的方法稳定那些容易被侵蚀和发生衰落、坍塌和其他自然损耗的考古资源。使用的方法应尽可能保护自然资源及其过程，保护考古资源不受人为因素的破坏和损坏。

对于土建工程，在有必要防止史前土建工程和历史土建工程被侵蚀时，即使在历史条件只剩光秃秃的泥土的时候，也应在可行的情况下维护当地生长的植被。由于修复和再建的土建工程可能毁坏现有遗迹而往往难以维护，所以应首先考虑其他方式描绘和解释原有的土建工程。

2）文化景观

文化景观的处理应注意保护具有重要意义的物理特征、生物系统和那些有重要历史意义的用途。处理决定应以文化景观未来的历史意义、现有条件和用途为基础。处理决定应考虑景观的自然和建筑特点和元素、自然发展和继续使用所固有的动态趋势，以及有传统联系的民族所担心的问题。处理应以可靠的保护方法进行，以确保长期维护资源的历史特征、特性和材料。现存文化景观的处理有三种方法：维护、修复和复原。

维护文化景观是在现有状况下使文化景观得到满意的保护、维护、使用和解释；和进行另一种处理，但只能在未来某个时候才能进行。

修复是现有状况不能充分派上合适用途的情况下进行的。修复将恢复其基本特征，但并不会改变其完整性和特征，也不会与核准的公园管理目标有冲突。

复原是经对复原后将发生的所有变化进行了专业评估，并且充分考虑了这些变化的重要性后进行的。复原有助于公众了解公园的文化联系；有关景观原貌的数据足以准确恢复原貌；数据的恢复可尽量减少重要考古资源的损失和减轻对考古资源的干扰；已消失景观的重建，可以将文化景观恢复到原貌。

对于生物文化资源，包括具有文化景观意义的动植物群落，在进行处理和管理时应予以适当考虑。公园资源管理计划中的文化资源和自然资源可联合用于制订可接受的生物文化资源的管理和处理计划。生物文化资源的处理和管理应对自然和人为变化过程进行预测并制订相关的计划。在进行任何重大处理之前，应了解变化对文化景观的历史特征所起的有益作用或破坏作用，以及景观内自然循环影响生态进程的方式。文化景观的处理和管理应确定可接受的变化参数，并在这些参数内对生物资源进行管理。

很多文化景观因其历史的土地使用和习俗而具有重要的意义。当土地使用是景观所以重要的基本原因时，处理的目标应权衡永久性使用和保留体现历史具体证据之间的关系。景观内文化和自然特征的多品类和安排常常对种族历史有着神圣的意义或其他延续的意义，或成为有关民族的文化活力。应确定这些特征及其今昔的用途，并在作出处理决定时考虑那些有传统联系的民族所持有的信仰、态度、习惯、传统和价值。文化资源的所有用途应受法律、政策、指南及自然和文化资源的保护标准，以及受公共安全和特殊的公园用途的约束。

另，对文化景观进行的现代改造或添加，不应对文化景观重要的空间组织、材料和元素进行根本性改变、遮掩或毁坏。当现有结构和改造不能满足管理的基本需要；新建项目的设计和定点是为了保护景观的完整性和历史特征；除非与已批准的复原或重建项目有关，否则改造、添加或有关的新建项目应与景观的历史特征不同，但又与其融为一体，可在文化景观内进行新建筑、结构、景观元素及公用设施的建设。新建项目应符合内政部修复标准的有关规定。

3）人种资源

公园人种资源是指对那些有传统联系的民族有着传统意义的公园的文化和自然元素。这些民族是现代公园的近邻，和公园有着两代或两代（40年）以上的种族或职业联系，其对公园资源感兴趣的时间早于公园兴建的时间。很多文化背景下现存的民族（美洲印第安人、因纽特人、爱斯基摩人、夏威夷土著人、美籍非洲人、美籍西班牙人、华裔美国人、美籍欧洲人以及农夫、牧人和渔夫等）都可能与某个公园有传统联系。

有传统联系的民族作为一个团体之所以与其他公园游客不同，是因为他们通常对人种资源具有重要意义——人种资源的所在地与他们自身的目的感紧密相连，他们作为一个群体而存在，作为有明显种族特征的民族而发展。这些地方可以在城市公园也可以在乡村公园，可以支持重要个人、群落起源地、迁移路线的庆典活动，也可以作为重要个人、群落起源地、迁移路线的诞生地、收获地或收集地。尽管这些地方的历史特征对有关群体有重要意义，但他们不一定和公园兴建的原因有直接关系或适合成为一般公众感兴趣的话题。有些人种资源还可以是传统的文化财产。传统文化财产是指那些由于其与现存某个群落的文化习俗或信仰有着联系而可纳入国家历史遗址登记册中的文化财产，而且这些文化习俗或信仰植根于该群落的历史，对持续维护该群落的文化特性有重要意义。

国家公园管理局应采取综合方法将公园和有传统联系的民族以及其他民族视作生态系统中相互关联的成员。为有助于欣赏能够代表国家公园系统特征的形形色色的人类遗产及相关资源，管理局将寻找那些文化习俗和特性与每个公园的文化和自然资源曾经有联系，而且现在还常常有联系的当代民族。

4）历史建筑和史前建筑

历史建筑和史前建筑的处理应按照妥善保护的做法使建筑的历史特征、材料和特性受到长期保护。处理现存建筑的方法有三种：维护、修复和复原。对于已消失建筑的重建，不论计划如何周全或如何执行，重建只是对昔日建筑所作的现代解释，而不是昔日真实遗留的建筑。还有历史建筑的迁移，建议迁移历史建筑时应考虑迁移对建筑、现有环境以及所迁环境的影响，并应考虑建筑及其遗址所具有的考古研究价值。如果将给建筑的保护带来负面影响，或在合理恢复重要考古数据之前，不应迁移任何历史建筑。史前建筑不应迁移。

历史建筑的使用，所有用途都应符合保护和公共安全要求。那些将对建筑的稳定性或特征、建筑内的博物馆收藏品、使用者的安全构成威胁的，或那些将会使改造对建筑完整性造成重大影响的行政性使用或公众使用都是不允许的。损害的或毁坏的历史建筑，被火、风暴、地震、战争或任何其他事故损害或毁坏的历史建筑可以按照这些政策作为遗迹进行保护、迁移、修复、复原或重建。

历史遗迹和史前遗迹。在对历史以及史前遗迹采取稳定措施前应进行各项研究，以恢复那些将受稳定工程影响的资料。对遗迹以及未挖掘的考古遗址的有关特征的稳定工程只能在保护研究价值或防止结构损坏的限度内进行，应该认识到原地保护考古遗址好于挖掘考古遗址。只有在向有传统联系的民族进行咨询，并为恢复数据和稳定工作作出足够的规定之后，才可以挖掘将被展示的考古遗迹。不应故意将建筑转变为遗迹，也不应将消失的建筑重建为毁坏或废墟状。

5) 博物馆收藏品

管理局将收藏、保护、维护并允许访问和使用考古学、人种学、历史学、生物学、地质学和古生物学领域的物品、标本、档案和手稿收藏品，用以帮助公园游客对这方面的了解，并提高人文学科和科学方面的知识水平。在处理或复制那些受《土著美国洞穴保护和遣返法》约束，属于国家公园管理局收藏品的有关项目前，管理局将在适当的情况下向那些有文化联系或传统联系的人们进行咨询。[1]

应按法律规定和国家公园管理局的现有办法取得和处理博物馆收藏品。国家公园管理局只收集那些具有法律和民族背景的收藏品。每个公园应保持完整的、最新收集项目的记录，以便对拥有的收藏品，包括获取时的知识产权，进行法律保护。每个公园都应编制博物馆目录以记录基本的财产管理数据和其他有关公园博物馆收藏品的文献资料。收藏品应根据现有办法进行编目。对于那些可以为公园带来收藏价值的考古景观、文化景观、民族建筑、历史建筑、史前建筑、历史室内陈设、自然资源和其他项目，可以在项目预算中为其提供这些收藏品的编目和初步保存。

---

1 李如生编著. 美国国家公园管理体制 [M]. 北京：中国建筑工业出版社，2005：60-65.

2.5 美国的自然景观设计

美国的先民们从遥远的欧洲来到这块新天地，为了逃避欧洲的腐败堕落，在没有欧洲封建的宗教和制度的种种束缚下，去开拓一片崭新的世界。他们在这片广阔的天地间获得了最大的自由释放。面对整片荒野，他们感受到原始自然的神秘博大，心灵受到强烈的震撼。自然的纯真、朴实、充满活力的个性产生了深远的影响力，造就美国人充满了自由、奔放的天性。美国人对景观的专注常常只集中在没有人类触动过的自然上，面对广袤无际的大自然，人们无法触及其全部，但更渴望认识、了解它。所以美国会有黄石国家公园、大峡谷、化石材国家公园、佩恩蒂德沙漠、佛罗里达大沼泽地等，大自然的鬼斧神工，创造了无限魅力。美国人对自然的渴求，已经融入了他们的生活和审美之中，他们也追求自然的这份朴实、亲切、神奇而充满活力的气质。

图 2-1 美国黄石国家森林公园粗犷的巨石

美国这一新生的民族，在北美的新大陆上对自然表现出了人类儿童般的天性，率真、自由，他们在与自然交流中如游戏般获得快乐。在对自然的好奇和热爱中了解自然、融入其中。美国人在自然风景和园林中是很快乐的。丰富的自然:森林、草原、沼泽、溪流、大湖；草地、灌木、参天大树，构成了广阔景观，美国人把它引入自己的生活中，同时要把它引入城市，甚至建筑中。美国景观设计师在园林或私宅设计方面深受自然景观的启发。其中一个重要原因就是美国拥有丰富多样的地形、土壤、气候、地质和植被，这些丰富的自然特征不仅是构筑乡土景观的重要元素，同时使不同区域具有独特性、地域感以及引以为豪的区域价值和对不同生物群落的认识价值。

图 2-2 美国黄石国家森林公园生动的自然地貌

随着美国西进运动的迅速推进，欧洲文化、园林历史和文化遗物也被潜移默化地移植进来。当时人们不喜欢采用当地景观类型和材料为基础的园林设计，其中部分原因是它们过于乡土。对于美国人而言，景观设计中融合整剪绿篱和传统形式，同时远离自然主题这种尽人皆知的形式在当时早已司空见惯。美国干燥的西南部也许是当时景观设计融合自然形式的唯一典范，那里的景观多运用岩层和耐旱野生植被，其主要运用的设计手法有如下几种。

图 2-3 美国加州圣路易斯-奥比斯波 SLO 私人酒店入口

2.5.1 粗犷生动的地貌

自然的粗犷是如此的生动和令人神往。自然景观的粗犷和局限使美国人对它的认识需要一个适应阶段，这是因为许多公共花园或私人花园都融合一定的乡土景观。许多设计评论家认为这种方法缺乏说服力或者了无生趣。他们声称，如果设计不鲜明生动或是不具有相关性，那么就枯燥无味，缺乏艺术美感。然而，许多游客更加欣赏自然美景，这种结合自然的景观设计理念也就越发重要与适宜了（图 2-1～图 2-4）。

图 2-4 建在自然山体中的加州圣路易斯-奥比斯波 SLO 私人酒店

图 2-5　位于加州 Pismo 与自然环境融为一体的居住社区

2.5.2　乡土的自然韵味

大多数带有乡土韵味的景观设计都基于一个前提条件,即项目规划和设计过程中尽可能地减少人为干预,对野生动植物的保护形成更多独特适宜的项目和增值效益,田园风格备受推崇。因此,场地的清理和保护尤显重要。对场地的充分了解是运用这种方法的第一步,也是最重要的一步。设计师如果在设计之初就密切关注自然场地,那么建筑和景观就会达到最佳结合。当业主选择自然设计风格时,整个设计团队和承建团队就必须认同这一理念和方法,精诚合作,实现目标,对野生动植物、土壤环境和自然环境的影响也降至最低(图 2-5～图 2-7)。

2.5.3　与环境融为一体

设计师很会从自然美景中汲取灵感,利用已有景观的"现成"元素,使当地的自然特征和美景组成一幅天然画卷。无论是葱郁的大树还是矮小的肉质植物,它们与自然的岩石形态、干涸或清泉潺潺的小溪以及绵延起伏的地势交相呼应,共同描绘出景观的背景。丰富的树种和特有的野花可以描绘出一幅成功的景观设计图。自然的地势、水域和草地魂牵梦绕着美国设计师。对自然景观的欣赏和接纳影响着美国的住宅、公共建筑、道路以适应自然场地的要求。没有比自然赋予的美更适合人类的了,自然景观的独特美是景观设计宝库中一朵珍贵的奇葩。设计师熟知并欣赏这些基本的自然元素,因此有时运用的设计手法来自于直觉或瞬间的灵感(图 2-8～图 2-10)。

图 2-6　加州海滨城市 Morro Bay

图 2-7　具有浓郁乡土风格的建筑景观

2.5.4　地方特色的植被

葱郁迷人、独具特色的植物群落是美国中西部真正的景观财富。各种各样的树木、多年生植物以及灌木丛随处可见。由于景观建筑师都熟悉地区的基本植物,

图 2-8　加州城市圣路易斯-奥比斯波 SLO 建在山坡上的住宅

图 2-9　与环境融为一体的越战纪念碑

图 2-10　具有自然美景的天然画卷-旧金山艺术宫

越来越多的本地植物被运用到景观设计中。植物勾勒出森林、灌木丛和高低草甸，组成立体画卷。画卷中还包括河流、溪流和干涸的小溪，水边是密集的亲水植被。除了常青的开花植物，灌木丛、草地、多年生植物和一年生植物也营造出欣欣向荣的景致。植物的季节性对于景观设计师是一笔宝贵的财富，他们可以利用多种植被来展现某种特有的全年景观。同样，许多植被所需的园艺护理相对很少，也为景观设计带来一定的帮助。丰富的色彩和质感反映出中西部独特的植物群落（图2-11～图2-15）。

对景观植被选择采用相辅相成的植物群落。通过了解土壤、湿度等特性，日照、遮荫等参数以及本地植物间的联系，景观设计很大程度上摆脱文化需求的束缚以及养护的限制。植物被编组排列，协调一致，并非简单地成排或网状排列。这样的种植设计不仅需要清楚地掌握当地气候、土壤深度和日光投影图案，而且需要灵活的应变能力。为了营造优美的设计效果，植物无须均衡统一，间距也并非严格相同。无论垂直还是水平，了解植被最终的生长模式和层次都是十分重要的。

2.5.5　多变的石材景观

岩石景观也是大自然赐予景观设计师的另一份厚礼。它们被精心保留下来，并不断地得到优化。如同当地的植物群落一样，岩石和天然石形态构成花园或景观的灵魂。石材利用方面还注重可持续性原则。石材在景观设计中具有诸多功能：碎砾石可以用于铺路，充当结构填料，修建园墙、水池或水景、挡土墙、入口拱门和立柱、藤架支柱、台阶以及景观镶边。在确定项目主色调时，选择与场地相适应的石材也很重要。建造建筑物时经常会有多余的石材，对这些石材可以进行再利用。当地景观石形成诸多设计的典型结构，其中一个通过石材营造"场地感"的明显手法就是在平台、种植床和挡土墙中采用本地采集的石材。

图 2-11　美国圣迭戈军港的特色植物 1

图 2-12　美国圣迭戈军港的特色植物 2

图 2-13　加州海滨城市 Pismo 的海滩植物

图 2-14　加州海滨城市 Pismo 迷人的海滩植物枝干景色

图 2-15　美国黄石国家森林公园特色的草景

石材设计的一条抽象小溪和排水道环绕，堪称别具匠心的线性景观。这种景观还包括瀑布、河流和细流。水道的不规则性，使细流和水景充满了历经岁月洗礼的沧桑感。景观可以被设计成全年完全干涸的状态，然而它却可以给人一种涓涓细流般的感觉。这种视觉假象在各个国家的造园历史上都得到充分演绎（图2-16～图2-18）。

2.5.6　个性的田园景观

随着城市的不断扩张，用于休闲娱乐安全健康的户外空间尤显必要。丰富的乡土田园景观越来越注重满足人们放松、沉思和静心等基本要求。在《自然的体验》（1989年）一书中，环境心理学家雷切尔·卡普兰和斯蒂芬·卡普兰（Rachel Kaplan and Stephen Kaplan）认为自然和野生环境有助于缓解人的精神疲劳。理查·洛夫（Richard Louv）在其新著《森林里的最后一个孩童》一书中写道，为孩子创造无拘无束的亲近自然的机会势在必行。孩子与自然的关系越来越疏远，他们对自然界的认识也就随之减少，所谓的支持环境保护和污染控制也就没有任何思想根基和想象空间，成为一纸空谈而已（图2-19～图2-21）。

在自然启发下设计的公园或开阔的公共场所，成为城市景观中的一方净土。适者生存原则具有一定的生态暗含，如果孩子从小不开发创造力，那么他们就无法领悟到自然界中生命给予的启迪。无论我们是否真正认识到这一点，公园和开放空间，甚至高度人工建造的景观都能够增强人们的身心健康，人们在这里呼吸清新的空气，散步、锻炼或欣赏美景。作为设计师也应该在自然界中汲取创作的灵感。

图 2-16　美国优胜美地国家公园

图 2-17　以特色石材修筑的建筑景观

图 2-18　加州城市 Morro Bay 海滩居住社区的儿童游戏场

图 2-19　美国洛杉矶环球影城个性化的餐馆

图 2-20　具有自然田园风光的景观

图 2-21　纽约市中心的田园造景

第3章
顺应自然的景观设计

第3章　顺应自然的景观设计

自工业革命以来，绝大多数的建筑研究都没有考虑与环境的关系，就好像自然或者社会的环境与建筑是脱离的、不相关的。当时的建筑师认为至关重要的是自我个性和名气彰显。而设计中寻找建筑形式的基础——与环境的关系，却被大家忽略了。国际主义设计思潮认为，存在一种在任何时间，适用于全世界及全部人群，具有普遍意义的建筑设计方法。当然，最后证实对任何时间、全世界及全部人群都是不合适的。《设计结合自然》就是我们的设计宣言，只要进行设计，我们就必须结合自然。自然界很早就开始了设计，远远早于人类开始设计的时间。那些认为人类可以创造自然的想法简直就是痴人说梦。"为什么现在建筑学对环境如此不以为意？为什么那些建筑院校不要求学生去学习和了解与环境、自然以及社会相关的知识呢？我认为对一个建筑师来说，这些是第一位重要的，而所谓的灵感在建筑设计中的作用并不是那么重要。"[1] 当然，自然环境和社会环境等学科知识不在建筑学教程之内，更不包括在建筑实践之中。

3.1 景观设计的发展趋势

3.1.1 重视生态环境和可持续发展

城市景观的生态过程，主要靠人为输入或输出不同性质的能量和物质，来协调和维持。随着社会经济的发展，以及政治、文化等因素的变动，城市景观变化极快，特别是城市景观边际带的变化尤为明显。由于城市景观系统对人类调控的高度依赖性，城市的自然生态过程被大大简化和割裂，城市功能的连续性和完整性都很脆弱，一旦人类活动失调，就很容易导致城市功能，特别是城市生态衰退，城市的总体可持续性和宜人性下降。

随着环境问题成为人类关注的焦点，包括Sasaki在内的敏感的美国景观设计师们很早就注意到了生态学的重要性。Sasaki认为："我们需要对各种影响规划地区的自然力量进行生态学意义上的监测，以决定何种文化形式适合这种自然条件，使各种正在运作中的生态张力，能在这种研究中得到激发，从而创造出一个比我们现在见到的更为合适的设计形式。"在这种背景下，景观设计学科开始了

---

[1] （美）弗瑞德·A·斯迪特主编.生态设计——建筑·景观·室内·区域可持续设计与规划[M].汪芳，吴冬青等译.北京：中国建筑工业出版社，2008：13.

又一次新的求索。这一次的革命发生在麦克哈格（McHarg）登上舞台以后。他的《设计遵从自然》一书在景观设计学界产生了巨大影响。麦克哈格从生态学的角度，反对西方长期盛行的土地和城市规划中功能分区的做法，将景观作为一个生态整体来看。他强调土地的适宜性。并因此完善了以因子分层分析和地图叠加技术为核心的规划方法论，称之为"千层饼模式"（McHarg，1981年）。而随着景观生态学研究的进一步开展，这一规划方法体系也在不断地更新和进展中。以麦克哈格为代表的生态规划的意义在于，它又一次拓宽了景观设计学的学科视野，使景观设计师在更高的层次上为人类服务。景观设计师从此具有了更广阔的责任范围，其工作的意义也因为涉及整个环境可持续发展问题而变得更为重大。

城市自然保护建设：包括野生生物生境保护、城市地区湿地及自然景观保护等内容。城市生态重建则主要有生态公园建设、废弃地生态重建、城市扩散廊道体系建设等方面。城市自然保护与生态重建具有以生态学为基础、多学科交叉、注重生态过程的恢复，多目标、多层次规划设计的特点。

人类源于自然，并崇尚自然，生存于自然，且得益于自然，因此，在人口膨胀、自然恶化的今天，人们向往和回归自然的心情与日俱增，希望在城镇中重现和领略到大自然美景的愿望越来越强烈。虽然城镇空间不允许更多的自然风光，然而，创造"小中见大"、"壶中天地"的自然景色，可取得与自然协调的生理、心理的平衡。景观设计的目的就是要寻求人所能到达的地方人与自然的最大和谐。随自然而设计、以美的规律来设计、以求人与自然的和谐来设计才是景观设计应有的最深刻含义。

景观设计必须考虑三方面的意义。首先，它必须考虑到景观的地理外在要素如地质、地貌、地形、水体、植被的造型能力，使之合乎自然形态规律并按照美的目的来建造；其次，它要考虑生态的可持续发展问题，目的是使景观能够有序地可持续发展，植物、水体、天空、水土都处于规律的变化之中，人与自然协调生存；然后，它还要考虑到人类社会及历史人文的要素，要探究景观的合乎时代性和文化民族地域的特征性，要保留和传承人类的历史文化。具体到城市的景观设计，就必须考虑到城市的地理位置，地形、地貌、水体等特征，城市的可持续发展，以及城市的历史、城市的现状、城市的当代功能定位等一系列要素。

3.1.2 向人性化方向发展

20世纪是注重人与环境和谐发展的生态时代。人是城市的主体，城市的一切都是围绕着人的需求而进行建设、变化的。不断趋于文明和理性的社会，越来越关注人的需求和健康，环境要适合居民的需求，环境氛围要充满生活气息，就必须不断地向更为人性化的方向发展，做到景为人用，富有人情味。

景观设计中最重要的元素是人，应尽力解决好人的需求，处理好人与环境、人与人的关系问题。从人性化的角度来看，以人为本曾一度成为唱得最响的口号，中国的改革开放被认为是中国新现代纪元的开始，其中最大的改变是人性化的释放，中国人的日常生活变得具有个性和多元化。中国公共城市空间在经历了群体集会的功能之后，转化为真正的日常生活的场所，但新的城市空间和景观却被赋予了新的意义，它承载着新城市的梦想，极力改变现状的最好方法便是差异性的创造，创造新的气象是每一个城市进程的终端目标，所以说，真正宜人的景观空间远远承载不了大尺度景观的梦想，这反向促成了以视觉形式的表达为主要目标的设计。

对人性化的关注还表现为人性场所的设计，这依赖大量的调查、分析以及经验，表现为在空间尺度与结构的把握，场地色彩、微气候的营造，以及行走、逗留空间的设计，还包括不同人群的偏好和针对弱势人群的关照，及针对残疾人的无障碍设计等。

3.1.3　新价值观主导下的审美

今天，人们对生活的理想已不单单停留在物质的层面上，"诗意的栖居"成为人们追求的目标。从某种意义上来说，景观建筑学也是对我们现代生活而言人与自然关系相互作用方式的诠释和表现。景观建筑学在推动人类物质生活环境变化的同时，也体现着人类生存理想和精神审美的不断演变。城市的景观与建筑在承担重要的使用和实用的功能之外，还被界定在艺术审美的范畴之内，无论是西方艺术史还是中国艺术史都给建筑以较高的美学评价。从传统园林学发展而来的现代景观学，在理论与实践中同时追求美的最高境界。当代中国的城市景观设计在最大限度地体现空间的艺术美，同时将这种空间意识与城市的历史美感和城市精神相结合，体现出城市的独特意境，给人们以特殊的艺术知觉。

生态美学，是研究以人为本的现代城市生态风景园林多维空间艺术景观造型的审美特征和审美规律的一门多边科学。中国风景园林是多维空间的艺术造型，有史以来就始终坚持在以讴歌自然、推崇自然美为特征的美学思想体系下求发展，以期达到"虽由人作"却"宛自天开"之审美、游览、环保效果。强调艺术美与自然美、形式美与内容美之辩证统一，以艺术为手段，以展示自然美为目的；以形式美为框架，以内容美为核心，力求体现不是自然却胜似自然的生态效益和人文景观。强调动静结合、静中寓动、动中求静、静态景物中有动感、动态事物里蕴藉着无限清幽纯朴的静谧之趣。强调远与近、大与小、明与暗、露与藏的对比，烘托、借衬，更注重疏与密、高与低、俯与仰的搭配，尤重林冠线的变化和色彩调配。强调以植物组景为主，并追求色相与季相变化，特别注意追求形象美、层次美、风韵美。强调景物之间的相互借衬与烘托，并注重外景的亲和、融合、呼应、渗透。

当今我们应充分发扬光大具有民族特色的生态美学观点,并加以继承创新和发展,以体现新价值观主导下的审美。审美是以较高形式反作用于实践过程,中国当代景观设计在颠覆和离弃传统美学的同时,在语言形式和建构的层面汲取了现代主义的营养,同时当代艺术的介入又增加了其丰富性,当代景观美学的最大转变源于价值观的转变。生态学的崛起和人性化的释放导致传统的带有精英式和永恒性的美学形式发生转向,通常,美是通过大量的重复与提炼的过程,最终使事物熟悉化和舒适化而获得的,它依赖于比例、色彩和语言之间的高度协调,和谐、稳定及平衡是其要义。但是,新价值体系的建立产生了新的审美取向,在某种程度上的"自然美"也是美的最高境界,其背后涌动着的是自然规律控制下的生态美。生态美被当代景观设计提到一个新的高度,可能是杂乱的、无序的,但是是具有生命力的。正如"野草之美"也是被符号化了的当代景观美学转向的一个重要特征。

3.2 自然景观同样需要保护

我们应当相信:自然是进化的,自然界的各种要素之间是相互作用的,是具有规律的;人类利用自然的价值和可能性是有一定限制的,甚至对某些方面要禁止。[1]

人类生活在一个生物世界里,人们对植物、动物和微生物都有所了解。这是一个非常复杂的、各部分相互关联的系统,而人类能够对这个系统造成很严重的破坏,这不仅是对系统,同时也会对人类自身造成破坏。人和自然的关系问题不是为人类表演舞台提供装饰性的背景,或者是为了改善一下肮脏的城市;而是需要把自然作为生命的源泉、生存的环境、诲人的老师、神圣的殿堂和挑战的场所来维护,尤其是需要不断地再发现自然界本身还未被我们掌握的规律,寻根求源。

人类自古以来是否就有结合自然的设计了呢?答案当然是肯定的。古代的人们必须理解自然才能获得生存。如今那些研究原始社会的人种史学家意识到:如果要理解这些原始社会的文化、语言、地区、民族和艺术,就必须理解原始社会的环境。世界上的人类学家和人种史学家所作的种种研究都表明,这些原始社会的人们已经非常适应其生存的特定环境了。通过他们的宗教、艺术、经济、语言和食物等,我们也可以看出这一点。而糟糕的是,现代的西方文化已经丧失了人类和自然的这一直接联系。而且不仅仅是从物质环境上,连意识上都已经失去了这种联系。如果想认真反思这一点,那么需要思考的问题即:设计需要我们理解环境,我们需要了解环境是什么,环境允许什么,哪些地区适合做什么与不适合做什么。

---

1 (美)伊恩·麦克哈格著. 设计结合自然 [M]. 芮经纬译. 天津:天津大学出版社,2008:13.

所有的动植物对其生长环境来说都是特有的。一旦你侵入某一环境，该环境下的动植物就会有所反应。提到牧场，就会联想到长长短短的草、水牛等；提到沙漠，就会在脑海中浮现出沙子的样子，也会联想到矮小的灌木、夜间活动的动物等；提到冻土地带，就会联想到驯鹿、苔类植被等。不管提到什么类型的环境，都能够识别出相应于冻土地带、北极圈、针叶林地带、森林、大草原、热带雨林的植物和动物。当说到某个环境的时候，你在脑海中已经出现了组成这些环境的动物、植被。[1]这些动植物的组合妙不可言，它们之间相互适应。

地球上还存在着无边无际的海洋世界、沿着弯曲的地球表面伸展的沙漠，还有寂静古老的森林、怪石嶙峋的海岸、冰川和火山，但是我们将如何对待它们呢？还有富饶的农场、田园式的村庄、坚固的谷仓、带有白尖塔的教堂、林荫大道、亭桥或廊桥，但这些都是另一个时代的遗留物。

天造地设，非以人工刻意塑造、修饰的风景，就是自然景观；天然景观是国家、地区自然历史的投影，其形成要千百万年或数亿年，其规模非人力所能及。工业化在人和自然之间筑起一道厚厚的高墙，在文明生活的天地中，触目尽是人造景物。人是自然的一部分，远离自然就容易造成身心的不平衡，所以文明愈进步，生活愈紧张，自然景观的陶冶也就愈感迫切。因此，如何开发、利用和保护自然景观的问题，是与现代生活所必须的其他要素同等重要的。

中国景观设计正在步西方"化妆运动"的后尘！美国设计师伊丽莎白说："美国早期的景观设计远离了自然和生命，单纯地满足视觉功能，而忽视了实用性，为社会制造了不少'景观垃圾'。而同样的一幕现在正在中国上演，不少住区景观设计成了居住环境的展示品，而忽略了环境对居住者日常生活和休闲的意义。这样的作品不能说是顺应自然的景观设计。"人造的自然景观比直接破坏自然更加糟糕，她说：中国不少城市把景观设计变成了"化妆运动"，包括北京、上海、西安、南京等地都不约而同刮起了西方"奢华风"。凯旋门、罗马柱、骑士式和维纳斯式的雕塑、皇家园林、人工瀑布……，这些西方贵族式奢华的景观元素正在被越来越多的普通小区所引用，甚至越来越多的企业大肆炒作欧陆风格以及南美、北美、东南亚乃至地中海风情，一切唯"洋"是尊，把小区搞成如城市广场一般。伊丽莎白认为，顺应自然的景观设计不是城市"化妆运动"，而应该是最大限度地以自然环境为材料，设计出使人与自然相互协调、和谐共存的生态空间。这种和谐不仅包括人与建筑，还有水、空气、植被、鸟类等生态环境的和谐。

人们往往不重视对自然景观的保护建设，因为他们总是认为自然景观是自然生长的，不用去管也能生存下来，而事实上，自然景观不一定都是可持续的，如

---

1 （美）弗瑞德·A·斯迪特主编. 生态设计——建筑·景观·室内·区域可持续设计与规划[M]. 汪芳，吴冬青等译. 北京：中国建筑工业出版社，2008：13.

果不好好保护起来，它会很快在自然界消失。尽管早期美国在景观设计方面走了一段弯路，但那些景观设计败笔告诫美国的景观设计师：自然的景观可以创造生态的生活空间，给人与城市提供一个舒适、健康的休闲环境。现在美国的一些景观设计师已经对自然资源产生了依赖性，无论做哪一个区域的设计，他们的设计灵感都源于自然。

在美国华盛顿一个老船坞的景观设计中，所有的材料都采用老船坞留下的废旧原料。虽然那些破旧的"文物"让人看起来很糟糕，但景观设计师把衰败的旧厂房改成了酒吧和旅馆，工厂的烟囱、机械设备、铁链、工具等都设计成可供人们参观、娱乐的道具，尤其备受儿童的喜爱。把周边的杂草重新归整一番，让同类颜色的植被在一起，其间点缀一些艳丽的小花；用废旧的铁管焊接成空中环廊，让整个景观设计有拉伸的感觉，不仅可以增加视觉上的美感，还可以减缓疲劳⋯⋯，设计师就地取材，使用 90% 的废墟、石材、植被、机械设备，把原本一个没有生命力的自然景观重新打造成美国著名的休闲公园。

在旧金山一个水坝的景观设计中，设计师充分考虑到，因为这个水坝已经有很长的历史，与周边的环境形成了自然的景观布局，设计风格要保留建筑的传统风貌，少用或不用现代建筑材料，一切顺应自然。水坝本身具有实用功能，为了达到艺术美的效果，设计师用原来水坝的石材做成形态各异的雕塑，用破碎的石块铺成水坝周围的步行街，给水坝加固和拓宽，让其具有防洪的作用，在水坝周边栽种喜水的植被，让走在这里的人与水、建筑、植物、鸟类和谐共生。水坝建成后与市中心干燥的环境形成鲜明对比，越来越多的人被吸引过来。

虽然我们现在的景观设计界也在高喊设计要"回归乡土、回归自然"的口号，但与景观设计行业发展已经 100 余年的美国相比，我们仍然处于发展的初级阶段。

现在人们急功近利的欲望和扭曲的价值观已经让我们失去了这种平和的心态，在我们的观念里面，一味地在追求着"高、大、奇"的目标，而很少切实考虑自身真正的需求。在我们这个中庸观念深入人心的国家，从某种程度上来说，对于这些目标的追求，可以显现我们进取的一面，但是这也在更大程度上推动了现实中浪费的一面。我们用大理石、花岗石来装点那些空旷的广场，用耗费普通建筑好几倍材料的代价来满足我们对"新、奇"建筑的追求，我们听到的也是到处修建"某某第一高楼"、"某某第一大道"、"某某第一广场"的豪言壮语⋯⋯，也许这是我们景观行业发展的一个必然阶段，或者十几年或几十年之后，我们的景观能真正"朴实"起来，但愿这个阶段尽量短一些。我们应该拥有的是一颗平和、淡定的心态，如果真能如此，那么我们 960 万 km^2 土地上的乡土景观将是何其的丰富多彩，而那样的景观，应该是我们所真正追求的。

总之，一切设计都可以以自然为材料，从自然中获得灵感。设计是一个文化的工程，不仅仅应尊重自然，展示自然的魅力，还应减少建设浪费，减轻对生态系统的污染，走节约、环保的可持续发展之路。

3.3 对场地设计的重新认识

伊恩·麦克哈格认为，从事现代建筑设计、因地制宜地设计建筑、景观及开展规划等工作的人们，必须是非常了解土地的——应当了解土地如何形成、如何发展以及土地蕴涵的深意，以便有针对性地进行相应的土地改造。这些人必须能够分辨出哪些地方是适合改造的，并且能够找出适当的建设场地和适宜的改造形式。

场地设计是城市规划和建筑设计领域中十分重要的一环，是营造良好城市空间环境的重要途径。在当前欣欣向荣的城市规划和建筑设计的浪潮中，无论是开发者还是设计者，对于建筑实体的功能造型甚为关注，然而，对这些建筑赖以立足的场地设计却常常忽略而过，因而类似"成功的单体建筑，失败的整体环境"这样的状况屡见不鲜。

我们的很多设计师从来就不懂场地设计这一环节，从来就没有在设计建筑之余把整体的场地设计顺手规划进去。事实上很多设计师从来就没有学过场地设计，所以这一环节被大大地忽略了。现在我们并不是要恢复它，而是要重新学习它。场地设计是一种在土地上安排构筑物和塑造外部空间的艺术，而这种安排构筑物和外部空间塑造的艺术肯定不是游离于建筑之外的东西，把建筑落在场地上，是景观规划其中一种功能的体现。这种建筑功能的延续，使景观规划既联系城市规划，又联系建筑。场地设计应该是为人设计的，而不单纯为园林和景观规划而设计。

场地设计也可表达一种过程。安妮·威斯顿·斯本（Anne W1liston Spirn）抱怨说："建筑师甚至是一些景观建筑师坚持认为景观是构成客体的视觉工具，只负责景观中的山、树和花的形状和颜色，而不是激发它的过程。"

在场地对触觉的表达过程中，詹姆士·科纳认为，强调触觉的物质性是在景观构想中的重要考虑，这是因为强调触觉经验可以防止我们，……将景观仅视为景色或纯粹视觉背景的商品化冲动……，当视觉倾向于将主观物体客观化并与其保持一定的距离时，触觉却推动、升华和拉进了人们对于场地的感受。触觉使我们实实在在地回到了熟悉的事物，比如木材的温暖和金属的冰冷、潮湿树叶的麝香味和潮湿空气的芳香，又或是火山岩的粗犷以及化石岩的光泽。

景观空间的建造是不能与特定的视觉、触觉等感官分离的，景观是一种不断交换的媒介，一种在不同时期、不同社会的虚拟和实质的实践中蕴涵和演变的介质。随着时间的流逝，景观产生层层新的再现而不可避免地增加和丰富其解释和可能性的场景。因此，所有关于景观的意念和实质产物都不是一成不变的。

此外，景观意念既不是世界共享的，也不是以同样方式跨越文化和时间出现的；景观的意义和价值，以及它存在和形态上的特质也不是固定的。自然界不是统一的场景。

3.4 湿地的保护建设

1954～1974年美国由于城市发展而导致湿地大面积减少，大城市郊区的发展成为区域湿地面积减小、质量退化的主要原因。受城市发展影响的湿地普遍有以下特点：水流被限制；滨水过渡生境被破坏；废物与污染物聚积；缺乏作为捕食者的动物物种。湿地具有调节径流、防洪减灾、保护城市安全、改善城市气候、提供城市清洁用水、创造城市居民户外游憩空间、支持生物栖息地、保护生物多样性以及航运、废物处理、灌溉等多种功能。湿地的保护也成为城市自然保护的主要内容之一。

美国佛罗里达州一湿地保护区管理处的唐纳胡先生谈到这一湿地的历史。它1974年才成为联邦政府的保护区。这在美国的自然保护区中是较晚的，说明它的价值在这之前还没有引起人们的重视。因此在建立保护区之前，它已经遭到过破坏。最主要的是20世纪三四十年代的森林采伐，致使大的柏树几乎被伐尽。20世纪50年代禁止采伐后，湿地才得以基本完整地保留下来。然而，20世纪60年代又有人计划开发湿地，在里面建设城镇和工业设施。到了20世纪70年代，环境保护的意识逐步增强，人们才了解这块湿地对佛罗里达州是块无价之宝。它不仅有许多珍贵稀有的动植物，而且每年雨季的大水和湿润的沼泽地对周围的气候变化和生态平衡起着关键的作用。唐纳胡先生说："湿地最宝贵的资源还不是动植物，而是水。我们的主要任务就是保护湿地的动植物和水资源，并使湿地保持生态平衡。而保持生态平衡是最重要的。"

3.5 城市环境的生态重建

当前城市环境的生态建设，趋势是向着自然化、森林化、人文化方向发展，而城市环境设计的中心就是人在自然中生活，自然更贴近人。

生态规划是一种利用已有的科学和技术信息进行思考，并在一系列的选择中最终得到一致意见的过程。生态学是对所有生物之间关系的研究，包括人与其所生存的生物环境和物理环境之间的关系。生态规划可以定义为利用生物物理和社会文化的信息提供一些允许和约束条件，从而为景观利用决策的制定过程提供依据。伊恩·麦克哈格曾经为生态规划总结了如下的框架："所有的生态系统都渴望生存和繁荣。这种状态可以描述为有序—适当—健康，而它的对立面则是无序—不当—病态。为达到第一种状态，对系统来说，环境的适当状态可以定义为所付出的工作和所进行的改造的最小化。适当的状态和适应的过程本身就是健康的体现，而对适当性的寻求过程就是适应。对人类来说，在所有可用来达到成功适应的手段中，总体上的文化适应和细节上的规划看来是最直接和有效的方法，能够维持和改进人类的健康和福利。"阿瑟·约翰逊将此理论的核心原则进一步解释如下："对任何有机体、人工系统、自然和社会的生态系统来说，最适当的环境就是能够为他们提供可以维持健康或能量的环境。这种方法可以适用于任何规模，从花园里的植物栽培到一个国家的发展。"生态规划方法首先是一个研究地方生物物理系统和社会文化系统的过程，从而揭示出某种特定的土地利用方式在哪里实行最合适。正如伊恩·麦克哈格在其著作和很多公共演讲中多次总结过的："这种方法定义出一种最有潜力的土地利用方式，它集中了几乎所有的有利要素而排除了几乎所有的有害条件。满足这一标准的区域被认为是可以考虑的、适合土地利用的区域。"[1]

生态重建是以城市开放空间为对象，以生态学及相关学科为基础进行的城市生态系统建设。它不同于一般的城市绿化和景观建设，注重生态系统结构与功能的恢复，以及健全生态过程的引入，从而使系统具有一定的自稳性和持续性。20世纪80年代，城市绿地、公园的生物保护功能被重视，使城市绿地功能从以前的美化与游憩向生态恢复和自然保护方面推广。用生态学的理论来指导城市绿地建设，使城市绿地纳入更大区域的自然保护网络，成为发达国家可持续城市景观建设实践的主要内容。

生态重建包括绿道、绿色开发：

绿道实际上是城市区域沿道路、河流等进行绿化，形成的绿色带状开放空间。它们连接公园和娱乐场地，形成完整的城市绿地或公园系统，揭示出城市内部千变万化的生活方式。连接郊野的绿道能够将自然引入城市，也能将人引出城市，进入大自然，使城市居民可以体验自然环境之美。

绿色开发也能更有效利用其他自然资源。那些设计或选址不当的建筑不仅破坏景观，占用良田，而且不断蚕食野生动物栖息地。与此相反，绿色设计在增加销售卖点和舒适性的同时，可以起到保全和改善自然环境、保护珍贵景观的作用。对新建筑的精心绿色设计和对老建筑的更新利用，能极大地减少建筑材料的消耗，保护森林和濒临灭绝的生物种群。

---

[1] （美）弗瑞德·A·斯迪特主编. 生态设计——建筑·景观·室内·区域可持续设计与规划[M]. 汪芳，吴冬青等译. 北京：中国建筑工业出版社，2008：40.

认识到植物生态环境的存在与发展是人类文明的标志，这样以研究人类与自然间的相互作用，及以动态平衡为出发点的生态环境设计思想便开始逐步形成并迅速扩张。生态环境主要是指以生态学原理（如互惠共生、化学互感、生态位、物种多样性和竞争等作用）为指导而建设的绿地系统。在此系统中，乔木、灌木、草本和藤本植物被因地制宜地配置在一个群落中，种群间相互协调，有复合的层次和相宜的季相色彩，具不同生态特征的植物能各得其所，从而可以充分利用阳光、空气、养分和水分、土地空间等环境资源，彼此之间形成一种和谐有序、稳定的关系，进而塑造一个人类、动物、植物和谐共生、互动的生态环境。随着城市环境建设的迅速发展，对植物对城市生态环境的作用，人们有了进一步的认识。建设生态环境是城市发展的必然方向，即在城市建设当中，模仿自然生态景观，通过艺术加工，创造出既美丽又具有降尘、降噪、放出氧气等多种生态功能的城市景观。一些具体的做法，如在城市以植物造景为主，增加群落景观在城市中的应用。建设生态园林以植物造景为主，木本植物为骨干的生物群，由乔木、灌木、草本、低等植物、动物和微生物以及所在地区的气候、土壤条件综合而成的微观人工植物群落，又包括植物的相互联系的生态网络，涵盖了宏观城市系统，发挥了吸碳吐氧、调节温度与湿度、消噪除尘、杀菌保健、吸收有害气体、防风固沙、水土保持、发挥绿地水循环、防震避灾等生态功能。生态城市建设在可持续发展的目标指导下，人类与生物的接近程度将成为绿地衡量标准的重要尺度，以植物造景为主，利用不同物种在空间、时间和营养生态位上的差异来配置植物，建立多种类型、多种功能、丰富多样的景观，最终形成乔灌草结合、层次丰富、配置合理的复合植物生态群落，达到生态美与艺术美的和谐统一。

物种多样性是促进城市绿地自然化的基础，也是提高绿地生态系统功能的前提，所以，生态绿化应恢复和重建城市物种多样性。我们应尽量保护城市自然遗留地和自然植被，建立自然保护地，维护自然演进过程；修建绿色廊道和暂息地，形成绿色生态网络；增加开放空间和各生物斑块的连接度，减少城市内生物生存、迁移和分布的阻力，给物种提供更多的栖息地和更便利的生境空间。生态绿化要发挥健全城市的生态功能，将更多的野生动植物引入城市，满足市民与大自然接触的天性要求。城市要尽量保存适应野生动植物生存繁衍的栖息地。西方国家常以野生动物的种类及数量来衡量城市绿地和生态环境质量，这对于我国也有借鉴意义。保护和建立半自然栖息地是生态绿化实现自然保护的重要途径。"半自然"是指人类干扰之前保留自然植被痕迹的地方，但又被人类深刻改变，不能视为真正意义上的自然。如遗留的林地、湿地、草地以及废弃的深坑、水库和人工湿地系统，它们是水生动物良好的栖息场所，在一定程度上弥补了大量自然生境的丧失。生态公园是模仿自然生境、保护城市生物多样性的理想途径,如伦敦中心城区的海德公园、中山市的歧江公园,都是较好的例子。中国大多数城市中的自然环境与外部大自然断绝联系,但通过划分城市的生态功能区,构建城市的"绿楔"、"绿廊"以及"绿网",能够恢复城市外部生物基因的正常输入和城市内部生物基因的自然调节。特别是在草地生态、森林生态、淡水生态系统中的生态交换关系,不仅要求是水平向的而且应该具备垂直向的承载条件(如自然坡岸、湿地、攀缘面等)。城市在引入自然群落运行机制时,宜划分正常生态区、过渡生态区、变异生态区、半自然区等不同区域,确立各级生态功能区之间、城市生态区之间与外部生态区之间的生境通道和生态走廊,为不同丰度、不同干扰承载力的生物群落之间的基因系统和调节创造条件。

另外,生态学在实践层面介入景观设计,并作为景观设计的一个基本理论,是过去十年中国景观设计发生转向的重要特征。《哲学走向荒野》是霍尔姆斯·罗尔斯顿所著的有关生态学及其伦理的著作,在此书中,作者阐述了西方在20世纪70年代之后的哲学转向,从人本哲学转向生态哲学,并探讨了生态伦理。在过去十年中,设计师所关注的对象从人的需求转化为自然与人的双重平衡,并试图在满足人的基本需求的同时更多地考虑自然的需求。生态学在当代景观设计语境中表现为以下三个层面的实践:

生态学方法与技术的介入,生态设计依赖于科学的场地分析和对生态系统的研究,包括生态技术的运用。在某种意义上,生态设计与艺术的表达存在着冲突,美国《景观设计学》第四版的合著者Barry W.Starke在《人类栖息地、科学和景观设计》一文中论述了当代景观设计应该"多一些科学、少一些艺术"的观点。生态景观规划同样是现代生态学引导下的实践,俞孔坚主导的"反规划"理论,引起关注和讨论,其核心是景观安全格局的建立,在城市"正"的规划之前,首先进行反向的面向生态系统的规划,从几个不同安全级别的层面划定不建设的区域,"反规划"的出发点是物质城市的彼岸——自然,应对的问题是中国超城市化进程中城市新空间与自然空间及生态系统之间的矛盾。

生态学法则的运用,在实践层面主要影响的是设计观念。巴里·康芒纳在《封闭的循环》一书中阐述了生态学的四条法则:每一种事物都与别的事物有关;一切事物都必然有其去向;自然界所懂得的是最好的;没有免费的午餐。这四条原则让人们重新思考在大地上的创造,生态学法则在景观设计语境中表现为人工元素介入自然空间的方式,其终端表现为"最少介入",这个理念以审慎的态度对待现代社会的物质进步,批判过度的设计。

生态学法则的延伸——对可持续中能源与资源的思考,在当代景观设计中,其中突出的实践是将景观赋予生产功能,将第二自然介入到景观中,俞孔坚设计的沈阳建筑大学稻田景观与厦门园博园中的蔗园、王澍的象山校园中对农地的保留和校园内普遍种植的燕麦等实践体现了景观设计对能源和资源问题的思考。

3.6 自然地理的保护和发展原则

自然的演进过程包括地形和地表下层的地质、地表水和地下水、洪泛平原、土壤、陡坡、森林和林地。每一种自然演进过程和其他的自然演进过程是相互影响的，每种自然演进过程和开发建设是密切相关的。在弄清每一个地区的承受开发能力，对掠夺的敏感度以及景观内在的限制和机遇等问题上，这些自然演进过程是起主要作用的。

以下为美国针对各种自然地理特点所采取的相适应建设的部分原则。

（1）河谷地区应该禁止开发建设，将其保留起来，作为与现有的田园景色相协调的土地利用。包括：农业用地、大庄园、低密度建设、公共事业开放空间、公共和私人的花园和游憩场所。

（2）在50年一遇的洪泛平原应禁止一切建设，留作农田、公共事业开放空间和游憩使用。

（3）禁止在不适于建化粪池的土壤上修建化粪池，应该严格执行这一规定。在允许施建的土壤上进行建设时，建设密度应该根据土壤的渗透性和对地下含水层的影响作出规定。

（4）在河流两岸宽度不小于约60m的范围内，应保持自然状态。一般情况下，不应在上面耕作。

（5）闸坝基地和它们的贮水地区应禁止建设，作为未来的水资源地区和人工的地下水回灌区及游憩地区。

（6）所有的森林、林地、灌木林和测径仪上直径超过10cm的单棵树木，应加以鉴定并根据规定加以保护。[1]

没有森林覆盖的河谷地阶，这种土地应禁止建设，种植树林。森林覆盖的河谷地阶，应只有在永远能保持现有的森林面貌的情况下，才可进行建设。

3.7 景观设计的自然元素

建筑的起源在于建造遮棚，创造庇护所。建筑是一个适应环境的强大工具，但是现在变成了一种疏远自然的工具。大多数装有密封窗、注重外观和忽略景观

---

1 （美）伊恩·麦克哈格著.设计结合自然[M].芮经纬译.天津：天津大学出版社，2008：105.

图 3-1　洛杉矶迪斯尼乐园的植物造景

图 3-2　美国麻省理工校园

图 3-3　美国圣地亚哥海洋世界公园

的现代建筑都使我们远离居住的亲密性，以及自然这个基本的居住地。我们改造地球的力量已经促使我们产生了控制自然的幻觉，我们与它有些分离了。作为一种物种，现在我们的生存取决于我们是否能够以各种新方式适应环境。在我们这个时代解决这一根本问题的方法将决定我们作为一个物种的生存问题。我们必须使我们的机构、建筑物、景观和安居所适应这一目的。

建筑师弗兰克·劳埃德·赖特认为："一个建筑师要学习的领域首先就是……要对自然进行研究。"一个建筑师在进行建筑学科的学习时，在钻研各种钢梁、钢筋混凝土、砖土等建筑材料的力学方程式前，他必须首先学习的，是自然这门学科。在自然界，你可以发现万物都被具体化了，从小草到树木，从树木到地形地貌，到各个纪元的海陆变迁。当你对这些世间万物有了基本的认知，脑海中有了一个整体连续的感受，并形成过程阶段的观点，那么你就具备了作为建筑师进行设计的重要思维基础，甚至，这也是建筑师设计实践的基础。

自然界生长的事物越是丰富，自然给予我们的就越多，我们从中获得的乐趣就越多。在自然中，你会发现自己面临着这样那样与你的意愿相悖的命题，在解决和学习它们的过程中，如果能够保持对这些事物的感激和热爱，你就能产生某种能力——这是一种能够判断事物的数量、效果和均衡性的力量。通过切身体会来研究和学习自然，所能够获得的最有价值的东西就是对自然的均衡感的理解。对自然获得了这样的理解，繁杂的事物就不再显得难以处理，只要它处于某种均衡状态，并能够显示出其最本源性的内容，就可以进行处理。

学习自然意味着要了解自然的本质——其内在的本质。只有关心这些问题才是真正在进行建筑景观学的研究，你的探索进行得越深入，那么你就能获得越多，你的设计思路就越能与自然力相吻合、相和谐，在我们称为设计的这个领域，你的创造性就越强。

在进行景观设计时，要充分利用自然乡土的元素资源，如自然的树木、山石、水、地形等，使它们在设计中重新焕发生机和活力，作品也会给人一种特别亲切、朴实的感觉。设计师的灵感来源于自然界、来源于对场地自然特征的深刻理解上。

3.7.1　植物元素

在城市景观设计中，我们可以利用植物的形态特征表现特质美、利用植物的色彩和季相变化表现季节美、利用植物的装饰特性表现艺术美、利用植物的寓意和象征表现社会美；在功能方面，我们可以利用植物材料本身的特性，使其发挥生态作用、防护作用、实用作用和社会作用（图 3-1～图 3-3）。

植物是环境绿化的基础材料和主题，在城市景园绿地中，树木是城市不可分割的一部分，它可限定于建筑物之间的空间并赋予某种含义，同时也美化了建筑的自身，利用不同树形，采取孤植、小规模丛植或大量带状种植等不同方式限定各个空间，提供自然的景观景点，可消除建筑物硬线条所带来的不良影响（图3-4～图3-7）。

植物微观群落是植物与植物之间建立的互惠的、共生的关系。特定的"乔灌草"组合的搭配是物种亿万年进化的结果，符合自然规律，并且能够使群落中的各种生物生长良好，使其发挥最大的生态效益。但是，从植物景观设计的植物配置来看，设计者主观性地把一些不具备共生关系、甚至不能共同生长的植物种植在一起，使植物微观群落变得非常不稳定。

图3-4 美国加州赫氏古堡植物造景

城市建成区绿地率、绿化覆盖率和人均公共绿地面积是用以衡量城市绿化水平的三项主要指标，而仅运用绿地率和绿化覆盖率这两个指标，已不能满足确切评价城市绿地景观状态和生态效益的要求，于是"绿量"的概念被越来越多地提出来。叶片是植物最主要的利用光合作用将太阳能转化为有机物的器官，因此，植物景观空间的物流和能流数量的大小，决定于植物叶片面积总量的大小。以叶面积为主要标志的绿量，是决定城市绿地生态效益大小的最具实质性的因素。

图3-5 旧金山九曲花街植物造景

绿量是城市绿地生态功能的基础。增加绿量，是城市绿地景观营构中必须考虑的生态学问题，如何用较少的绿地，增加更多的绿量，答案肯定是要选择光合效率高、适应性强、枝繁叶茂、叶面积指数高的植物。城市绿地需要一定的草坪开阔空间，但如果大量布局草坪，则显绿量不足，竖向空间层次不够丰富，生态效益也相对降低。要克服广场化倾向，减少草坪花坛。同时，使绿化向立体化扩展，形成地面、墙面、屋顶多层次、多景观的绿化景观体系。要特别重视推行利用不同物种在空间、时间和营养生态位上的差异来配置植物，最终形成乔灌草结合、层次丰富、配置合理的复合植物生态群落，创造丰富的植物人工群落。群落是城市绿地的基本结构单元，直接决定着绿地的结构和功能。应达到相对稳定的绿地覆盖，提高绿地的空间利用率，以最大限度地增加绿量，使有限的城市绿地发挥最大的生态效益和景观效益。我们还应尽量选用叶面积大、叶片宽厚、光合效率高的植物，提高群落的光合效率，创造适宜的小气候环境，降低建筑物的夏季降温和冬季保温的能耗，提高市民与自然环境的连接感；选择耐污染和抗污染植物，能发挥绿地对污染物的吸附和同化作用，降低城市污染，促进城市生态平衡。合理的植物配植可充分发挥其增湿、降温、调节环境小气候的作用。

图3-6 美国海滨城市圣地亚哥植物造景

树丛是植有茂密树林的室外空间，它被用来中和阳光辐射的热量创造一个独立的被动式微气候。大片树林使植物的制氧功能、空气过滤功能和降低噪声功能得到最大化，同时也创造了一个宜人的环境。正常情况下树丛往往位于庭园建筑的北侧来挡住寒风的侵袭。它们可以设计成几何的网格，也可以是以非常自由的形式来创造一个广阔的树荫区。例如：常绿橡树是一种非常好的树种，它巨大的

图3-7 美国海滨城市Cambria植物造景

树冠可以产生很大的树荫。林间小道为在树丛的浓荫下散步和田园牧歌式的游荡创造了一个绝佳的场所。

在城市环境中种植树木可以产生大量的光合作用，最大的好处是释放出氧气。大片的树林有助于氧的循环，而一棵富有生命力的美丽的树也是一个独立的化工厂，为地球不停地供氧，维持生机。阿洛伊斯·贝尔纳茨基（Aloys Bernatzky）关于榉树林的研究指出：单独一棵树其叶子的表面积总和能有 1600m^2，在一个良好的环境中，它每小时能产生 1.07g 的氧气。我们可以将大片的树林看成是园林的绿肺。这些树木蒸腾作用产生的水汽也对这个地区的微气候产生积极作用。树木通过降低温度和提高湿度的方式来影响这个地区的微气候。当植物的叶子通过光合作用释放水分到炎热空气中的时候，它起到了降温和稳定的作用。

植物除能提供足够的光合作用、呼吸作用和水循环外，降温也是其另一个重要调节气候的作用。树木繁茂的树冠遮挡了阳光的照射，从而降低了地面的温度，提供了阴凉的环境。乔木、灌木、地被植物、草皮或者是它们的组合，在降低阳光对地面的直射和反射方面都有非常显著的效果。所以植物在为建筑和土壤提供隔热的同时，也减少了气温的波动。植物在白天大量地吸收热量，在晚上慢慢地将热量释放出来，从而它不仅能够降低白天的温度，还能使得夜间变暖来调节温度。

随着季节的变化，植物在树形、色彩、叶丛疏密和颜色等方面也会发生变化，这些变化在园林中可形成丰富的景观效果，给游人在不同视觉、不同观赏特性等方面增添游兴。例如：秋色叶树木及其造景作用，秋色叶树木是指秋季叶色有明显变化的树木，园林植物除本身在大小、形态等方面有着变化以外，还具有明显的季相特点。因此，一方面可以利用树木外形、结构和色彩的丰富多变将植物作有意识的配置；另一方面，每种植物本身叶色的变化是极其丰富的，尤其是落叶树种，其叶色常因季节的不同而发生明显变化，这些变化在园林造景中起着举足轻重的作用。各国园林部门对秋色叶树木的造景倍加重视，如在欧美一些国家的园林中，大量利用山毛榉植物来构成秋景，景色美丽宜人。一个优良的秋色叶树种，应具备下列基本条件：第一，秋天的叶片变得醒目、亮丽，明显不同于其他观赏期的颜色，观赏价值较高；第二，生长势较强，有较厚的叶幕层，最好是乡土树种；第三，必须是落叶树种；第四，色叶期较长，有一定的观赏期（图 3-8、图 3-9）。

城市生态绿化的一个重要组成部分是合理的植物配置。首先要求我们提高对植物品种的认识，加强地带性植物生态型和变种的筛选和驯化，构造具有乡土特色和城市个性的绿色景观；同时慎重而节制地引进国外特色物种，重点还应是原产我国，但应是经过培养改良的优良品种。我们既要考虑植物的生态习性，又要熟悉它的观赏性；既要了解植物自身的质地、美感、色泽及绿化效果，又要注意

图 3-8　普林斯顿大学校园

图 3-9　美国东部好时巧克力企业外环境

植物种类间的组合群体美与四周环境协调，以及其所处的地理环境条件。城市绿地中不同的植物配置形式，能构成多样化的园林观赏空间，造成不同的景观效果，为城市景观增色添辉。能否选择合理的植物，是绿地景观营构成功与否的关键，也是形成城市绿地风格、创造不同意境的主要因素。在生态学中，多样性包括生态系统多样性、物种多样性、基因多样性和遗传多样性。在植物景观设计中，多样性倾向于物种的多样性、景观的多样性和功能的多样性。多样性的植物景观，保持在空间上的异质性，维持群落的稳定性。

景观生态学上衡量城市景观好坏的一个重要标准就是看其植物种类的多样性和本土化程度。物种多样性是维持生态系统稳定的关键因素。由于片面地追求景观的视觉效果，在我国各地的植物景观设计中，都存在大量引进外来的植物品种种植的现象，有时甚至完全不顾本地的气候和土质状况。由于外来植物的介入，城市生态环境被人为地加以改变，生态群落遭受破坏；此外，为了街道的整齐和气势的营造，往往整条街栽种单一树种而不维持原始状况下多树种的混种，最终导致物种多样性的破坏，使城市生态系统变得脆弱而不稳定。

从生态学上说，生态位是指处于群落中的物种，在时间、空间和营养方面所占的地位。植物空间的生态位，从宏观层面上来讲，是指植物空间提供给人们的或者可以被人们利用的各种生态因子（如土地、气候、休憩空间、交通等）的集合，反映植物空间的现状对于人们各种活动（主要是游憩活动）的适宜程度及吸引力大小。良好的生态位比较适宜人们的各种活动，对人的吸引力比较大；从微观层面上讲，良好的生态位是指构成植物景观的每一种植物处于合理的空间分布，在它所处的生态空间都能比较健康地生长，正常地进行光合作用。

3.7.2 石与土元素

石与土是景观设计的自然元素，它们的共同点是将土壤的技术和生态上有潜力的设计元素很好地结合起来。可以建造一个美丽而又能满足实用功能要求的被动微气候，来适应人们身体和灵魂的双重需要。

土壤是有生命的，在一小块土壤中有几十亿的有机体在活动着。有些土壤学家认为，土壤和其中的植物一起组成了一个超有机生命体。他们认为整个生物体之间的关系网络相当复杂，而我们的认识还只是刚刚起步。每块土地都是整个关系网的中心，是联系土壤群落、其上面的动植物个体以及人类生命活动的中心。在土地上建造建筑物是对土地的创造和改造过程的组成部分。我们现在的建筑方式所缺乏的就是对土地生命本质的认可和尊重。[1]

---

1 （美）弗瑞德·A·斯迪特主编.生态设计——建筑·景观·室内·区域可持续设计与规划[M].汪芳，吴冬青等译.北京：中国建筑工业出版社，2008：30.

如何用土壤这一重要设计元素发挥出它最大的优势。例如：用泥土或者石头砌筑的厚墙体通过减弱热量的传导来适应干热气候。传导的原理如下，土壤、石头在夜里被冷却；在白天，它们的表面，尤其是那些朝南和朝西的墙面，接受太阳强烈的辐射热，这些热量被土壤和石头所吸收。但是，热量穿透这些材料需要很长的时间，到了第二天早上，被吸收的热量都消散了，于是，新的一轮循环又重新开始。这样，内部的空间整天都非常凉爽。

而独立的石头长椅，或者是由暴露的自然岩石凿刻出来的座椅，对于创造舒适的微气候来说是一种更为耐久的设施。通常是置于土地上或草地上。在炎热的夏天，利用土壤降温的特点来提供舒适的休息地。比较理想的石头座椅是放在大树边上或是庭园边缘的树荫下面，而且还有野花环绕。不论建造的材料是土、砖、木或是石头，座椅都能作为从建筑到景观的一种自然的过渡。它可以被放在一个小的私密的位置，也可以延展到整个室外空间的边缘。

另外，人工洞室是一种用土壤遮蔽的结构，这在被动式微气候设计中有诸多的运用。洞室是一个黑暗、神秘的洞穴，它模仿自然的洞穴或者山洞，可以用像贝壳、鹅卵石、化石和火山岩这样的天然材料装饰，洞口向着主导风向以能获得最大的降温效果。由于洞室能避免夏日刺目阳光的直射，因而它是一个非常好的避暑场所，也是一个自由释放野性的地方。这些空间有像洞穴一样的氛围，同时也带来了神秘感和戏剧感。

洞室象征着土地能凉爽人的肉体、净化灵魂的力量。它既是一个宜人的休养所，又是一个用大量密实的泥土来保持内部凉快的场所。洞室用像苔藓和钟乳石这样的自然元素装饰，通过土壤的自然绝缘来保持宜人的温度，它将人带到了一个洞穴所特有的神秘和有戏剧色彩的世界。例如：一个在意大利文艺复兴时期最为奇特的洞室隐藏在拉齐奥区的博马尔佐的公园的山坡上。皮耶罗·弗兰切斯科（Piero Francesco），博马尔佐的公爵，于1553～1560年间在一座山城山脚下的林地里修筑了洞室。它原先的设计中，来访者必须穿越一个正式的庭园才能到达这个被公爵命名为"神圣之木"的洞室。登上庭园的二层平台，它的立面是从一个低矮的山坡上凿刻出来的，朝向略偏东，它的形象是如此之惊人，今天人们还是会被在洞室门口可怕而巨大的怪兽脸面形象所吓倒，以至于人们常常忽略了洞室的内部空间。

这个恐怖的怪兽张开大口作为洞穴的入口，其双眼则用作天窗，这是常常出现在屋顶上的一种圆形天窗。在大嘴上刻着这样的铭文："任何进入这儿的人，走的时候都要小心。"在这个奇异立面的另一侧是一个幽暗而又凉爽宜人的洞室。从洞室后墙上的石椅往外可以看到森林，而怪兽的"舌头"就是一张石桌，勇敢的来访者在此得到美妙景色的回报。从怪兽的眼睛和嘴巴中射出的诡异的光线与洞穴深处的黑暗和沉寂形成了强烈的对比。这个怪兽的脑袋成了游人消夏的绝佳去处。洞室已经从一个自然的、原始的神秘山洞发展成为一个有高度装饰性的宜人遮蔽所，同时还利用了土壤的绝缘特性来保持凉爽（图 3–10）。

3.7.3 空气元素

空气，无处不在，是恩墙多克勒和柏拉图提出的构成自然的四种基本元素之一，也是被认为占据着"空"的原始物质。在对现实的传统解释中，水（代表几何体为八面体）经过火的加热蒸发为气；气凝结后又变成水。这种哲学认识到生态和自然系统的内在联系，对我们今天努力理解洁净的空气作为一种宝贵的自然资源的价值也是有意义的。

图 3-10　怪兽脸正立面

历史上的园林设计者塑造了空气的流动，设计了靠通风降温的空间；这在地中海气候区尤为明显。正如阿尔伯蒂和维特鲁威都深知太阳的方位决定着冬季温暖空间的设计。二人都相信，透彻理解太阳在天空中的方位对于在夏天创造凉爽、荫蔽的地方至关重要。这两位哲学家建筑师不仅抓住了太阳方位的重要性，也注意到季节的环境条件在作为创造供夏季使用的微气候基础时所扮演的重要角色。他们意识到"空气"——风，在冬天要回避或者阻挡，但在夏日生活空间的设计中却不可或缺。他们二人的论述，都着重强调了通风降温与建筑和场地的正确朝向相结合的重要性。因为夏季的主导风向与冬天不同，所以在炎热的夏日里用通风来降温的舒适的微气候，可以通过对被动式园林要素的恰当布置来获得。相反，一些在夏天能够有效地改善微气候的园林形式到冬天就变得极不舒适。在冬季，应避免荫蔽的空间和高风速的地方，这些地方太冷了。在冬天我们要挡风，而在夏天我们要利用风。

园林要素的适当布置能够轻而易举地创造出利用空气流通来制冷的被动式微气候。可以利用简单的景观和建筑形式如座椅、小径、凉亭、藤架、亭阁、游廊等对空气进行引导、集中和加速。夏日的阴凉可以提供天然的凉爽空气。从耀目的烈日下来到荫蔽深处不论从身体上还是精神上都是令人愉悦的。这点细微的温度差异足以产生明显的效果。不但如此，流动的空气能加速人体皮肤表面汗液的蒸发，从而使身体感到舒适。

通过将被动式景观元素融入环境中以减少对人工空调的依赖是节能的需要。更重要的是，空气作为一种珍贵的物质、生命的呼吸介质，它的运动虽不可见但却可感知，与这种运动建立起联系所带来的精神上的益处应该是设计的基本宗旨。[1]

1　（美）奇普·沙利文著. 庭园与气候 [M]. 沈浮，王志姗译. 北京：中国建筑工业出版社，2005：134.

例如：凉爽的座椅。凉爽的座椅在夏日能够提供舒适的阴凉让人们坐下休息。通常靠背是开放式的以利于通风，这样的座椅适合于捕捉夏季主导的微风，座椅的设置有时靠近水面或洞穴。凉爽的座椅也可以结合墙壁或者小型围栏设计，在凉爽的座椅旁边种植遮荫的树木或藤蔓，以便在夏日提供阴凉，可以朝着主导风向开小口迫使风通过座椅，从而带给座椅上的人以宜人的凉爽。

又如凉爽的步道。一条凉爽的步道可被定义为两侧密集地种植着等距的遮荫树木的小路或大道。为了创造阴凉的步道，在路两侧等距种植常绿树，凉爽的步道通常用作庭园中的一种组织性要素或主要景点间的连接要素。这种步道的宽度一般较窄以便保证夏日里全天有阴凉，长度则应该能够到达园林的各个部分，而理想的景观设计要能够提供一种允许人们根据季节特点选择晒太阳还是呆在阴凉中的环境。

3.7.4　水元素

水是柏拉图理论中构成宇宙的四种实体的最后一种，但却很可能是最重要的一种。作为一种概念模型，代表水的几何体——20面体，可以包含代表土、空气和火的几何体，展示了组成生命元素的相互依赖性。水具有将干枯的土地转变为绿洲的魔力，水不仅仅用于冷却与过滤灼热多沙的风，它还具有增强园林的象征意义和愉悦感官的功能。

伊斯兰、罗马和意大利文艺复兴时期的设计者依据他们自身的文化传统，深化发展了对于水的隐喻和哲学意义的理解。例如，穆斯林在宗教仪式上用水净化身体和灵魂；《古兰经》中包含着数不清的关于水具有神性的典故。这种神圣的经文向信徒们许诺了在绿草如茵、河水潺潺的天堂花园中生命的永恒。与此类似，罗马人相信许多神明都曾在水中现身，所以神明把恩典赐予水接触到的万物。罗马人在水道口和岩穴中设置动态的水景，以赞美神性。在同样的文化传统下，文艺复兴及以后的意大利园林中，水以越来越多的方式表达着欢乐的气氛，创造出更为幽雅的微气候。文艺复兴时期的设计者们将水从对看不见的神明的崇拜提升到对人类精神的赞颂上来。[1]

自然界里"青山绿水，山清水秀"的自然环境和自然景观美不胜收，是人类永久的向往，由古至今，人们一直在模仿天然的水景观，并对天然水景观进行再塑造。近年，随着我国住宅建筑领域的大发展，水景已成为建筑景观设计的重要组成部分。为满足人们赏水、亲水的需要，目前从住宅小区到城市广场的环境设计都在加大水体、水景在环境中的应用，涌现出了大批亲水住宅和喷泉广场。水

1　（美）奇普·沙利文著. 庭园与气候[M]. 沈浮，王志姗译. 北京：中国建筑工业出版社，2005：191.

艺景观概括来说可以分为两大类。一是利用地势或土建结构，仿照天然水景观而成。如溪流、瀑布、人工湖、养鱼池、涌泉、跌水等，这些在我国传统园林中有较多应用。二是完全依靠喷泉设备造景。各种各样的喷泉如音乐喷泉、程序控制喷泉、旱地喷泉、雾化喷泉等。这类水景是近年来才在建筑领域广泛应用的，但其发展速度很快。

理水作为一种艺术形式，在庭园中用水不仅是为了利用其固有的降温能力，而且为了创造诸如宁静、运动、声音、光亮等艺术效果。我们不仅要分析水如何应用于维持生活，还要研究水是如何满足人类精神需要的。水作为一种日用品的重要性怎么强调都不过分；没有水，就没有生命。在过去的文化里，水的收集、储存和运输是保持全年可靠的水供应的先决条件。只有这样人们才能享受被动式微气候，园林艺术也才能够繁荣。为了收集和储存水，首先要尽量收集落到地段内的雨水。可以把雨水和其他流入地段的水保存在地下蓄水池中以防止蒸发。这些收集并储存起来的水可用于饮用、被动降温和灌溉。也可以利用重力作用通过高架渠远距离输水来灌溉花园。水的收集和灌溉模式可以不仅是纯粹功能性的；可以利用水渠等设施来丰富园林中的空间层次。可能的话，在灌溉系统中循环利用处理过的废水。将灌溉系统与有效的树荫结合设计。高效的灌溉可促进树的蒸腾作用，从而降低气温。

图 3-11　静水池塘

当然，系统的灌溉需要收集、运输和储存从各种渠道得到的水。集水和储水的结合促进了园林形式的演变和复杂化。从地中海修道院庭园中简单的水井或蓄水池到文艺复兴时期再度出现的罗马高架渠所构成的地域性系统，伴随着时空的演进，技术能力和水利工程产生了巨大的进步。用于集水和储水的乡土构筑物演变为后来庭园中的象征性元素，成为设计的中心主题。

水在景观设计中还表现为多种设计形式。

1. 静水设计

庭园中平静而广阔的水池能够湿润空气，将一个炎热干燥的园林转变为宜人的微气候环境。尽量用多荫的树木来遮蔽水面，以留存蒸发出来的水汽。湖边放置有遮荫的座椅，宽广平静、波光粼粼的水面创造出宁静的氛围，让人觉得心境平和。这些水池收集来自小溪和泉水的径流，水池也通常是园林的主要焦点。在湖心或岸边建造开敞的亭榭，以利于对流通风，通过身心上的双重效果，静水为水边或水中岛屿上的人和建筑带来舒适（图 3-11、图 3-12）。

图 3-12　环保的雨水收集池

2. 动水设计

如果利用重力作用创造诸如激流、瀑布的鸣响和闪烁的波光等较复杂的效果，水的微气候作用会得到大幅度的加强，为微气候降温。飞泻的垂直水幕可以活跃园林的气氛，使环境充满清凉的空气和悦耳的水声，为空气加湿，缓解夏季的炎热。那些建在洞穴、栏杆、楼梯和步道旁边的瀑布，可以降低环境温度，使空间摆脱太阳酷热的侵袭。一些设施在创造宜人的微气候的同时，也可以作为令人愉快的景观焦点（图3-13）。

3. 充气水设计

为了润湿空气并降低气温，迫使高压水通过小口、小喷嘴或狭缝喷入空气中，与动水一样，充气水设计带来独特的光声效果，在心理上使人们感到清凉。不但如此，通过各种方法强制形成的高压水流，可以创造出湿润凉爽的环境。强迫水通过微小的开口喷出，使空气中悬浮起一片细细的水雾，从而降低环境温度。

图3-13　组合瀑布动水景观

4. 水的趣味设计

水的趣味为景观增添了变幻无常和无一定之规的自发性。其操作效果关键取决于设计者对游人在空间中的运动流线的编排能力和对令人惊愕的要素的应用能力。设计得好的水的趣味，出现在人们最意想不到的地方，这些地方常伪装成一片宁静的景象。在花园的各处：在宁静的步道上，露天的庭院里或是舒适的长椅上等。如：将喷水口隐藏在台阶的踏步中，人踏上去的时候会引发细雾的喷溅。水趣味的设置不仅是为了使庭院的游客感到惊愕和凉爽，也是为了湿润燥热多尘的步道。沿着步道间隔地布置喷水口，可形成轻柔均匀地覆盖步道的水幕，控制喷水的持续时间，使步道刚好一直保持湿润。

水是自然环境的一种元素，已经显示出它作为气候调节的优越媒介的巨大潜力。水具有应用于气候设计的无限可能性，它能够使人的身心俱感清凉。水的跨越时空的吸引力，不仅因其深刻的精神意义，而且在于它对于我们的日常生活是不可或缺的必需品。当一滴水落下，它就可能唤醒一粒沉睡的种子；又如，在小溪汇入河流的地方，一个村庄可能会兴起并繁荣。然而，受人欢迎的雨滴也确实可以转变为泛滥的洪流，灾难性的洪水和温柔的降雨仅仅是在程度上有所不同。换一种角度来看，水的毁灭力量和它的养育能力不相上下。水的本质特性是要流动、净化、充满和冷却。为了能够继续享受水赠与我们的恩惠，我们必须学习顺应水的这些天性，而不是违背它们。水的神圣特质，流动而又强大，应当在未来的结合景观环境设计的园林中再度得到体现。

水景设计的基本原则。

1）满足功能性要求

水景的基本功能是供人观赏，因此它必须是能够给人带来美感，使人赏心悦目的，所以设计首先要满足艺术美感。

水景也有戏水、娱乐与健身的功能。随着水景在住宅小区领域的应用，人们已不仅满足于观赏要求，更需要的是亲水、戏水的感受。因此，设计中出现了各种戏水旱喷泉、涉水小溪、儿童戏水泳池及各种水力按摩池、气泡水池等，从而使景观水体与戏水娱乐健身水体合二为一，丰富了景观的使用功能。

水景还有小气候的调节功能。小溪、人工湖、各种喷泉都有降尘净化空气及调节湿度的作用，尤其是它能明显增加环境中的负氧离子浓度，使人感到心情舒畅，具有一定的保健作用。水与空气接触的表面积越大，喷射的液滴颗粒越小，空气净化效果越明显，负离子产生得也越多。设计中可以酌情考虑上述功能进行方案优化。

2）环境的整体性要求

水景是工程技术与艺术设计结合的产品，它可以是一个独立的作品。但是一个好的水景作品，必须根据它所处的环境氛围、建筑功能要求进行设计，并要和建筑园林设计的风格协调统一。

水景的形式有很多种，如流水、落水、静水、喷水等，而喷水又因有各式的喷头，可形成不同的喷水效果。即使是同一种形式的水景，因配置不同的动力水泵又会形成大小、高低、急缓不同的水势。因而在设计中，要先研究环境的要素，从而确定水景的形式、形态、平面及立体尺度，实现与环境相协调，形成和谐的量、度关系，构成主景、辅景、近景、远景的丰富变化。这样，才可能做出一个优秀的水景设计。

3.8 自然景观的色彩

大自然万物纷繁，山川、河流、密林、天象等缤纷异彩，它们的色彩不仅因地域而不同，而且随时间推移而变化，呈现给我们流动的、难以捉摸的色彩画卷。自然景观的色彩，它的组成要素大多取自于自然，因此在色彩组合上所受的限制更大，不可能像绘画、雕塑那样自由地运用色彩，但同时，我们也应看到，正由于景观环境要素大多来源于自然，因此这些自然要素无须我们调色，就已具有了自然美，色彩之间的组合就显得更自然生动和亲切。

3.8.1 自然景观的色彩分析

要了解自然景观色彩的组合，首先就要了解景观环境中有哪些色彩，归纳起来：一是自然色彩种类多而且易变化，特别是其中植物的色彩，一年中，植物的干、叶、花的颜色都在变化，而且每种植物有其不同的色彩及变化规律。二是景观环境的基调色多是生物色，如植物的色彩，它在景观环境中所占的比例较大。三是自然色彩虽然易变，但也是有规律可循的。

3.8.2 自然景观的色彩组合

色彩属于视觉艺术，景观环境色彩的组合应以满足视觉需求为原则。视觉需求是一个不断变化、发展的因子；同时，它也有相对稳定的一面。

视觉需求相对稳定的一面是指人们的色彩观念常受到理性文化传统的影响，即这种观念与当地文化、风俗习惯、宗教信仰密切相关，不易变更。色彩心理学总结：色彩观念的这种相对稳定性是由于多次欣赏了某些色彩，神经通路在大脑皮层上日益加深，便形成了牢固的暂时的神经联系而造成的，这种审美无惊奇感，但习惯欣赏的东西是从内心欢迎的，故而产生愉快的感情。

图3-14 普林斯顿大学秋季植物不同色彩的组合

另一方面，在景观色彩组合时，我们也应注意到视觉需求不断发展、变化这一特点，以求景观环境色彩的组合顺应时代要求。美国生理学家海巴·比伦从精神物理验证得知："人能在自然界看到的颜色是有限的，人对任何事物不断地接受，就会产生腻的感觉，使人感觉疲劳乏味，流行色之所以形成，表面看有其人为的因素，而内因是它符合人们生理平衡的需求。"即人们对色彩变化、对比色的需求，以达到某种生理或心理上的平衡。景观环境色彩虽然不可能像流行色那样有规律地变化，但其顺应时代需求的规律不可逆转。所以，在考虑景观环境色彩的组合时，我们应兼顾视觉需求的稳定性。

图3-15 秋季植物色彩与曲线水景组合的自然美景

景观环境中植物的不同绿色度可形成类似色的配合；植物的色彩与非生物的山石、水体等的色彩也可形成类似色的组合。同时，植物本身叶色变化、花与叶的色彩又可形成对比色的组合。这些类似色与对比色都是自然物本身所固有的，在一定程度上限制了我们对色彩的运用，因此使我们不能随心所欲地操纵它们，只能有目的地加以利用。对建筑、小品、铺装、人工照明等这些人为物的色彩我们可以直观地进行设色，使它们的色彩与其他要素的色彩形成对比色的组合或类似色的组合。因此，在色彩组合时，我们常可利用人工物的色彩在景观中形成画龙点睛之笔（图3-14～图3-16）。

图3-16 波士顿市中心休闲广场秋景

色彩是现代景观环境设计中需要关注的要素之一，在景观视觉效果中起着越来越重要的作用，影响着人们的心理，也改变着人们的生活。探究色彩对人影响的同时，有必要将研究的结果应用于实践之中，然而这却是景观环境设计中常常忽视的地方。

第4章
东西方哲学思想和传统文化对景观学科的影响

第4章 东西方哲学思想和传统文化对景观学科的影响

东方的景观概念长期以来是和对自然力量的神秘崇敬联系在一起的，与西方将景观更多地与布景、风格联系在一起的观念有很大的不同。如冯仕达先生指出的，东方景观意念注重相互关系和包容，而西方景观具有二元论的特质。但是无论镜头的焦点、译码和亮度如何，景观意念都像是一个通过不同文明观察他们的森林、山脉、水域和田野的异常清晰的滤镜，并具有一种社会性。

因为景观是通过主观和清晰的方式建造的，所以它不可能等同于自然或者环境。正如奥古斯丁·伯克（Augustin Berque）写道：景观不是自然环境。自然环境是环境的实际产物，那是一种通过空间和自然与社会相连的关系。景观是上述这种关系敏感的体现。景观依赖于主观的集合形态……，可以假设每个对景观有所认识的社会都用自身的认知去归纳其他文化。因此，18世纪欧洲景观的发展是富裕、文化和权利的景观意象，它不仅存在于园艺，更存在于绘画、文学和诗歌中。

景观和文化意念和意象是不可分割的；认为景观仅是一个风景项目、一种统治性的资源或者一种科学生态系统，都是一种对总体的缩减。仅从视觉、形态、生态或经济的角度来研究景观，是不可能发现景观复杂的联合关系和内在的社会结构的。从特定的景观营造的角度出发，理解营造如何影响文化意念和在更大的文化想象中，文化意念如何影响营造是至关紧要的。[1]

4.1 东西方景观价值观

大部分西方人，相信世界（先不说宇宙）是包含着人与人之间的对话或人与人格化的上帝之间的对话的。这种观点的结果是：人，排他性地认为上帝给予他支配一切生命的权力，责成他为生物中唯一能征服地球者。这样，大自然就成为人类"追求进步"或"追求利润"等活动舞台上的无关紧要的幕布。要说自然被推到显著的地位，它也只是个被征服的角色，也就是说人对自然的征服。

---

1 （美）詹姆士·科纳主编.论当代景观建筑学的复兴[M].吴琨，韩晓晔译.北京：中国建筑工业出版社，2008：7.

麦克哈格在总结美国景观设计的失误时说：我们的失误是西方世界的失误，其根源在于流行的价值观。在我面前展现的是一个以人为中心的社会，在此社会中，人们相信现实仅仅由于人能感觉它而存在，宇宙是为了支持人到达他的顶峰而建立起来的一个结构，只有人具有大自然赐予的统治一切的权力。实际上，上帝是按照人的想象创造出来的。根据这些价值观，我们可预言城市的性质和城市景观的样子。无须到更远的地方去寻找，我们已经看到了诸如热狗售货亭、霓虹灯广告、清一色的住宅、粗制滥造的城市和破坏了的景观等。这就是把一切都人格化，具有人的特点以及以人为中心的形象，他不是去寻求同大自然的结合，而是要征服自然。……在我们中间，很多人相信世界只存在着人与人之间，或人与上帝之间的对话，而大自然则是衬托人类活动的淡薄背景。自然只是在作为征服的目标时，或者说得好听些，为了开发的目的时才得到重视，而开发不仅实现了前者的目的，还为征服者提供了财政上的回报。[1]

由一神论衍生出来的伟大的西方宗教是我们道德观念的主要根源。所谓"人是公正和具有同情心的，无可匹敌的"等偏见都产生于这些宗教。不过，《圣经》第一章"创世纪"所说的故事，其主题是关于人和自然的，这是最普遍地被人接受的描写人的作用和威力的出处。这种描写不仅与我们看到的现实不符，而且错在坚持人对自然的支配与征服，激发了人类最大的剥夺和破坏的本性，而不是尊重自然和鼓励创造。

假如一种文化的最高价值观坚持认为人必须征服地球，而且这是他的道德责任，那应肯定人们最终将获得完成这种指令的力量。这并不是证明人已经具有唯一的神力，他们不过是发展了实现其侵略破坏梦想的力量。人类的力量现在已发展到能灭绝伟大的生命王国，这也是使进化倒退的唯一力量。

在过去久远的年代，人类还没有足够的力量改变自然，他们持有什么观点对世界来说是无足轻重的。而今天，人成为最大的破坏自然的潜在力量，自然的最大剥夺者时，人持有什么样的观点就变得十分重要了。人们想知道，随着知识与力量的增长，西方人对自然的态度和人在自然中地位的态度是否有所改变。但是，尽管具有了全部现代科学知识，我们面对着的仍是那种哥白尼以前的人。不管是犹太教徒、基督教徒还是不可知论者，他们还盲目相信人有绝对的神性和神力、人与自然分离、人支配和征服地球等观点。

然而，这些都是古代歪曲了的观点，反映了古人古老的、愤怒的报复心理，针对它们我们不能再熟视无睹了。这些观念既不接近实际，也无助于我们走向生存与进化的目标。人类巨大的破坏性力量是不值得称赞的，人对自然万物的依赖，

---

[1] （美）伊恩·麦克哈格著. 设计结合自然 [M]. 芮经纬译. 天津：天津大学出版社，2008：31.

要求人类与经历过的并赖以生存的世界更加和谐一致。

在东方的道教和禅宗中，花园是社会的超自然象征——人在自然中的象征。然而这种观念也是不够充分的，反过来这里人的处境不如自然受到重视。始终强调突出个性，力求得到公正和同情是西方传统的瑰宝。而东方中世纪的封建观念却对人的个人生活和权利是漫不经心的。西方的傲慢与优越感是以牺牲自然为代价的。东方人与自然的和谐则以牺牲人的个性而取得。只要把人看做是在自然中具有独特个性的而非一般的物种，就一定能达成尊重人和自然。

假如东方是一个自然主义艺术的宝库，那么西方则是以人为中心的艺术博物馆。这些都是伟大的（即使范围比较狭窄）遗产，是灿烂的音乐、绘画、雕刻和建筑财富。雅典的卫城、罗马的圣彼得大教堂、法国奥顿（Autun）的大教堂和英国伊利（Ely）的大教堂等都表达出人类的神圣性。但是相同的观念扩大并应用于城市的结构形式上就使这些观念的虚幻性暴露了。教堂是作为人与上帝之间对话的舞台，被赞叹为超自然的象征。当人是至高无上的观念在城市形式上表现出来时，人们就要寻找证据来支持这种人的优越感，但找到的只能是些武断的定论。尤其是坚持人对自然的神圣性，伴随而来的是坚持某些人骑在其他所有人头上的、神圣不可侵犯的至高无上的观念。对文艺复兴时代的城市纪念性建筑成就，特别是罗马与巴黎等城市，需要以异常单纯的头脑去欣赏，我们不能去欣赏他们的创作动力，因为这种动力中独裁成分多，而人本主义含量少——对自然和人的独裁。

如果我们抛开这种令人惊奇的、刺耳的、无知的所谓"人是至高无上"的断言，眼睛往下看，就能找到另一种传统，这种传统比孤立的纪念性建筑更为普通，各处都有，很少受大的建筑风格潮流的影响。这就是当地的传统。经验主义者可能并不知道一些基本的设计原则，但他已观察了事物之间的关系，他不是教条的牺牲品。农民就是个典型的例子。他们只有了解土地并通过管理确保土地肥沃的前提下才能富足起来。对于建筑房屋的人来说也是如此。如果他对自然的演进过程、材料和形式等都很了解，他就能创造出适合于该地的建筑来，这些建筑将会满足社会进步与居住的需要，是具有表现力和耐久的。

结论是，有两种截然不同的人与自然相互关系的观点。第一种是以人为中心的观点，它无视进化的历史，也不知道人和人的同源者和同伴以及那些低级和野蛮的物种是相互依存的——当它们为人和人的工作作出奉献时，随着人的进化，它们受到了破坏。另一种与此相反的观点是人的地位不是那么高。这种观点始终认为并努力去证明：人，不仅是一种独一无二的物种，而且有无比天赋的自觉意识。这样的人，知晓他的过去，和一切事物和生命和睦相处，继续不断地通过理解而尊重它们，谋求自己的创造作用。[1] 两者之间的利益是否相互排斥的吗？不然，但为了从两种世界中取得最好的效果，必须避免走向两个极端。人生存于自然之中是无可辩驳的事实；但是，承认人独有的个性，从而承认人应得到特殊的发展机会和负有责任，这是很重要的。

要使西方的观念适应更为宽容的态度，即要求西方人接受道教、神道教和禅宗，这种转变的希望十分渺茫。不过，我们看到西方的民间艺术和东方的多神论作品有许多相似之处。18世纪英国的风景艺术传统是另一座伟大的沟通桥梁。这个运动起源于这一时期的诗人和作家，由他们发展了人和自然相互和谐的观念。风景画出自于坎佩格纳的画家们——克劳德·劳伦（Claude Lorraine, 1600~1682年，法国风景画家）、萨尔瓦多·罗沙（Salvator Rose, 1615~1673年，意大利画家及诗人）及蒲桑（Poussin, 1594~1665年，法国画家）之手。由于对东方的发现，人和自然相互和谐的概念在一种新的美学中得到了肯定，在以上这些前提下，使英国由一个忍受贫困、土地贫瘠的国度转变成为今天还可见到的景色优美的国家。这是正确的西方式传统，意味着人和自然的统一。以后，少数建筑师又发展了这一经验，实现了最为显著的转变，并坚持了下来。不过，这种对自然演进过程的初步了解，其根基是有限的。因此应该说西方无与伦比的、领先的科学是了解自然演进过程更好的源泉。

西方和东方认知哲学的最大不同可以说是"一分为二"和"合二为一"的区别。西方哲人主张把认知的主体和被认知的客体分离开来，主体的人站在局外来分析现实中的客观事物。这种分析方法显然能客观明晰地了解客体功能，在此基础上形成了灿烂的工业文明。它也带来许多不可调和的矛盾和问题，具体表现在自然与人的对立和工程技术与人文艺术的分离两个方面。

在二元分离价值观的指导下，科学技术与人文艺术渐行渐远。前者致力于用工程措施解决自然环境问题，往往把与社会人文相关联的问题拆解成一个个单一的工程问题，比如用修堤筑坝的单一水利工程对付洪灾；后者深入到形而上学的主观世界中，常常和解决现实问题的客观方法背道而驰。比如在城市建设中只强调视觉效果的"城市化妆艺术"。科学与人文或者工程与艺术的二元割裂直接反映了在当代中国的景观规划设计专业实践中，最突出的是忽视生态和人文价值仅仅关注视觉"美"的问题，由此产生了大量中看不中用的景观美化工程和金玉其外、败絮其中的奢华建筑。

古老的东方哲学讲究把自然和人作为一个整体来对待，人不是高于自然的主宰，而是它的从属部分，即所谓的"天人合一"的思想。这种价值观对弥补

1　（美）伊恩·麦克哈格著. 设计结合自然 [M]. 芮经纬译. 天津：天津大学出版社，2008：54.

西方认知论的不足，建设和谐的人地关系有重要意义。但是受道家、佛家等的影响，传统哲学中也存在消极避世和固守传统的价值观。这些思想沉积在中国大地几千年形成的乡土景观和民间文化中，同时反映在包括古典园林在内的文化遗产里。

中国的隐逸文化由来已久，从商末"不食周粟"的伯夷、叔齐开始，中国文人就有"道不行，乘桴浮于海"的隐逸传统，这种文化对中国古典园林的影响尤其显著。这里且不讨论古典园林本身的文化遗产价值，就其体现的这种"隐逸文化"和封建文人头脑中的"自然"模式对当代中国城乡建设的影响进行分析。中国古典园林肇始于魏晋，盛行于唐宋，而到明清时期达到高峰。魏晋园林远离城市"肥遁"或"嘉遁"到自然山林中，唐宋的"宴集式"园林则在城市内独立发展，到明清园林就和住宅结合在一起了。也就是说古代文人从最初隐逸到自然中过"桃花源"的生活，逐渐过渡到把理想的自然模式在住宅庭院中表示出来，隐逸到自家的"自然"中。封建文人们把他们理想中的自然模式复制到自家的园林中，可以隐逸在他们的世外桃源里尽情享受而不理会现实社会的变化，甚至为了兴建园林不惜耗尽天下财富，影响社会发展，结果是两种自然模式越走越远。

当然，今天对人和自然关系的态度，最起码的要求是要接近于真实。人们会理所当然地想到，如果这一观点占优势，那么它不仅会影响价值观念体系，也会在社会实现的目标上有所反映。……我们理应向和这个领域有关的自然科学家提出我们的问题。更确切地说，当我们首先致力于研究有机物和环境的相互作用问题时，要使我们所关心的问题得到更好的说明，我们必须转向生态学家，因为这是他们的专长。

环境包括土地、海洋、空气和生物，是变化的。因此，问题出现了，能否有意识地改变环境，使它更适应世界上的人和其他生物的需要呢？回答是肯定的，但是要做到这一点，我们必须先了解环境、环境中的生物和它们的相互作用，也就是说要了解生态学。这是规划的根本前提，它可以阐明有关目标的种种选择和实现这些目标的措施。

4.2 景观设计学科的定位

按美国景观建筑师注册考试委员会的定义，现代景观建筑学的实践包括提供诸如咨询、调查、实地勘测、专题研究、规划、设计、各类图纸绘制、建造施工说明文件和详图以及承担施工监理的特定服务，其目的在于保护、开发及强化自然与人造环境。

景观建筑师所提供的服务，其作用具体体现在四个基本方面：

（1）宏观环境规划，包括对土地使用和自然土地地貌的保护以及美学和功能上的改善强化。

（2）场地规划，各类环境详细规划，重点是对除了建筑、城市构筑等实体以外的开放空间，如街道、广场、田野等，通过美学感受和功能分析的途径外，对其他各类构筑、道路交通进行选址、营造及布局，并对城市及风景区内的自然游步道和城市街区、广场、公园系统、植物配植、绿地灌溉、照明、地形平整改造以及给水排水进行设计。

（3）各类施工图、文本制作。

（4）施工协调与运营管理。

从目前整个国际景观建筑学理论与实践的发展来看，景观规划设计的四个基本方面中均蕴涵着三个层次的不同追求以及与之相对应的理论研究：

（1）文化历史与艺术层，这包括潜在于景观环境中的历史文化、风土民情、风俗习惯等与人们精神生活世界息息相关的东西，其直接决定着一个地区、城市、街道的风貌。

（2）环境生态层，这包括土地利用、地形、水体、动植物、气候、光照等人文与自然因素在内的从资源到环境的分析。

（3）景观感受层，基于视觉的所有自然与人工形体及其感受的分析，即狭义的景观。如同传统的风景园林、景观建筑学的这三个层次，其共同的追求仍然是艺术。这种最高的追求自始至终贯穿于景观的三个层次。

景观设计学科的定位首先是哲学和价值观取向的问题，这种价值取向是和一定时期的社会环境的需要紧密联系在一起的。与其就学科本身来讨论定位问题，不如明晰决定其定位的时代要求和哲学价值，在分析历史与现实的基础上确立面向未来的学科定位。在此结合当代中国的生存危机，探讨当代伦理价值、艺术美学的发展趋势，思考当代中国景观设计学定位和定位后的学科建设要求。

中国当今城市建设面临的"危机"既是人类面临的生存"危险"，又给处理这些问题的学科提供了千载难逢的发展"机遇"。但面对城市环境的恶化，城市建设不去研究背后深层的社会和生态原因，而以"城市美化和化妆运动"的表面文章应对；面对因流域生态环境恶化导致的洪涝灾害，仍以修坝筑渠或"裁弯取直"甚至违反自然规律的固化河道等工程手段一泄了之；面对污染问题，很多地方还在走"先破坏，后治理"的老路。当代的中国呼唤把握机遇，综合自然和人文途径为国人解除生存危机。景观设计学能否适应这一需要，担负时代赋予的重任，首要任务就是树立正确的学科价值取向，需要与时俱进地重估一切价值观，在此基础上舍弃不合时宜的部分，建立符合时代要求的学科新定位。

任何新事物的出现，总是伴随着对传统的思考和辨析。中国当代景观设计对中国古典园林的思考表现为几种不同的方式。首先，对中国古典园林审美体系的批判是当代景观设计反思传统的重要特征，中国古典园林被中国人作为人工景观的经典范式，而一贯被冠以国粹的中国古典园林及元素又成为大众对景观的某种精神寄托，这种古典园林元素在时空上的错位给生态系统带来了巨大的危险。俞孔坚在"生存的艺术"一文中，批判了中国园林的审美体系，他将古典园林的病态美与具备生产性的农业景观相对照，提出在当代语境中景观的生态功能和生产功能的重要性，进而将当代景观设计在生态和能源危机的语境中定义为"生存的艺术"。

对传统的思考不仅仅拘泥于中国精英文化主导之下的中国古典园林，大众对风水的讨论远远热过对传统园林的关注。风水曾经主导了中国从皇家园囿到平民宅地，从城镇格局到乡村肌理。作为遗产研究，王其亨先生所著的《风水理论研究》一书分析了风水在中国古典建筑和皇家陵园等空间中的运用。乡土景观和地方文脉也被认为是传统景观的组成部分，对其关注超越了中国古典园林和风水在价值观上的限制，作为客观存在的，并与生活和生产密切相关的乡土景观被当做研究对象。

按照规划设计对象的更迭，分析历史的来龙去脉，从传统的风景园林到当代的景观建筑学，经历了这样一种演进过程：荒野—景物—囿—苑—花园—园林—城市绿地—公园—风景名胜区—自然保护区—大地景观。按惯常的概念，风景园林通常对应于这一过程的前半部分，景观建筑学则试图研究包含整个过程，并把重点放在后半部分。显然，就所要考虑的内容、因素、规模而论，前后两部分并非等量齐观。考察专业概念的差异，就地球各地的空间分布而言，即使是处于同一时期，"Landscape"一词也有概念上的差异，比如美国的"Landscape"主要指凡是与土地有关的空间环境和资源，中国的"Landscape"则常常是指"山水"，而日本的"Landscape"更多的是指"造园"；此外，即便是同一地域的同一时期，就如同"Landscape"本身包罗万象一样，专业概念亦不尽相同，同为"Landscape"，却有"景观"、"风景"、"造园"、"园林"、"风景园林"等多种释译。

总之，时至今日，中国规划设计界专业人员对于景观建筑学的理解仍局限于风景园林的规划设计，而风景园林规划设计的大众化理解，仍然被认为只是一门局限于私人花园和苑囿的艺术。这是一种误解。近二三百年、尤其是近半个世纪的实践显示，公共性的景观艺术与技术已作为社会大众的需要而得到了迅速发展。这种现象在中国，尤其在最近几年的高速发展中，变得尤为明显。对此，从当代国际景观建筑学工程实践的领域范围亦可见一般。作为一门独立的学科，在国际范围内，经过百年的耕耘，景观建筑学已形成了自身特有的理论体系和研究领域。

对于景观园林艺术创作，如果没有传统的、历史的、文化的东西，就不可能成功。分析一下现代成功的景观园林实例，不管无心还是有意，所有的设计大都取自人们对于过去的印象，取自历史上由于完全不同的社会原因创造出来的园林、苑囿和景观。事实上，要规划设计一个园林、景区、景物，不管其形式有多么新颖，如果没有传统的精华，没有未来的展现，没有来龙去脉，就很难能成为打动人心的艺术品。

在如何对待传统文化上，批判和学习是对待一切传统文化的基本态度。这种批判应该是针对那些传统文化中不合时宜的价值内核进行的，而不是对其外延表现或者具体形式的批判，否则容易陷入逻辑的混乱当中。中外各个时期的古典园林都有大量杰出的作品传世，但是现在的自然社会背景及价值观和修建那些园林的时代已经完全不一样了，若在现代推而广之、处处模仿，那就其谬大矣。历代的中外园林精品是在一定时期内社会文化和地域特色的突出反映，其中值得学习的就是把当时的地域特色和社会思想结合起来形成独特艺术的方法。

包括古典园林在内的传统高雅文化和社会生产生活中平民文化的关系，是上层建筑和下层基础的辩证关系，当"高雅文化"和下层基础建立牢固的联系时可以带动社会发展，当其远离社会基础成为少数人的空中楼阁时，这种文化就失去了生命力，更不可为新时代所效仿。当代的景观设计学需要回到曾经诞生传统高雅文化的土壤中，回到社会民众生产生活的草根文化中汲取营养，由此建立新的"景观价值"，一种伦理、艺术和技术回归的价值观。

东西方两种类型的价值观在中国当代的景观设计学中相互影响，它们或者能优势互补，或者反而劣势相加。西方的客观分析方法加上东方尊重自然、强调整体性的哲学思想，无疑有益于处理我国日益严重的人地危机。但是把二元分离拆解的方法和隐逸与固守的传统模式组合起来，也会产生一加一大于二的效应。

在高度城市化、工业化和充满危机的现代社会里，面对千年不遇的危机，仅仅期待古典园林艺术或者西方的现代工程技术来构建和谐的人地关系，都是不现实的。中国当代的景观设计学科面临抉择，要么回到"独善其身"的隐逸文化中去，继续远离当代社会现实；要么直面人类生存的重重危机，重新定位学科的价值取向，就像Sasaki说的"致力于人居环境的改善这一重要领域。"当代景观设计学需要统一学科认识，坚持理想目标，否则可能只是现代建筑运动的翻版，只会出现短暂的兴盛。俞孔坚说，当代景观设计学的伟大使命与战略目标就是"重归"、"重建"、"天地—人—神"和谐的"桃花源"。因为景观是一个天、地、人、神相互作用的界面，在这个界面上，各种自然和生物的、历史和文化的、社会和精神的过程发生并相互作用着。而重归"生存的艺术"是时代对景观设计学的诉求。同时，生存的艺术反映了真实的人地关系，而正是这种真实的人地关系又给予人们文化的归属感以及与土地的精神联系。因此，现在到了景观设计学重归土地，重拾诸如在洪涝干旱、滑坡灾害经验中，在城镇选址、规划设计、土地耕作、粮食生产方面累积的生存艺术，重建文化归属感与精神联系的关键时候了。他说只有牢牢坚持三个原则：即设计尊重自然、设计尊重人、设计关怀人类的精神需求，景观设计的道路才不会走偏，目标才一定能达到。他在《"反规划"途径》中的"反规划"不是不规划，也不是反对规划。在某种意义上可以被称为"逆规划"或"负规划"，它是一种景观规划途径，"在本质上讲是强调通过优先进行不建设区域的控制，来进行城市空间规划的方法论。""反规划"似同勒·柯布西耶高呼的"房屋是住人的机器"，密斯·凡·德·罗对装饰深恶痛绝，提出的"少就是多"，以及丹下健三提出的"功能典型化"及赖特提出的"土生土长是所有真正艺术和文化的必要的领域"等一样，都有"警世"之意。

　　未来的景观设计学科或者利用整合自然和人文的优势，在处理人地关系和人类生存问题上发挥更显著的作用；或者像现代建筑运动一样昙花一现，继而陷入内部分散并且盲目的纷争之中。这些都取决于提出定位目标之后的学科发展。而硬性用几条标准定出理想景观模式甚至是不科学的。因为城市有规模大小之别，有地理条件之别，有气象条件之别，有历史文化遗存多少之别，有民族习俗、宗教信仰之别，以及经济发展条件之别等，套用一个模式的几个条文，恐怕不妥。例如，一条流经城市的河道岸线处理，既可以是水草坡度形式，也可以是石砌驳岸形式。像巴黎塞纳河在城市中心区是用硬质的石头、水泥驳岸处理的，地面标高行车，三四米下去近水一级是走人的，人车分流，既安全而且亲水效果很好。俞孔坚主持设计的，获"美国景观设计协会奖"的"秦皇岛汤河公园"是自然坡度岸线的例子。这个案例试图说明如何在城市化过程中保留自然河流的绿色与蓝色基底，最少量地改变原有地形和植被以及历史遗留的人文痕迹，同时满足城市人的休闲活动需要。方案在完全保留原有河流生态廊道的绿色基底上，引入了一条以玻璃钢为材料的500m长的红色飘带。它整合了包括漫步、环境解释系统、乡土植物标本种植、灯光等功能和设施需要，用最少的干预，获得了都市人对绿色环境的最大需求。又如在中国当代建筑实践活动中，在中国美术学院象山校园的设计中，设计师将中国古典园林中的"园"的理念运用在建筑布局中；将对古典园林的继承主要体现在空间结构的转化上。象山校园超越了传统的校园景观，其核心理念为回归乡土，并让自然做工，在这个项目中，超过700万片不同年代的旧砖瓦被从浙江全省的拆房现场回收到象山新校园，重新演绎了中国本土可持续的建造传统。这些例子说明只要因地制宜，都可以得到较好的城市景观效果，都有安全使用和人地和谐的效果。

当今时代，人与自然的平衡再一次被打破，人类生存再一次面临危机。我们必须建立起一种新的和谐的人地关系来度过这场危机，包括环境与生态的危机、文化身份丧失的危机和精神家园遗失的危机。这也正是景观设计学前所未有的机遇，景观设计学必须重归真实地协调人地关系；必须通过设计和构建生态基础设施来引导城市发展，保护生态和文化遗产，重建天地—人—神的和谐，此也是景观设计的基本原则。

景观设计师的终生目标，就是实现人、建筑、城市以及人的一切活动与生命的地球和谐相处。人生活的过程就是认同于环境、认同于自然的过程。所以景观设计的首要原则就是要尊重自然，尊重天地，尊重自然的山、自然的地形地貌、自然的水。

景观建筑学与建筑学、城市规划，就相同性看，三个专业的目标都是创造人类聚居环境，三个专业的核心都是将人与环境的关注处理落实在具有空间分布和时间变化的人类聚居环境之中。所不同的是专业分工：建筑学侧重于聚居空间的塑造，专业分工重在人为空间设计；城市规划侧重于聚居场所（社区）的建设，专业分工重在以用地、道路交通为主的人为场所规划；景观建筑学侧重于聚居领域的开发整治，即土地、水、大气、动植物等景观资源与环境的综合利用与再创造，其专业分工基础是场地规划与设计。当然，这种侧重和分工的区别是以所涉及的人聚环境的客体而论的。就人聚环境的主体——社会、文化、政治、经济等方面而论，三者又有各自的侧重和分工。建筑学、城市规划、景观建筑学三者有机地叠合就构成了所说的生活世界场所工程体系。以人类聚居的活动场所的规划设计为手段，找回失去的价值观念，提高人们的鉴赏力，从而推动人类社会的精神文明，这也就是当代景观建筑学的实质与灵魂。

4.3 自然生态景观建设的复兴

我们并不仔细考虑机械观宇宙理论所隐喻的假设，科学家的这种思维在普及的思潮面前同其他人一样固执。我们受到科学进步潜移默化的影响，深信线性的思维模式和因果关系。思维的习惯成为人的第二本性，让人不愿意相信其他的思考途径。艾尔弗雷德·诺思·怀特黑德观察到"我们的科学建立在简单的位置和错误的基础上"，并且"科学将自然的天衣无缝的外表割裂开来——或者将它的隐喻变成一副讨人喜欢的样子，它很肤浅地探讨着自然的表象，却忽略了本质。笛卡儿的信徒们赋予欧洲人将物质和精神生硬分离的思维方式，导致了科学的盲目性。"[1] 现在，一种将对科学产生震撼的力量已经在酝酿中，它就是试图推翻笛卡儿和牛顿建立的理论体系以及认为物理线性遵循严格线性因果关系的观念。20世纪初期，艾伯特·爱因斯坦推翻了绝对的时空观，机械的世界观随之消亡。从那以后，我们用以建立政治、经济和社会结构的宇宙观同科学的前沿理论以及先进思想脱节了。尽管每天亲身经验的以及来自媒体、书籍和科学杂志的信息铺天盖地——沙漠在扩张、森林在缩小、物种以每天一种的速度灭亡、社会动荡此起彼伏——我们依然我行我素，仿佛这些事情同我们毫不相干。关于增长极限、地球有限的承载容量、压抑和不公平性的报道陆续发表，然而不论资本主义还是社会主义的经济和政治战略，都仍然基于无节制开发和持续增长的假设。这反映出我们的世界观建立在过时的理念上，而不再紧跟新兴的科学思想。尽管如此，随着总体信念的丧失日益显著，旧的范例会衰落，新的会出现。当我们放弃了机械的世界观和对待自然的分裂态度时，我们发现自己接近了可能更有理论凝聚力、直观上更合理并且更具和平精神的宇宙观。

美洲土著的发言人，基耶弗·布莱克·埃尔克，曾经宣称："所有的生命都是神圣的，都可以倾诉"，但我们选择了置之不理。然而我们不能无限期地忽视其他的生命。我们的认识应该包含自然的整体，并尊重所有生命的神圣性。只要我们还将其他的生命作为外在的同我们割裂的事物看待，我们就会对它们草草处置。认识到所有生命是唇齿相依的，我们就可以重新弥合神圣与世俗的鸿沟，而它们的统一体将被视作神圣的所在。也许现在综合不同领域，如量子物理学、天文学、生态学、宗教、全息摄影术、人类学，并思考神圣的艺术、建筑、几何学，或许能发现或者重新找回某种和谐。我们对于世界的感知，不再因生态学家和环境学家、共产主义者和资本主义者的言论而困惑或是变得粗俗；神圣和世俗变得更有意义，似乎确实如此。也许有一种不曾有过、而且现在的知识尚未发现的宇宙观，但它又存在于我们周围，正慢慢显露。天上的星星亘古不变，提醒我们自身既微不足道又不平凡。实现我们预期设想的途径之一是重新评价我们怎样生活；在何处的晴空下，怎么与丽日和风相处；还有怎样照料让我们容身的星球上的这些飞禽走兽。[2]

现今在一些地方，无视大自然的平衡成了一种流行的做法；自然平衡在比较早期的、比较简单的世界上是一种占优势的状态，现在这一平衡状态已被彻底地打乱了，也许我们已不再想到这种状态的存在了。一些人觉得自然平衡问题只不

1　（美）弗瑞德·A·斯迪特主编．生态设计——建筑·景观·室内·区域可持续设计与规划 [M]．汪芳，吴冬青等译．北京：中国建筑工业出版社，2008：291.
2　（美）弗瑞德·A·斯迪特主编．生态设计——建筑·景观·室内·区域可持续设计与规划 [M]．汪芳，吴冬青等译．北京：中国建筑工业出版社，2008：293.

过是人们的臆测，但是如果把这种想法作为行动的指南将是十分危险的。今天的自然平衡不同于冰河时期的自然平衡，但是这种平衡还存在着：这是一个将各种生命联系起来的复杂、精密、高度统一的系统，再也不能对它漠然不顾了，它所面临的状况好像一个正坐在悬崖边沿而又盲目蔑视重力定律的人一样危险。自然平衡并不是一个静止固定的状态；它是一种活动的、永远变化的、不断调整的状态。人也是这个平衡中的一部分。有时这一平衡对人有利。有时它会变得对人不利。当这一平衡受人本身的活动影响过于频繁时，它总是变得对人不利。[1]

而对于自然景观的建设，某方面的论调认为，景观设计并不一定是为了全社会的利益。景观外观上的清白和理想主义经常掩盖了隐藏的事项，隐瞒了社会的不公平和正在进行的生态破坏。因为景观通过"风景"、"资源"和"生态系统"等形式使世界客观化，它在社会团体、甚至在人类和自然之间设置了很多等级的秩序。只要将景观视作人造就永远是"无取胜希望者"，因为"胜者"要使景观融入每日的场所和环境中。更深层次的意义是景观作为场所和环境可能比远处的风景幕帐能提供更真实的影像，因为场所的建设帮助社区建立集体识别性和意义。景观有丰富的文化想象力和为家庭和财产提供根基和联系的能力，此是景观有建设性的方面。

在环境的范畴中，景观意念扮演了双重角色。一方面，景观提供了关于环境萎缩最为明显的说明和测量结果——它既是牺牲品又是指示剂；另一方面，景观提供了一个关于深刻的绿色和谐社会的田园牧歌式的影像，一个失去而又被渴望的世界。景观作为好的和善良的符号存在，是因科技罪恶而牺牲的符号，被竞争利益而划拨的符号。作为环境的虚拟物，景观近年来与存在激进分歧的鼓吹者和竞争性的生态学（从资源保护主义者到深层次的生态学者和环境保护论者）展开斗争。这里，与自然平衡的景观不仅从意识形态和主观要素两方面进行展示，并且展示了两者必然的可调和性。如上述，那些继续对自然和景观做出草率、感伤断言的人，阻碍了景观实践的文化实验和景观实践可选择性的发展。人类有创造性的生态学，就像适应能力、宇宙学和艺术实践那样，已经被发展成为抵抗与日益抽象的"环境"有关的、愈发不加批判的、科学至上主义的生态学。[2]

与基地、环境和新科技的主题联系在一起，成为近年来推动景观发展的其他因素。例如，在"二战"后娱乐和旅游业的空前发展，不仅促成了对景观兴趣的

---

[1] （美）蕾切尔·卡逊著. 寂静的春天[M]. 吕瑞兰，李长生译. 长春：吉林人民出版社，2004：215.
[2] （美）詹姆士·科纳主编. 论当代景观建筑学的复兴[M]. 吴琨，韩晓晔译. 北京：中国建筑工业出版社，2008：11.

复苏，而且至少为资本家、享乐主义者和感伤主义者带来了更新的价值。在消费者（公共需求）和生产者（区域经济发展利益）的层次，景观更多地去寻找其独特而内在的特质：风景、历史和生态学。无论是作为主题公园、荒野还是风景区的推动力，景观自身已经变成一个庞大而奇异的吸引力，一个充满娱乐、幻想、逃离和庇护的场所。

自然景观复兴的另一个因素是自20世纪70年代以来出现的大地艺术。大地艺术的初衷是要清晰地表达，甚至重建现代人类和自然的相互依存关系。人类对自然的态度发生了转折性的变化，一度被认为是强大而取之不尽的自然突然变得脆弱而资源短缺，一度被认为和文化毫不相关的自然环境成了与人类文化息息相关的场所。文化的态度融入一切，包括曾经远不可及的荒漠和野生动物栖息地。景观设计师所倡导的设计理念要求平衡人的需求和自然环境之间的动态关系，尊重自然和尊重人性成为现代主义设计的宗旨。现代主义设计师对浪漫主义和新古典主义表示质疑，他们认为前者只是用刻意的线条模仿自然，后者所关注的精致的装饰、对称的布局常常只是为了给建筑提供一个背景，而完全忽略了人们对室外空间的实际功能需求。隐藏在现代主义背后的是"功能主义"。功能主义要求分析环境的实用性，反对用中轴线的方式单纯地从视线的角度串联景点，把整个环境看做一个一个实用空间的总和。功能主义的设计不遵循固定的构图模式而尊重环境的自然特征和人在环境中活动时产生的实际要求。

现代主义设计的理论和实践都受到现代主义艺术立体派的启发，尤其依赖现代艺术中用简单有序的形状创造纯粹的视觉效果的构图形式。立体派所倡导的不断变换视点、多维视线并存于同一空间的艺术表现方法可以说是现代主义设计的重要手法之一。从形式到功能，现代主义设计引发了景观空间的审美革命。对高科技产品的大胆应用也是现代主义设计的明显特征。另外，东方园林中师法自然、源自心得的意境也为现代主义设计提供了丰富的素材。从功能主义到极简主义，现代主义设计在形式和功能的道路上越走越远。20世纪70年代，随着世界两极格局的打破、多元化格局的形成，后现代主义艺术思潮开始在各个艺术领域流行。尤其是在美国这样一个多个民族、多种文化并存的新移民国度，后现代主义要求重审人和自然的相互依存关系并尊重文化多元化特征的呼声日益高涨。在肯定现代主义努力平衡形式与功能、人性与自然的动态关系的同时，无所不包的文化作为一种特殊的媒介，被着重强调。尊重自然、尊重人性和尊重文化成为受后现代主义艺术思潮影响的现代景观设计的宗旨。设计源于生活，科技回归人性，文化融入自然。自然被定义成文化的一种载体。作为后现代主义艺术的一个重要分支，大地艺术在20世纪80年代和20世纪90年代对现代景观设计的影响尤为强烈。这个时代的设计师已经不约而同地在他们的作品中反映了大地艺术表现手法的实践应用。

　　大地艺术继承了极简艺术的抽象简单的造型形式，又融合了过程艺术、概念艺术的思想，成为艺术家涉足景观设计的一座桥梁。在大地艺术作品中，雕塑不是放置在景观里，艺术家运用土地、岩石、水、树木和其他材料以及自然力等来塑造、改变已有的景观空间。著名的大地艺术作品有艺术家史密森的"螺旋形防波堤"、德·玛利亚的"闪电的原野"和克里斯多的一些"包扎"作品等。

　　景观背景在建筑艺术和环境艺术方面的重要意义不仅存在于对土地的感官和体验的尺度上，而且存在于它符号学、生态学和政治的内容里。马赫·特瑞本在《自然的回归》中指出："景观不能再被认为仅仅是建筑基地的装饰；相反，它是融入文脉、提升经验、将时间和自然结合进入筑成世界的深层次角色。"景观被逐渐认识到容纳了意义深远的环境的以及建筑和城市规划的相关承诺，触引了经验、意义和价值的新形态的出现。仍在出现的景观的营造概念不仅是风景、温室、荒野和世外桃源，更多的是普遍的环境，由生态学、经验、诗意和生存空间维度共同形成的复杂局面。

　　人类对自然界的认识是我们正确处理人与自然关系的基础，人类更应从人文主义的角度去看待自然界。长期以来，人类视自己为自然界的主人，强调人的内在价值或内在目的，认为自然界应无条件地服从于人类，因而导致世界上日益严重的环境问题和生态危机。事实上，人与自然的关系本质上反映的是人与人的关系。由于资源的有限性与人类需求之间的缺口非常大，导致了人类对环境资源的竞争性使用。

　　倡导环境文化和生态文明，以尽可能少的资源消耗和尽可能小的环境代价，取得最大的经济产出，同时实现最少的废物排放，追求经济、社会、环境的协调发展。人类在经济、社会发展的过程中同自然环境，以及人与自然共处的生态系统的协调性既包括经济、社会活动与环境的协调性，也包括人们对人与自然协调关系的认识。

　　当前，随着世界可持续发展指导思想的建立，在全球范围内，也已经出现了一个日益明显的"经济生态化"发展趋势。它的表现遍及经济发展和人们生活的各个方面，包括发展各种"生态产业"，例如"生态工业"、"生态建筑业"、"生态旅游业"和进行各种"生态区域"建设等。可以看到，科学发展观指导下的国家政策倾斜将对此提供保证。目前我国经济社会发展的具体进程已经使人们明确地看到，实现生态与经济协调，从而促进经济社会的可持续发展已经是我国的必然发展趋势。而城市自然生态环境建设与复兴也将是必然的。

　　当代中国多年的景观设计探索是在空间上具有极大宽度，而在时间上又是被压缩了的实践,并且整个社会的变革所蕴涵的矛盾和营养以及机遇都反映到设计中来。当代实践的复杂性、矛盾性和多元化并存,直面观念冲突并付出努力的实践和以犬儒主义为特征的无价值表达的设计并存。从国际语境中看,中国城市的基础设施建设和面对自然的态度与举措刚刚开启,无论未来中国的城市化进程继续以中国速度前进,还是放缓脚步,真正意义上的当代景观设计才刚刚开始。

下 篇

第5章
城市空间的产生与发展

第5章　城市空间的产生与发展

人类最初的生存状态是对自然的一种依附和融合；自从人类的聚居方式开始出现，在部族式的村落形式基础上便产生了集镇，这也许是现代城市的雏形，继而发展成城市，也就有了城市的公共空间。"城市"一词大约出现在春秋战国时期，据《古今律历考》记载："卫为狄所灭，文公徙居楚丘，始建城市而营宫室。"文献中有关"城"和"市"的记载早于"城市"，在古代"城"是一种防御设施，"市"是买卖交易的场所。在历史文献中，"市"与"城"几乎同时出现，但在中国古代，"城市"与"城"的意义是严格区分的。"城"向"城市"演进的过程中，经历了城、市分离的阶段和城、市有机结合的阶段。因此，城市空间的形成是人类在历史的发展长河中有意或无意间营造的，而不同时期的城市空间，都反映了当时社会的生活状态和意识形态。

城市的起源与发展经历了漫长的历史过程，国内外的专家学者对城市的起源大体有几种解释：一是防御说，氏族的首领或部落中的民众为了抵御外来氏族的侵略与掠夺，在居住地修筑城墙，以保护家园和财产。二是社会分工说，社会由最初的农业和畜牧业的分工，手工业和农业的分工，商业和农业的分离，形成城市与乡村的分离。三是私有制说，认为城市是私有制的产物。四是阶级说，认为城市从本质上看是阶级社会的产物。五是集市说，商品经济的发展、物质的丰富，促进了集市贸易的集中与繁荣，从而形成了城市。六是地域说，地理地域条件的优势，首先形成古代交通运输要道，从而形成城市。七是宗教说，不同的信仰和对神灵的崇拜，促使了庙宇的产生，庙宇吸引了大量的人口，使人口高度集中，造成了城市的发展。

城市的产生是人类文明进步的象征。苏美尔文化是世界古代文明的重要组成部分之一，它为世界文明作出了很多重要的贡献。在古苏美尔时期，神庙曾是粮仓、账房、手工作坊、司法机关和档案馆等机构的集结地，后来逐渐发展演变成为建筑群。对神权的崇敬与信仰表现在城市中就是一种封闭性、向心性，神庙作为城市中最具号召力的象征性符号，占据了城市的统治地位，这就是宗教的凝聚力。

伊斯兰教对世界各地产生了广泛的影响，早期的伊斯兰城市几乎没有规划设计的准则，甚至像麦加圣地这样的大城市也没有设计可言，城市中央有一个清真寺和一个市场，周围是教民的居住区，每个首府都有一座统治者的王宫，有围墙和城堡。由于多数伊斯兰城市地处沙漠地区，所有城市建筑形成了封闭的形式，以抵御干热的气候。在城市建设上标志着伊斯兰文化新成就的，是8世纪的巴格达城建设，当时此城市已有了主轴线和城门，具有了设计的概念。

大约在公元前3世纪的前半叶，印度河流域的文明影响到亚洲地区和伊斯兰等地区，它的城市规划与设计达到了极具理性和活力的非凡高度，不但解决城市问题的方案是先进的，而且有其独创性，城市经过严格的规划，精细设计的方格网状布局，具有等级制度划分的邻里街坊设计，现在看来仍然具有现代理性思想和表现力。

中国古代城市发展有着与其他文明截然不同的历史形式，但控制这种形式的力量就是王权和宗教。从中国历史上可以断代的第一个朝代夏朝开始，到春秋战国时期，中国的城市建设主要表现在以宫室为主体的高台建筑群落上；中国古代的城市，特别是都城和行政中心，往往是按照一定的制度进行规划和设计的。《周礼·考工记》提出的中国古代城市营建中最完整的思想体系，以及汉以后中国传统城市礼制风格的发展都是值得肯定的。几千年来在中国占统治地位的儒家思想直接导致了中国古代城市严格的轴线与对称形式，并发展成为城市布局的等级制度，皇城被设计在城市的中央，然后才是行政区、住宅区和街道。另一方面，传统的道家所追求的人工与自然协调统一的哲学思想，在城墙包围的城市布局中极力施展出自然的景色，皇家园林和私家园林中包含了众多的河流、湖泊、山石和自然植物，这些设计都遵循了一定的自然法则，"虽由人作，宛自天开"（图5-1～图5-4）。在中国城市产生发展的过程中，阴阳五行和风水思想也对城市形态和美学理念的形成起到相当的影响。具体表现在城市的形态布局上强调"折中"、"守中"、"寻耦"、"对称"等。风水思想对中国古代城市形态的影响首先表现在对城市的选址上，对于不同尺度的自然环境，风水理论提出不同的城市要与不同的山川"龙气"相适应，并强调水对城市的作用。总体来说，中国古代城市的美学思想主要体现在其特有的文化观念中，是在探求天、地、人三者和谐共生的过程中对聚居环境的一种修正。

图 5-1 中国私家园林 1

图 5-2 中国私家园林 2

图 5-3 北京颐和园（左）
图 5-4 河北承德避暑山庄（右）

古希腊城市的形态是在美索不达米亚和古埃及环境中发展起来的，在历史的发展进程中，希腊人逐步摆脱了半人半神的君主统治，民主和理性思想逐渐占据了城市生活的所有方面，促使希腊人创造出戏剧、绘画、雕塑、诗歌、数学、哲学、建筑等灿烂的文化。城市空间的多样性是古希腊人为城市设计所作出的另一个重要贡献，除了卫城之外，还有剧场、体育馆和广场，这是因为城市生活的多样性造成了城市空间的多样性。到了罗马时代，人们的世俗生活比起希腊人来要热闹得多，城市所有活动充满着情欲、狂欢、杀戮，城市中的体育场、竞技场、浴场都是为了满足这些需要而设立的，罗马城市中的广场比起希腊的城市广场在布局形式上更多样，功能更广，活动更丰富，成为美化城市的重要形式。

城市公共空间是指城市内各建筑物之间的所有公共、可以任意到达的外部环境空间形式的总和，这种空间关系依不同层次和规模，几何地联系在一起。从早期村镇狭窄的街道、集市和货运码头到今天的城市广场、公园、住宅花园、步行商业街以及城市开放系统都属于城市公共空间的范畴。城市公共空间的重要特征就是它的公共性。现代城市空间由许多要素构成，从宏观上分主要有自然要素和人工要素，自然要素有山脉、河流、地形、地貌等；人工要素包含了建筑、道路、构筑物、建筑小品、绿化植物等。城市中正是有了这些实体的围合设计，才形成了丰富多彩的城市空间形式和城市景观。

我们从西方的城市发展过程来看，它经历了四种发展形式，即封闭型、构成型、功能型和开放型。这四种不同城市空间形态的形成都有其特定的历史成因。因此，城市不同的成因决定了不同城市形态和城市景观的产生。

在西方中世纪时期，当时的社会生产力较落后，政治和宗教成为社会的主要意识形态，社会的生活形态和生活方式都决定了城市没有统一的规划设计，城市是封闭型的形态，街道不规则，狭窄的街道完全可以适应当时的交通与运输工具的通行，作为政治与宗教活动中心的广场也就成为街道空间的放大；建筑、街道、广场的尺度和人的行为尺度非常相宜，给人以亲切感。

公元前15~18世纪，数学、几何学和透视学的研究成果促进了科学与艺术的发展，人们在思想深处蕴藏着对自然的控制力。因此，在城市规划设计上讲究几何构图，城市空间尺度变大，建筑、广场、街道体现一种雄伟、宏大的视觉效果。而巴洛克、洛可可新古典风格的发展，使城市成为权力和显贵表现的场所，造成了人性化的公共交往空间弱化，这种构成式的城市空间形式符合了当时的社会生活形态的需要。

工业革命的产生与发展改变了传统的生产与生活方式，工业化生产形成了新型的劳动力，城市中出现了大量的工厂，出现了与工厂相配套的具有一定功能的区域。而新型的工业化生产需要大量的劳动力，造成城市人口的增加和城市的急剧扩张，所以这时期的城市规划和城市建设比较混乱无序，建筑设计的艺术性在下降，城市的功能已降低到最基本的实用水平，突出功能性是这时期城市建设的典型特征。

近代工业化的迅速发展、信息化的提高，使城市的现代化程度愈来愈高，交通功能的完善大大提高了人们出行的便捷性与机动性。因此，城市与次城市、郊区的联系就变得相对容易；城市人口的不断增多，导致城市规模不断扩大，城市围绕着交通而设计，交通是现代城市建设必须考虑的重要问题。

中世纪早期的城市空间构成形式比较简单，基本上是为人而设计的，城市景观相对比较单一。现代化交通工具的出现，使现代城市的设计更多地考虑交通因素，城市道路的尺度、空间的尺度，都是为现代化的交通工具而设计，工业文明的发展使城市景观有了许多的改变，这种改变对现代城市景观设计提出了新的要求。这些要求就是我们在此书中需要研究的问题。

城市公共空间是城市展示个性及形象的重要因素，并承担着城市各种复杂的社会活动，这其中包含了政治、经济、文化等各个方面；城市公共空间的发展与更新过程体现了一个城市发展的足迹。当人类进入 21 世纪，人类对自身的居住环境质量及环境科学发展逐步引起重视，可持续发展成为全球的共识和目标。一个城市能否称之为可持续性发展城市，主要是看其在自然环境、经济和社会发展等方面是否具有可持续性，达到这个标准的关键是保护城市的生态环境，提高城市自然和环境的承载能力，并通过经济、行政和法律等管理手段，限制和防止需求的过度增长，以使供需保持适度的平衡。

5.1 影响城市环境的相关因素

5.1.1 聚居观与环境的关系

中国是一个历史悠久，以农耕为主的多民族国家，它有着深厚的文化底蕴，并形成了自己独特的人居观，如："非高山之下，必于广川之上"、"仁者乐山，智者乐水"、"人之居处，宜以大地山河为主，以山水为血脉，以草木为毛发，以烟云为神采……，山得水而活，水得山而秀。"吴良镛教授在《人居环境科学》一书中提出的"城市"、"建筑"、"地景"三位一体的构成关系是其重要的思想之一。三者和谐、统一所构成的物质和文化环境形态，是人类所追求的理想聚居环境。

中国地域辽阔，一方水土养一方人，因此形成了不同的地域文化，而不同的地域文化和民族生活特征形成了各自不同的文化形态和社会内容。我国历史上自然、人文、地理的构成和划分，从地域文化的派别上和文化形态上显示了地方城市景观形成的客观性和有机性。

5.1.2 环境对人性的影响

人类的聚居形态因环境而产生,聚居环境影响人类的人文和物质形态的建构,以及人性的建构。荷裔美国著名通俗历史学家房龙在其《人类的故事》一书中写道:"雅典和斯巴达都是古希腊的都城,居民说同一种语言,但由于聚居的环境不一样,他们所表现的人性构成却迥然不同……。雅典处于高地之上,城市可以吹到海风,眺望美丽的海景,雅典人喜欢以一个快乐的儿童眼光来看世界;雅典又是一个繁忙的商业都市,因此,雅典人崇尚文学,喜欢在太阳下讨论诗歌,追求艺术,聆听哲学家高谈阔论……。斯巴达则是建在一个深谷的底部,以四周的高山作为屏障,它挡住了外来的思想,因此,斯巴达人尚武,斯巴达是一个军营,人们为了当兵而当兵,整天不近文学而打仗。"从房龙先生的论述中我们可以看到不同地域的环境对人性产生的影响。

5.1.3 城市建筑物与环境的关系

当一座城市从最初的聚落开始演进时,随着时间的推移而发展,从而获得自我意识与记忆。城市的初始主题铭记于建筑之中而得以长久留存。城市中的人造物不仅是城市中的某一对象的有形部分,而且还包括它所有的历史、地理、结构以及与城市总体生活的联系。在城市中最多的构筑物就是建筑,我们从考古发现的村落遗址中可以看到当今城市的雏形,建筑的不断聚合增多才逐步形成乡村、集镇并发展成现代城市的形式。中国古代城市以线状街道空间为主要特征,而欧洲国家城市以团状形成城市空间特征,无论是线状还是团状空间特征,构成空间特征的媒介主要是建筑物,因此建筑物是城市空间最主要的视觉对象,建筑的形态、建筑的组合形式、建筑的立面、建筑的色彩、建筑的质感形成了环境的主要特征。城市空间和自然空间的最大区别就在于城市中有大量的建筑,不同的建筑又具有特定的使用功能,城市中的建筑是组成城市景观的重要因素之一。

人类社会文明的进步,促进了城市的不断发展与功能的完善,建筑伴随着城市的起源而开始出现,它根植于文明的形成过程;建筑作为城市的构成要素,它是人类文明的构造物;建筑作为人类生活的固定舞台,体现着世代相传的品位与态度,体现着公共事件与个人悲剧,体现着新老事物。在我们的现代城市中,构筑物已不仅仅是建筑物,具有特殊功能的新型构筑物成为现代城市景观的重要组成部分,比如电视塔、桥梁、立交桥、隧道、防洪堤等,这些构筑物的出现大大拓展了城市建筑物的概念,同时也丰富了城市景观。

城市环境是 21 世纪发展的战略性主题,1977 年的《马丘比丘宪章》指出:"现代建筑问题已不是纯体积的表演,而是创造出人们能在其中生活的空间,要强调的已不是外壳而是内容；不再是孤立的建筑，而是城市组织结构的连续性"。因此，城市的建设要和自然地理环境、历史遗迹、社会风貌、建筑特色与结构联系起来，紧密结合科学技术、施工材料等创造一个方便、合理、舒适、美观的生活和工作环境。城市建筑和城市环境景观的设计不是纯粹为了视觉美，这种艺术美的创造必须和人们的生活紧密联系在一起，美丽的城市意味着美好的建筑。

5.1.4 城市规划与环境的关系

优美的城市不仅具有完美的空间形态、美丽的自然环境，而且更需要有一个科学合理的城市规划，城市空间环境是人类在城市活动中不断积累形成的。人类早期居住的村镇是在一种自发和自为的生活方式中形成的，人类是按照其生成和生活方式的需要来安顿自己居住的场所的，在构筑居住场所的过程中，场所的安全性、便利性、舒适性、卫生性等满足人类基本生存需求的条件成为首先考虑的因素。同时，不同地区的民族在建造和规划自己家园的过程中，民族的生活习性、宗教信仰、传统文化、审美趋向对居住环境的建造和规划都会产生影响。历史上，人类创建了许多著名美丽的城市和村镇，比如：中国的北京、西安、南京，法国的巴黎，英国的伦敦，意大利的罗马、威尼斯；中国的古村镇宏村、西递、西塘、乌镇、周庄、平遥古城等都是至今保留完好的历史文化遗产。

我们从历史文献记载和描述以及对城镇遗迹的发掘与考察研究中，都可以看到历史城镇的发展及其规划思想和建筑美学。城市空间环境和规划是在城市活动的不断积累中形成的，城市环境和规划不断地更新，不断地增加新的内容。城市规划从早期的自发的行为逐步发展到今天科学、合理的规划经历了一个漫长的过程，在城市规划中，生产力分布、资源状况、自然环境、城市现状、建设条件等都是必须考虑的因素。其中风景资源、地形、地貌、河流、湖泊、丘陵、绿地等因素在城市规划中是否能被科学地利用，对塑造城市空间形态美、环境美起着重要的作用。

自然、人工和社会是构成城市设计美学的三个主要的要素。在自然要素中，自然景观的利用是当今城市体现特征和发展能力的一种标志，自然观成为城市发展的目标之一，荷夫（Michael Hough）认为："城市的环境是城市规划设计的必要部分，而城市环境中这些未被认识的自然进程就发生在我们周围，它同样是城市景观形态的基础之一，城市的环境是城市设计的一项基本要素，文艺复兴以来城镇规划设计所表达的环境观，大都与乌托邦理想有关，而不是与作为城市形态的决定者——自然过程有关。景观规划设计并非简单意味着寻求一种可塑造的美，在某种意义上，景观规划设计寻求的是一种包含人及人赖以生存的社会和自然在内的，以舒适为特征的多样化空间"（图5-5）。

图 5-5 景观规划设计

5.1.5 城市空间与环境的关系

我们每一个人都会感受到自然空间的存在,而城市空间的产生是在它所处的自然环境条件下逐步发展起来的。从人类自身的生存条件来看,人类对自然有很大的依赖性,并相互依存。这种社会环境形态的形成,不仅表现出人类与自然环境的平衡关系,而且从形态上有机地和自然结合在一起。

建筑空间是人类根据需要有意识设计的具有不同功能的空间形式,而城市空间则是人类在自身的历史发展进程中有意或无意设计成的空间。因此,城市空间所涵盖的范围更大,内容更广泛,空间形态更丰富多样,信息量更大。围合城市空间的自然或人造形态都向人们传达着各种信息源,构成城市空间的建筑、山峦、河流、树木等都在向人们传达地域性的意义和历史文化。

早期的村镇集市空间也许只是一条街道或一个集贸交易场所,空间形态相对比较简单。随着人类社会不断地进步与发展,城市的功能更具多样性,新型城市空间不断被创造出来,从而满足了现代城市人们生活的不同需求。城市是建成环境的极致代表,因而城市景观空间是以人工营造的建筑为主体的景观环境中的景观空间之集大成。城市景观空间主要是城市中的外部空间系统,它是由城市中的建筑以及其他景观要素围合和限定的,其基本的形态是由围合限定的实体要素和围合方式所决定的,即实体和空间相互界定、相互显现。因此,现代城市空间设计更具有公共性、开放性、功能性、人性化、可持续发展的特征,在现代城市规划设计中,必须考虑城市空间应有足够的吸引力和空间形象特质。当今,人们不会流连一处毫无魅力的空间，他们已经不再需要由公共空间来承担社会集会场所的职能。因此，城市公共空间应当能够为市民提供在别处无法获得的体验。要想使城市空间赋予新的含义，城市空间必须是一个灵动的、完美整合的空间、地表和结构的复合体。

5.1.6 城市道路与环境的关系

城市交通和道路是两个不同的概念，交通是指车辆和行人的流动状态，道路则是为了满足交通的需求而建造的工程设施。

道路规划是城市规划的重要组成部分，城市道路除了供交通使用外，还有其他多方面的功能，它是居住在城市中的居民主要的活动场所之一。城市道路规划与设计得是否科学、合理，对城市空间与环境景观有着重要的影响；在城市道路规划中，道路可以将城市的自然景观、人文景观、历史古迹、沿街建筑群、住宅小区、商业中心、城市广场、绿地等联系起来，组成一系列有节奏、有韵律的环境空间。在景观设计中，道路和景观环境密不可分，无论是城市的主干道，还是次干道，都是人们从一个活动空间转移到另一个活动空间的必经之路。在现代城市环境建设中，道路已作为城市重要的景观来设计，使城市街道在功能和意义上有了更大的延展。

5.2 城市公共空间特征

5.2.1 自然性特征

城市的形成受地理位置、空间环境、气候条件、地形地貌、自然资源、人文等因素的影响。城市公共空间的形成和它所处的自然地理条件（图5-6、图5-7），

图 5-6　城市空间形态 1（左）
图 5-7　城市空间形态 2（右）

和社会政治、经济、军事、宗教、文化、风俗习惯等有着密切的关系，城市公共空间是在它所处的自然地理条件下生长出来的，其不仅在生态上与自然环境保持平衡关系，而且从形态上呈有机的联系。

5.2.2 历史文化性特征

城市公共空间不同于纯自然的空间，它是人类发展与创造的产物。当人类社会发展到一定的条件时，人们有意识、有计划地建造城市，因此，城市的发展必然受到人的思想意识和文化的影响，这种意识与文化通过管理者、设计者的作用贯彻到城市建设的策略与实践中。比如我国古代长安城的规划设计，整个城市采用封闭式，空间布局较为严谨，城市公共空间由线型的街道联系起来（图5-8）。而欧洲古代的罗马城，则采取了开放式、松散型的城市布局（图5-9）。这两座城市都是历史上著名的都城，是当时各自国家政治、军事、经济、文化中心，从功能上看比较接近，但从城市形态上看，毫无相似之处；其原因就在于各自历史与文化的差异。城市公共空间是一个城市社会文化价值取向的空间表现形式，是不同历史时期，城市的管理者、规划者、设计者以及所有居住者思想意识与文化素质的综合体现。

图5-8　古代长安城规划平面图

图5-9　古代罗马城规划平面图

5.2.3 社会活动性特征

城市是人类社会聚集生活方式的集中体现，城市改变了人类的生产方式和生活方式，公共空间在城市的演变过程中，成为人类社会相互交流、充满活力的人性场所，承载着人们日常公共生活的需求，社会活动性是它的重要特征。

5.3 人类生活方式的转变

5.3.1 人的行为基本需求

为了了解人在城市中的行为方式，有必要对人的基本需求与内驱力作进一步的阐述。马斯洛在《人类动机的理论》一书中将人的基本需求从高级到低级分成六个层次，即生理的需求、安全的需求、相属关系和爱的需求、尊重的需求、自我实现的需要、学习与审美的需求。在人类解决了最基本的生存问题以后，这种需求就表现出从低级向高级发展的趋势。另外，希腊人C.A.Doxiadis从人类对其居住环境的需求总结出三点，即安全的需求、选择性与多样性、需求所达到的满意程度。我们从学者们总结出的以上观点中可以看到人类对环境的依附性，环境在影响了人类的同时，人类又塑造了环境。

5.3.2 人与自然

人类与自然是相互依存、共同发展的结合体，地球上的生灵孕育了人类生命的延续，人类和自然和谐共生了上亿年，我们从中国"天人合一"的思想中可以体会到人与自然的关系。人类的生存需要一个良好的环境，因此，自然环境的保护和可持续发展是景观设计需要考虑的一个重要问题。

5.3.3 人与城市化

人类社会经历了农业文明向工业文明的转型，农业文明时期的村镇生活和现代城市生活的最大区别就是社会刺激的数量和类型不同。孟德拉斯针对农业社会指出"每个乡村都是一个互识的群体，其中每个人都认识所有的人和他人的所有特点，社会关系是人格化的、非功能性的和分割成部分的。"

自从有了城市社会以后，人们从生到死，从生活到学习、工作等各个领域都离不开各种层面的社会团体机构，如政府机构、学校、企业、医院、公司等组织，城市生活改变了人们的生活形态，城市社会也是现代性感受的核心基础。工业化和城市化的发展，使城市社会形成了和农业时期不同的亚文化圈，即新的社区形式，他们有着共同的价值观、人生态度、生活方式等。由于城市在社会形态、文化结构及人口特质上的特点，城市形成了其特有的社会生活方式。

5.3.4 人与城市环境

当人类从农耕文明进入工业文明后，加速了城市化的发展进程。从另一方面来看，城市的出现不仅给我们带来了丰富的物质、富足的生活，加速了人类文明的发展，而且城市范围的不断扩大、人口的急剧增加，造成了城市环境的破坏和污染的加重。在竞争激烈的社会中，什么样的城市环境才是人类向往的生活与居住环境呢？世界环境组织评比"世界最适合人类居住与生活城市"所提出的标准为："适合人类居住和生活的环境应该是具有优美的自然环境和人文环境，较高的空气质量，清洁的能源，没有污染，和谐安全的社会秩序"。像加拿大的布里斯班市、新西兰的奥克兰市、美国的西雅图市都被授予了"世界最佳居住城市"的称号，健康的环境，才能有健康的城市、健康的经济和健康的人类。

5.3.5 人的行为特征

城市化使人从角色认知、个性特质、价值取向、心理需求发生了改变，由于城市在社会结构、文化系统、人口特质上的特点不同，使人们在城市中形成了各自特有的生活方式。城市理论家芒福德在其《城市发展史》论著中写道："城市

城市景观规划设计

本身变成了改造人类的场所……。"

人是客观存在的实体，他和其他形态实体有相同之处，但也有本质的区别，人有思想，有创造力，为了不同的目的而产生不同的行为方式，正因为人和动物有本质的区别，才会形成社会和群体。我们将人的行为概括为三种目的，即必要性、选择性、社交性；人具有社会性和个体性两个方面，人所具有的思想性决定了他们有不同的行为方式。人的社会性决定了人与人之间需要信息的交流、思想情感的沟通。那么人在城市公共环境空间中都有哪些行为方式呢？人的行为目的和行为方式是多种多样的，从大的方面来分，一种是主动式行为方式，比如家人、朋友在闲暇之余，去公园景点、休闲广场、步行街等休闲场所郊游、晨练、散步、购物（图 5-10～图 5-14）。另一种是被动式行为方式，比如某种公益性的或政治性的集会活动。

在开放性公共空间环境中，行走、观看、停留、小憩、运动、闲谈、游戏、集会等都是我们常见的行为方式。人们在游览的过程中，从一个空间过渡到另一个空间大多数都依靠行走来完成，这就需要有一个合理的交通道路系统，因为道路系统可以连接不同的空间和景点。我们在公共空间中，正常人无论是行走还是驻足，都会用眼睛去观察周围的一切，观看景物或其他人的行为方式，因此创造令人赏心悦目、心旷神怡的环境是非常重要的。人们在小憩和闲谈时一般都希望有一个相对较为安静或私密的场所环境，有可供休息的区域和公共设施。举行公共性的集会、运动、娱乐等活动，基本上都选择在开敞性的公共空间里进行，较为宽敞开阔、安全的环境是人们举行各种活动的基本条件。尽管我们总结出人的不同行为方式，但是由于生活形态、性别、年龄、职业、宗教信仰、性格、民族习惯、亲密程度等的不同，人在行为方式上存在着差异性，都决定了环境设计造型要素的选择。人在交往空间中所需的空间形态、空间尺度、空间性质、空间变化及安全性，都成为人们综合考虑的因素。因此，了解人在开放性公共空间环境

图 5-10　主动式行为方式 1

图 5-11　主动式行为方式 2

图 5-12　主动式行为方式 3

图 5-13　主动式行为方式 4

图 5-14　主动式行为方式 5

中的行为方式，是创造满足人性化需求场所的理论基础。

5.3.6　环境对人行为的影响

人类相对于自然环境来说是渺小的，"人定胜天"也只是口号而已。当人类不能支配自然环境时，环境反过来就会影响我们人类。达尔文的进化论说明了各种生命的生存繁衍与进化和大自然有着密切的关系，任何物种的进化都要受大自然的影响，优胜劣汰，能和自然相融合，适应自然发展的物种才能得以保留。因此，自然生态环境的好坏，对人类的生存及人的行为有着直接的影响。在我国经济快速发展的今天，人们往往为了片面地追求经济发展而破坏自然环境，森林遭到大面积的砍伐，造成水土流失或荒漠化的加快，水资源的缺乏和污染、空气质量的下降，已严重威胁到人类的生存，这种破坏在我们身边时刻发生着，如果人类在经济发展、城市建设中对生态环境保护的重要性还没有高度认识的话，那么不久的将来人类这一物种必将在地球上消亡。

5.3.7　人与环境空间

正常人可以通过视觉、听觉、触觉来感知空间。盲人看不见物体，但他们可以通过触觉来感知空间的大小和高低，可以通过声音的传播感受到空间的广阔，视觉是人类感知空间最重要的器官，人类通过视觉器官可获得80%的信息，通过视觉将自然界的各种信息如形状、大小、色彩、质感、光影反映到大脑中加以记忆，并形成图像的概念。因此，人类90%以上的行为方式是由视觉引起的。

人是通过视觉来感知自然界的变化的，通过直观感受对视野中的环境对象作出积极的、迅速的评价。空间概念的形成离不开形状、颜色、大小、比例尺度、空间位置、光影等基本构成要素；对美感的认识是人对生活经验的长期积累与总结，比如对比、统一、韵律、节奏、意蕴等构成美感的因素。当我们仰望星空，面对宇宙的时候，如果没有星月的存在，没有光的存在，这样的空间环境对我们人类来讲根本没有实质意义。因此，以上的构成因素使我们在视觉上形成了一个综合的空间概念。

人在长期的生产、生活、社会交往活动中，对自身的行为方式、行为目的等方面进行了总结，对不同行为方式所需的功能空间环境场所在概念上有了足够的认识，因此在空间的需求上，人们对生理适应性较容易得到满足，但要满足人的视觉美感及心理需求就不是很容易做到的事，这就要求空间环境在形式上、风格上都应具有美感。正因为人类有了视觉感知，才会对外部世界具有鲜明风格与特点的景物产生深刻的印象。

视觉是人的一种生理现象，通过它可以看到外部世界，但也不是无所不能，如我们就看不清宇宙中其他星体到底是什么样，看不见物质的分子结构。所以人类的视觉对物质的感知也有它的局限性。当我们眺望远方，只能看见朦胧的山体，看不清它的固有色，这就是空间的因素对视觉产生的影响。因此，在人与空间的关系上，不同的距离决定了人观察物体形态特征的细致程度，观看需要一个良好的视野。

5.4 景观、艺术、设计的关系

5.4.1 景观设计的范畴与体系

人类最早的造物活动是出于本能的需要，属事物非理性的创造活动，造物活动发展到今天，"设计"已被人类广泛地重视。这种造物设计逐步发展成为一种理性的、能动的、有计划的、有目的的行为，它的思维模式是围绕着人这个中心而展开的。环境景观设计在当今十分突出地显示了它的重要性，并成为一门独立的设计学科。

人类生存离不开自然，他们生活在自然环境和社会环境中。我们一般概念中的自然环境是指自然界原有的自然风貌，如地形、地貌、植被、山脉、森林、江、河、湖、海等非人工形成的自然环境。人类在长期的生存与发展过程中，不仅能利用自然和自然环境和谐地共存，而且还学会了如何去改造自然，让自然环境更加适合人类生存发展的需要，正是基于这种原因，研究人类与环境的关系，如何利用科学的、合理的设计创造出优美的人性化环境，是环境景观设计研究的重要课题。

现代环境景观设计思想形成于 20 世纪，这种思潮产生的原因是基于爱因斯坦的"相对论"促使了人类基本信念的转移和理性主义思想得到认可，新生的现代主义设计思想、设计探索及环境景观设计的作用逐步得到人们的认可，总体环境景观规划的设计概念、可持续发展的生态环境观被人们所接受。因此，并不是在环境中加点艺术品就能成为环境景观设计。环境景观设计包含了许多层面与众多学科，从层面上来分有历史的与现代的，自然的与人工的，从学科上来分有历史文脉与传统文化，社会、政治与经济，科学技术与造型艺术；它集文化、艺术、技术、功能、审美为一体，尽管它涵盖面较广，但始终离不开"人"这一主题。著名评论家弗德曼在《环境设计评估》一书中写道："一个场所设计成功的最高标志就是它能满足和支持外显或内在的人类需求和价值，也就是提供一个物质和社会的环境，在其间，个人或群体的生活方式被加强，其价值被确认，必须认识到谁是使用者，这一点相当重要。"环境景观设计是多种设计的结合体，但它的设计体系是建立在人—社会—自然要素之上的，这三大体系紧密相连；从宏观上看环境景观设计活动是围绕这三大体系展开的,如果从环境景观设计相关学科之间的联系来分析的话,设计活动除包括了设计者对使用者、环境因素、功能、视觉效果、精神需求、实现设计的手段等因素综合考虑之外,还应该将设计因素涵盖在一个社会、历史文脉之中。我们从环境景观设计体系可以看出通过空间环境景观设计在宏观上维系了人与人、人与社会之间的精神交流,改善了人类的生存条件,展示了人类历史与现代的文明,所以西方建筑师们认为20世纪80年代的重要发展不是这个主义或那个主义,而是对环境和景观设计的普遍认同。

当今,对城市环境的重视促使了城市环境景观的改进和完善,城市衰败地区的更新、公共空间的建设、广场街道景观的改善成为备受瞩目的核心问题。

5.4.2 景观设计的性质与构成

"设计"既然是人类理性经验的适应性活动,那么"设计"到底是什么?什么样的环境景观设计才算是好的设计呢?从人类社会发展的不同历史时期来看,在设计概念上都呈现出不同的深度和内涵,从最初的石器工具到当今的宇宙飞船的设计,经过了一个漫长的发展过程,从古典主义崇尚装饰的唯美设计,发展到当今以人为本的设计思想,人们逐步认识到设计的实质就是实用与审美之间的辩证关系,设计理念的演变决定了社会文化与文明的发展,近代人类经历了工业革命和信息化的发展变革,对"设计"这一概念有了更深层次的认识。

什么是设计?德国建筑师格罗皮乌斯在《包豪斯宣言》中从设计的角度明确提出:"设计的目的是人,不是产品。"包豪斯时期另一位大师荷里·约基也指出:"设计不是对产品表面的装饰,而是以某一目的为基础,将社会的、人类的、经济的、技术的、艺术的、心理的、生理的多种因素综合起来,使其纳入工业生产的轨道,对产品的这种构思和计划及设计。"我们从这些大师的观点中可以体会到设计受人感情因素的影响。对人本能行为的关注,反映了设计是人类精神的必然需求。

什么是好的设计?设计经验从何而来?关键是知识和经验的积累,而知觉经验的积累就是其中的一个关键环节。知觉经验包括了生理经验、个体经验、社会经验三个方面。生理经验主要指人本身所具有的生理特征,例如:视觉、听觉、嗅觉等。个体经验是指个体对外界事物的感性认识。社会经验包含了整个人类社会对传统文化的积累过程,这三方面综合起来潜移默化地渗透在人的知觉中并形成经验。综上所述,"设计"是在知觉经验的积累基础上形成的,是一种能动的、有计划的创造性思维活动,它通过构思与创造,有计划、有目的地运用一种视觉传达手段,将自己的思想与意图通过可见的内容传达给公众。

景观设计是其他多种学科的整合设计,它包括建筑设计、规划设计、广场设计、园林设计、艺术品的创作、公共设施的设计等内容。随着现代科学技术的进步,现代先进的技术在景观设计中被广泛地运用。那么如何才能得到一个有效的、合理的景观设计呢?设计实践告诉我们,现代景观的设计过程和方法要在理性的指导下,严格地遵循自然、科学的规律。当今,生态景观的设计思想是靠99%的逻辑加上1%的艺术性,而1%的艺术性则体现在处理问题的灵活性、创造性和对人性的充分关注上。

景观设计的性质决定了它的结构构成形式为:

(1) 场所:它包括组织目标和需求、组织功能、相关的材料、结构元素、空间和设计处理、环境的重要质量,各种使用群所具有象征价值的元素、为特殊需要群体所制定的条例、场所及一些临时性元素的状况。

(2) 使用者:它包括观念、爱好、需要和态度,有关个人和群体活动模式,社会行为以及在时间和空间上的行为变化、个人特征。

(3) 环境关联域:它包括环境和周围的特征、土地使用、提供的设施和项目。

(4) 设计过程:它包括参与者的作用、有关使用者的行为和场所所包括的各种因素的价值,帮助形成场所的制约因素,建成后由使用者、管理者或设计者所作的调整。

(5) 社会、历史文脉:它包括可能影响场所的社会和政治倾向,如:经济环境、哲学思想、社会态度、在此趋势中的历史变化——计划的过去和未来。

以上是景观设计宏观的结构框架,具体的设计阶段分为:设计者的知识—设计前的计划—设计过程—设计建造—使用—设计成果的修改。

5.4.3 景观设计与艺术的关系

景观设计是一门综合的边缘性学科,并且具有多学科互为渗透的整体性。当今,国内学界将景观设计习惯称为环境艺术设计,其实两者之间还是存在着众多差异性,景观设计不仅向人们提供精神文化与审美上的需求,还向人们提供了物质需求。美国景观设计师理查德·多伯在《环境设计丛书》中指出:"环境设计是比建筑范围更大,比规划的意义更综合,比工程技术更敏感的艺术,这是一种实用的艺术,胜过一切传统的考虑,这种艺术实践与人的机能密切联系,使人们周围的物有了视觉秩序,而且加强和表现了人所拥有的领域。"因此,"景观"和"艺术"是两个不同的概念,尽管在景观设计中包含着艺术的因素,但不是设计的全部,不只是对环境的装饰与美化。

在欧洲古典城市设计和花园设计中,它们的景观突出地表现为艺术特征,建筑与绘画、雕塑紧密结合,具象的写实性成为古典景观的主要表现手段之一。而到20世纪初叶,现代艺术有了蓬勃的发展,它们是建立在工业文明和技术进步的信念之上,以创造新的艺术形式为目标,逐渐将古典主义的具象艺术形式,从平面状态和较为单一的形式表现向着更为广阔的艺术设计领域拓展，人们对艺术的功能和形式有了更新的认识，在艺术观念上有了质的飞跃，艺术已不再是仅供人们视觉和精神享受的产品，而是表现为更为广阔的自由世界，更加适应社会多元化发展的需要，艺术以不同的思想理念、不同的艺术形式走向自然，走向我们的社会并融入我们的生活。西方现代艺术所表现出的思想观念和艺术容量是超前的、巨大的，它为建筑设计、工业设计、景观设计、平面设计、视觉设计、家具设计等设计领域的发展提供了设计的灵感，丰富了设计语言形式和艺术手段。

　　现代抽象艺术对西方当代艺术的发展产生了深刻的影响，受康定斯基抽象绘画的启示，蒙德里安经过探索研究出了几何抽象画风，更加纯粹形式的表达力求建立一个具有凝聚力和良好组织的新世界，这一艺术思想对现代建筑初期设计观念的形成起到重要的作用。艺术家范·杜斯堡认为蒙德里安等艺术家的创作形式不但适合图画的绘制和抽象雕塑的创造，而且还适合作为一个整体城市景观的重建。最接近于建筑家的抽象艺术家马列维奇通过赋予绘画感觉以外的表达方式，创造出新的形式与形式之间的相互关系，他力图将这新的二维绘画形式变成三维的建筑空间形式，他的这一构想在科学技术高度发达的今天才得以实现，并成为当代不少建筑师探索的一种表达形式。构成主义在抽象主义的基础上得到发展，使得构成主义已不再是纯粹的抽象绘画形式，它是抽象主义形式在工业设计、建筑设计、景观设计的具体应用。另外，立体主义、表现主义、未来主义等的渗透对现代主义设计、新建筑的变革取得的成果也产生了重要影响。

　　西方当代艺术的发展把艺术与设计引进全新的天地，波普艺术、极少主义、环境艺术、大地艺术、观念艺术、行为艺术、偶发艺术、光效应艺术、照相写实艺术、新表现主义艺术、前卫艺术等都直接影响了建筑设计、景观设计等相关设计领域，艺术的概念推动了设计理念的拓展。同样，新的现代艺术形式在景观设计中也被广泛地应用。其中，新艺术运动的重要代表人物西班牙的高迪所设计的居尔公园项目，就是努力把建筑、景观、艺术、雕塑融为设计一体，其中地面装饰吸收了艺术大师米罗的绘画特色，装饰的动机充满了儿童式的想象和天真。罗伯托·布尔·马克思是一位抽象艺术画家和景观规划师，他为拉柔扫提医院设计的花园，利用植物，采用抽象的艺术表现形式表达个性的特征。波普艺术那种以日常生活为表现主体的创作手法同样为许多建筑师所借用，例如：C·摩尔设计的美国新奥尔良的意大利广场；M·格雷夫斯设计的波特兰市政大厦、迪斯尼总部大楼；盖里设计的圣塔摩尼卡广场停车场、鱼舞餐厅；矶崎新设计的筑波中心大厦；瑙特林与里迭克设计的印刷厂；克鲁格等设计的"未完成的乌托邦"；赫佐格与德默隆设计的埃博斯维尔德技术学校图书馆等作品。

　　在当代，景观设计、建筑设计等与艺术的联系日趋紧密，现代艺术所表现出的丰富性、多样性以及艺术大师们的作品中所注入的各种思想、理念、表现手段、选用的语言符号都对建筑和景观设计的发展起到巨大的推动作用，许多设计师都在试图通过对艺术的认知，来寻找现代设计创新的道路，景观设计也不例外。

当代景观设计涉及众多的学科领域，在现代城市发展建设中，城市功能有了极大的拓展，现代城市景观的意义已超出古典城市景观的观念。作为现代城市景观设计师、建筑师、艺术家在结合人文科学、自然科学、科学技术的基础上，用艺术的视角来理解景观设计，探讨现代城市景观的设计理念，寻求现代城市景设计的表达方式，共同思考人类文明发展的路径是一项非常值得研究工作。

5.4.4 景观设计的思维特征

任何设计都是人的一种思考过程，而逻辑思维是最初的思维方法。逻辑思维是建立在各学科不断发展所形成的一套较为完善的理论基础之上的，这种特征符合人类发展的规律性。逻辑思维具有很强的推理性，它是由对各部分因素的思维整合到综合的、整体的思维过程，这是设计方法应遵循的特定思维程序。

在人类的思维过程中有两种方式，即逻辑思维和形象思维。形象思维是相对于逻辑思维而言的，从设计学的角度来看这两种思维方式同时存在，只是两者所表现出的形式不同。逻辑思维在思维过程中舍弃那些个别的非本质的东西，以一种抽象的推理和判断来达到论述的目的，找出事物的共性。而形象思维是通过对众多形态的认识与积累，通过想象，找出其典型的特征，经过创造性的组合，达到一个完美的造型形式。所以逻辑思维是建立在较为理性的基础上的，是抽象的。而形象思维是不能脱离具体形象而存在的。

景观设计是一项综合性设计。随着科学技术的发展，新兴的科学思想及理论的产生为现代设计打下了基础，系统论、控制论、人类工程学、生态环境学、经济学等学科在景观设计中被广泛地应用，它们被划入社会范畴并与社会中的群体发生着紧密的联系，所以这种设计是逻辑推理与形象思维反复交叉进行的。尽管它们之间有着密切的联系，但有时也会表现出分离的状态，这种状态表现为对分离部分进行独立的推理过程，从而我们可以认为景观设计是由两种思维相互交织并形成整体—局部—整体的思维结构，只有这种思维模式才能创造出整体的景观设计。

前面我们提到两种思维的密切关系，但它们对于景观设计思维整体而言却有所侧重，形象思维有它自身的逻辑性和目的性，它是从感性到理性、由低级到高级的发展过程，它的心理结构表现形式为表象—联想—想象—典型化。"表象"是指在实践和感知的基础上对感性形象的积累；"联想"是指通过形象找到相关的因素；"想象"是指对前者的提炼与创造；"典型化"是指设计符合目的性的典型形态。尽管形象思维有它的逻辑性，但它不能脱离理性思维的依托，否则形象思维就成为空中楼阁。

景观设计师的思维主要是靠逻辑思维与形象思维两种方式,逻辑思维包括目的性的选择、对环境的认识、使用者的需求、功能的适应性、设计的语言、实现目标的手段、使用者的信息反馈与设计的不断完善。形象思维包含了具象思维与抽象思维两个方面,具象思维是通过一种具体的形象表达一种观念;而抽象思维是通过一种寓意性的手法传达一种精神。人类的不断进化过程,实质上是思维方式的演变,其中最突出的表现为创造性,创造性思维是不断推动人类社会向前发展的重要因素,创造性思维表现为多种形式,它往往打破传统式的思维模式,起到出奇制胜的效果。我们从理论上阐述了人的几种思维方式,但人的思维不是建立在空想的基础上的,它是对生活与知识的积累,使我们的设计思维逐步完善。

5.5 景观的演变与发展

5.5.1 西方古典园林的形成

现代城市景观的形成和传统造园有着密切的关系,它是以园林为核心内容发展起来的。从人类的发展历程来看,造园并不是人类与生俱来的,人类最初的造园活动是受到自然植物群的启发。西方园林的早期类型主要是圣林、园圃、场圃、乐园;圣林最早出现于公元前27世纪以前的埃及;而乐园是波斯的园林类型,它们与古希腊的园林融合成西方古典园林的要素,形成了西方古典园林的雏形。

图 5-15 意大利台地园 1

我们从西方国家:如希腊、意大利、法国、英国等国至今保留的遗址可以看出,西方古典园林的形成与他们当时的社会生活形态紧密相关,正如美国设计师汤姆逊在"20世纪的园林设计——始于艺术"一文中写道:"在整个西方世界的历史上,园林设计的精髓表现在对同时期艺术、哲学和美学的理解……。"因此,西方古典园林设计风格的形成是基于西方国家的自然、社会、历史、经济、文化艺术和宗教背景。

意大利位于欧洲南部的亚平宁半岛上,境内山地和丘陵占国土面积的百分之八十,白天有凉爽的海风,这一地形和气候的特点,是意大利传统园林——台地园的重要成因之一。意大利人受罗马人生活方式的影响,一些富贵、权贵们建造庄园别墅和花园。此外,意大利庄园的设计者多为建筑师,常用建筑设计的方法来设计园林,他们将庄园进行整体规划,以地形、建筑、植物、水体、雕塑及小品等构成一个环境整体,使庄园的各个景点融合于统一的构图之中。意大利古典园林艺术充分反映出古典主义的美学原则,园林布局采用中轴对称式、重点突出、主次分明、比例协调、变化统一、尺度宜人,设计师和艺术家们注重运用几何透视学原理,来创造理想的景观效果(图5-15、图5-16)。

图 5-16 意大利台地园 2

图 5-17　凡尔赛宫 1（左）
图 5-18　凡尔赛宫 2（右）

意大利古典园林对法国的园林产生了深远的影响。法国园林在借鉴意大利园林设计手法和造园要素的基础上，进行了创新设计，法国园林创始人勒诺特就创造出堪与意大利园林相媲美的园林作品。在他的作品中，表现出一种庄重典雅的风格，即路易十四时代的"伟大风格"，这种风格体现了古典主义的灵魂，勒诺特把这一灵魂充分体现在他的园林艺术中。如他设计的沃－勒－维贡特府邸花园、凡尔赛宫等。这时期的造园均以豪华、壮丽的宫苑，表现帝王至高无上的统治权利（图 5-17、图 5-18）。

英国的造园受意大利文艺复兴运动的影响，基本上吸取了意大利园林的造园样式，后来法国的园林发展受到英国人的关注。18 世纪威廉·肯特和风景园林的出现标志着英国造园风格的正式形成，从此，英国造园在世界园林史上确定了其重要的地位，并对西方造园艺术产生了极大的影响。英国古典园林的特点为花园面积较大，花园与自然中的树林、牧场、草地、湖面能很好地衔接在一起，充分表现出自然的特征和自然的景色。英国园林的另一个特点是植物的广泛运用，英国自然风景式园林的开创者肯特以"自然厌恶直线"作为园林设计的新美学思想，他通过精心构思与设计，使园林有了较好的景观效果（图 5-19～图 5-21）。

意大利、法国、英国所形成的园林风格在欧洲风靡一时，这和它们国力的强盛有很大的关系。由于人类生活在不同地域，而不同的地理环境、不同的生活方

图 5-19　英国自然风景园景 1（左）
图 5-20　英国自然风景园景 2（中）
图 5-21　英国自然风景园景 3（右）

式、不同的社会形态、不同的审美需求对人工环境大小、风格及规划布局的形式都会产生影响。西方古典几何式园林的形成，除了受以上因素影响外，西方的哲学基础、美学思想、科学探索、政治的、宗教的影响都起了一定的作用。西方古典园林美学思想是建立在"唯理"的基础上的，他们用古希腊"最美的线形"和"最美的比例"思想作为评判美与丑的标准。具体什么是"最美"，是由数字来衡量和确定的，认为艺术美来源于数的协调，只要确定了数的比例关系就能产生美的效果，其"黄金分割规律"学说和几何透视的审美思想对西方古典绘画、建筑、雕塑等产生了深刻的影响，西方古典园林的风格正是在这种美学思想的影响下形成自己特有的风格的。

5.5.2　工艺美术运动影响下的景观设计

西方古典主义建筑、园林风格的形成和他们伟大的绘画、雕塑艺术有着紧密的关系，而画家直接参与设计使西方建筑、园林更加充满了艺术的气息。英国自然风景式园林的创始人肯特，以画家的思想，像绘画那样来布置园林中的造园要素，使英国古典园林在一个多世纪的西方造园艺术中产生深远的影响，因此，英国的风景式造园运动改变了西方流行一千多年的规则式造园传统。

"工艺美术运动"起源于19世纪下半叶的英国，起因是由于当时简单的工业化批量生产造成了设计水平的下降，面对这种局面，"工艺美术"最主要的代表人物，运动的奠基人拉斯金、威廉·莫里斯及其艺术小组拉菲尔前派，主张继承传统，反对矫揉造作、华而不实的维多利亚风格，回复手工艺，提倡艺术化手工艺产品，在装饰上推崇自然主义和东方艺术。"工艺美术运动"影响遍及欧洲各国，也影响了欧洲的园林设计。莫里斯认为："庭园无论大小都必须从整体上进行设计，外貌壮观……。另外，庭园必须脱离外界，决不可一成不变地照搬自然的变化无常和粗糙不精……。"他在自己的院落中作试验，园中有灌木丛、果园、花架、石径、栏杆等。在"工艺美术"中真正受此影响并有所创造的是植林设计，但它还遗存着维多利亚的痕迹，设计师在设计中钟爱乡村田园的风貌和自然的景观，在不同功能的小尺度空间环境中构筑花园景观，追求简洁、纯净、高雅、浪漫的设计风格。"工艺美术运动"所倡导的自然主义和东方情调，对传统规则式造园手法的留恋同样也影响着园艺家杰基尔和建筑师路特恩斯，他们从大自然中获取创作的灵感，根据不同环境和景物的状况，把传统中的规则式园林和自然式园林两种设计手法相结合，以自然植物为造景主要内容，创造出各具特色的景观。这种设计思想及原则，成为当时园林设计的一种潮流，并对以后的欧洲园林设计，甚至我们当今的城市环境景观设计都产生了深远的影响（图5-22）。

图5-22　工艺美术运动中的花房设计

5.5.3 新艺术运动与景观设计

新艺术运动是19世纪末、20世纪初在欧洲和美国产生并推广发展的一次影响面相当大的艺术实践活动。它涉及许多国家和众多设计领域，时间长达十余年，是设计史上一次非常重要、具有相当影响力的形式主义运动。它受英国"工艺美术运动"的影响，反对传统中繁琐矫饰的维多利亚风格和其他过分的装饰风格；同时，希望通过新的装饰手段来改变由于工业化生产造成的产品粗糙，以及人们对工业化时代所产生的一种恐惧和厌恶，重新唤起人们对传统手工艺的重视和热爱。新艺术只能算是一场运动，由于这场运动在欧洲各国产生的背景相似，并没有形成一种统一的风格，而是利用自然中各种有机形态和简单的几何构成形式探索新的设计风格。

图 5-23 圣家族大教堂

新艺术运动和景观设计的密切联系集中体现在建筑设计风格的探索上。其中最杰出的代表是西班牙"新艺术"代表人物建筑设计师高迪，他在作品设计中追求自然形态的曲线美，采用自然花草图案、阿拉伯风格的图案、抽象几何构成图形，并通过不同的组合手法、曲线装饰，在建筑和园林中极端地展示他的装饰才能，使其设计风格在新艺术运动中独树一帜。其中最能表现其设计思想和特点的代表作品有圣家族大教堂（图5-23）、米拉公寓（图5-24）、巴特罗公寓等，这些建筑在形体和立面细部装饰上完全采用了自然主义风格。另外，在景观设计上高迪也进行了大胆的创新与探索，他在设计居尔公园（图5-25）环境时，努力将设计、艺术、雕塑融为一体，企图设计一个与周围乡村环境和谐一体的公园，地面镶嵌具有艺术大师米罗绘画特色的图案，通过建筑表现其立体的绘画，装饰的动机充满了儿童式的想象和天真。极富韵律感的流线所构成的围墙、长凳、柱廊和绚丽多彩的马赛克镶嵌装饰，使整个环境生动活泼，充分展示了高迪的风格特点。

图 5-24 米拉公寓

图 5-25 居尔公园

新艺术运动影响到许多设计领域，但是对园林的影响远不如建筑，即使在园林设计上有些探索，也是出之建筑师之手，他们的设计目标更多的是从建筑语言的角度考虑，园林设计并没有成为艺术运动的主流之一。因此，新艺术运动中的园林设计以家庭花园为主，大面积的园林环境设计不多。尽管如此，其中有些建筑师在园林中的设计探索，给当时的园林设计带来了新的面貌，例如著名建筑师贝伦斯开创了用建筑的语言来设计园林的一种新的风格，这些园林与建筑紧密结合，形成一个整体，通过墙、绿篱划分成不同的空间，利用不同层次的平台贯穿空间，花架、长廊、敞厅成为造园的重要因素。

从开始追求曲线的形式，发展到直线与几何形状作为设计的主要形式，注重功能的需求，抛弃单纯的装饰性，成为新艺术运动追求的目标。所以，新艺术运动中的园林设计所产生的不同风格对以后的景观设计也产生了广泛的影响。

5.5.4 现代艺术、当代艺术对现代景观设计的影响

现代艺术起源于后印象主义的三位著名画家，即法国画家塞尚、高更和荷兰画家凡·高。从印象主义发现新路子的塞尚，并不赞成印象主义所描绘的对象融解在光线之中，他反对印象主义过于注重光的描绘而忽略了物象的实体。塞尚的艺术原则是强调主观感受的重要性，要求根据个人的特殊感受和理性改造对象的形体，使之更单纯坚实和引起重量感。塞尚是第一个真正意义上用主体意志改变艺术对象的画家，他否定模仿自然，把客观物象条理化、秩序化和抽象化。他所创造的艺术方法最后直接导致了立体主义的产生。由于特殊的生活经历，使高更在艺术追求上形成独特的风格，他摆脱了明暗对比法、立体法等约束，用平涂的画面、强烈的轮廓线以及主观化的色彩来表现经过概括和简化了的形；无论是形或色彩，都服从于一定的秩序，服从于某种几何形的图案，使绘画带有极强的音乐节奏性和装饰性，概括客观、色彩夸张、强调主观，这些构成了高更综合主义的特征，被他解放了的色彩则孕育了野兽派的诞生。荷兰画家凡·高用强烈的色彩、奔放粗野的笔触和扭曲夸张的形体来表达内心世界的感受及情感，他的这种表现方法直接影响了德国表现主义的产生。

艺术家对主观创造性的强调是现代主义的精髓，在三位大师的努力探索下，艺术已不再是对自然的模仿或再现，而是脱离了写实的束缚，促进了艺术向多元化探索的方向发展。抽象派艺术、构成主义、立体主义、表现主义、未来主义、达达主义艺术、波普艺术等艺术形式相继产生，对现代设计艺术的发展起到重要的推动作用。现代艺术的另一个特征是反传统精神的树立，这种精神倡导的是以全新的观念来取代传统的审美样式，在个性化的语言上探索和创新。艺术家创作的主流由具象转变到抽象。其中，野兽派源于高更、凡·高，但野兽派画家比他们作画的方法更单纯，在人物形象和整体构图方面的简化，粗犷而不完整的线条，大面积平涂色彩的运用，纯色的运用及透视的缺乏，野兽派绘画的感染力并不依赖于精湛的绘画技巧的掌握，而在于画面的整体视觉效果，这些构成了野兽派最显著的特点，其代表人物为马蒂斯。立体主义画派创始人毕加索和勃拉克，他们从非洲原始雕刻艺术中获得灵感，注重的是要弄清塞尚的那种探索能走多远，他们醉心于如何将三维物体用二维的形式表现出来，在不破坏物体的立体感的同时，又让观众感觉到表面本身是平的，他们抛弃了传统的视觉方式，显示他们多视点的作画方式。

第二次世界大战后出现的所有艺术流派和艺术风格中，抽象表现主义的地位是无与伦比的，现代抽象派艺术对当代艺术有着持久而深刻的影响，是西方现代艺术存在的核心形态。抽象主义绘画创始人康定斯基最早画出了抽象绘画，他在

其抽象理论著作《论艺术的精神》、《关于形式问题》中，强调色彩和形的独立表现价值，主张画家用心灵体验和创造，通过非具象的形式传达世界内在的声音。他的理论涉及抽象形式的法则与美感、绘画中的音乐性、创作过程中的偶然性等问题，他的抽象艺术实践开辟了西方抽象艺术的先河。抽象艺术主要研究的是艺术的自律性问题，色彩和线条被当成一种抽象的元素，艺术家根据自身对形式美的感悟，创造自己的形，绘画从自由的、想象的抽象转向几何的抽象。"纯形式"本身成为艺术的意义所在。康定斯基的抽象绘画形式后来成为建筑与景观设计重要的形式语言。

另外两位著名的抽象主义"风格派"画家蒙德里安和马列维奇，他们在继承康定斯基抽象理论的同时，探索和发展出一套与康定斯基的那种浪漫主义风格完全不同的抽象几何画风，使抽象绘画成为更加纯粹的形式表达。蒙德里安认为艺术存在着固定的法则，他说："这些法则控制并指出结构因素的运用、构图的运用，以及它们之间继承性相互关系的运用。"他在绘画作品中，采用非对称的形式，利用水平直线相交建构骨架，构成一种具有清晰和规则的造型形式，用大、小不同的正方形、矩形以及三原色和无彩色系，建立起具有内在联系和秩序感的视觉形象。他探索的目的在于寻找到一种运作过程的系统化方法，他和"风格派"的艺术家们认为，他们的创造过程不但要适合于图画的绘制和抽象雕塑的创造，而且能适合整个城市景观的建设，它的适用性已超出了绘画的范围，因此对形式法则的研究有着重要的意义。这一艺术思想对现代建筑设计观念的形成起到重要的作用，它使设计师们领悟到，形式是可以建立在一种清晰单纯的几何的逻辑基础上的，它使西方古典建筑从厚重的墙体和维多利亚式的风格中解放出来，转变成可以进行几何化的立体构成。因此，蒙德里安的绘画艺术对整个21世纪的建筑设计、产品设计、家具设计、广告设计以及后来的景观设计都产生了深远的影响。

几何抽象绘画的另一个开拓者马列维奇，他的画风同蒙德里安有很大区别，他的几何抽象绘画表现出更多的自由度，在平面的基础上寻找图形的内在平衡和秩序，使不同形态的几何图形构成强烈的形式感，通过几何图形的相互对置，使零散的画面取得整体的统一，利用形与色的相互映衬关系表现出某种构图的美学意趣。马列维奇创造出这种动态的、类线状形体的自由构成形式关系的目的是试图将他的至上主义艺术推广成为一种设计的普遍的模式，将二维的画面转为三维的空间。他的这种设想经过半个世纪的发展，终于成为当代很多建筑师和景观设计师们探索的一种表达形式，并被设计师们运用在实践工程中。

构成主义是在至上主义、未来主义和立体主义的基础上发展起来的，构成主义已不再是纯粹抽象主义绘画探索的目标，而是试图将绘画艺术与工业制造和实用的目的相结合的一种艺术流派。构成主义称"要谋求造型艺术成为纯时空的构成体，使雕刻、绘画均失其特性，用实体代替幻觉，构成既是雕刻，又是建筑的造型，而且建筑的形式必须反映出构筑的手段"。构成主义探索研究的宗旨是使抽象主义表现形式与建筑和设计结合成一体，将几何风格确定为他们的普遍的先觉样式。构成主义在其进一步的理论发展中，既强调形式构成的合理性、逻辑性，又强调形式的功能制约，这些都对建筑设计中艺术与科学的结合统一，丰富现代环境设计的设计语言作出了很大的贡献。

从抽象表现主义开始，当代艺术家在继承现代艺术的基础上，开始了新的实践和创造，力求寻找到新的艺术表现形式，他们探索新媒介、新模式或新的表现方式，并取得了令人瞩目的成就。以抽象表现主义为起点，以反对现代主义和变异现代主义艺术观念为目标，开始了新一轮的艺术变革，从而使艺术出现了一个新的面貌。主要艺术流派有：波普艺术、观念艺术、偶发艺术、环境艺术、行为艺术、大地艺术、人体艺术、光效应艺术、照相写实主义艺术和极少主义等。总之，当代艺术从实质上表现出对以往各种艺术界限的突破，将艺术推向极端的状态，探索和尝试了绘画艺术与其他视觉艺术的关系；艺术与设计艺术的关系；艺术与非艺术的界限；艺术与自然的关系；艺术与生活的关系等。这些多方位、多层次的问题探索，为当代建筑设计和景观设计的创作提出了新的思想理念，极大地丰富了造型设计的语言，拓展了造型艺术设计的艺术手段，同时，它深刻地影响和改变了人们的审美方式，这些艺术探索和实践对当代景观设计的实践创作产生了极大的影响。

当代艺术家提出了"生活就是艺术"、"人人都是艺术家"的口号，这种艺术观念的转变，改变了现代艺术过于强调形式，将生存、生活变成关注的重点。使他们将艺术转变成生活，又把生活转变成艺术，二者之间的互换，实质上表现了当代艺术希望对关注界限的突破。其中，波普艺术成为当代艺术重要的艺术创新活动，并取代了抽象主义的地位，在全世界广泛地传播，成为许多先锋艺术运动直接的艺术源泉，它在建筑设计、工业设计、产品设计、家具设计、景观设计等领域掀起了设计理念的变革。

拼贴是波普艺术的一种重要艺术表现形式，著名建筑师盖里十分关注当代艺术，借鉴了拼贴的艺术手法建筑构成了圣·莫尼卡住宅，他的这种创作设计理念与他生活的洛杉矶城市景观有着密切的关系，他认为他的作品就是对构成洛杉矶城市各种元素和环境的评价。另一位美国建筑师埃瑞克·欧文·莫斯对废品非常感兴趣，他试图利用废品，采用波普艺术的拼贴手法构筑"废品建筑"，力求化腐朽为神奇。他在大片荒废的工厂遗址地尝试着他的构想。其作品"加里社团办公大楼"、"3520海德大街"、"8522国民大街"都不同程度地表现出海德废品拼贴的艺术成就。他的这一创意对当代工业遗址景观改造设计有重要的启迪作用。

拼贴艺术以一种崭新的视觉形象出现在人们面前，无论是风格独特的建筑，还是环境设计都为我们展现了一个全新的景观。著名建筑师摩尔设计的美国新奥尔良意大利广场，采用了历史符号的拼贴手法，他选择了历史不同时期的符号，通过文脉的联系、象征性的表现、建筑语言的重构，创造了一个充满卡通式的、梦幻般的复杂空间和景观效果。

5.5.5 现代景观设计的观念与思潮

现代主义艺术运动产生后，现代建筑的设计探索在设计理念上和现代艺术一直是互相影响与推动的，在此基础上，现代景观设计的发展无疑受到现代艺术观念的影响和对现代艺术创作手法的借鉴与运用。这个时期的景观设计探索与实践突出表现在园林景观的设计中，现代主义园林景观设计的特点主要表现在功能性、空间性、设计形式的创新上。在功能上根据自然环境、社会环境的不同及使用者的需要进行设计。在空间设计上，美国现代主义设计大师詹姆斯·罗斯认为，"从轴线或平面形态开始设计是一个根本错误，设计应该从空间划分开始，园林设计师应有正确划分空间的观念，空间相对独立，空间的用途是多样的，应该重视室内外空间的渗透"。在设计形式的创新上，现代主义的景观设计受现代艺术理论的影响，特别是受现代抽象绘画的影响，打破西方传统造园的手法和形式风格，不过分追求繁琐的装饰，在形式上强调简洁的线条、非对称构图和动态平衡，采用多轴线的构图形式，追求视觉的均衡。

当代景观设计深受后现代主义思想的影响，并在理论研究与实践性探索上取得了令人瞩目的成就。后现代主义思想大约产生于20世纪50～60年代，它没有一个明确的起始界限，当时西方科学技术的进步，促进了经济的快速发展。同时，这种发展所带来的环境问题日趋严重，人们对到处充满着机器的社会越来越感到厌倦，渴望人性的自我回归和文化价值的体现。人们开始向往田园牧歌式的生活。因此，后现代主义成为当时西方盛行的一种哲学与文化思潮，它影响到社会和文化的各个领域，涉及建筑、绘画、音乐、工业设计、景观设计、广告设计、平面设计、服装设计等多方面。

后现代主义对景观设计的影响集中表现在园林设计上，20世纪70年代，受后现代主义影响的新的社会意识、科学思想、文化思潮、艺术风格与流派逐渐影响到园林环境设计，特别是新的艺术形式，如波普艺术、大地艺术、极简主义艺术以及建筑设计领域的解构主义思潮的兴起为园林设计师提供了更加丰富的设计语言，后现代主义思想为现代园林设计的发展带来了新的设计理念和手法。这时期的园林设计师开始在现代主义基础上的反思和超越，许多园林设计师在多个方向和领域寻求创新与突破。并形成多元化的发展格局，例如：著名设计师 C.Scarpo 在意大利威尼斯设计的布里昂公墓，他突破了传统公墓的设计手法，在设计理念上进行了大胆的探索，用高大的墙体、窗户、通道和在外环境中设计的几何形水槽和水池象征生命的延续、神灵的再现，使人们不再感到死亡的恐惧。美国著名园林设计师玛莎·施瓦茨吸收了现代艺术，特别是波普艺术的创作思想，用生活中的日用品和普通材料的拼贴、集合，营造出丰富、神奇、怪诞却又让人觉得自由、可亲近的园林景观。向传统的唯美矫饰、风景如画、一成不变的造景手法发出挑战，有机玻璃、塑料制品、糖果、轮胎等都成为造景的材料和元素。他设计的面包圈花园被人们认为是美国设计师在后现代主义景观设计上的尝试，在用地面积只有 $45m^2$ 的小尺度宅前庭院中，他将传统的花园设计和新的设计理念结合起来，采用一种幽默的手法创造一个艺术性很强的场所。

后现代主义园林景观是现代主义园林的延伸，是对现代主义园林的批判与继承。它的设计思想源于后工业化的发展，后现代园林景观设计以地理环境、历史文脉为出发点，从科学、艺术、生态的角度寻找园林景观设计的意义，注重园林景观设计的艺术性、文脉性、生态性，以复杂性和矛盾性替代现代主义的简洁性和单一性，用高情感和高技术来倡导个性化和人性化，由于后现代的多元化设计思想的趋同程度的不同导致产生了多元化的设计手法和设计风格。在后现代主义思潮的影响下，后现代主义作为一种文化影响着现代园林设计与景观设计，并形成了特有的风格特点，这种特点主要表现在以下几个方面：

(1) 现代主义提出的"功能决定形式"的设计原则遭到后现代主义的质疑，后现代主义认为，设计应该崇尚以人为本的设计原则，关注人的情感与心理空间的体验，注重设计的人性化、自由化、个性化的追求。

(2) 现代主义设计思想表现为一种对传统的否定，而后现代主义在环境场所设计中强调历史文脉的延续性，在吸收传统文化设计元素的同时，不拘泥于传统的逻辑思维方式，使传统文化和现代文化相结合，从而满足现代人们的精神需求和物质需求。后现代主义在景观设计中打破传统设计的审美法则，采用非传统的设计形式，例如：混合、叠加、突变、错位、变异及象征、隐喻等手法，以期创造一种融感性与理性、传统与现代的多种设计风格。

(3) 受历史主义和文脉主义艺术思潮的影响，后现代作品中经常出现隐喻的手法，这种手法常带有创作者的个人情感、色彩和武断的作风，使建筑及环境的意义进入玄学之中。可以说隐喻无固定的形式，这种设计手法超越了现代主义对待地貌和植被的功能主义设计原则。

后现代主义园林景观注重对意义的追求，通过直接引用符号化的只言片语的传统语汇或通过隐喻与象征的手法将意义隐含在设计中，使园林景观带上文化性或地方性印迹。最常见的隐喻有以下几种手法：一种是以筑波中心为代表采用精神化隐喻的手法，另一种是非物质化隐喻，其次是采用明喻。景观设计中的隐喻是把自然再现为一种理想状态的图像，使观者将眼前的实际景象与一种熟悉的自然模式联系起来，产生思想或情感上的共鸣。用一些可以使人产生联想的符号，将设计与场所联系在一起，反映一种场所文化；有的隐喻设计采用抽象的表达方式表现设计的主题或内容。

1. 波普艺术与景观设计

"波普"一词翻译成中文为大众的、流行的意思。波普文化是从英国一小部分知识分子中发展起来的，他们开始关注新的媒介——电视、电影、广告、摇滚乐、消费文化等，它与当时的文化、艺术、思想、设计建立起紧密的联系。

从本质上来讲，"波普设计"运动是与以美国为代表推崇国际主义设计风格的分庭抗礼，是一个反现代主义设计运动。波普设计运动的倡导者认为大众文化是对国际主义设计风格的反叛，是大众文化对物质的崇拜，波普设计运动追求新颖、古怪、新奇成为这个时代的主要设计特征之一。这一时期，还出现了多种多样的探索形式，其中具有代表性的有宇宙风格、硬边与极限风格、回归风格等。从总体来看，波普设计的风格特征变化无常，具有形形色色、变化无常的折中特点，没有确定的统一风格，所以，波普设计运动被认为是一个形式主义的设计探索，没能成为一个完整的、统一的、具有深厚理论基础的设计运动。

在波普艺术的影响下，景观设计师在不同的界面上利用各种材料进行探索与尝试。玛莎·施瓦茨是波普艺术景观设计的代表人物，她既学习过美术，又学习了风景园林设计，这为她开拓设计思路打下了基础。受波普艺术的影响，玛莎·施瓦茨在大众艺术与园林景观设计之间找到了一片可供开垦的处女地，她的设计跨越了高雅艺术与大众文化之间的鸿沟，开创了一种全新的园林景观设计形式。她认为现代园林景观的设计不仅是为了满足功能的需要，同时也是表达人们看待世界的思想方式。因此，她的设计作品是一种思想文化领域的创新。其作品设计以戏谑代替严肃，以奇异的构思、大胆的造型、浓烈的色彩、重复或连续的集合秩序表达对景观的理解。波普艺术在景观设计中的特点主要为：

(1) 充分利用场地中固有的元素进行设计。

(2) 利用非常规的材料创造大众化的园林环境。

(3) 批判地继承现代主义构图原则和极简主义的设计特点。

(4) 波普艺术园林设计蕴涵与基址历史文脉相关的含义。

2. 解构主义与景观设计

在法国巴黎远离市中心的一个区域，居住着较多外来的移民，文化背景各异。

在这里需要建设一个重要的科技文化活动中心。鉴于这一特点，拉维莱特公园最初的设计宗旨是强调"混合"的特性，即文化与科技的混合，高雅与通俗的混合，不同文化背景、不同层次的人共同休闲、娱乐的真正大众的公园；贵族与贫民的结合，本土文化和异国文化的结合，并要求减弱彼此之间传统上的界限，使其能被广大民众所接受。

当代哲学家德里达提出的解构主义哲学观对设计师屈米产生了重要的影响，因此，屈米与解构主义哲学家德里达合作设计拉维莱特公园，屈米希望通过拉维莱特公园的设计强调一种观念，抛弃以往的先例，从中性的数学构形或理性的拓扑构成着手，设计三个自律性的抽象系统即：点系统、线系统、面系统，屈米在120m间距的网格中用红色的钢结构构筑成"点"的形式（图5-26、图5-27）；运用一个种有树木的林荫道和一条蜿蜒曲折的散步道构成"线"的形式（图5-28、图5-29）；大面积的草坪、硬质铺地和修整过的地表、主题园构成了"面"的形式（图5-30、图5-31）；这三种构成体系各自都以不同的几何秩序来布局，相互之间没有明显的关系，从而形成强烈的交差与冲突，构成一个矛盾体。屈米正是受到当代波普艺术和观念艺术思想的影响，才创造性地设计出了一种融不同思想观念、不同文化形态，被公认的解构主义杰作。解构主义的出现给建筑和景观设计带来了新的生机。

图5-26 "点"的表现形式——红色构筑物1（左）
图5-27 "点"的表现形式——红色构筑物2（中）
图5-28 "线"的表现形式——金属栈桥（右）

图5-29 "线"的表现形式——长廊（左）
图5-30 "面"的表现形式——草坪（中）
图5-31 "面"的表现形式——儿童游乐场地（右）

以屈米为代表的解构主义设计是现代主义设计和后现代主义设计之后的一种新的设计风格，其主要设计特点为反中心、反权威、反二元对抗、反非黑即白的理论。通过一系列由点、线、面叠加的构筑物、道路、树木、草地和场所创造出了一个与传统意义截然不同的公共性开放空间。整个公园完全融入到周边的城市景观中，创造出了一个新型的城市公园景观。

3. 极简主义与景观设计

极简主义，又称最低限度艺术，是艺术评论家芭芭拉·罗斯在1965年提出的，是在结构主义的基础上发展起来的一种艺术门类。极简主义艺术产生于20世纪60年代的美国，主要体现于抽象几何绘画或雕塑。作品最显著的特点是由直角、矩形、立方体等简单的几何形体或由数个单一形体的连续重复所构成的艺术形式；反对追求个人表现而刻意夸张的行为，是一种无主题、非比喻、无参照的艺术。极简主义景观在西方景观设计中的兴起，引起学术界和设计界的普遍关注，极简主义景观创造性地融合了景观设计中的古典主义、早期现代主义和极简主义艺术的精神与形式，秉承了现代主义景观科学、实用、理性的传统，强调艺术在景观设计中的地位与作用，将景观简洁的形式与复杂的内涵结合起来，体现出强烈的现代感和理性化的特征。这种艺术表现形式很快就被彼得·沃克和玛莎·施瓦茨等先锋园林设计师运用到他们的园林景观设计中。彼得·沃克综合了极简主义、古典主义和现代主义的表现形式，创造了独特的极简主义景观，在其充满神秘感的景观设计作品中，彼得·沃克运用简单的几何化形体、重复的结构形式，将自然材料以一种脱离这些材料原始的自然结构的方式集合在一起，创造出一种在新结构中产生新意味的视觉综合体验。如彼得·沃克设计的"剑桥中心屋顶花园"项目，他的景观设计在当时引起很大的反响，并成为现代主义园林景观的典型代表。现代西方景观设计受到了极简主义的深刻影响，在当今国际景观设计领域中活跃着一批具有极简主义倾向的景观设计师，如丹·克雷（Dan Kiley）、乔治·哈格里夫斯（George Hargreaves）、路易斯·巴拉甘（Luis Barragán）、野口南（Isamu Noguchi）、佐佐木叶二（Yogi Sasaki）等，这些设计师创作了许多具有鲜明特色的优秀景观作品，并在景观设计中对极简主义精神的运用作了卓有成效的探索和研究。极简主义景观设计的主要特点为：

（1）几何的平面构成形式：这种形式利用直线、弧线和螺旋线，通过几何构图形成简洁的、具有一定规律的秩序。如有的作品采用正方形的网格状构图，利用旋转错位、相互叠加的手法进行组合排列，产生一种简洁的美感（图5-32～图5-34）。

（2）简洁的造型：极简主义的造型将形体简化到最基本的几何元素，将视觉对象减少到最低程度，力求以简化的符号形式表现丰富的内容；以简洁的几何体

图 5-32　几何的平面构成形式1

图 5-33　几何的平面构成形式2

图 5-34　几何的平面构成形式3

为基本语言,运用重复、几何化的结构形式将材料集合在一起(图5-35、图5-36)。

(3)推崇客观的真实存在:极简主义景观设计不仅追求抽象的构成形式,而且强调客观的真实存在,表现的只是真实存在的物体,不表现除本身以外的任何东西,不参照也不意指任何属于自然和历史的内容和形象,以独特新颖的形式建立自己的环境特征(图5-37)。

(4)生态思想在设计中的渗透:极简主义景观在设计中对溪流、池塘、湿地、植被、树木系统注重保持其自然形态和生态作用,特别是在土壤和植被的处理上保持了良好的蓄水和排水性。

(5)植物在景观设计中运用:极简主义景观设计的精华在于对自然要素的强化,规则的几何构图形式与植物的自然形态相辅相成形成对比,使环境产生一种纯净的美感和自然的张力(图5-38)。

(6)现代材料的运用:极简主义在广泛运用传统材料的同时,对现代材料的运用也得心应手,传统材料中的岩石、卵石、砂砾、木材等都以一种人工的形式表达出来,并纳入严谨的几何秩序中,表现出一种人工的美。现代材料中的金属、混凝土、反光玻璃等也大量地被运用在现代景观设计中(图5-39、图5-40)。

4. 大地艺术与景观设计

20世纪60、70年代,一些艺术家走出画室,来到野外,创造大尺度的雕塑作品。在创作中他们十分关注自然环境因素对雕塑的影响,并继承了极简艺术的抽象性,因此大地艺术是从雕塑艺术发展而来的。著名的大地艺术家有马克尔·海

图5-35 造型简洁的景观元素1(左)
图5-36 造型简洁的景观元素2(中)
图5-37 极简主义景观(右)

图5-38 极简主义景观构成形式(左)
图5-39 金属材料的运用(中)
图5-40 玻璃材料的运用(右)

图 5-41　作品"超越平坦大道"

图 5-42　作品"平衡"

图 5-43　作品"沸腾"（左）
图 5-44　作品"进入另一个世界的窗口"（中）
图 5-45　作品"时间之岛"（右）

哲（Milter Heizer）、罗伯特·莫里斯（Robert Morris）等，他们的作品被称为"大地景观"或"大地艺术"。这些艺术家试图通过作品来拯救被现代文明侵蚀与破坏的环境，通过空间的体验向人们提供一种概念性的认识。

然而，有一部分人认为这种艺术形式不但没有改善自然环境，反而破坏了环境，在思想观念、表现形式及功能上难以得到大众的欣赏和认可。尽管"大地艺术"艺术家的作品引起世人的很多争议，但其简单的造型，与环境紧密结合的特点，成为艺术家涉足园林景观设计的桥梁。20 世纪 90 年代以后，大地艺术表现形式被一些园林设计师或雕塑家借鉴和运用，大地艺术对园林设计的重要影响是带来了艺术化地形设计的观念。

大地艺术的表现特点是追求形式的简单化，点、线、面、圆弧、螺旋、几何形等简洁的形态成为主要的表现形式，表现出一定的抽象性特征。大地艺术家认为这些基本的几何形根植于人类的集体意识中，较容易被人们接受，并能无意识地进行阅读，这种观点受当时的精神分析学、美学及卡尔·古斯塔夫·荣格的"集体无意识"和"原型"理论的影响。大地艺术对现代景观设计产生的影响，给人们带来一种全新的视觉感受。景观设计师在利用大地艺术表现形式时主要从四个方面来体现大地艺术与景观的结合。

（1）以地形、地貌作为景观设计的根本：大地艺术家利用自然的地形、地貌作为创作的基底，用自然材料创作主题化的大地艺术作品，把自己的艺术思想通过大尺度的作品表现出来，如以色列艺术家创作的"超越平坦大道"、"平衡"、"沸腾"、"进入另一个世界的窗口"四个大地艺术的主题作品（图 5-41～图 5-44），德国画家霍德里德（Wilhelm Holderied）创作的大地艺术作品"时间之岛"（图 5-45）。

（2）艺术化处理：景观设计师在传承古典主义园林设计手法的同时，大胆地吸收了大地艺术家的创作思想，用主观的艺术形式创造或改造园林地形，使艺术化的地形既能与环境协调，又能体现自己的特色，给人的视觉带来新的冲击力，艺术化的地形不仅能塑造宏伟的景象，而且还可以营造亲切的小空间。如舒尔茨

图 5-46　明尼阿波利斯市联邦法院大楼前广场 1

图 5-47　明尼阿波利斯市联邦法院大楼前广场 2

图 5-48　安迪·戈兹沃西作品 1

图 5-49　安迪·戈兹沃西作品 2

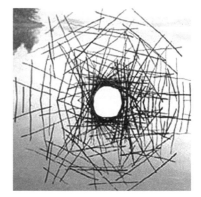

图 5-50　安迪·戈兹沃西作品 3

图 5-51　安迪·戈兹沃西作品 4

1998 年设计的美国明尼阿波利斯市联邦法院大楼前广场（图 5-46、图 5-47）。

(3) 以自然材料塑造景观：大地艺术和以往的艺术形式相比，它的创新之处主要表现在对自然要素的关注，当他们选择了诸如沙漠、森林、草地或工业废墟作为设计场所时，同时也选择了与之相对应的创作材料如沙、木、草等。景观作品以基地作为设计背景，与基地的界限模糊不清，作品使环境特征更加强化和突出。英格兰艺术家安迪·戈兹沃西将户外作为他的画室，他用在大自然随手可得的绘画材料来创作作品，如沙子、树叶、草、树、石头、蕨类等（图 5-48～图 5-51）。

(4) 大地艺术与生态主义思想的融合：随着科学技术的不断进步，工业化进程的加快，人类生存的环境日趋恶劣；面对这种现状，许多大地艺术家都怀着一种社会责任感进行艺术创作。这主要表现在对现代工业废弃地的关注，艺术家通过在工业废弃地上的创作，对工业生产产生的副作用进行揭示和批判，以引起人们关注生态问题和社会问题。美国景观设计师哈格里夫斯的一些设计作品被认为是生态主义与大地艺术的综合结合体，他的设计常常通过科学的生态过程分析，得出合理而又夸张的地表形式和植物的种植，在突出艺术性的同时，遵循了生态性的原则。1991 年，为了使德国科特布斯（Cottbus）地区方圆 4000 km^2 的露天矿坑恢复生气，在科特布斯矿区举办大地艺术、装置艺术和多媒体艺术双年展，并邀请了世界各地的艺术家以矿坑为背景，塑造大地艺术作品，这在德国标志着一种新探索的开始，也标志着大地艺术实践在欧洲的进一步发展，在遭受破坏的土地植被生态漫长的恢复过程中，以艺术的主题来改造景观和提升景观的品质。

5.5.6 生态学与景观生态设计

近年来，许多国家以城市可持续发展为主题举行了各种专题的学术研讨会，其中由联合国人居委员会赞助的城市发展环境报告指出："城市环境不仅包括水和空气等物质成分的质量、废弃物的处理率、噪声水平、邻里条件及开敞和绿色空间的可得性等内容，还包含生态条件、休憩活动的机会、景观与建筑的艺术形象以及城市的生活适宜度等内容。可持续的城市环境就是指在城市的发展中与地区、国家和全球生态系统内不断变化的生产潜力相协调的城市环境。"

人类生态学是城市社会学的一个门派，它试图运用生态学在动物、植物世界所归纳出来的规律去分析人类社会。现代生态学起源于达尔文的进化论，它告诉我们：物竞天择，适者生存。早在 200 年前，英国经济学家马尔萨斯在他的《人口论》一书中提出："人类不加节制地过度繁殖，将使自己沦于贫乏和困苦的境地。"人口论给城市设计者的启示在于，环境是具有一定容量的，资源也不是取之不尽、用之不竭的。100 多年前，霍华德针对工业革命给英国城市带来的一系列问题，提出了城市空间的发展与环境相关联等论点。从 20 世纪 60 年代起，人们开始认识到环境评价对城市发展和自然资源管理的重要性。麦克哈格是第一个将生态观运用于城市设计领域的理论家。他把自然价值观带到城市设计上，强调分析大自然为城市发展提供的机会和限制条件，认为从生态角度看，"新城市形态绝大多数来自我们对自然环境演化过程的理解和反响。"

景观生态学是一全新的概念，它是由德国的植物学家特罗尔（Troll）提出的。景观生态学是地理学、生态学以及系统论、控制论等多学科交叉、渗透而形成的一门新的综合学科。它主要从地理学科和生物学科入手，将地理学对地理现象的空间相互作用的横向研究和对生态系统机能相互作用的纵向研究结合为一体，以景观为对象，通过物质流、能量流、信息流和物种流在地球表层的迁移与交换，研究景观的空间结构、功能及各部分之间的相互关系，研究景观的动态变化及景观优化利用和保护的原理与途径。从一些生态学专著和教科书的论述来看，生态学基本上被统一定义为"生态学是研究生物与环境之间相互关系的科学"。地球上所有物种都经历了形成与传播、繁衍与兴盛、衰落与临危，直至灭亡的过程，所有生命逐渐形成一个相互作用的、平衡的、由生命构成的生物圈，这个生物圈赖以生存的基础离不开土壤、空气、阳光、火和水等自然物质世界。我们人类依赖于地球上那些尚未完全开发的生产力，假设它们维持生命的功能丧失，或被破坏到衰竭的不可收拾的地步，那么我们人类也将无法生存。从生态学角度来看，所有的土地、森林、植被、空气、阳光和水域都是相互联系、相互作用的。

景观生态的研究包括了以下主要内容：①景观生态系统要素分析，即对气候、地貌、土壤、植被、水文和人造构筑物等组成要素特征及其在系统中的作用进行研究。②景观生态分类，是指根据区域内景观生态系统的整体特征和功能的调查进行个体单元空间范围的界定以及群体单元的类型归并。③景观空间结构研究，是对个体单元空间形态和内部异质性的分析。④景观生态过程研究，是研究空间结构和生态过程的相互作用，它是景观生态评价和规划的基础。

景观生态学的应用领域主要包括生物多样性的保护、土地持续利用、资源管理和全球变化。衡量一个国家和地区发达与否，最重要的指标之一是城市化的程度和城市文明的水平。城市是人口相对比较集中的地方，城市的景观生态环境更容易遭到破坏，为解决城市发展中面临的问题，促进城市生态环境建设，联合国于1971年在"人与生物圈计划"中明确提出了要从生态学的角度来研究城市。目前，世界上没有任何一个城市能够达到生态城市的标准。生态城市建设是一项任重道远的工作，生态城市建设需要有良好的自然环境基础、强大的经济支撑、先进的科技条件、健康的文化背景、稳定的社会环境、社会成员整体素质的提高等。真正的生态环境是在自然的演变和发展过程中形成的，不同的生态环境会有不同的生物与之共存，如果我们用一种模式来对待环境生态设计的话，那么许多物种就会消亡。我们在景观设计中如果要强调景观的生态设计，也应该是与常规或结合环境的设计有区别的设计，是一种最小程度地降低对环境的负干扰设计，是一种有限的"环境生态景观设计"。

我国的经济发展起步较晚，经济水平和科技水平和西方发达国家相比还存在较大的差距，人们的生态意识还很薄弱。因此，我国根据国情现状，提出了创建生态园林城市的号召，要求城市建设首先从生态园林城市建设入手，并颁布了《关于创建"生态园林城市"的实施意见》和《国家生态园林城市标准》。现阶段我国的城市景观设计与建设必须将生态园林城市作为"生态城市"建设的阶段性目标。

5.5.7 工程技术影响下的现代景观设计

20世纪70年代，随着工业的发展，新技术、新材料不断涌现，人们对未来的高科技产生了更多的创意构想。建筑设计界形成了一种"高技派"风格，其设计的作品崇尚"机械美"，强调工艺技术与时代感，突显当代工业技术的新成就，在设计中采用暴露结构，如将结构构件、风管、线缆及各种设备和管道显露的设计手法，强调工艺技术与时代感。受高技派风格的影响和对新材料的青睐，当代景观设计师也开始选择金属、塑料、玻璃、合成纤维为材料，采用现代高科技设计手段来营造空间环境。现代工程技术在景观中的应用集中体现在声、光、电等设计方面，如现代喷泉水景采用计算机程控技术和循环供水方式，使喷泉水景在供水和水的造型变化设计上有了很大的改善（图5-52）。因此，现代科技的发展

图5-52 拉斯韦加斯喷泉夜景

城市景观规划设计

图 5-53 美国西雅图煤气厂公园

图 5-54 杜伊斯堡北部风景公园园景 1

图 5-55 杜伊斯堡北部风景公园园景 2

为景观设计师提供了更多的可能，他们通过新材料、新技术的运用，结合光影、色彩、声响等表现形式，创造出了具有时代气息和强烈视觉效果的景观作品。

5.5.8 后工业景观设计

在欧洲和美国，工业生产的发展带来了生态环境和社会发展不平衡等许多问题，随着后工业时代的到来，现代化的新型工业生产逐步替代了过去的高能耗、高污染的落后工业企业，这些落后的工厂被要求迁移到城市的边缘和居住人口较少的地区。因此，城市中出现了大量的工业遗址。20 世纪 90 年代，景观设计师尝试用园林设计的手法对工业遗址进行再利用，后工业景观就是用景观设计的途径来进行工业遗址的改造，在秉承工业景观的基础上，将衰败的工业遗址改造为能和现代城市的发展融为一体，满足现代人类生活需要的景观场所。1970 年美国景观设计师将西雅图煤气厂改造成公园，就是对工业遗址进行改造与再利用的先例（图 5-53）。

工业遗址由于受到工业生产的污染，要将这些受过污染的土地转变为绿色公园往往比一般的园林设计复杂得多，首先要利用恢复生态的技术对受污染的土壤、水体进行处理，尽快地恢复植被，在设计方法上主要有以下特点：

（1）整体保留原有场地的工业设施，如厂区的规划，厂区功能的划分，厂区道路及绿化的保留，厂区工业建筑、构筑物和设备设施。

（2）保留厂区的部分景观片断，使其成为改造后场所的标志性景观。

（3）保留厂区中部分建筑物、构筑物、机械设备的结构和构件，如墙体、基础设施、框架、烟囱等。保留这些构件和设施的目的，是希望通过它们看到以前工业场所的景象，唤起人们的联想和记忆。

当今，在大量的工业废弃地改造过程中，景观设计师运用科学与艺术结合的综合手段，以达到工业废弃地的环境更新、生态恢复、文化重建、经济发展的目的。德国曾经是欧洲的工业中心之一，从 20 世纪 80 年代后期到 90 年代，德国用现代化的工业生产方式替代了落后的工业生产方式，因此引发了一场大规模的工业遗址和旧工业区的更新改造，而对旧工业区的保护与再利用过程进一步促进了生态技术的发展，也促进了后工业景观设计的成熟。成功的案例有德国艾姆西尔采矿区的改造，在这个区域中，保留了原有的一些工业设备，展览建筑设计在一个大棚下面，原有的矿渣场种植了杨树和桦树，由于采矿造成的地面塌陷和裂缝被改造成了水池和水渠。另一个案例是德国鲁尔区杜伊斯堡市北部钢铁厂的改造，1989 年德国政府决定将钢铁厂遗址改造成公园，杜伊斯堡公园是德国 20 世纪 90 年代后工业城市公园的代表，其成功地将废弃的钢铁厂转变为具有新型文化内涵和多种功能的现代景观，对后工业城市公园设计产生了重要的影响（图 5-54、图 5-55）。

5.5.9 泛景论与景观设计

泛景论认为，人类发展与社会进步的本质是生活形态的发掘和进步，它把当今世界看成是人、自然、人造系统组成的三极世界。其基本表现为：人——生活形态，人造系统——地景艺术，自然——生态控制与管理。泛景论将人类的一切营造，无论城市、街道、建筑、景观，还是农田、水库、道路、矿山，通通定义为人类为追求其生活形态而营造的物质媒介——人造系统，它与人、自然一起构成了客观世界。泛景论重视由于人造系统的建立造成的自然破坏，它强调人造系统与自然的相互尊重，地脉与文脉的交融。泛景论提出以新的视点认识世界，以新的手法去改造世界，它的目标是在人类发展扩展生活形态时，努力改造旧的人造系统，营造新的人造系统，使之与人类新的生活形态相适应，与自然相和谐。人类将世界看成是人与自然的综合体，人类社会的发展就是一部人与自然抗争、相处的历史。人造物是人类为营造与其生活形态相适应的产物，当人类发现这些人造物开始制约人类发展，影响人类生存时，才意识到它们所带来的灾难，开始反思人类与自然的关系。

泛景论的最大特点之一是将人造系统确认为独立的世界一极，从而让我们反思人造物作为独立的有内在规律的一极对人类和自然的影响，为今后的营建和改造制定正确的策略。人造系统有两个重要属性，即自身的生命周期和与自然的融合度。人造物因人类生活形态的需要而营造，也因生活形态改变而衰败；因此人造系统也具有生命周期。我们现在的城市，相当一部分人造物处于人类旧有生活形态而将弃之，而新的生活形态又不能适应新的状态。如何在旧有的人造系统中注入新的生活形态重新焕发其魅力，如何创造新的人造系统满足新的生活形态，人造系统与自然界的另外一个特征是与自然的融合度，新的人造系统以何种方式融于自然，有的旧的已与自然融为一体的人造系统如何发挥其价值，这些都是人类将要面对的问题。

人造系统有其独立的价值。随着历史的发展，许多人类所留存的遗址已不再肩负过去的功能、生活形态，然而通过这些特定的符号，可以体现出不同年代的历史文化、民俗习惯、审美情趣等价值。

泛景论的目标是为了人类的生存营造一个合理的人造系统。它糅合各种心理学、经济学、游憩学理论，同时将景观生态学、恢复生态学、清洁工艺论等理论相结合，提出生态控制构想，在合适的空间尺度和时间尺度上解决人、人造系统与自然和谐相处的问题。泛景论目前仅仅是一种理念，理论雏形。它作为一个新的理念尚未有大规模的社会实践，其目标就是在基地范围内营建一个与人类发展、自然生态相协调的人造系统。

5.5.10 可持续的景观设计

著名的英国建筑事务所 RMJM 在其《环境设计手册》中这样写道:"建筑消耗全世界将近 50% 的能源,建筑占用 50% 的原材料,生产 40% 的人造垃圾,造成多达 35% 的环境污染。"美国麻省理工学院埃伦菲尔教授在解释"可持续"时说:"可持续是一种可能性,是一种人类和其他的全部生命能够在我们的这个星球上永远生生不息的可能性。可持续是文化的必然归宿,但绝对不能一蹴而就。我们现代的、技术化的客观世界其实就是人类和自然的各种病症的诊断和疗效方法的总和。"景观设计师玛吉·鲁迪克对"可持续"的解释是没有人知道它的确切定义是什么,"可持续"是人们意识到的一个问题,但对它的意识还不十分清晰,人们只是知道它的一些基本原则,如尽可能弱化人类的影响,关注自然系统,将环境健康和社会经济可持续发展结合起来,任何索取大于需求的行为都是反可持续原则的。

1972 年 6 月 16 日,联合国在瑞典斯德哥尔摩召开了第一次人类环境会议,并通过了联合国《人类环境宣言》,1992 年 6 月 3 日,在巴西里约热内卢召开了第二次世界环境与发展会议,会议通过了《里约环境与发展宣言》、《21 世纪议程》等重要文件,并签署了《联合国气候变化框架公约》、《联合国生物多样性公约》,充分体现了当今人类社会可持续发展的新思想。随后,可持续的理念便渗透到各个领域。景观设计领域更不例外,1993 年 10 月,美国景观设计师协会(ASLA)就发表了《ASLA 环境与发展宣言》,提出了景观设计学视角下的可持续环境和发展理念,呼应了《可持续环境与发展宣言》中提到的一些普遍性原则,包括:人类的健康富裕,其文化和聚落的健康和繁荣是与其他生命以及全球生态系统的健康相互关联、互为影响的;我们的后代有权利享有与我们相同或更好的环境;长远的经济发展以及环境保护的需要是互为依赖的,环境的完整性和文化的完整性必须同时得到维护;人与自然的和谐是可持续发展的中心目的,意味着人类与自然的健康度必须同时得到维护;为了达到可持续的发展,环境保护和生态功能必须作为发展过程的有机组成部分等。作为国际景观设计领域最有影响的专业团体,ASLA 提出:景观是各种自然过程的载体,这些过程支持生命的存在和延续,人类需求的满足是建立在健康的景观之上的。因为景观是一个生命的综合体,不断地进行着生长和衰亡的更替,所以,一个健康的景观需要不断地再生。没有景观的再生,就没有景观的可持续。培育健康景观的再生和自我更新能力,恢复大量被破坏的景观的再生和自我更新能力,便是可持续景观设计的核心内容,也是景观设计学根本的专业目标。《ASLA 环境与发展宣言》还提出了景观设计学和景观设计师关于实现可持续发展的战略,这些战略包括:

(1) 有责任通过设计师的设计、规划、管理和政策制定来实现健康的自然系统和文化社区，以及两者间的和谐、公平和相互平衡。

(2) 在地方、区域和全球尺度上进行的景观规划设计、管理战略和政策制定必须建立在特定景观所在的文化和生态系统的背景之上。

(3) 研发和使用满足可持续发展和景观再生要求的产品、材料和技术。

(4) 努力在教育、职业实践和组织机构中，不断增强关于有效地实现可持续发展的知识、能力和技术。

(5) 积极影响有关支持人类健康、环境保护、景观再生和可持续发展方面的决策制定，价值观和态度的形成。

从 ASLA 的可持续景观概念出发，可以通过以下几个层面来理解可持续景观：

(1) 生命的支持系统：景观是生态系统的载体，是生命的支持系统，是各种自然非生物与生物过程发生和相互作用的界面，生物和人类自身的存在和发展有赖于景观中各种过程的健康状态。如果把人与其他自然过程统一来考虑，那么景观就是一个生态系统，一个人类生态系统。

(2) 生态服务功能：如果从生命和人的需求来认识景观，那么景观的上述生命支持功能，就可以理解为生态系统的服务功能，诸如提供丰富多样的栖息地、食物生产、调节局部小气候、减缓旱涝灾害、净化环境、满足感知需求并成为精神文化的源泉和教育场所等。

(3) 可再生性与可持续性：无论对自然生命过程还是对人类来说，景观能否持续地提供上述生态服务功能，取决于景观能否自我更新和具有持续的再生能力。

(4) 可持续景观设计：基于以上几点，可以说，景观设计就是人类生态系统的设计，可持续景观的设计本质是一种基于自然系统自我更新能力的再生设计，包括如何尽可能少地干扰和破坏自然系统的自我再生能力，如何尽可能多地使被破坏的景观恢复其自然的再生能力，如何最大限度地借助于自然再生能力而进行最少的设计。这样设计所实现的景观便是可持续的景观。

如何从景观的规划、设计和工程实施及管理各个方面来实现可持续景观的途径呢？从当今对可持续发展理论上的探索，可归纳为以下四个方面：

(1) 从整体空间格局和过程意义上来讨论景观作为生态系统综合体的可持续性，建立可持续的生态基础设施。

(2) 把景观作为一个生态系统，通过生物与环境关系的保护和设计以及生态系统能量与物质循环再生的调理，来实现景观的可持续，利用生态适应性原理，利用自然做功，维护和完善高效的能源与资源循环和再生系统。

(3) 可持续的景观材料和工程技术：从构成景观的基本元素、材料、工程技术等方面来实现景观的可持续，包括材料和能源的减量、再利用和再生。

(4) 可持续的景观使用：景观的使用应该是可持续的，通过景观的使用和体验，教育公众，倡导可持续的环境理念，推动社会走一条可持续发展的道路。

目前尽管对什么样的景观才是可持续景观正在进行定量研究中，但至少可以确定某种"可持续性的景观"应该具备的某些基本特征，如在对非生物的自然过程的影响上，可持续景观有助于维持地上和地下水的平衡，能调节和利用雨水；能充分利用自然的风、阳光；能保持土壤不受侵蚀，保留地表有机质；避免有害或有毒材料进入水、空气和土壤；优先使用当地可再生和可循环的材料，包括石材、植物材料、木材等，尽量减少"生态足迹"和"生命周期耗费"。在对生物过程的影响上，可持续景观有助于维持乡土生物的多样性，包括维持乡土栖息地生境的多样性，维护动物、植物和微生物的多样性，使之构成一个健康完整的生物群落；避免外来生物种类对本土物种的危害。在对人文过程的影响上，可持续景观体现出对文化遗产的珍重，维护人类历史文化的传承和延续；体现出对人类社会资产的节约和珍惜；创造出具有归属感和认同感的场所；提供关于可持续景观的教育和解释系统，改进人类关于土地和环境的伦理。所以，一个可持续的景观是生态上健康、经济上节约、有益于人类的文化体验和人类自身发展的景观。

5.6　当代景观设计理念

当今人类对生存环境越来越重视，这种关注体现在物质环境和精神环境两个方面，即：环境的生态问题、温室气体排放问题、可持续发展问题、人居环境质量问题、文化传承问题等方面。而景观规划设计具有了更加广阔的学科视野和研究范围，人们在享受着工业文明带来的成果的同时，试图寻求解决工业文明给我们人类带来的一系列问题。

5.6.1　景观设计的生态理念

随着人类城市化进程的加快，我们生活的地球环境除了受到自然因素的干扰外，还受到强烈的人为因素的破坏。设计师面对的是满目疮痍的场地、废弃地、垃圾场。因此，设计的目的已不仅仅是停留在外表的美化上，考虑更多的问题是如何进行生态上的恢复，如何通过景观设计促进场地生态系统的改善。在地球不同的区域环境中，一个良好的、完善的生态系统的建立要经过不知多少年的进化和演变。景观设计师的使命就是将环境设计与地球的生态系统联系起来，探索适宜人类生存环境可持续发展的景观生态补偿设计和适应性设计。将新颖的可持续系统纳入有特色的景观中，将高水平的景观设计与尊重和理解生态原则相结合。著名的巴尔摩雷设计公司就是这一设计理念的探索者和倡导者，他们坚持水资源重复利用、现场水处理和能源重复利用与新发展相结合，用绿化屋顶的可持续技术将景观、建筑和都市环境结为一体。

生态学和生态设计是当今人类社会普遍关注的问题，但这两个概念还是有差别的。生态学具有更广泛的含义，它是研究生态与环境之间相互关系的科学，是生态学发展的特点之一，它更加关注人类活动对生态环境的影响。而生态设计是研究人与环境的关系，减少人为活动对环境的负干扰，在发展的过程中调控、改造和利用自然。

5.6.2 景观设计的传统文脉理念

对环境大系统娴熟的宏观把握，对细节和尺度的精益求精，人文特色的体现，人文景观的创造，保留原有的历史风貌和历史痕迹，是现代景观设计认同的主流风格之一。

除了新建的城市以外，任何一个城市都有它的历史文脉，这种文脉表现了城市的发展历程，通过城市的历史遗迹，可以探寻到当时人们的生活形态。城市是在发展中不断完善其功能的，虽然早期的城市设施已不能适应当今社会发展的需要，但它们都烙上了历史的印迹，如果遭到损坏，也就割裂了传统文脉，就有可能失去前人留给我们的珍贵遗产。任何民族都有自己的传统文化和生活习惯，即使在日趋国际化的今天，人们也只有在传统文脉中才能真正发现自我的价值。对历史遗址的保护、开发与利用是当今景观设计的一种人文化倾向，"南非卡拉哈利自然保护区的保护开发"、"美国印第安纳州的伊万斯面粉厂和谷物仓改造"项目就是保护、开发和利用的成功案例。

近几年，我国有许多城市在改造中，采用了大拆大建的建设方法，使很多具有价值的历史文化遗产遭到破坏，其损失无法估算，令人心痛。如今，无论是城市的管理者、专家、学者，还是普通百姓，对历史遗产的保护意识都在逐步增强，国家也从法律的角度进行立法保护；因此，许多城市都将历史街区、历史建筑等历史遗产作为重要的保护开发对象。比如：北京的四合院，上海的石库门，南京的民国建筑等项目的保护、改造与利用。这些项目的保护与开发，不仅保留了城市不同时期的历史风貌，而且还为后人留下了一份珍贵的历史遗产。

5.6.3 景观建筑学的设计理念

景观建筑学研究的是以建筑与环境为主体的物质空间设计，利用建筑化的概念在景观设计中创造一种空间品质，在建筑和景观之间创造一种对话，关注人造景观与自然景观的过渡关系。景观建筑学就是要建立一种宏观的景观思想，对自然要素和人工要素进行整合与交叉综合设计，而不是将各部分的功能简单地组合。

科学的景观建筑设计是整体、空间、环境、区位、时空、活动和可持续性的。

景观建筑学是一种以空间景观整体形象为出发点，对视觉景观形象、环境生态保护与补偿、大众行为心理等进行研究的科学。总之，它是以人类户外生存环境建设为核心的。

5.6.4 生态都市的理念

当今世界上各个城市都面临着各种矛盾，即：民主和政治、社会和经济、群体与个体、卫生与环境、传统与现代、发展与保护、城市与建筑等方面的现实问题，都促使"生态都市"建设发展理念的出现成为必然。

景观设计师通过对"生态都市"的关注将会看到实现长期持续发展的城市化原则的实践良机，长期持续发展的原则在于对城市印象的更新以及对未来城市的重新定义。城市就像一个不适合世界体系的不平衡发生器，问题是显而易见的。当城市人口不断增长，这种增长方式将会导致新的问题出现，即：共享过程、公正和谐、社会文化、健康的生态系统都将不再具有发展的空间。探索另一种以适合人类发展为基础的开发方式就变得非常重要，而实现这一过程需要从一种政治道德规范上来发现长期持续发展的概念，从都市发展、交通、自然资源的生态策略，能源和废弃物、社会经济的可持续，对于传统和文化多样性的提倡。

Vincent Callebaut 在实践尝试中，引入了一个准"未来主义者"的城市观点，这一观点始终将焦点集中在长期可持续发展上，在这个"生态都市"当中人们能够持续地快乐生活。而它带来的挑战就是如何去清理城市中的废弃物、污染等，我们所要面对的挑战是重新建立集约型的空间，即具有社会性内涵并令所有的民众都满意的都市环境空间。

第6章
城市景观的作用与意义

第 6 章　城市景观的作用与意义

6.1　景观的作用与意义

人们对环境的评价，首先表现为整体的与感情的反应，然后才是以特定的方法去分析和评估它们。环境质量的概念应该是人们喜欢某些地区、某个区域或居住形式，某些城市因为存在着严重的工业污染、卫生状况差等现象而不被人们喜欢；带有乡村特点，绿化率高、植被状况好的地方，由于自然环境优美，空气质量高，安静、卫生，而被人们所向往。因此，物质的对象首先引起一种给予背景更特定的意向的感觉，感情方面的意向在判断中起主要作用。人类最初始的感觉及总体的反应影响着后来的与环境相互作用的倾向，这种总体的感情上的反应是基于环境及其特定的方面所给予人们的意义，这种意义，部分是人们与环境相互作用的结果。

人类的活动可分解为四个部分，即活动本身，活动的特定方式，附加的、邻近的或联想的活动，活动的意义。现代主义设计运动特别强调功能的概念，而意义的重要性也增加了，意义不是脱离功能的，而其本身是功能的一个重要的方面。实际上，环境的意义是关键和中心。所以，有形的环境是用于自身的表现，用于确立群体的同一性，有形的要素不仅造成可见的、稳定的文化类别，同时也含有意义。在传统城市和建筑中，位置、方向、高度、领域的划定、尺度、形状、色彩、材质等都具有重要的意义。

影响人们行为的是社会场所，这包含了物质和精神，物质环境给我们提供了认知的线索，而精神则表现于城市文化的积淀。每种环境都有一种"代码"，当人们认知了这些"代码"，其行为便可以容易地适应与之相符的场面和社会情境。从环境中的行为来看，情境包括了社会场所及其背景，我们根据人的文化和特定的亚文化所提供的线索来判断场所中人和情境有着重要的作用。

6.2　城市景观特征

城市整体景观风貌和城市的形式紧密相关。在许多传统文化中，宗教的影响及意义是最重要的，以神权为价值取向，便有了中国封建都城和古希腊、古罗马的城市景观，这种影响在中西方古老的城市中都能见到影子。城市是人类社会意识形态的反映，有什么样的价值观、道德观和审美观便有什么样的城市景观特点。人类文明发展到今天，人们追求一种和谐的、平等的、自由的、健康的生存价值观。这种价值观也表现在我们城市环境的组织与设计中。在景观设计中，空间、时间、交流、意义，这四种成分构成了复杂和相互关联的关系，从空间的组织来看，无论是大空间的城市区域规划，还是小尺度空间的环境设计，都是为了各种目的和不同功能按不同设计原则形成的空间组织。不同的空间形式反映着从事活动的个人和群体的思想意识和价值意象，空间是我们周围世界的三维延伸，是人与人、人与物、物与物之间的段落、距离和关系。因此，空间结构的组织与分割，产生的方式，理解、分析和比较是建成环境的关键。

人类不仅生活在空间中，也生活在时间中，这就是我们常说的时空概念。因此，环境不仅是空间的，也是时间的，人们在空间中随着时间的变化而发生着各种行为。

形状是景观特征具体表现的素材，当空间组织本身表达着意义并且有着交流的属性时，场所的意义常常通过符号、材料、色彩、形体、尺度、布置等表现出来。这些综合因素组合在一起，或者经过有意义的设计，形成环境景观的特征。

6.3 公共空间的活动类型

现代城市环境的重要特点就是公共性，环境空间的真正意义在于人的参与与交流活动，只有人的参与活动才能体现空间景观的价值，才能检验空间设计的合理性、功能的完善性、景观所带来的审美性。

6.3.1 必要性活动

必要性活动是指日常生活中必须要做的事务，这一类型的活动大多与步行有关，它的必要性体现在很少受物质因素的影响，一年四季在各种条件下都可能进行，相对来说与外部环境关系不大。比如：上班、上学、购物、等车、等人、送货等。参与活动者没有太多的选择性。

6.3.2 自发性活动

自发性活动是指人们有意识、有目的地参与活动，这类活动只有在适宜的户外条件下，在一定的时间和地点，比如：早上的晨练、晚饭后的散步、在空旷的场地上打拳、放风筝、在树下打牌、下棋、闲聊、晒太阳、驻足观望或呼吸新鲜空气。这些活动和外部环境的物质条件有着紧密的关系，当外部环境和空间布局宜于人们休闲活动时，各种自发性活动也就会随之展开。

6.3.3　社会性活动

社会性活动是指在公共空间中有赖于其他人参与的各种活动，社会性活动和自发性活动有着紧密的联系，随着人们在公共空间中自发性活动的增多，社会性活动的频率也会稳定增长。社会性活动在任何一种场合都可以发生。而不同的空间环境其活动特点也不一样，如住宅小区的公共场所，人们的社会性活动更多地表现为相互打招呼、聊天、锻炼等活动，这种社会性活动和人们相互之间的熟识程度有密切关系，这种社会性活动表现出一种平民化的属性。有些社会性活动带有明显的组织性，如献爱心活动、公益性演出、公益性法律咨询等，这类社会性活动一般都会在较为开阔的场地和良好的户外环境质量条件下进行。

6.4　环境空间的品质

户外活动的内容和特点与户外空间环境景观的质量有着密切的关联，良好的户外活动场所可以使城市充满活力。人们自发性、娱乐性的户外活动以及大部分的社会性活动都特别依赖于户外空间环境的质量。

随着城市规模的不断扩大，许多城市都在建设新区，城市新区的建设和老城区相比无论是在城市规划、建筑设计，还是城市交通、公共空间景观的设计上都有了长足的进步。旧城区环境的更新是每个城市改造遇到的新问题，老城区存在的主要问题是建筑密度大、规划较为混乱、道路狭窄、车行和人行混杂、河道污染严重、公共设施不健全、缺少户外公共活动空间和公共绿地。近年来，各地政府加大了老城区改造的力度，使老城区公共环境质量有了很大的提高，环境物质条件的改善，给老城区的居民提供了一个良好的户外活动环境。因此，环境质量的改善也促使了人们生活品质的提高，通过物质环境的设计，可以影响使用公共空间的人和活动的数量、活动持续的时间以及产生活动的类型。

6.5　环境空间的认知

6.5.1　环境空间知觉的认知

对于正常人来讲，人类的知觉是与生俱来的，这其中包括了视觉、听觉、嗅觉和触觉；而从事专业设计的设计师了解人类的知觉及其感知的范围，对城市公共空间环境景观设计有着重要的作用。人类的各种交流活动和知觉有着密不可分的联系，因此，知觉也成为景观规划设计必须考虑的基本要素。

为了理解我们与空间的关系，我们首先要弄清楚人类是如何感知空间的。人类对外部自然环境的感知，有三分之二的信息是通过视觉获得的，这种感知是我们感觉周围世界的一个积极的过程，感知的过程实际上是唤起我们记忆的过程，尽管我们感知自然环境主要是依靠知觉，但我们在通常情况下都会将我们所有的官能感受综合调动起来，因此感知是综合性的、活跃性的。人类对周围的自然界不是消极的认知，而是对周围一些无意识行为作出有意识的分析。

6.5.2 视觉认知

人类的绝大多数信息是靠视觉获得的，但视觉也有它的局限性，正常人的视力，在夜晚可以看见天空闪烁的星星，但看不见星体的形状，人类在较近的距离可以看见山体的形态，但在远距离中只能看见山脉的轮廓线。在 0.5～1km 的距离之内，我们可以分辨出人群；在 70～100m 的距离内，我们就可以分辨出他是谁，他的性别和大概的年龄；在约 30m 处，人的面部特征、发型、衣服的款式都可以看清；在 20m 左右的距离内，我们可以看清人们的表情；在 1～3m 的距离内就可以进行一般的交流，体验到有意义的人际交流所必需的细节。如果距离进一步缩短，在这个范围内，我们就可以观察到对方所有的细枝末节。

6.5.3 听觉认知

听觉是人类另一重要的知觉器官，在 7m 之内，人们可以进行交谈，听力不会受到太大的影响；在 30m 左右的距离里，我们可以听见大声的演讲，当超过这个距离时，如果不是特殊的声响或是借助扩音设备，我们不可能听清楚人们在说什么。

6.5.4 嗅觉认知

在正常情况下，人类的嗅觉只能在非常有限的范围内感知到不同的气味，在 1m 左右的距离内，我们可以闻到从别人身上散发出的气味，超过这个距离，我们可以闻到很浓烈的气味。

我们了解人类的知觉特征，是为了在环境空间设计中，从人性化设计出发，关注人类的各种需求，更好地把握好设计要素，设计出能够满足人们各种需求的环境空间。

6.6 环境空间距离、尺度的认知

环境空间既是无限，也是有限的，两者之间是一种相对的关系，在各种环境空间中，距离和尺度对人的交往、亲密程度和心理都会产生重要的影响。而尺度不是一个抽象的概念，它包含着丰富的信息和含义，具有人性和社会性的概念，甚至具有商业和政治价值，它是空间语汇中一种最基本的要素。

6.6.1 空间距离的认知

在环境空间中，当没有一定的参照物时，我们很难感知空间的距离和尺度，通常我们并不擅长对任何形式的绝对感知，但我们可以通过一些重要的参照线索来估计物体在空间中的距离，使我们能够作出相应的判断与分析。工程实践经验丰富或经常在建设工地摸爬滚打的设计师对空间距离的感知要比普通人准确得多。在景观环境设计中，有时我们会面对几万或几十万平方米的场地，当设计师在图纸上勾画他们的设想时，也无法感知空间的准确距离和尺度，设计师只有对场地进行反复的考证并借助计算机辅助设计和场地模型才能确定设计的适宜性。

任何物种都有自己的生活范围和活动空间，因此每个人都希望拥有自己的空间，在不同的空间距离中，人们可以通过触觉、味觉、听觉、视觉去感受距离的远近，在我们的生活以及同其他人的关系中，距离不仅重要而且关键。爱德华·T·霍尔在他的《分类学》著作研究中将人类空间距离分为亲密距离（约0.15～0.45m），在这种距离内可以进行爱抚、格斗、安慰、保护等行为动作的发生；个人距离（0.45～1.2m），在这种距离内能看清对方表情等，可获得交流的消息；社会距离（1.20～3.60m），在这种距离内有社会交往的意向；公共距离（3.60～7.50m），在这种距离内人们形同陌路。这些不同的距离都有它们的用处和特征，它们对促进环境空间中人的行为目的有着重要的参考价值，从而使环境空间设计表现出更加的适合性。

6.6.2 空间尺度的认知

在各种交往场合中，人们接触亲密程度之间的关系也可以推广到人们对于城市和建筑尺度的感受。在尺度适中的城市和村镇中，人们生活和工作的便利性得以充分显现，交流的机会增多，情感的距离就会拉近，接触的频率也会增加。而在北京、上海这样的特大型城市，城市的尺度巨大，人们的出行主要依靠机动车辆，如公共汽车、轨道交通、私家车或自行车，从城东到城西有时需要两三个小时；特大型城市的一个重要特征就是人口众多、高楼林立、宽大笔直的道路和纵横交错的立交桥，从本质上看，这种空间尺度的城市使人们亲密接触的机会减少。面对众多的城市人口，只有靠建造更多的高楼大厦，才能解决他们的居住和就业问题，人们走在两侧都是高楼的道路上，天空是"一线天"，巨大的建筑体积和尺度给人以巨大的压抑感。今天，当我们漫步在城市中仅存的古街巷、神游在徽州的古民居村落中，聆听着丽江古城街道两侧商家里的喧嚣之声，我们会深刻地感受到那是一种心灵的距离，是一个宜人的空间尺度。尺度对于一个城市和一栋建筑很重要，对于人类同样重要。所以，尺度是建筑反映其使用者在世界上的社会角色的重要部分，尺度是社会空间语言中最重要的要素之一。

6.7 城市环境空间的属性

人类生活经历了狩猎和农耕时代，当时由于生产力低下，人们的生活方式和生活形态比较简单，城市的功能较为单一，生产方式主要以家庭和个体为主。在商业环境中，许多都是前店后坊的形式。随着城市的发展，城市功能不断分化，城市空间逐步整合，才基本满足了当今城市人们生活的需要。从现代城市的发展结构和空间属性的角度来分，城市可分为工业空间、商业空间、交通空间、休憩空间、学习与办公空间、服务空间等类型。不同类型的空间相应地承载着各种社会活动，包容着特定的人群，形成各自的环境空间特色。比如现代化工业环境空间规划得较为整齐、方正；商业环境空间一般都显得喧嚣繁华；而休闲、娱乐空间环境设计得就比较活泼自由、变化多样；交通空间往往显得较为单一。城市的发展是一个动态的过程，这不是一个新旧绝对对立的以旧换新的过程，而是一个新旧共生的循序渐进的过程，城市是一个共生的空间，这些空间绝不是静态空间，而是在不断地变化之中。所以，城市中的空间功能不是孤立抽象的，它们往往具有复合性特征。因此我们在设计中不能脱离整体环境去看待某个空间的属性。

第7章
城市景观设计基础

第 7 章　城市景观设计基础

7.1　城市景观主体要素

随着人类文明不断地进步发展，城市的内涵有了进一步的拓展，城市的功能需要不断地完善，城市景观构成系统呈现出多元化、复杂化的趋势。从宏观的属性角度来看，我们可以将自然景观和人造景观的构成要素归纳为灰色、绿色、蓝色三种。

灰色要素是指城市景观中的人造构筑物，它包括城市中的各类建筑、桥梁、立交桥、城市道路、广场、各种生产设施、各类公共设施、历史古迹等多种类型（图 7-1～图 7-4）。

绿色要素是指城市中的各种自然形态或经人工对自然形态进行重新组织而形成的具有生命力的景观要素。它包括了城市中的丘陵、山脉、树林、绿地、各种动植物等（图 7-5～图 7-8）。城市是人类文明发展的产物，城市中的自然形态在人类改造能力不断增强的情况下，遭到严重的破坏，人工景观充实着整个文明、整个城市，纯真的自然景观也只有在乡村中才得以显现。

蓝色要素是指城市中的河流、湖泊、湿地等水景（图 7-9～图 7-11）。

灰色、绿色、蓝色三要素在城市中表现出各种形态，三者之间既独立又融合，并衍化出许多新的空间形态和景观形式。

图 7-1　灰色要素——建筑物 1

图 7-2　灰色要素——建筑物 2

图 7-3　灰色要素——古典建筑

图 7-4　灰色要素——街道

图 7-5　绿色要素——草坪

图 7-6　绿色要素——树林

图 7-7　绿色要素——山脉

图 7-8　绿色要素——动植物

图 7-9　蓝色要素——河流

图 7-10　蓝色要素——湖泊

图 7-11　蓝色要素——海洋

7.2　城市空间系统结构

城市空间是随着人类的生产活动和社会活动的需要而形成的，各种人造构筑物充斥城市的每一个角落，从景观构成要素来看，人造物和自然物构成了城市景观空间系统的表层结构，即物资空间。城市因人而形成，人创造了城市，人类是城市的主人。因此，人与城市、人与人的关系构成了城市景观系统的中间结构。而深层结构所产生心理空间的意义则在于让人在回归生活世界的同时，返回到人的本原状态。物资空间、社会空间、心理空间三者的结合与统一，可以使城市景观空间系统的表层结构、中间结构、深层结构产生"同构"现象，这就是我们希望达到的理想城市景观的基础。

7.3　城市空间构成基本要素

大自然以自身的伟大，隐匿了一切含义，大自然中有着无数充满形式感的形态，有的形态就显露在事物的表面，一目了然，有些则是隐蔽的，体现在事物的内部；有些表现在视觉形态上，有些体现在结构上，有些体现在色彩、肌理上。

自然界中的各种物质都是由众多不规则的几何形态构成的，而人类在认识这些物质的时候，最初是由一些最简单的几何形状来勾画这个世界的。那么，人类最初为什么会选择这种有秩序的几何成分呢？学者们研究认为："几何成分在自然界中很少，少得几乎没有机会在人类中留下印象。"正因为几何形状在自然界中很少见，所以我们将自然形态归纳为点、线、面、体四个构成要素进行形式特征的研究。

设计的任务就是要根据人类的不同需求去创造，不同时代的生活方式与审美心理都有一定的差异性，设计者都会根据社会的物质基础、审美需求、技术水平创造新的物质形态。现代设计运动起源于欧洲，构成设计是研究形态结构美学的基础学科，它不仅从理论上研究各种形态所带来的审美心理，把握形态与审美的关系，通过各种构成要素以及形式特征的研究，把握形态元素在构成中的特殊艺术语言和形式在视觉审美中的意义。

在视觉的表达领域，主要有三种艺术想象表现方式，即具象表现、意象表现、抽象表现，而抽象的点、线、面、体基本元素，对寻找形态的关联性和差异性，探求它们的逻辑价值，发现其特质从而达到加深对设计行为体验的目的有着重要的意义。设计创作对于每一个设计师而言都有属于自己独特的风格和语言，只有借助形式的、科学技术的不断创新，才能展现设计观念、设计手法、设计语言所表达的丰富性和可能性。

自然界中的山峦、湖泊、树林、草地、各种建筑物和构筑物形成城市许多不同的景观格局，不同景观的格局是由各种成分组合在一起的，为了帮助理解它们的视觉特征，用基本而合理的方法进行分析，组成这些成分的物体都可以看做是一个"基本建筑模块"。我们可以将物质形态以最简单的抽象形态点、线、面、体进行设计分析。

7.3.1 关于"点"构成要素

"点"从形态上来讲只是一个点，没有具体的形态；在空间环境中"点"可能是一座城市、一个广场、一个花坛，从这个角度来看，点是相对的，它本身没有大小之分，没有方向感，但它可以在空间中界定一个位置，有一种围合与向心的作用，点的特性可以和权力及所有权发生联系；点在环境中很容易成为视觉中心、几何中心、场力中心，它与环境中的其他形态有明显的区别，"点"经常被用于一个特定的目标，充当标界。作为重大设计的焦点、兴趣点，比如：道路交叉结合点中的花坛，广场中的纪念碑等（图7-12）。点往往和线、面形态产生对比。孤立的点在环境中没有任何意义，只有和环境中的其他形态相结合时，才会发挥它在空间中的作用。"点"有实点和虚点之分，实点是指在环境

图7-12 纪念广场中的焦点

形态中"点"状形态的实体构成要素，它有形状、大小等特征；虚点是指通过视觉感知过程，在空间内形成的视觉注目点。点在设计中，可以独立运用，也可以组合运用，"点"的连续排列能形成线化，就像一条虚线，点的线化往往能产生韵律感、层次感、秩序感（图7-13）。当多数点集合在一起时，就会产生点的面化，相同元素的疏密排列组合、重复运用，会形成一种有意味的结构形式，具有一定的秩序感。点具有以下特征，即：灵活性、发挥视觉中心作用、定位与平衡作用、装饰性。

7.3.2 关于"线"构成要素

"线"是构成空间形态的基本要素之一，如果在一个方向上延伸一个点，可以产生一条线。在自然景观中，自然的线是常见和重要的，自然界的线存在于河流、植被的边缘、天际线、地平线、田野的边界等处（图7-14、图7-15）。线的形态有垂直线、水平线、斜线、折线、曲线、放射线等，在人造空间环境中表现为"线"形态的实体有道路、栏杆、铺地的图案、不同区域相交所形成的线，不同空间的高低所形成的线。线有虚、实之分，线可以广泛用作边界，线在建筑中可以作为定义性的要素。"线"需要一定的厚度来标记，线同时又表现出一定的性质，直线在空间中表现出平稳性和安全感，曲线给人以动感，线还具有长、短和方向感，不同的线往往表现出不同的特征，线可以广泛用作边界，在建筑、城市规划和景观设计中，线是重要的定义性和控制性的要素。所以，我们在景观设计中，根据不同环境特性的需要正确使用不同属性的线，利用各种形态的"线"进行空间设计（图7-16）。

7.3.3 关于"面"构成要素

"面"是"点"的结合体，是由"线"的运动与扩展而形成的，物体的体积都是由面构成的，面和点、线相比，它具有较大的面积和复杂的形象，面主要有

图7-13 点的线化

图7-14 田野的边际线（左）
图7-15 山体、河岸线（中）
图7-16 城市道路形成的"线"（右）

图 7-17　建筑曲面 1

图 7-18　建筑曲面 2

图 7-19　植物围合成虚面

图 7-22　高楼围合成的空间

平面、曲面和扭曲面（图 7-17、图 7-18），面的形态比较直观，有规则的几何形面、非规则的几何形面、自由形面，任何形态的面都可以通过分割而获得新的形态的面。面同样有虚和实之分，如大地的表面、建筑的墙面、静止的水面等均为实面，而密集成行的树木所形成的面就为虚面（图 7-19）。实面在设计中可以作为一种媒介，用于其他设计处理。面在设计中有以下意义，面的运用可加强明暗和色彩的对比，面可以增加空间层次，面的形象能有效地吸引人的注意力，而设计要素中的色彩、肌理、空间等，都是通过面的形式才能得到充分体现。

7.3.4　关于"体"构成要素

"体"是二维平面在三维方向的延伸，它汇集了点、线、面三者的共同属性，体有两种类型，一种为实体，它直接由各种物质组成，实体可能是任何不规则的形态，有些可能是圆滑的，而有些则是坚硬有棱角的；另一种为虚体，表现为开敞性，它是由平面或其他实体界定而围合的空间，比如街道两侧建筑围合成的空间，多栋高楼围合成的空间，自然环境中山峦、树林围合成的空间，北京四合院围合成的空间。城市环境中随处可见实体和开敞的虚体，它们相互联系、连接，并以一种详细规划的式样从一个空间流到另一个空间（图 7-20～图 7-23）。

图 7-20　北京四合院围合成的空间

图 7-21　树木围合成的空间

图 7-23　庭院围合式空间

点、线、面、体的形态属性，都有其自身的独立性，而不是不可分割的相互关系，它们作为构成设计的基本形态，自身的形态属性构成了其特定的形态意义。点、线、面、体是造型艺术活动的基本视觉元素，我们可用构成的设计理念，将繁杂的自然形态归纳为点、线、面、体几何形态，并且以各自的相互关联的形态关系为依据，用纯形态构成的设计形式，创造一个新的视觉形式。在这种构成形式里，既有其特定的空间概念，又有其特定的形态意义。

从设计学的角度，我们将环境中的物质形态归纳成抽象的"点"、"线"、"面"、"体"，但是在现实环境中，"点"、"线"、"面"、"体"都是由具体的物质形态构成的，它们有形状、体积、大小、颜色、质感等特征，它们和空间环境构成了一个整体，它们不仅丰富了空间的形态，而且满足了人类在物质与审美上的需要。

7.4 影响要素变化的因素

加勒特提出："点、线、面、体是用视觉表达质体——空间的基本要素，生活中我们所见到的或感知的每一种形状都可以简化为这些要素中的一种或几种的结合。"在自然界中任何基本要素都不是孤立存在的，通常它们都是组合在一起，各要素的形态特征有时模糊不清，许多"点"可以表现为一条线和一个面，如果从不同的距离和环境空间中看，近处表现为面的形态远距离看只是一个点，而物质形态的多样性、复杂性以及组合的方式等因素的影响都会使要素产生变化。

7.4.1 数量

当基本元素在环境中孤立存在时，它的特征较明显，而且与其他周围环境没有明显的关系。当一个元素由多个数量组合，或由多元素、多数量组合时，原来特征明显的基本元素在空间形态、空间格局、视觉感知上都会发生变化。基本元素组合数量的多少，组合方式的不同，都会增加设计过程中的难度和复杂性。比如在环境中规划设计一座建筑物，相对要简单得多，而要规划设计一组建筑群时，就需考虑环境的整体规划、交通、朝向、建筑物相互之间的位置、组合关系等因素（图7-24）。

7.4.2 位置

元素在空间中的每一个位置，都会与环境中的其他元素建立一种关系，给人以不同的感知，或者平衡、稳定，或者运动、紧张；空间环境中的位置有前后、高低，形态有垂直、水平、倾斜。要素可以通过平行的排列、交叉错位等组合手法创造各种形式，在环境景观中，要素的位置对环境具有明显的作用。

图7-24 巴黎城市

7.4.3 形状

要素中的点、线、面在环境空间中基本上都是有体积和形状的，不同景观中的不同物体都有不同的形状，从简单的几何形状到复杂的有机形状，这种形状的变化对景观都会产生影响，地形、地貌有形状，基地有形状，建筑、构筑物和植物等都表现出各种形状和形式，几何的规则形体和自然的有机形态混合在一起，产生了丰富的景观物质形态。因此，城市景观设计，不仅要解决好城市功能的要求，而且要将景观视觉美感的创造作为设计的重要任务之一。

7.4.4 色彩

无论是自然要素，还是人工要素，除了形态特征以外，色彩是物质形态重要的特征，同时也是与"面"和"体"的表面有关的最重要的变量之一。色彩有很多属性，有的表现在物理上或视觉上，另一些则表现在心理上。在一定的视觉范围之内，人的视觉对色彩的感知往往超过了对物体形状的认知，人对物象表面色彩的知觉主要表现在色相、明度、纯度三个色彩属性上。在自然界中，物体很少是强烈的高饱和度色彩，尤其在人造景观中，很少采用高纯度的饱和色。一座城市、一组建筑群、一条街道等除了在空间形态、造型上给人们留下印象外，它们的色彩同样是吸引人们的重要特征之一。色彩的配置与应用是设计中的一个重要环节，物象色彩应用得是否合理对人的视觉与心理会产生直接的影响，并会影响到环境的品质，因此城市景观的色彩设计需要纳入城市环境设计的整体规划中（图7-25～图7-27）。

图 7-26　现代城市建筑

图 7-25　皖南宏村民居

图 7-27　西班牙龙达建筑

7.4.5 肌理

肌理是指物体表面的组织结构。由于物体内在的组成成分与组织结构不同，而产生不同的组织肌理，给人以不同"质"的印象，如石材、木材、金属、纺织物等都是由不同的肌理组成而表现出不同的质感。人对肌理的反应主要表现为两种特征，一种是视觉感知，一种是触觉感知。视觉可感知出材料的光滑特征，触觉可感知出材料的光滑、粗糙、柔软等特性。不同材料的肌理特征与质感，为真实形态构成组织与设计创造了有利的条件（图7-28、图7-29）。

7.4.6 空间

空间是作为直观形体的先天的客观形式，任何直观的形体都有形状、大小、方位、远近等空间特性。我们随处都可以感受到空间的存在，空间是一种知觉现象，是人脑对空间特性的一种本能反应。在建筑设计中，空间设计往往显得比具体形态的设计更为重要，因为空间和人的联系最为紧密（图7-30、图7-31）。

图 7-28　不同材质的应用1（左）
图 7-29　不同材质的应用2（中）
图 7-31　传统街巷空间（右）

图 7-30　广场空间

7.5 空间形式认知与分析

空间到底是什么？我们好像很难用文字对它加以描述，不同门类学科对空间的理解也不一样。从哲学家和物理学家的论证来看，"空间"是客观存在的，具有"本质"特征的实体，不同学科对"空间"的延伸又有了许多新的发展，如：数学体系的n次元抽象空间，物理学中的光、电传播空间，生理学中的心理空间、行为空间等。而建筑学家则根据本学科的特点将"空间"解释为："空间基本上是由一个物体同感觉它的人之间产生的相互关系所形成的空间感，我们称为建筑的特征，它涉及城市、街道、广场、里弄、公园、游戏场和花园等场所。凡是有物体围合或限定的一个空的场所，即成为一个围合起来的空间。"

人类生活在宇宙中，宇宙空间是无限的，我们至今也不能探求到它的空间有多大，人类生存在地球之上，就地球上每一具体的个别事物相对而言，空间又是有限的，如果我们从人类占有的空间形态来区分，可分为占有性空间和限定性空间。我们对空间设计研究的重点不是放在自然学科和社会学科，而是对人类的生存环境空间中的形态构成及受意识支配的视觉空间加以研究。

环境中的空间是指建筑物中的内空间和建筑物以外的外空间，它不单是指建筑物较为封闭的围合体，而是由每一个建筑体积、一块墙体所构成的一个边界或构成空间延续中的一种间歇。内部空间，全部由建筑物本身所构成；而外部空间，即城市空间，是由建筑物和它周围的所有物体构成，如桥梁、纪念碑、水体、围栏、树木、道路等。

芦原义信在《外部空间设计》一书中将空间抽象为两种形态，即：积极空间和消极空间（图7-32、图7-33）。所谓积极空间就是指空间满足人的设计计划，所谓计划对空间论来说，就是首先确定外围边框并向内侧去整顿秩序的观点。而空间的消极性，是指空间是自然产生的，无计划地自由延伸且无止境的，所谓无计划性是指从内侧向外增加扩散性，因而前者具有收敛性，后者具有扩散性。这两种不同的空间概念，不是一成不变的，有时是相互涵盖和相互渗透的。景观设计从某种角度讲就是一种有计划地设计与组织并创造出积极空间或创造出与自然环境共融的消极空间。

通常人们都认为"空间"具有三度性，即长度、宽度、高度，比如一间房屋。19世纪末，随着照相机、复印和传播技术的出现，当一切好像彻底明确并达到技术上完善程度的时候，人们认识并发现了除用透视法求出的三度空间之外还存在着一个四度空间——时间空间。所以，我们在景观设计中应该认识到，人在环境中是动态的，是从连续的各个视点观察环境的，可以这样说，是人本身造就了

图7-32 积极空间

图7-33 消极空间

第四空间，是人赋予了这种空间以完全的实在性。我们对环境意义上的评价，绝不能单纯停留在经济方面、社会方面或技术方面，更不能局限在人们最感兴趣的形式方面。通常人们在欣赏艺术品时，人处在某种欣赏的情境之中，人与艺术品之间构成某种特殊的"约定"，但人在环境中却不是这样，人与环境之间的关系无时无刻地进行着，它不管人们处在何种境况，所以人与环境之间是一种极为复杂的关系，他们相互之间有深刻的影响，由于人与环境之间存在着非语言性的沟通，从而潜藏着许多内在的联系，这些都是我们在环境空间设计中应主要考虑的问题。

7.5.1 环境空间形态

在前面的章节中我们着重说明了什么是"空间"。空间无形且不可限定，而空间形态则是由物体所限定的或围合的三次元空间，是可以感知的有形的现象空间，它是三次元的空虚形态。空间形态的创造离不开实体形态，须经过限定才能显形，空间形态有其自身独特的特点，对人的知觉和心理都有着一定的影响，我们所研究的空间形态并非单纯是与自然相对立的事物性的遮蔽所，而是人类赖以生存的环境样式。

空间形态和立体形态是两个完全不同的概念，"立体形态"主要指物体外在的一种表象，这个"立体形态"有可能是实体的，而"空间形态"和"立体形态"的关键区别就在"空间"上，最重要的一点就是人与之发生联系，人在其中流动与变化。对"空间形态"的理解，表现在两个方面，一种是周围有遮拦体，但内部是三次元的空虚形态，空间的形态特征较为明显，如室内空间；另一种是由一种实体与另一种实体之间的相互作用或联系所表现出的一种较为自由的形态，如外环境空间的形态。这也就是我们经常提到的积极空间与消极空间。"空间形态"概括起来说具有三个基本特征：空间的限定性、空间的封闭性与开敞性、人在其内部运动的参与性。

空间形态还表现一种物理性和心理性。人通过知觉来感受空间，它包括了视觉、听觉、触觉、嗅觉等。空间形态是由实体所限定的空间，它表现为物理空间，而人通过知觉可感受到一种心理空间的存在：即空间感，这种空间感是因物理空间中的一些相关信息的刺激对人心理所造成的影响。

人们对绘画艺术、雕塑作品优劣的评价大多数都离不开内容与形式。那么，建筑的内容是什么呢？是空间。美国著名评论家乔弗莱·斯各特说："建筑除了有长和宽的空间形式，可供我们观看以外，还给了我们三度的空间，就是我们站在其中的空间，这里才是建筑艺术的真正核心。"在各种艺术中，唯有建筑能赋予空间以完全的价值。所以，建筑物的美感主要来自空间与空间形态，雕塑家是用泥土来塑造形象,而建筑师则是通过对空间的组织划分、围隔来塑造各种空间形态,建筑师是用空间来造型,他们力求通过"空间"这个内容,唤起进入该空间人们的某种情绪。

空间是环境最重要的方面,空间不仅仅是一个物理的空间,而且由于人在其中活动,它的含义是多样的,例如:设计者头脑中想象的理想图式,是经过设计的,而自然形成的空间是非设计的,另外还有行为空间、知觉空间、社会空间等。建筑环境的社会内容、心理作用和形式的效果都表现为空间形态。

7.5.2 景观空间构成原理

空间与人发生联系则变为环境,环境分为自然环境和人造环境(社会环境)。人生活在这样的环境之中,每时每刻都和环境相接触,并不知不觉地受环境空间的影响或作用于环境空间,人造环境就是在人与环境的相互作用下,对环境空间有目的地组织划分非限定的组织形式。凯文·林奇在《城市意象》中将空间形态抽象归纳为以下几种:

(1)场所与节点:凯文·林奇认为所谓的节点就是"观察者可以进入并且作为据点的重要焦点,最典型的为路线的交互点或者是具有某些特征的焦点"。

(2)路线与轴线:凯文·林奇认为路线"是观察者天天时时通过,或可能通过的道路"。轴线是看不见摸不着的,但它在空间的组织中起到灵魂作用,它把众多要素统一在一个整体中。

(3)领域与地区:凯文·林奇认为"地区是观察者内心其中,并具有某种共同性与统一性特征,因此是可以认知的区域"。

环境空间的限定与设计都有其目的性,不同的目的性使得空间创造具有多样性和多元性。多样性与多元性从不同程度上满足了人类生存与发展的需要,即物质需求与精神需求,在空间的组织形式上也不能脱离这两条最基本的要求。我们把满足这种要求的空间称为"实用空间"和"精神空间"。实用空间包括占有空间、活动空间、使用空间。精神空间主要包括审美需求,反映历史文脉,强调艺术性。环境设计是一门综合性的学科,从大的分类上来讲应遵循实用性、艺术性、技术性三者的统一结合体原则,框架体系的确定并不代表就能设计出符合上述条件的空间形态。我们还需在景观设计中研究形态要素和造型原则,探讨空间形态的创造,即空间的构成。

1. 基本形状

空间构成离不开最基本的概念性元素,即:点、线、面、体。我们在前面的章节中对概念性的构成元素、形式的构成元素及属性、形态要素的构成与变化进行了介绍,我们从几何学里认识到,所有形式中最重要的基本形状是圆、三角形和正方形。圆是最稳定的一种形态，它表现出一种以自我为中心的态势，把圆和直线及规则的形式结合起来，可以变换出多种具有运动感的形式。三角形具有稳定与不稳定的双重特性，将三角形的一边作为底边时，它表现出一种稳定感；以三角形的一个角为支点时，它又呈现出一种不稳定感。正方形给人一种四平八稳的感觉，它表现出一种静态的合理性，如果将正方形像三角形那样放置，同样可以得到一种稳定感或不稳定感（图7-34、图7-35）。

2. 形式的变化

形式的变化，离不开最基本的形体，每种形体都可以通过体量的增加或减少和要素的增加或减少而组合产生新的形态，主要有度量变化、削减变化、增加变化。

度量变化：在不改变其形状特征的前提下将其形状进行拉伸或压缩（图7-36）。

削减变化：任何形态都可以寻找到或恢复到它最原始的基本形态，如：方形、三角形、圆形。如果我们用这些最基本的元素或相近的元素形态，在不破坏此形态的基础上做减法，去掉一些局部，这就是削减形式（图7-37）。

增加变化：用最基本的元素形态进行相加，一种为相同形态元素的相加，另一种为不同形态元素的相加，相加的可能性有借助空间紧张状态相加、边缘与边缘的接触、面与面的接触、形态之间的穿插（图7-38）。增加的形式有：集中式、线式、辐射式、组团式、网格式。

在环境空间形态的设计中，按一定基本形态进行设计固然有它的优势，但这种形式不能完全满足人类对空间功能与审美的要求，可以在许多设计作品中，出现不同元素形态之间的组织构成变化，这些组织构成形式经我们人类富有创造性的变化，尤其是不同元素形态之间的叠加所产生的新的形态给我们创造了全新的空间形态和视觉效果。

3. 空间限定的形式

空间是不以人的主观意识而客观存在的。宇宙就是一个无限广阔的空间，而我们所研究的环境与建筑空间相对于宇宙空间来讲就要小得多。空间往往是物与人、物与物相互作用而产生的，空间都具备了一定的形态，而空间形态的产生，必须依据具体的"物"来划分、围合。由于不同"物"的形态存在着差异，因不同物之间的构成组合方式的多样性而产生不同形态的空间，在人与物体的关系方面，物体的变化应以与地面构成垂直和水平线为基础。根据这个标准，我们可以将空间的限定针对形式的水平和垂直要素归纳为水平限定和垂直限定两种空间划分形式，空间限定就是指利用各种空间造型手段在原空间之中进行划分。

空间的围合：顾名思义就是用围合的手法限定空间，被围合起来的中间部分是我们使用的主要空间，由于围合限定的要素不同，内部空间的状态也有很大的

图7-34 圆的稳定感

图7-35 倾斜正方体的不稳定感

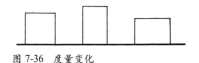

图7-36 度量变化

图7-37 削减变化

图7-38 增加变化

图 7-39　由建筑围合而成的空间

图 7-40　由植物围合而成的空间

图 7-41　藤蔓形成的顶面

图 7-42　金属框架顶面

不同，内外之间的通透关系也不一样，这种限定手法似乎很简单，但它的变化和效果却丰富多样。围合的尺度、形态、特征决定了空间的特质（图 7-39、图 7-40）。

空间的围合主要依靠垂直要素，垂直要素是空间的分隔者，它作为一道屏障围合成的空间具有一定的向心作用，围合有实围合和虚围合，比如：选用砖石砌成墙体，利用泥土堆成土丘或设计考究的屏障，而利用栅栏、绿篱、排列的树林等物质的围合给人一种视觉上的通透感。围合和开放本身对自然环境来讲没有任何价值，围合的程度和质量只有与给定空间环境的功能发生关系时才有意义。比如：当我们需要一种庇护和私密性的环境空间时，我们就会寻求一个围合的，但不一定是闭合的私密空间。

空间的界定：在外部环境空间中，无论是限定的空间，还是开敞的自由空间，都离不开空间构成的三要素，即：底面、顶面和垂直面。

在外环境中，有时尽管没有明确的空间围合，但是由于底面和顶部有不同物质的铺设和遮挡，在人们的视觉中也会形成不同的心理空间。比如：人行道和机动车道由两种不同的材料铺装，界定出人行道和车行道两个不同的空间，陆地和水面由两种不同的介质构成，自然形成了陆地和水面两个不同的空间环境，这些都属于水平限定的特质。构成底面的每一种物质都有其规划上的重要意义，底面的处理对于空间环境功能的界定与不同底面的衔接过渡都很重要。底面的形态和模式如果处理得好，可以使环境中的建设要素与场地和谐地融为一体。

通常我们都会说头顶蓝天，实际上，所谓的蓝天就是广阔无垠的银河系，蓝天是没有顶棚的，那么在外环境空间中如何进行顶面空间的限定呢？比如一棵大树、一把遮阳伞都可以形成限定的开敞空间，因此在塑造外部空间时，我们可以把顶面当做是自由的，一直延伸而与天空相接。从人类的本性来讲，人都需要有一个属于自己的庇护空间，开敞式的长廊、凉亭，悬吊或支撑的顶面都可以满足这种心理和生理上的需求。顶面的围合形式、高度、硬度、颜色、材质、范围等都会对所限定出的空间特征产生明显的影响（图 7-41、图 7-42）。

在空间的三个面中垂直面是最显眼的，垂直因素通常最具视觉上的趣味，它对创造景观具有重要的作用，垂直面的设计既可控制，有时也不可控制，设计师在设计中选择可控制的垂直物，比如植栽、砌墙，当我们面对周围都是建筑的广场时，建筑的垂直面就不是我们所能控制的。

利用高差变化也是空间限定常用的设计手法，如地面的抬升与下沉；人行道和机动车道通过二者不同的高差创造出不同的功能空间环境；舞台也是利用抬升的手法，形成空间环境的中心；下沉式广场同样也是利用这种高差创造出不同功能的使用场所，形成独立的空间（图 7-43、图 7-44）。

图7-43 利用高差变化创造出不同层次的空间（左）
图7-44 下沉式音乐台（右）

4. 空间的组合形式

在我们生活的周围所感知的空间中，都是多种空间形式的组合，很少存在单一的空间形式。多种空间形式的组合，极大地丰富了环境空间的形式，无论何种空间形式的组合都离不开最基本的形式原则，原则的确定为空间的组合形式打下了基础。主要空间组合关系有：空间内的空间、穿插式空间、邻接式空间、由公共空间连接的空间。主要空间组合形式有：集中式、线式、辐射式、组团式、网格式、框格式、自由式、轴线式、垒积式。我们从建筑学理论的角度运用几何学的原理，对空间的组合形式进行了归纳，但现实中空间形态的设计、空间的组合形式还要受到其他因素的影响和制约，例如：历史传统的、人文科学的、社会经济的、自然条件的、审美习惯的等，可是我们在现实中进行的景观设计，并不一定完全遵循这些原则，更多的是在寻找规律性的同时，创造出一种富有新意的空间形态与组织方式。

7.6 景观要素组合的形式美法则

在自然界和人造景观中，要素存在于一切物质形态，多种要素的组合形成了景观的整体，每一种要素在整体环境中所占的比重和所处的地位，都会影响到环境的整体统一性，所以，景观要素的主次关系、统一关系、对比关系、比例关系、韵律关系的创造，组织结构形式都应遵循形式美的规律。如果建筑与环境作为社会的象征、思想的聚集地，那么它们必须具备一套实现这个目标的技术手段，而美的形式规律正是景观设计探索高于生活的崇高境界的手段。

从东西方对形式美学的探索来看，他们的出发点和侧重点各不相同，有的从"经验概念"中来概括，有的从"纯粹概念"上来区分。中国的形式美学往往是一种经验的总结，它有许多是从哲学、宗教学中移植或演化过来的，与经验思维有许多相同或相通之处。西方形式美学在经验性上同中国的重大区别就在于它们与科学的紧密联系。从毕达哥拉斯学派开始，西方形式美学就与数学结下了不解之缘，之后，物理学和天文学也对西方形式美学产生了直接的影响。所以西方美学关于形式的阐述是思辨的，而中国对形式美学的探索往往是脱离自然科学的，他们多从政治的、道德的或个人经验的角度进行形式美的探讨。国家与民族之间的审美差别，并不排除客观存在事物所表现出来的共性，人类在创造自然、改造自然的进程中，始终离不开形式美的规律，追求内容与形式的完美结合。

7.6.1 统一关系

纵观人类赖以生存的自然界，我们会发现其是一个完整的、统一的整体，尽管其中有相生相克的现象，一种生物的自然死亡，为的是整个生态的平衡，如果这种平衡关系破坏了，自然界就不可能成为统一的整体。

我们对统一关系的认识，不能只认为形态的相同就是统一，这种理解是对统一概念的曲解。我们经常在绘画创作和设计作品中强调它们的整体统一性，这种统一性不仅表现在对象的外在形式上，更表现在对象内在本质的相互联系中。作品的统一性表现在许多方面，有形式感的统一、表现手段的统一、内容与形式的统一、设计风格的统一等。这些统一关系充分说明统一在创作与设计中的重要性（图7-45～图7-47）。

图7-45　形式的统一

图7-46　装饰风格的统一

7.6.2 主次关系

无论自然形态还是人造形态，都表现出形式的多样性、差异性，而主次差异对景观的整体性影响最大。万物正是凭借着这种差异的存在，才形成统一协调的有机整体。在景观设计中，主体要素构成了环境的主要特征和重点，而次要素则丰富了空间的形态和层次。绘画作品中有主要表现对象和次要表现对象，电影故事中有主角与配角，音乐作品中有主旋律，小说中有主要表现人物等。在建筑设计和景观设计中，无论是平面到立面，内部空间到外部空间，整体的形式到局部的装饰，都存在着主与次的对比关系，如米兰大教堂的空间组织、外立面的形式，故宫建筑群的平面布局，都是把重点部分放在轴线中央，加以强化，突出主体。在城市规划设计中，城市的布局往往是围绕着标志性建筑物或城市主要广场而展开，如法国巴黎市就是以香榭丽舍大道为轴线，以凯旋门广场为中心而规划设计的（图7-48）。

图7-47　建筑风格的统一

图7-48　以凯旋门广场为中心向外辐射的道路规划

7.6.3 对比关系

自然界是复杂多变、丰富多彩的，人类科学地认识客观世界需经历一个漫长的过程。对比是客观世界存在的一种现象，它存在于事物的方方面面，对比的现象很多，如简与繁、多与少、大与小、高与低、快与慢、明与暗、冷与暖、主与次等。对比这种现象不仅表现在视觉上，而且还表现在心理上、形态上、数学上、运动中等。对比实质上是事物本身存在的一种差异，这种差异有时表现为某一方面，有时表现为多方面，对比的结果实际上是产生一种变化，打破原有的平衡关系。

我们从人类自身发展的规律来看，人在理性思维和审美意识上都存在着差异，所以人在本质上对对比与差异也就产生了本质上的认同，在设计中对比是常用的手法，人们认同这种规律，是因为它符合人们的审美意识（图7-49、图7-50）。

7.6.4 比例关系

比例关系无论是对画家还是设计师的创作和设计来讲都是形式问题的核心，它是画家和设计师尽力掌握，又力求摆脱其束缚的矛盾体。圣奥古斯丁说："快感产生于美，而美取决于形状，形状取决于比例，比例又取决于数……没有一种有秩序的事物是不美的，尺寸、形式和秩序之多少，是一切事物完善程度的标准。"

比例关系似乎被人们认为是一种技术性的问题，然而，它的来历却是一种世界观。古希腊的毕达哥拉斯学派运用数学理论对音乐和几何学作了系统的表述和论证，比例的概念一方面是建立在数学、几何学的基础上，另一方面是画家将艺术创作和对人体的研究结合在一起。无论我们纵观古希腊的建筑还是古埃及的建筑，它们都是力求用合理的比例关系而希望达到建筑艺术的完美，但由于不同民族之间的传统文化与哲学思想的差异，造成了他们在比例关系处理上又表现得不尽相同。

美学家对"美"的认识发表了许多精辟的见解，美不仅表现在外表上，还表现在内心里，美还表现在和谐上、形态上、色彩上、材质上、工艺上、技术上，所以我们不能认为比例美就代表一切都美，但是如果忽视了比例的存在，也是不行的，比例在建筑设计和景观设计中有着重要作用（图7-51、图7-52）。

图7-49　大小与色彩对比

图7-50　建筑之间的形态对比

图7-51　西方古典建筑的比例关系（左）

图7-52　西方古典园林平面布局的比例关系（右）

图 7-53 古根海姆博物馆

图 7-54 阶梯瀑布产生的韵律感

7.6.5 韵律关系

韵律关系是形式美的一种形式,属于多样式的一种,韵律本来是音乐中的专用术语,但现在也被诸如诗歌、绘画、设计等学科广泛采用。韵律实际上表现为一种秩序与节奏,这种节奏形态在自然界中随处可见,例如:层层梯田、起伏的山峦、层层波涛等,自然界中的这种现象,向人们展示了一种美。韵律所表现的是相同或相近似形态之间的一种恒定的、有规律性的变化关系,这种关系表现为连续的韵律关系、渐变的韵律关系、起伏变化的韵律关系。人类正是受到各种自然现象的启发,而将韵律变化关系运用到建筑设计和景观设计中的,如地面的铺设、阶梯的排列、线角的组合、形态之间的组合与变化等。韵律变化在设计中的运用,既求得了整体的统一性,又创造了丰富的变化(图 7-53、图 7-54)。

7.7 景观设计方法及程序

我们博览群书是为了获得更多的知识,使我们的头脑变得更睿智。当我们完成大学里的专业课程,即将离开学校步入社会时,角色"自主"地转换非常重要。在校期间,老师根据专业学习的需要,讲授各种与专业相关的基础知识和专业理论,由浅入深地设置各种专题的设计课题,对学生进行专业设计的机能训练,通过不同设计课程的练习,使学生逐步掌握专业设计知识、学习方法和正确思考问题的方式,以及分析问题与解决问题的能力。

学习是一个持续的过程,人的一生都需要学习,当学生离开学校后,更多的是从以后的工作实践中获得专业知识和设计经验。因此,面对以后工作中所遇到的各种问题,熟练掌握一个简单、快捷、科学和行之有效的设计方法尤为重要。作为一个刚步入社会实践工作的学生来讲,他所遇到的许多问题是在学校里碰不到的,这其中涉及社会、经济、价值观、审美意识、人和物等诸多因素。如果设计师通过经验的不断积累,从一开始就能准确地、科学地、合逻辑地、高效地把握整个设计过程,掌握正确和科学的工作方法,不仅能提高设计师的水平,而且能提高工作效率,保证设计工作的顺利进行。

7.7.1 科学的方法

现代城市景观设计涉及城市规划、建筑学、风景园林学、植物学、生态学、行为学、艺术学、美学等多种学科。现代城市景观呈现一种开放性、多元化的发展趋势,每个城市、每个环境区域都有各自的特色,如何充分展现它们的个性化和特殊性,是每个设计师都会遇到的问题。

景观设计的方法有两个层面的含义，从广义上讲是指设计师在从事设计项目时，从策划—实地勘察—方案概念设计—与甲方交流—方案的深化—扩初—定稿—施工图—进入施工阶段—工程完工投入运行—信息反馈这一系列工作方法。

狭义的设计方法主要是指设计师在进行设计时，自身对项目的现状和委托方的要求进行理性和有步骤的分析和决策，最后形成设计方案的过程，这一创造性思维活动过程的主体是设计师。实际上狭义的设计方法包含在广义的设计方法之中。城市景观设计是一门综合性很强的设计学科，设计师的创意和概念设计如果只是停留在图纸上，或纸上谈兵，其创意和构想就不可能在实际的工程项目中得到实现。因此，为了保证城市景观设计的合理性、科学性、可评价性，科学的设计过程和方法是非常重要的。

7.7.2 项目策划

随着我国经济的发展，城市规划与城市景观建设日益受到政府和广大民众的重视，政府部门在对城市建设进行了科学的规划和论证的基础上，将许多城市景观项目都纳入到城市建设发展的规划项目中。因此，我国许多城市景观项目的策划、项目选址与建设都是由政府部门决策的。

(1) 创意策划：作为景观设计师首先要了解项目的特点，这包括实地调研考察，收集项目相关的背景资料和基本数据，加强与业主、潜在用户的沟通和交流，理解业主的要求，实地考察调研相关的成功案例，收集相关资料，从文化的角度对历史文脉进行梳理，对案例进行分析研究，对目标对象分析评估，总结其他设计师的成功经验，提出前瞻性的构想与设计理念，制订全面的工作计划。

(2) 项目选址：城市公共空间形式有大与小，有开敞型和围合型，空间所处的位置和功能也有不同等，因此，创意策划的项目如何得以实现，选择必要和适宜的场所是非常重要的，这需要有科学的论证，针对项目的影响因子，提出解决问题的策略和方法。

7.7.3 设计程序

作为景观设计师需要具备独立思考的能力，学会判断，知道要做什么，怎么做。一条逻辑清楚、结构明晰的设计思路能为设计师提供一个科学的设计方法。设计师可以根据所学的专业知识为项目制订计划，控制实际进程，而不是盲目地设计许多方案。设计师要做的是如何创造条件使灵感成为现实，发掘开展设计的新途径。有了科学的设计方法与程序，并不代表就能设计出杰出的作品，但运用一个相对严谨、科学的方法与程序，可以支持设计师全面地考虑涵盖设计专业的基本问题，不遗漏和设计相关的任何重要因素，确保设计作品的科学性、合理性。近年来，关于景观设计流程和方法的研究成为专业人士关注的重点，但研究的侧重点各有不同，有的研究强调方案设计的可操作性，有的强调设计思维的科学性，下面我们介绍具有代表性的设计方法和流程。

　　(1) 场地环境分析：景观设计师需要对实地现场环境进行考察，对设计对象拍照、测绘、写生、建模、绘制平面、立面、剖面图等，这些前期工作看似简单，但却非常重要，全面而准确地对设计项目场地环境进行了解，对于设计师完整地理解现有空间、地形地貌、体量、面积、尺度、场地的定位等相关因素是必要的。设计师需要对所有收集来的信息进行判断与梳理，确定哪些是有用的，这项信息资料工作的建立，对下一步设计的开展有着重要的作用。有些设计师认为对基地环境的再三勘察、深入了解没有必要，这显然使他们从一开始就失去了创造一个适应背景环境的设计。对基地环境的初步勘察往往做不到全面与准确，只有多次的调研，才能对资料不断进行补充，掌握场地更为详细的数据，收集补充与设计相关的重要信息等；另外，对周边地区的整体规划进行调查，搞清楚本项目和整个区域规划的关系及对区域的影响。

　　(2) 背景调研：城市景观项目的建设和其他一些建设项目有所不同，它和城市的历史、现在、未来有着紧密的联系，它和城市的发展规划有着密切的关系，作为景观设计师不仅要对设计项目的硬件环境（现场）进行实地勘察，而且还需要对软件资料（背景）进行收集、分析研究，比如项目的设计对象、使用功能、背景、历史文脉、交通状况、路网状况、公共设施的布局、建筑的形态和功能、植被现状、气候条件、水资源、河流水网等信息资料。设计师对工作对象和背景了解得越多，研究得越深入细致，准备工作做得越充分，他的决策和设计就越科学合理，越具有说服力。

　　(3) 案例研究：景观设计师在做好前面两项工作的基础上，还应对国内外类似的优秀项目资料进行收集，并分析研究，如有可能最好去实地调研。设计师通过案例研究总结出他人成功的经验与失败的教训，参考别人在类似问题解决上采取的策略和办法。设计师对案例的研究分析，可以借用其他案例真实直观的形象，向业主表达自己的设计理念。正确地把握设计目标的尺度和规模对设计师来说非常重要，设计师可以选择和自己从事的设计项目场地大小、规模类似的案例进行比较，相似规模和尺度的分析比较过程可以同时使设计师和业主直接地感知场地的大小和意义。它有助于设计师直观地获得空间需求和布局的大体印象。案例研究可以使我们站在前人的肩膀上，在前人的经验中吸取有益的东西，学习别人的设计理念、思维方式、分析问题的过程、解决问题的办法、分析研究前人和大师的作品，并不是拷贝或抄袭别人的设计作品，而是在借鉴别人设计理念的基础上，融入自己的想法，不断完善自己的设计构思。

（4）设计概念：概念的提出是景观设计师创造性思维的展现，概念是选取一个明确、适宜的想法，概念是在前期各种因素综合评价的基础上而得出合理的结论。一个科学合理、构思新颖的设计概念不仅会渗透到设计对象本身，而且还会对周边的环境产生积极的影响。概念的形成必须具体明确，能够表达出鲜明的设计思想，概念开始的形成往往是抽象的，它会留给别人想象的空间，设计概念并不是一种凭空想象，也不仅仅是形式和美学意义上的构想，它涉及社会、政治、经济、文化、科学技术、环境保护等众多方面。因此，在适合项目目标背景环境的概念确立后，设计师需把概念渗透到项目中，需要考虑与建筑师、工程师、园林设计师等多种专业人员的合作，针对项目中所遇到的问题进行研究探讨，相互启发。做好组织协调工作，对设计概念在各个尺度层面上进行研究，以确定最小的细节也能支持全局的理念。文本的策划与说明是表述概念的重要方法之一，通过文本或 PPT 文件的展示，设计师可以直观地向业主阐述自己的设计理念与主题设计思想，未来的城市景观是个什么样，以此作为设计的动机和宗旨。

（5）方案汇报：从项目的概念设计开始直到工程完工，设计师与业主的交流和沟通始终贯穿于整个过程。方案汇报是项目设计必需的重要环节，而方案阶段的汇报有时会需要多次，设计师通过方案汇报可以面对面地和业主进行交流，将自己的设计理念和创意构想充分地阐述，同时听取业主的要求和建议。设计师在方案汇报时，应抓住主题思想，突出重点，准确、清晰地将自己的设计理念表达出来。作为设计师决不能忽视方案阶段的汇报，它是能力表现的一部分，设计师表现的好坏，会给业主留下不同的印象。

（6）设计深化：在方案概念设计的基础上，经业主的认定，对方案进行下一步的深化设计，将方案的概念落实到具体的造型和细部，也就是落实到具体元素的设计与运用上，对细部的节点设计进行完善。深化设计还包括技术细节的制定，好的设计无论是在全局的把握，还是细节上，都能成功地传达概念构思，尽量保证不同尺度上设计的成功，设计师对每个项目的设计首先应从宏观处入手，对概念有个整体的把握，可以将整个设计主题分解成若干分议题，例如：空间、功能、结构、形式、尺度、材料、色彩、细部等，在深化设计过程中，每一个新引入的设计都应该使整个项目设计更科学合理、更经济、更能满足功能要求。一个好的设计概念的提出是件很不容易的事，将设计目标中所有问题都组织到一个概念里并协调好相互关系更不是件容易的事，景观设计师和艺术家的区别不仅仅在于表现形式美、艺术风格等因素，景观设计师还需要关注各种功能和技术问题，各方面相互关联的综合设计直接关系到设计的成败，所以，不同学科的整合设计及技术细节的制定也是深化设计的重要组成部分。

(7) 细部设计与设计实施：当项目设计方案最终被确定后，要使项目从一个设计概念到设计成果得以真正地实现，由纸上变为现实，必须对每个元素进行具体深入的细部设计，绘制精确的施工图。在城市景观设计中，每个细部构成了环境的整体，细部设计的好坏直接关系到作品的最终效果，细部可以强化设计概念。而施工图是设计的重要组成部分，是设计师和施工人员联系的桥梁，设计师通过施工图这种设计语言诠释自己的设计理念，施工人员按照施工图的设计说明与要求将设计师的设计理念转化为现实，成功的作品都是通过严谨、准确、详细、严格地执行各种规范和标准来实现的。世界上任何优秀的设计作品，除了具有独特的设计创意外，施工技术与质量是实现其价值的重要保证。

(8) 评估：这里所说的评估是指设计项目施工完成并投入一段时间的运行使用后，对设计方案进行理性的、科学的评定与总结，以检验这个设计项目在哪些方面对城市环境产生了负面的影响，在功能上有哪些方面设计得不够完善，尽可能采取补救措施，通过这个过程，设计师可以在实际的工程中不断地积累经验，提高自己的设计水平。

7.7.4 新技术在景观设计中的运用

(1) GIS 技术的运用：近年来，随着信息技术的发展 GIS 技术被广泛地运用在城市规划和城市景观设计中。GIS 是 20 世纪 60 年代中期发展起来的新技术，它最初是用来解决地理学问题的，现今已成为一门涉及测绘学科、环境科学、计算机技术等多学科的交叉学科。GIS 又称地理信息系统，是在计算机软件和硬件支持下的一种技术系统，以一定的格式存储、检索、显示、综合分析和应用在规划和景观设计中需要的数据。

(2) 虚拟现实技术 (VR) 的运用：VR 技术提供了对现实环境或设计的景观在计算机中进行再现，它具有极强的真实再现能力。VR 技术可以用于修建性详细规划、风景园林设计和古建保护等专项设计，它具有丰富的表现能力，能提供真三维环境景观。

(3) 遥感技术的运用：遥感技术的发展使人类对自身的生存环境有了进一步的认识，它的优势表现在可以提供全球或大区域精确定位的高频度宏观影像，扩大了人类的视野，实现了时空的跨越与转移，利用这种技术，人类可以更科学、更准确地对环境进行分析研究。

第8章
城市广场景观设计

第 8 章 城市广场景观设计

8.1 城市广场的定义

城市广场的定义有多种解释，日本建筑师芦原义信在《街道的美学》一书中从空间构成的角度提出："广场是强调城市中各类建筑围成的城市空间。"一个名副其实的广场，在空间构成上应具备以下几个条件：①广场的边界线清楚，能成为图形，此边界线最好是建筑的外墙，而不是单纯遮挡视线的围墙。②具有良好的封闭空间的"阴角"，容易构成图形。③铺装面直到广场边界，空间领域明确，容易构成图形。④周围的建筑具有某种统一和协调，与宽、高有良好的比例。由同济大学编著的《城市规划原理》一书中认为："广场是由于城市功能上的要求而设置的，是供人们活动的空间。城市广场通常是居民社会活动的中心，广场上可组织集会、供交通集散、组织居民游览休息、组织商业贸易的交流等。"该定义从城市功能的角度进行了诠释。

从当今城市广场的特点来看，广场是城市空间环境中最具公共性、开敞性、开放性，也是人们活动最频繁的场所，被人们称为城市中的客厅，它在城市中发挥着重要的作用。从形式上看，城市广场主要以大面积硬质铺装为主，汽车不得进入，主要供市民漫步、闲坐、活动等；它是一处具有自我领域的空间，而不是用于路过的空间，其中可以有一定数量的树木、草地、雕塑或装置艺术品。

8.2 城市广场的产生与发展

通常我们将奴隶时代的城市定为古代城市，这时期人口的密度较前更为稠密，明显存在阶级差别，贫富差距加大，社会结构更为复杂。上层贵族阶级已经脱离生产劳动，基本上从事宗教与政治活动，而奴隶直接从事生产劳动，这种社会结构的变化直接影响到城市居民生活方式的改变与分化，进而影响到城市的整体面貌。

"广场"一词源于古希腊，在古希腊奴隶制条件下，作为社会的统治者，他们主要从事城邦的公共活动。广场最初用于议政和市场，是人们进行户外活动和社交的场所，其特点是松散和不固定。从古罗马时代开始，广场的使用功能逐步由集会、市场扩大到宗教、礼仪、军事、纪念和娱乐等，广场也开始固定为某些公共建筑前附属的外部场地。中世纪意大利的广场功能和空间形态进一步拓展，城市广场已成为城市的"心脏"，在高度密集的城市中心区创造出具有视觉、空间连续性的公共空间，形成了与城市整体互为依存的城市公共中心广场雏形。巴洛克时期，城市广场空间最大程度上与城市道路连成一体，广场不再单独附属于某一建筑物，而成为整个道路网和城市动态空间序列的一部分。城市广场是欧洲城市最重要的政治与象征中心。

中国古代是以农业和牧业为主的自给自足的农业社会，由于历史的成因和文化背景的差异等原因，中国古代城市没有像西方古代城市的广场，而比较多的是兼有交易、交往和交流活动的场所。据《周礼·考工记》记载："匠人营国，方九里，旁三门，国中九经九纬，经涂九轨，左祖右社，前朝后市，市朝一夫。"对市场在城市中的位置和规模都作了规定，而且这种城市规划思想一直影响着我国古代城市建设。中国古代的重要城市，都是作为政治中心和军事中心而兴起的。春秋战国时期，诸侯列国相互兼并加剧，人口、土地相对集中，城市规模也相应扩大。长安是唐代的首都，城市按严格的里坊制进行规划，设有东市、西市。到了宋代，商品经济有了前所未有的发展，纸币的发明、航运的发展、商品的流通等因素，促使其城市规划打破了里坊制，出现了"草市"、"墟"、"场"，周围集中着茶楼、酒馆、客栈、商铺等建筑。元、明、清时期的都市建设则沿袭了前朝后市的格局，街道空间常常是城市生活的中心，"逛街"成为老百姓最喜爱的休闲方式。因此，中国古代城市是以线状的街道空间为特征的。

当人类社会发展到中古时期，也就是进入封建社会后，商业贸易的发展在城市形成和发展过程中的作用加大，商人的经济力量不断壮大，商人的社会地位有了显著的提高，特别是西方社会，阶级划分以及权力、尊荣的主要依据不再是出身门第的高低，而是拥有财富的多寡，一个日益壮大，追求独立的市民阶层正在形成。以上简述说明了无论东方还是西方城市的发展都与宗教、政治、军事、商业、文化有着密不可分的联系。这些因素都影响了城市空间的发展及功能与性质的转换。在社会学家看来，空间性不是既定的东西，而是社会行动建构的产物，是社会过程的后果。空间性既是行动的条件，又是行动的结果。任何行动都涉及空间，当行动的主观意义考虑到空间条件并因此而定向，空间性就是行动的一个内在的因素，也就是行动的目的和意义。因此，空间性是不能脱离社会性而存在的，空间结构不过是社会关系的反映。

城市广场的产生已有悠久的历史，从历史发展来看，城市文化的发展与城市作为"都市"的兴起有着不可分割的联系。长期以来，城市空间成为一种政治体系的代表，而在这种体系中公共空间扮演着重要角色，不同历史时期的公共空间，是社会生产的关键与焦点。早在公元前4世纪末，一些希腊城邦国家已经出

图 8-1 圣马可广场

现并相当成形,由公共建筑围合成的广场原型——阿果拉,是在方形住宅区街廓的中央由神庙、集会堂与长廊围合而成的广场空间,面向开敞的远方海港。这样的广场原型逐渐转化成罗马帝国的集会场(forum)与中世纪欧洲形形色色的教堂、市政厅广场。随着早期希腊与罗马帝国的殖民城市与后期欧洲人的航海扩张而传播到北非、美洲与亚洲。一般来说,历史城市的特色是由具有公共功能的建筑和各种各样的公共场所决定的。早期的法国巴黎只不过是塞纳河沿岸的一个简陋的集市小镇,至今遗留下来的遗迹还保留两处具有代表性的公共建筑,即能容纳 16000 观众的竞技场和克吕尼浴池。世界闻名的意大利古城威尼斯,在蛮族入侵时期,威尼斯人放弃陆地,定居到泻湖的小岛上,高地人建造了一座教堂,纪念守护神圣马可,同时建了一座元首宫。而其贸易活动的触角一直延伸到希腊和地中海东部沿岸诸国的海岸,举世无双的靠岸码头,令人心旷神怡的建筑造就了圣马可广场,使威尼斯逐步发展成政治、宗教、经济活动的中心(图 8-1)。

从西方城市发展的历史来看,公共场所的本质目的是庇护社区,同时仲裁社会冲突。广场是人们行使市民权、体验归属感的地点。广场有其特定功能,即集会、阅兵、宗教仪典,但无论是参与者或旁观者,都会认为该活动具有集体性,并且这种参与包括了机制安排的自由的可能。在某一层面上,广场空间的公共性对权力机构具有反向的、制约的作用。广场的这些特质促使权力机构在一开始就希望能控制它在实质上的形式,广场上设置了各种政府的象征元素。因此,欧洲国家城市广场是以团状空间发展为特征的。

当人类社会进入工业社会后,以大工业机器化的生产方式代替了城市中手工业的生产方式,促进了进一步的社会分工和城乡分离。近代城市社会,人们的主要活动都是以公共生活模式为特征的,城市广场成为现代社会中广大市民丰富多彩活动的公共空间。

现代城市广场和传统中的广场虽然有所不同,但在环境和功能上仍然存在一些相似之处。现代城市将西方中世纪的大教堂变成了各种功能的摩天大楼,建筑从中世纪教堂的宗教活动场所变成具有不同功能的办公、商贸、文化娱乐场所。这些不同时代的建筑在功能上都具有很强的吸引力,使得与之比邻的公共开放空间都成为市民重要的活动场所。城市广场作为开放空间,在一定程度上增加了空间形式和空间使用上的吸引力,其作用进一步贴近人的生活。今天,当人们提及"城市广场",浮现于眼前的往往是大型城市公共中心广场的形象。总之,城市广场应具备开放空间的各种功能和意义,并有一定的规模要求、特征和要素。根据现代城市广场的定位,应充分考虑到人们的坐、站、行走、读书、观看、倾听、用餐、运动等活动的需求,围绕一定主题配置设施、建筑或道路的空间围合。公共活动场地是构成城市广场的三大要素之一,当今的城市广场兼有集会、休闲、贸易、运动、交通、停车等功能，故在城市总体规划中，广场布局已成为系统设计，广场的数量、面积大小、分布取决于城市的性质、规模和广场功能定位。可见，城市中人为设置以提供市民公共活动的一种开放空间是城市广场的重要特征。

8.3 城市广场的分类

随着现代城市的发展，城市功能的多样性需求增强，按照城市广场的主要功能、用途及在城市交通系统中所处的位置，可将城市广场分为行政广场、宗教广场、交通广场、商业广场、纪念性广场、文化广场、游憩广场等。城市广场还可以按照广场形态分为规整形广场、不规整形广场及广场群等。现代城市广场形态越来越走向复合化、立体化，比如：下沉式广场、空中平台和步行街等。按照广场构成要素可分为建筑广场、雕塑广场、水上广场、绿化广场等。按照广场的等级可分为市级中心广场、区级中心广场和地方性广场等。尽管城市中有不同功能与性质的广场，但它们的分类是相对的，现实城市中各种类型的广场都或多或少地兼有其他类型广场的某些功能。

图 8-2 天安门广场鸟瞰

8.3.1 行政广场

城市中心广场，往往处在城市的中心，广场周围依附着具有一定象征意义的公共建筑，常常是由城市主要干道围绕而形成的历史地段，平时为城市交通服务，同时也供旅游及一般活动之用，需要时还可供大型的集会活动之用。这类广场面积较大，并有合理的交通组织，与城市主干道相连，可满足人流集散需要。但一般不允许车辆驶入和通行。例如：北京天安门广场。饱经 500 余年风雨沧桑的天安门广场是当今世界上最大的城市广场，是我国举行重大庆典、盛大集会和外事迎宾的神圣重地。新中国成立后的天安门广场经历了三次大规模改造，改造后的广场东西宽 500m，南北长 880m，总面积达 44 万 m^2。其中，硬质铺地 20 万 m^2，周围路面 30 万 m^2。广场中心干道上铺砌由橘黄、蓝青色花岗石组成的"人"字形路面，长达 390m，宽 80m。中心干道可同时通过 120 列游行队伍，广场北面是天安门城楼，西面是人民大会堂，东面是中国国家博物馆，南面是毛主席纪念堂。站在天安门广场上，环顾四周，新老建筑物十分和谐地融合在一起，形成具有强烈民族特色的建筑环境。站在天安门城楼可俯瞰蔚为壮观的古今建筑群，我们不难看出天安门广场悠久历史文化的延续（图 8-2～图 8-4）。

图 8-3 天安门广场环境 1

俄罗斯莫斯科红场广场，位于莫斯科市中心，西面与克里姆林宫相毗连，北面为国立历史博物馆，东侧为百货大楼，南部为瓦西里布拉仁教堂，临莫斯科河，列宁陵墓位于靠宫墙一面的中部，墓上为检阅台，两旁为观礼台。形状为长方形，

图 8-4 天安门广场环境 2

城市景观规划设计

图 8-5　俄罗斯莫斯科红场

图 8-6　美国旧金山市政广场环境 1

图 8-7　美国旧金山市政广场环境 2

红场南北长 695m，东西宽 130m，面积 9.1 万 m^2。红场的知名度可以与天安门广场媲美，大小约是天安门广场的 1/5，地面全部由方形青石铺成，显得古老而神圣。红场是莫斯科历史的见证，也是俄罗斯人民的骄傲。是俄罗斯举行各种大型庆典、群众集会及阅兵活动的中心地点，是世界上著名的广场之一（图 8-5）。

美国旧金山市政广场位于三街交会的金三角区域。以 City Hall 市正厅为核心，以 Fulton St 街道为中轴线，从 Market St 街道望去，一目了然，远处就是著名的市政厅，白宫一样的古老建筑。两排方正石柱圆顶街灯沿着中轴线延伸开去，犹如两排整齐排列的卫士，灯柱后是两排绿色大树，林荫大道铺设褐红色格子砖，左侧是市政图书馆，右侧是亚洲艺术博物馆，中轴线竖立着骑马扬蹄的 Simon Bolivar 铜像。穿过 8th 街道，是一组雕塑群。东西南北各不相同的雕塑围绕着一座 4.5m 高的古代罗马卫士雕像，雕像右手握着长矛，左手垂下着盾牌，面对着市政厅的大殿伫立着。穿过 9th 街道，左翼是 Civic Audition 市政礼堂，市政大楼前的一片开阔地，是一片绿茵茵的草地，轴心是旧金山市政大楼的旗杆，高高耸立，飘扬着星条旗。两侧有两排稍矮点的旗杆，挂着各色旗帜，草地两侧还各排列着两排法国梧桐。旧金山市政厅是罗马风格的建筑，金碧辉煌，显示了市政地位。市政厅前绿地的左边是美国前总统林肯的铜像，安详地坐在椅子上，仿佛在思考着国家大事。市政厅背后，是风格相近、端庄典雅的退伍军人大楼、歌剧院、交响乐厅等建筑。整个广场突出表现了美国的文化，是对历史的彰显（图 8-6、图 8-7）。

市政广场往往给人的感觉是一个严肃、庄重、规整的公共场所。在当今社会中，市政广场在特定的场合和特定的时间，发挥着它特有的功能，比如：举行庆典、阅兵、迎接贵宾，但大部分时间市政广场都作为一个瞻仰、纪念、旅游、休闲的公共场所（图 8-8、图 8-9）。

巴黎市政府大楼位于巴黎市中心巴黎圣母院北部塞纳河畔，这幢大楼曾几度是法国重要的政治活动场所。在中世纪、资产阶级大革命年代和 1871 年巴黎公社时期，这里曾是重大历史事件的中心地点，是法国著名的一座文艺复兴时期风格的建筑。巴黎市政厅广场又被人们称为"沙滩广场"，因为每到夏季，巴黎市政厅广场都铺上沙子，供人们在度假中举行休闲活动，有许多人在此打排球。在世界各国的城市广场中，并不一定都是高大的建筑或大面积的广场，但市政建筑都会成为广场的视觉中心（图 8-10）。

8.3.2 宗教广场

在古代，无论是东方还是西方的历史城市，行政建筑和宗教建筑都是城市的重要建筑，古希腊的城市广场，如普南城的中心广场，是市民进行宗教、商业、政治活动的场所；古罗马时期建造的城市中心广场开始是作为市场和公众集会的场所，后来用于发布公告、进行审判、欢度节庆等，通常都集中了大量宗教性和纪念性的建筑物。5 世纪欧洲进入封建社会以后，城市生活以宗教活动为中心，广场成了教堂和市政厅的前庭。

意大利著名城市威尼斯的圣马可广场是世界城市规划的代表，是城市的象征。圣马可广场由两部分组成，最里面是广场的主体，外面是面向泻湖的小广场，圣马可广场上耸立着圣马可教堂，教堂守护着保护神《福音书》作者圣马可雕像，教堂的对面，由拿破仑时期的新古典主义风格的厢房所包围，圣马可广场成为宗教中心。圣马可广场是经过许多世纪才建成的，12 世纪，圣马可广场是教堂前的一块空地，后来变成宗教政治活动的集会场所。当时威尼斯的执政者有政治和宗教的权力，它的权力包括任命教堂的主教在内。因此圣马可教堂的地位日益重要，教堂不断地扩建，广场也跟着扩建。圣马可广场的重要性从圣马可教堂外的装饰可以看出，当时教堂里的一些宗教仪式，普通百姓是不能参加的，他们只能从广场上观看，这时广场就像是一所很大的教堂，教堂的正面也就变成这所大教堂的圣坛（图 8-11、图 8-12）。

梵蒂冈的圣彼得大教堂是基督教圣地，它的建设持续了 18 个世纪之久，但圣彼得大教堂的建造受到御座上历届宗教的重视，从而使大教堂打上了各种历史和文化的印记。圣彼得大教堂前的广场由贝尔尼尼设计，建造于 1656～1667

图 8-8 堪培拉市政广场

图 8-9 瑞士伯尔尼市政广场

图 8-10 巴黎市政厅广场

图 8-11 圣马可教堂、广场

图 8-12 圣马可广场环境

年，广场由两部分组成，第一部分为不规则的四边形空间，采用坎皮多利奥的米开朗琪罗广场风格，其作用是从教堂正面拉开距离，使所有人都能目睹到教堂前这块举行宗教庆典的场地；第二部分为柱廊合拢的椭圆形空间，广场宽 240m，总长 340m，柱廊由 284 根高 15m 的四排式柱子组成，在柱杆上有 140 尊高 3.2m 的圣徒塑像，广场的铺地采用向心式，广场中央矗立着一座方尖碑，设计师认为："既然圣彼得大教堂为所有教堂之母，它就应当有一双手臂式的柱廊，慈母般地拥抱天主教信徒"（图 8-13～图 8-15）。

图 8-14 圣彼得大教堂广场环境 1

图 8-13 圣彼得大教堂鸟瞰

图 8-15 圣彼得大教堂广场环境 2

中国古代没有像西方那样严格意义上的宗教广场，但全国各地有众多的庙宇，庙宇中根据当地民众不同的宗教信仰供奉着不同的神仙与圣人，比如：西藏大昭寺广场、孔庙等，一般庙宇前有一个相对较大的环境空间，有的庙宇前辟出一个广场，庙门对面设有影壁。中国民族众多，各民族有着不同的风俗和习惯，总的来讲赶庙会是民众最喜欢参加的一项活动，庙宇前的广场就成为民众举办庙会的市民广场，民众在逛庙会时可以购物、看戏、进行各种娱乐活动。

8.3.3 交通广场

一般是指环行交叉口的环境空间，设在几条交通干道的交叉口上，广场被道路所包围，主要用作组织交通，同时可装饰街景。现代交通广场一般不允许入内，比如：南京的鼓楼广场（图8-16）。而建成年代较久的城市交通广场，如法国巴黎的戴高乐广场，戴高乐广场位于香榭丽舍大街的沙约山山顶，该圆形广场向外辐射的主要干道至少有12条，广场中央矗立着雄伟的凯旋门，拿破仑建凯旋门是为了使它成为法国军队的纪念碑，凯旋门的地下是后来修建的无名战士墓（图8-17、图8-18）。

图 8-16　南京鼓楼广场

交通广场一般都处在城市的主干道上，广场被宽阔的马路和川流不息的机动车所包围，由于广场的特殊功能要求，以前的交通广场尽管有开阔的空间，但公众是不能在其中进行任何社会性活动的。近年来，随着新型城市设计理论的产生与发展，城市广场的公共性、将城市广场真正变成城市的客厅的设计理念逐步被人们所接受，对过去交通广场的概念已有改变，将城市中机动车的道路交通从广场中分离出来成

图 8-17　巴黎戴高乐广场

图 8-18　巴黎戴高乐广场无名战士墓

图 8-19　南京火车站站前广场环境

为设计师考虑的重要问题，他们需要解决广场的功能、公众的活动与交通、车辆的通行与停泊等问题。成功的案例有南京火车站广场（图 8-19）。

8.3.4　商业广场

从古到今，城市商业中心成为人们日常生活经常光顾之处，而当代商业经济成为城市重要的支柱产业，商业购物活动成为大众生活的重要组成部分。古代的商业活动大多数都是以个体形式出现，规模一般较小，而现代商业除了保留小规模的商业网点外，大型的商业都汇入高楼大厦中，从而出现了许多商业大厦、商场、大型超市、大卖场等。大型商业设施的出现延伸出现代商业广场。而许多历史名城中的著名广场，也因历史的变迁，演变成临时性的具有商业购物功能的广场，比如威尼斯圣马可教堂前的大、小广场（图 8-20），德国乌尔姆大教堂前广场（图 8-21）。由于大型商业中心人流众多，交通拥挤，往往采取人车分流的规划设计，以步行商业广场和步行商业街的形式居多，同时也出现了各种露天集市广场形式。

图 8-20　圣马可教堂前大、小广场鸟瞰

图 8-21　德国乌尔姆大教堂前广场

8.3.5 文化广场

"文化广场",顾名思义它们和各种相关的文化活动有着紧密的联系,但它们所表现出的形式却不同,一种是各种文化人和艺术家集聚在附近的一个文化活动场所,如法国的丘顶广场,它曾经是集会场所,现在绿树成荫,这里常常是画家和世界各地游客云集的地方,广场中间的一小块地方被艺术家所占据,他们有的在自己从事绘画作品的创作,有的在为游客画像,到了夜间特别热闹,咖啡馆、酒吧、夜总会挤满了人,多姿多彩的生活为这古老的广场增添了生活气息,使它成为蒙马特的中心区(图8-22)。

图 8-22 法国丘顶广场

另一种是广场周围有著名的文化设施,如博物馆、美术馆、文化艺术中心、图书馆、歌剧院、音乐厅、名人故居等,蓬皮杜中心广场建于1969年,它因法国总统乔治·蓬皮杜决定在Beaubourg高地的地区建一个重要的文化中心而以他的名字来命名。蓬皮杜中心现成为世界上收藏现代艺术方面作品最大的博物馆之一,该博物馆建筑因奇特的造型被人们描述成一部"都市机器"。在它的周围有许多画家在街头作画或为游客画像,街头艺人们常常以中心前喧闹的广场作为表演的舞台(图8-23)。法国的孚日广场,平面呈正方形,36幢漂亮的老房子将它围在中间,建筑外立面采用白色的石料和暖色的红砖装饰构成,广场被花园和树荫所包围,中央是一件复制的路易十三大理石雕像,正方形的广场、连续的柱廊、绿色花园与严肃的背景建筑形成温和的对比,四周是一些举世闻名人物的故居,如莫里哀故居、雨果六号楼等,使广场成为巴黎又一处文化生活中心(图8-24)。

图 8-23 蓬皮杜艺术博物馆广场

图 8-24 法国孚日广场

现代城市在建设中有许多广场也被命名为文化广场，但在广场的设计上，还是强调广场功能的多样化、复合型，平时市民可以在广场中进行休闲娱乐活动，也可以根据需要在广场上进行各种文化活动。

8.3.6 街道广场

顾名思义，即广场和街道紧密相连，街道广场为街道提供了一个缓冲空间，尤其是在街道两侧连续密集的建筑中，如果有一处能供人们小憩的空间环境，它必定会成为人们聚会的中心。

街道广场一般占有公共空间的一小部分，有时是街道的拐角空地，有时可能是沿街建筑后退的前庭，有时是人行道适当拓宽的部分，有时是建筑下部往外延伸形成的骑廊部分。它可通过花坛和坐凳的设置，给行人提供一个短暂坐憩、等待和观望的环境空间。

8.3.7 多功能综合型广场

现代城市发展到今天，城市生活呈现出多样化，因此城市功能必须完善，以适应现代城市发展的需求。城市交通运输是现代城市发展面临的主要问题之一，城市道路不断扩宽和延伸，从平面到立体，立体式高架桥、城市快速轻轨交通和地铁成为现代城市解决交通的主要手段。正因如此，城市许多广场成为人流交通的疏散中转站。为了解决城市公共设施和交通问题，提高城市利用效率，使广场最大限度地为市民共享，现代许多大中型城市通过采用空间的立体设计，使地上地下一体化，将广场和交通、商业设施、文化场馆、旅游观光等功能结合起来。如法国巴黎的拉德芳斯广场（图8-25）、法国阿莱商业中心、卢佛尔宫宫前广场（图8-26）、澳大利亚悉尼市的达令港等。

图8-25 巴黎拉德芳斯广场（左）
图8-26 卢佛尔宫宫前广场（右）

图 8-27　上海人民广场（左）
图 8-28　北京世纪坛前广场（右）

8.4　城市广场的空间形态

现代城市的发展，促使城市广场必须和城市规划、经济、文化发展相结合，城市广场在功能性、形式上不仅要适应城市新的发展要求，而且要根据城市规划、城市功能的分布，场地环境的条件，创造出具有特点的广场空间形态。

广场的发展和城市的发展有着紧密的联系，广场的形态由早期的平面型逐步发展到现代的立体空间型，平面型广场是城市中最常见，也是城市在规划中常使用的策略。如古代西方的城市广场，现代城市广场如：北京天安门广场、上海人民广场（图 8-27）等。随着人类社会文明的进步，城市成为人类文明的一种象征，城市的功能需不断地更新和完善，城市广场从过去单一的平面型发展成立体空间型，而立体空间型广场一般是为了处理城市不同的交通方式，以达到快速疏散人群的作用，它和大型的城市公共设施和建筑紧密结合，构成一个功能多样化的空间环境。比如：机场航站楼楼前广场、火车站站前广场、大型商业广场、文化建筑前的广场等（图 8-28～图 8-30）。澳大利亚墨尔本市中心的地标性区域，是为了庆祝澳大利亚联邦成立 100 周年而兴建的"联邦广场"，广场建筑充满时代感，而围绕广场四周的福林德街火车站、圣保罗大教堂以及许多维多利亚式建筑，体现了城市古老历史和独特的异国情调（图 8-31～图 8-33）。

图 8-29　米兰广场（左）
图 8-30　瑞士火车站广场（右）

城市景观规划设计

图 8-31 澳大利亚联邦广场1（左）
图 8-32 澳大利亚联邦广场2（中）
图 8-33 澳大利亚联邦广场周边建筑（右）

8.4.1 广场的空间形式

根据不同地形和建筑功能的要求，立体型广场又分为上抬式和下沉式。上抬式广场一般都是将车行交通设计在较低的层面，而人群则在上层活动，这种设计主要是为了解决人车分流问题，比如巴西圣保罗市安汉根班广场（图8-34）。

下沉式广场在当代城市建设中被广泛地运用，在城市中心区域土地高度紧张的情况下，许多需要完善城市功能的公共设施只有向地下发展，下沉广场的特点是不仅能够解决不同交通的分流问题，而且通过和其他公共设施的结合围合成一个具有较强归属感、安全感、闹中取静的广场空间，比如：北京奥体公园地铁站下沉式广场（图8-35）、法国巴黎拉德芳斯广场、美国费城市中心广场、日本名古屋市中心广场、法国巴黎的阿莱广场、上海静安寺广场等都属于这种类型。这种空间形态广场的周围一般都有大型的公共建筑，比如体育场、博物馆、火车站、商贸中心等，有些和商业步行街、地下商业街、地铁车站、过街通道结合在一起，构成一个多功能的广场空间，成为城市环境空间重要的组成部分。

图 8-34 巴西圣保罗市安汉根班广场（左）
图 8-35 北京奥体公园地铁站下沉式广场（右）

8.4.2 广场平面形态的制约因素

城市广场的平面形态和城市规划、道路交通、地块周围的建筑及其他公共设施有着紧密的关系。广场的英文"square"与"方形"是同义词。欧洲早期大多数广场都呈方形或长方形。但是城市广场不都是规则形，也有许多不规则形，城市广场的平面形态并不是凭空想象和随意构画的，它的平面形态规划在巧妙构思的基础上，还应考虑以下主要因素：①自然条件因素的制约，广场平面形态的形成要顺其自然，同时要综合考虑基地的地形、地貌、广场的性质、周围的构筑物和道路，以及和城市规划的关系。②广场功能的对平面形态的影响，比如：法国巴黎的凯旋门广场、南京的鼓楼广场均处在城市的主要交通位置，圆形形态才能更加合理地解决此处的交通问题。

8.5 城市广场的空间构成与尺度

8.5.1 广场的空间构成

芦原义信在他的《街道的美学》一书中写道："从空间构成上来说，作为名副其实的广场应具备以下四个条件：第一，广场的边界线清楚，能成为图形，此边界线最好是建筑的外墙而不是单纯遮挡视线的围墙；第二，具有良好的封闭空间的阴角，容易形成图形；第三，铺装面直到边界，空间领域明确，容易构成图形；第四，周围的建筑具有某种统一和协调，D/H 有良好的比例。"

城市中大多数广场都和周边的建筑和道路有着密切的联系。广场周边建筑的连续围合度决定了广场的封闭程度，广场周边围合的建筑间距越大，进入广场的道路越多，广场的封闭性越差，向心力越弱。城市广场并不是围合性越强越好，尤其在高楼林立的城市，过强的围合度容易给人造成一种置身井底的感觉，如果一个城市广场四周是完全开敞的，那它的围合性和领域感就较弱。而现代城市中大多数广场因现代城市生活形态的变化，在城市广场的规划设计中，很少能像欧洲中世纪城市广场那样设计成围合度很强的空间，多数会设计成一面、二面或三面开敞的广场（图8-36）。当今的城市广场为了使其具有围合感，设计师们往往利用道路和设置人工柱等手段来加以处理，并取得了良好的效果（图8-37）。

图 8-36　上海人民广场

8.5.2 广场的尺度关系

吉伯德在他的《市镇设计》一书中对城市广场的尺度比例提出了自己的见解，他指出："广场的宽度（D）与周围建筑物的高度（H）之比大于或等于1，而小于2，即 $1 \leq D/H < 2$，这种广场空间的围合感就是宜人的。"塞特认为："广场的长宽

图 8-37　波士顿市中心人工柱围合广场

比以小于 3 为宜，当广场的宽度适宜，而广场的长度过于延长的话，就会失去广场的感觉，这也就是广场与林荫道的区别。"比如：法国巴黎拉德芳斯大道（图 8-38），北京奥林匹克公园大道（图 8-39），大连海滨广场（图 8-40）。

8.6 广场的边界与过渡

8.6.1 广场的边界

芦原义信提出："广场是从边界线向心的收敛空间，边界线不明确收敛性则差。如果不存在边界线而形成离心的扩散空间，那就成了自然的原野或天然公园之类的空间。"广场被人们称为城市的客厅，现代城市广场和西方中世纪广场的最大区别就在于其空间的开放性、功能的多样性、民众更多的参与性；现代城市广场在功能上要求更便于进入，因此广场被设计成两面甚至三面面向公共道路用地开放，让行人在视觉上感觉到广场是道路红线范围的延伸，现代城市广场的边界已不再仅仅是建筑的外墙，而是通过将广场绿化向人行道延伸，向人们暗示他们已进入了广场区域。

8.6.2 广场的过渡

由于现代城市街道在空间上的独立性，广场的围合与边界被弱化，而广场边界的明确和模糊是根据广场的地形、地貌和广场功能等方面的需要来确定的，因此从广场向人行道的过渡设计是广场设计的重要方面之一。边界过渡设计得是否合理，能够起到鼓励和限制人们对广场的使用的作用，这是十分重要的。比如：可以利用地形的高差变化，在广场的边界设置花坛、树池、草地、坐凳、柱桩等手法都可以显示广场的边界并作为广场与道路的过渡（图 8-41、图 8-42）。

城市广场的边界过渡与周围的环境和建筑空间的功能有着密切的关系，有些较窄街区中的大型商场、超市、饭店、公司楼前广场就没有必要将边界和人行道加以明确。从人的心理和行为方式来看，人们普遍喜欢坐在空间的边缘而

图 8-38　法国巴黎拉德芳斯大道

图 8-39　北京奥林匹克公园大道

图 8-40　大连海滨广场

不是中间，成为别人关注的焦点，因此，城市广场的边缘或边界处的设计，既要达到完美的过渡，又要考虑人们的行为心理，可根据环境空间的特点和位置合理地设置休息和观看的空间。

8.6.3 广场的组合形式

城市广场、建筑、道路三者之间有着紧密的联系，而城市道路的规划将直接影响到广场的形态与边界，城市道路与广场的组合主要有以下四种方式：

(1) 道路包围着广场。
(2) 道路在广场的一侧、两侧或三侧（图 8-43）。
(3) 道路穿越广场。
(4) 道路引入广场。

图 8-41　花坛作为广场与道路的过渡

8.7　我国城市广场设计存在的问题

8.7.1　广场与周边景物的比例失调

城市广场位置的选择和面积的大小和该城市的规模、地形、地貌有着密切的关系，一般来说，大型城市的中心广场面积较大，可以满足众多人口的休憩需求；同时，因为大型城市中高层建筑较多，开阔的广场和周围的建筑景观可以形成和谐的比例关系，而我国许多城市在广场规划中，忽视了城市的个性和特点，对广场的选址和周围的景观考虑不够，最终没有起到展示城市形象风貌的作用。中、小型城市在广场的规划中更是和大城市盲目攀比，超大的尺度和周围不高的建筑形成强烈的对比，超大的尺度使广场缺乏活力和亲和力。大型的广场不仅造成建设成本和维护成本的增加，使用上的浪费，而且使原有环境造成了破坏。

图 8-42　树木作为广场与道路的过渡

8.7.2　广场功能单一

我国现代城市广场的定位往往受到领导意识的影响，建设广场成为领导们展示政绩的门面。形式大于功能，追求大尺度与气派成为一种普遍现象，对广场在城市中的主要功能与作用考虑不够，对生活在城市中不同年龄层次市民的真正需求考虑不够，设计上缺少人性化的关爱，在服务设施与休憩设施的规划设计上考虑不周，许多城市广场成为一种摆设，既不中看，更不中用。更缺少可持续发展的规划造成

图 8-43　三面毗邻道路的广场

城市广场与交通规划相冲突的局部。

8.7.3 广场设计个性化和地域性特点缺失

当今我国许多城市在广场定位中以宏大、雄伟、气派作为设计追求的目标，盲目攀比的结果造成许多广场的规划和设计在功能与形式上雷同，缺少地方特色，没有充分发挥地域性景观的特色，对本地历史文化的挖掘不够。广场设计缺少美感，在功能与形式的设计中缺少理性的思考。

8.7.4 环境的破坏与资源的浪费

我国许多城市广场建设都是以破坏自然环境和浪费大量的资源为代价的。为了建大尺度的广场而破坏原有地形地貌和自然植被，大面积的硬质铺装和一些华而不实的装饰与设施不仅满足不了人们的使用要求，而且造成了经济上的浪费与维护成本的提高。

8.8 城市广场规划设计的目标

在城市广场规划设计中，不同城市应根据本地区的特点和实际情况，明确广场的功能定位及价值取向。广场的尺度、形态应根据周围的环境及广场的性质来确定景观空间的类型。市政广场、纪念性广场在城市中不宜过多，此类广场作为城市的标志性景观空间，可适当采用大尺度、几何形的构图形式。城市是人类的城市，它需要更多能满足人类生活需求的广场空间。因此，商业广场、休闲广场应采用灵活多样的布局，片断式的小空间的组合方式，创造出宜人的空间尺度和具有亲和力的广场环境。

广场作为城市的"客厅"，是该城市或区域范围内被市民所认同的"城市意向"。市民在其中参与活动及体验的同时，通过广场景观特色的展现，历史文化、人际交往、社会生活信息的传达，彰显城市的特色风貌。

广场设计需关注市民的参与性和人性化，空间的划分，景观特色的创造，公共设施的安置，植物的配置，广场内部交通和城市道路的关系，安全性、舒适性等都是设计中需要关注的重要因素。

广场是现代城市开放空间的标志，而不同功能的广场处在不同的区域环境中，因此广场开放空间环境的整合非常重要，这种空间环境的整合包括了广场核心空间和周边环境空间的整合、视廊的整合、新老形态的整合、交通的整合、步行系统的整合、自然生态系统的整合和补偿、历史文脉的融入、人的行为方式与空间环境的整合等因素。只有做到科学、合理地设计，才能使广场真正成为城市的客厅。

8.9 城市广场设计策略

8.9.1 整体性

整体性设计强调系统内部各个部分的协调，使系统形成具有一定结构的有机体，充分发挥整体功能，以达到整体目标。城市公共空间景观总体设计是以利用空间区域的自然景观资源为基础，按照景观利用现状，对规划区域内的景观类型、数量、比例和空间结构进行分析。因此，在城市广场规划设计中，应把周围的景观作为一个整体来考虑，力求景观风格设计的整体性与统一性。

8.9.2 多样性

城市广场作为开放型公共空间，它的使用者是多群体、多层面、全天候的，因此广场的设计要充分考虑各种人群（健康人群、残障人群）、各个年龄段人群（老人、青年人、少年、幼儿）、各种社会阶层人群（锻炼与休闲的市民、约会的情侣、游玩的学生等）、各种使用性质（健身、休闲娱乐、集会、买卖等）等在各时段、各区域使用的兼容性、协调性。满足人们根据自身的意愿和需要进行各种不同选择的可能。

8.9.3 效率性

所谓的效率性，就是要充分发挥城市广场这一公共空间的使用效率，要达到此目标，首先，城市广场的规划选址要充分考虑使用者的便利性和通达性，具有良好的景观和自然环境。城市道路的规划和广场选址、设计需紧密结合，这样既能解决市民进入广场的通达性问题，又能使广场的内部活动不受外部交通和过往行人的影响。不同性质的广场都有它特定的功能，广场的规划和设计应使使用者能够更加合理和充分地利用城市广场公共空间，通过设计手段为市民的必要活动和适宜活动提供便利，以维持城市公共空间的良好环境及和谐气氛。

8.9.4 生态性

生态学思想的引入，促使了当代景观设计思想和方法的发展，景观设计不再停留在狭小的天地，而是渗透到各个学科和更广泛的领域，生态性设计并不只是多种树、多栽草的问题，大气的保护、能源的利用、水资源的收集及再利用、低碳的排放、垃圾的处理等都对景观的生态性设计有着重要的影响。

8.9.5 保护与发展

随着我国城市大规模的建设与改造，许多历史文化遗产和自然景观遭到严重的破坏，对传统文化的延续产生了不利的影响。而景观风格的趋同化使具有民族传统特色的公共空间日趋减少，在广场空间景观设计中，挖掘和提炼具有地方特色的文化，防止人为地割裂历史文化，重视当地市民对地域性文化的认同感，体现广场景观的地方文化特色，增加区域内市民的凝聚力，提高景观的旅游价值具有重要的意义。

8.9.6 可持续性发展

可持续性发展追求的是人与环境、当代人与后代人之间的一种协调关系，城市的发展必须以保护自然和环境为基础，使经济发展和资源保护的关系始终处于平衡或协调的状态。自然景观资源和传统文化景观资源均是不可再生资源，城市广场景观建设不能以破坏这些资源为代价，应以自然景观资源、传统文化资源为设计基础创造出既有自然特征，又有历史文脉，同时具有现代特色的城市广场环境，善待自然与环境，规范人类资源开发行为，减少对生态环境的破坏和干扰，实现景观资源的可持续利用，是现代城市广场景观设计的重要策略。

第9章
城市街道景观设计

第 9 章　城市街道景观设计

9.1　城市街道的产生与发展

道路是形成城镇的基础之一，而地形、地貌、水文、气候又是人类定居并形成城镇的条件因素。在古代，无论是东方还是西方的道路和河流都是人们往来交通、贸易流通的主要通道，当人们在道路和河流的沿线发现适宜居住的地方时，也就选择定居下来，从事生产和生活并经营自己的家园。随着定居人口的不断增加，道路和河流两侧房屋的增多，形成了街道的雏形，而街道两侧的住家开设各种商铺，向居民和过路客供应各种生活用品，这些商铺所供应的商品都是不同个体所生产的物品。沿街商铺将门面作为店铺，后面作为生产作坊；或者下面开店，上面住人，由此形成前店后坊的街景形式，它形成中国古代城镇的主要街景（图 9-1）。我们从宋代著名画家张择端的作品《清明上河图》中可以看到当时汴梁城的繁华街景。我国著名水乡周庄、乌镇至今还保存着当时的街景风貌（图 9-2），整个镇子延网状河道而建，主要街道延河道两侧展开，河道两侧至今还留有货运的码头（图 9-3）。另外，意大利威尼斯城街道的形成也与河道的交通运输有着紧密的关系。

图 9-1　清明上河图（局部）

第9章 城市街道景观设计

村、镇的形成除了与交通运输有关外，不同的自然环境条件，也是村、镇形成不同特色街道的重要原因。例如：安徽省黟县的宏村、西递村，在历史上因政治动乱、征战频繁等原因而导致中原士属大量南迁而形成。徽州地区有着良好的自然环境，气候温暖湿润，四季特征明显，山林茂密，动植物物种丰富，自然资源充裕。另外，由于其地理单元相对封闭，形成了一个与世隔绝并较为安全的世外桃源。因此，成为迁移人口理想的聚集地。宏村的村落结构呈牛形，村口有一条大河穿过，街巷中有人工修建的引水渠，为村民日常生活用水提供了便利（图9-4、图9-5），它特有的地形地貌条件形成了宏村具有自己特色的村落街巷。而西递村村落结构呈长条形，它的周围没有大型河流穿过，因此村民在村落建设中，设计了一条水沟从村中穿过，将山泉之水引入村中，以满足村民日常生活用水的要求（图9-6）。而在街巷的路网结构规划中，村民们相信弯曲的道路能藏风聚气，留住财源，曲折的街道除了可避忌"碎锣破边"的禁忌外，也可用来防御外来的侵扰，从而形成弯弯曲曲的街巷，这种村落的结构形式构成了西递村街巷的特有风格（图9-7）。

图9-2 乌镇沿河街道（左）
图9-3 乌镇码头（中）
图9-4 宏村街巷（右）

图9-5 宏村（左）
图9-6 西递村街巷（中）
图9-7 西递村景（右）

芦原义信在《街道的美学》一书中总结到:"街道是当地居民在漫长的历史中建造起来的,其建造方式同自然条件和人有关,因此,世界上现有的街道与当地人们对时间、空间的理解方式有着密切关系。虽然,人们能够改变街道的基本形式,但不可能简单地改变居住方式,这就和不能改变自然条件是同样的。"

9.2 现代城市街道景观空间特征

9.2.1 城市道路的分类

城市道路既是城市的骨架,又有满足不同性质交通流的功能要求。根据国家标准及在城市总体布局中的位置和作用,道路可分为:快速路、主干道、次干道和支路。按道路交通功能可以分为:交通性道路、生活性道路。按道路活动主体可分为:机动车道路、非机动车道路、步行道路。按交通目的地分为:以疏散为目的的道路和以服务为目的的道路。

9.2.2 城市街道景观空间特征

芦原义信对欧洲传统街道的特征是这样表述的:"在欧洲街道空间的构成中,首先由历史上遗留下来的高耸的教堂决定了街道的轮廓线。教堂前的广场,除了进行宗教活动外,也成为街道的中心,直到今天仍富有生气。它们面向街道敞开,与街道形成一体,这点非常重要。"在古代西方社会,人们热爱户外活动,使得大多数的城市中心广场成为当时主要的活动场所。城市道路和广场强调理性布局和轴线对称;城市道路及道路两侧建筑的尺度和人的心理需求相适宜,道路空间的尺度一般以人的步行尺度为标准,建筑界面和地面形态都能符合道路空间整体设计的要求。

金俊先生在《理想景观》一书中将中国传统城市空间形态特征论述为:"中国传统城市在空间形态上表现为'墙'与'街'相结合的形态。'墙'是对不同内容的生活进行划分与聚合的手段,'街'是对不同层面的生活进行联系与疏导的手段。前者是城市生活领域的标志,后者是城市生活场景的标志。"在中国古代,城镇的道路较为单调且封闭,交通是它的主要功能。中国唐代以前的城市实行的是里坊制,坊设坊墙,除达官贵人可以朝街道开坊以外,平民百姓只能朝里开坊,城市道路中更没有真正意义上的广场。唐末以后,统治者在许多方面进行了变革。其中,城市的道路加宽了,并取消了坊墙,普通百姓也可以沿街开店起楼,街道的空间形态也有了更多的变化。

18世纪下半叶,当人类社会进入工业化时代,技术和经济的发展促进了城市面貌的改变,汽车等现代交通运输工具的发明,更使城市的概念有了新的发展。

在传统的城市中，城市道路是以街道空间的形式出现的，传统城市街道不仅担负着城市交通功能，而且还是市民日常生活、交往的重要外部空间。在当今城市中，随着城市规模的不断扩大，人口密度的增加，城市的尺度也在不断地加大，为了解决城市交通问题，城市道路的宽度加宽了许多；将"街"与"墙"在本质上进行了分离，两侧建筑和道路留有足够的距离和空间，超大体量的单体建筑呈现出更多"点"的形态，传统街道中建筑连续排列所形成的"墙"的形态已被弱化。正是这种分离与弱化使得现代城市街道景观空间的要素缺少有机的联系，呈现出一种不连续、自由的开放式街道景观空间形态。

城市道路景观是城市景观的重要组成部分，在高密度的城市空间中，道路被界定为人工廊道，而道路两侧的建筑、广场则成为景观生态斑块，道路是表现城市文化生活和城市面貌的"廊道"。

9.3 城市道路景观界面

凯文·林奇在《城市意象》一书中把构成城市意象的要素归纳成五类，即道路、边沿、区域、节点和标志。并指出道路作为第一构成要素往往具有主导性。

9.3.1 城市道路界面的分类

道路空间界面的分类方法很多，可从道路建筑空间层面、道路景观要素层面、道路景观界面的物质属性等方面来划分。

道路景观的构成要素可分为自然景观界面和人工景观界面两类，自然景观界面是指地形、地貌、水体、树木等要素。不同的城市都有各自的自然风貌、山水和地形的变化、地域性特点的植物种类。具有特色的自然景观可以强化和突出城市街道的地域特征，如沿海城市大连、青岛（图9-8），山城重庆（图9-9）。城市道路如果能结合自然景观要素进行设计，会使城市道路空间景观更具地方特色。另外，作为软质景观的水体也可以作为景观的界面。

图 9-8 青岛道路景观（左）
图 9-9 重庆道路景观（右）

9.3.2 城市道路景观界面的含义

城市道路景观界面的含义是指根据自然界生物学原理,利用阳光、气候、动物、植物、土壤、水体等自然和人造材料,保护好或创造出令人舒适的物质环境。大众行为心理学认为:城市道路景观界面设计应从人类的心理感受需要出发,根据人类在环境中的行为心理乃至精神生活的规律,利用视觉形态和文化的引导,创造出令人赏心悦目、浮想联翩、积极向上的精神环境。

我们把城市道路景观界面划分为三个方面:即道路的视觉景观形象,道路景观的生态环境,行为心理对道路景观界面的影响。而道路视觉景观形象方面主要包括道路两侧的建筑界面、道路景观设施界面、道路路面界面等实体形象。道路景观生态环境方面包括道路的绿化界面、水体界面。绿化界面和水体界面属于自然景观,良好的绿化和水体对城市道路生态环境的营造、环境保护与科技手段的运用具有重要作用。行为心理对道路景观界面的影响包括道路景观空间的塑造、尺度与景观轮廓线的控制、材质与色彩的控制、道路景观文化意义上的彰显。

9.4 现代街道景观界面的设计思路

现代城市道路设计首先应和城市发展的规划理念与思路相结合,应充分考虑城市的自然条件、城市规模、区位特点、人口数量与分布、经济发展水平等因素。大型城市和中、小型城市在道路空间的设计要求上是不同的,因此,城市中不同的主干道、次干道、步行街的空间及景观界面也是有不同的功能要求和视觉感受的。

街道环境空间主要包括线性和区域两个方面。线性空间通常是指街道及街道与河流的复合空间形态,而区域环境空间一般是指与街道有着紧密联系的节点环境空间,如城市广场、街心花园各种机关单位、住宅小区等。它们内部都有各自的空间环境和功能布局,但它们和外部街道都有直接的联系。从城市景观空间的结构形态来看,线性和区域景观空间构成了城市外部公共空间的主要内容,并形成了城市景观空间的形态特征。随着人类社会的不断发展,城市人口的增长,城市的扩张,城市交通问题日趋突出,城市道路已从平面化向高速化、立体化方向发展,高架道路已成为当今解决城市交通问题的重要手段之一。对一些新建的城市,新建的城区道路的设计实行了平面分离、立体交叉(图9–10)或垂直方向分流的设计方法。我们在许多城市中都可以看到立体的高架桥、景观大道、地下隧道等新的城市景观。从城市景观空间角度来看,不同的道路形式有助于解决城市的交通问题,形成具有不同特点的城市景观,满足不同视点人群的观赏需求。

图 9-10　立交桥鸟瞰　　　　　图 9-11　法国香榭丽舍大街　　　　　图 9-12　美国曼哈顿时代广场大街

9.4.1　道路中的建筑界面

道路景观中的建筑是竖向界面最重要的构成因素之一，它不仅是围合道路空间的界面，而且影响着道路的整体景观形象。日本建筑师芦原义信在《街道的美学》一书中写道："街道按意大利人的构思两旁必须排满建筑形成封闭空间。就像一口牙齿一样由于连续性和韵律而形成美丽的街道。"由此可见，建筑是城市道路景观界面的主体。

道路两侧的建筑形态决定了街道景观的主体风格，如具有欧洲古典风格的法国香榭丽舍大街（图 9-11），具有现代风格的美国曼哈顿时代广场大街（图 9-12），具有浓郁中国风格的北京长安街（图 9-13）。建筑的风格取决于它的造型、构成形态、色彩、材质、装饰手法等因素，相同或相近风格的建筑造型较容易形成统一的道路景观，而连续且统一风格的建筑更强化了道路景观界面（图 9-14）。现代城市道路在空间尺度上比传统街道要宽阔得多，道路两侧的建筑物不仅体量大，而且高度高，建筑物以单体为主，建筑间的间距加大，连续排列的建筑很少，随着现代城市道路功能的不断完善，建筑一般都距主干道退让足够的空间距离，我们从许多城市的景观大道中可看到这种景观，这类道路空间的围合感较弱。由于空间开阔，有足够的观看距离，建筑所展示的已不再是单纯的面，而更多的是形体。

科学技术的进步，极大地促进了建筑设计的发展。各种造型、各种风格、各种功能的建筑应运而生，它们所表现出的界面各不相同，很难像传统建筑那样具有较为统一的形式美感。尽管如此，现代城市道路两侧建筑形态的多样性、个性化正好符合了现代人们的生活价值观和审美追求。

道路是一种廊道和线性的空间，而建筑物不仅仅是作为个体而存在，它应该在整条道路中通过形态构成的相关要素来求得和谐与统一。中国传统建筑和西方古典建筑在形式与风格的统一上做得是比较完美的，如山西平遥的历史街区（图 9-15）、浙江乌镇和安徽西递村的街巷（图 9-16、图 9-17）、清代风格的南京夫

图 9-13　北京长安街（上）
图 9-14　道路两侧统一风格的建筑（中）
图 9-15　山西平遥历史街区（下）

图 9-16　乌镇街巷（左）
图 9-18　云南丽江历史街区（右）

子庙商业街和民国建筑风格的南京1912休闲街区、云南丽江的历史街区等（图9-18），都表现出浓郁的传统文化和地域性风格特点。而西班牙科尔多瓦市的街道（图9-19），同样也表现出西方古典主义建筑风格和传统文化的特色。

在现代城市环境中，新城与老城并存，传统街道与现代景观道路并存。因此，不同交通条件下的道路两侧建筑物界面设计要求是不一样的。例如：城市中宽敞的快速机动车道或景观大道，两侧的建筑物一般体量较大，人的视线较为开阔，道路两侧建筑的风格、形态及轮廓线、节奏感能给人一种强烈的视觉感受。因此道路两侧地标性建筑的设计显得格外重要，道路中的标志性建筑形象鲜明，成为此道路景观的高潮和特色，如北京长安街，因为有了天安门而举世闻名（图9-20），面对这种类型的道路景观，建筑物的尺度应与道路相和谐，可采用双重尺度，一般道路两侧由于都种植树木，在运动的交通工具中，人的视觉所看到的是建筑物的上部形态。而在道路两侧步行道行走的人群，更多看到的是建筑物的底层，采用双重尺度的设计手法可解决道路景观某些段落形式统一的问题。

图 9-17　西递村街巷

图 9-19　西班牙科尔多瓦市街道　　图 9-20　北京天安门

9.4.2 道路路面界面

道路路面是道路景观界面的组成部分，道路路面铺装所采用的形式、材质、色彩、装饰图形等设计对道路景观特色的形成有着重要的作用。道路路面设计应首先满足使用功能的要求，这包括了气候条件和地质条件的要求，路面的材料必须牢固、耐久、防滑、美观。同时也要关注人们的心理需求和视觉审美的要求。其次，道路界面的形态设计应该与建筑环境的整体风格相协调，从而起到弥补和强化环境气氛的作用。

城市中不同道路功能决定了道路界面的设计，快速机动车道和非机动车道一般都是由柏油沥青铺设，路面变化不大，但有些城市为了强调某股机动车道的特殊功能要求，会专门对这股车道进行色彩装饰或进行文字和标志的说明。例如：为了提高城市公共交通运行的畅通与高效，在机动车道路中专门设置公共巴士专用道，并用色彩进行标注。

城市道路路面变化最多的是人行道和步行街路面，人们几乎每天都会和它们接触，它们对人的影响也最为直接。

9.4.3 道路绿化界面

道路绿化界面是城市道路景观的构成要素之一，城市道路绿地是城市绿地系统的网络骨架，它不仅使城市的绿色空间得以延续，而且还能有效地改善城市的生态环境，减小环境污染，降声减噪、遮荫、降温，具有调节城市微气候等功能。成功的道路绿化形式往往是地方特色最直观的表现（图9-21），道路的形式及其道路绿化产生的景观效果直接关系到人们对该城市的印象（图9-22）。城市道路绿化除了可以丰富城市景观效果外，还可以通过道路绿化的不同设计创造道路景观的不同视觉效果，同时利用绿地或植物可分隔和组织交通，增加了城市道路的可识别性。

图 9-21 南京市道路绿化（左）
图 9-22 美国道路绿化（右）

随着城市交通的发展和功能的不断完善，城市道路从过去单一的平面型向立体型发展，过街天桥、地下通道、高架快速道在现代城市中随处可见。城市道路绿化从地面向空中发展，垂直绿化成为城市道路新的景观形式，有的和建筑物浑然一体，有的和立交桥紧密结合（图9-23），垂直绿化极大地丰富了道路绿化界面的内容，增加了道路景观的连续性和多样性。一个城市景观的优劣，除了人造构筑物外，自然环境的保护与完善、城市道路绿化的成果对城市景观也起到重要的作用。如著名旅游城市新加坡，市区的主要道路均为林荫大道，行道树排列整齐，浓荫蔽日，街道成为城市中的绿色走廊，绿色街道构成了城市交通网络（图9-24、图9-25）。南京是六朝古都，有着优良的自然环境和气候条件。20世纪20年代，孙中山先生建都南京时，在中山码头到中山陵这条城市主干道两侧栽种了法国梧桐；经过几十年的生长，这些梧桐树形成了独具特色的绿色廊道，给人们留下深刻的印象（图9-26）。

图9-23 道路垂直绿化

图9-24 新加坡街道绿化1

图9-25 新加坡街道绿化2

图9-26 南京城市道路绿化

9.5 城市步行街景观设计

现代社会发展的总趋势是走向都市化，人们的生存乃至全部生活方式都以都市为中心汇聚起来，在这个汇聚的过程中，都市不仅在物质上、空间上有了很大的发展，而且在这个发展过程中，都市文化对居住在都市中的市民形成了一股凝聚力。当一个城市以自己特有的方式把民众凝聚成一个文化上的统一体时，便构成了一个城市的形象风貌。

9.5.1 城市的记忆

城市也会有记忆吗？"城市记忆"的说法在这里只是拟人，它代表的是城市给观者的印象和感触。20世纪是城市高速发展的时代，进入全球化和信息化时代后，城市环境的变化更是日新月异。对于城市经济发展来说，全球化是人类生产和生活方式的巨大进步，但对于城市文化来说，它却是一把双刃剑。一方面，它使得不同文化之间的交流日益频繁；另一方面，异质文化之间的交流大大冲击了城市的地域文化，城市的历史文化逐渐消失。反映在城市环境中，历史文脉随着城市的发展而逐渐疏远，城市公共空间的传统意义在不断地失落，城市的记忆在人们的头脑中淡忘。

随着人们生活方式和价值观念的改变，在物质相对充裕的现代城市中，人们逐渐向往精神领域的追求，城市步行街的空间形式和交流方式为实现人们的多种需求提供了一块平台。作为以步行交通为主的街道，步行街集中体现了整个城市的社会文化特征，它的规划与建设已成为完善城市功能、塑造城市形象的重要手段（图9-27）。当今，我国各城市都在规划和改造步行街，尤其对于城市的老城区和老商业街区来说，它们的环境和设施已不能适应现代社会生活的需要，老城区的复兴与改造成为当今各城市规划设计重要的工作之一，各种类型的历史街区和商业步行街应运而生。由于各城市的历史文化背景和地域环境的差异，在城市步行街的改造与建设中，特色鲜明的步行街成为现代城市一道亮丽的风景线。

9.5.2 步行街概念的界定

在古代欧洲，步行街最初是由城市广场发展而来的。广场一直是人们进行宗教活动、聚会、节日活动的重要场所，同时也是一个大市场，围绕广场周围的商业街区形成了步行街的雏形。现代意义上的步行街出现在1926年的德国，在德国埃森市的林贝克大街禁止车辆通行，成为无交通区，1930年又将林贝克大街

图9-27 上海南京路步行街

图 9-28　北京王府井商业步行街

图 9-29　南京新街口商业区

图 9-30　天津新意步行街

改建成步行街，成为现代意义上步行街的开始。但是，现代步行街的真正发展应归功于美国的郊区化，郊区化运动在步行街的发展历史上起到了催化剂的作用。郊区化运动使得城市中心区的商业日益衰退，严重影响了城市的发展，加上经济的发展，物质水平的提高，人们对生活品质有了更高的要求，增强了环境与传统文化的保护意识，西方国家为了复兴城市中心区的活力，通过对老商业街道环境的改造与建设为民众提供一个休闲、娱乐、购物、旅游的场所。城市步行街环境改造设计不仅改善了城市形象，也形成了理想的人性化购物空间，凝结了深厚文化底蕴的步行街吸引了众多的顾客和旅游者。

现代意义上的步行街从产生到发展不过只有短短几十年的时间，目前学术界对步行街提出相关的如下概念：①游憩商业区：主要是指以吸引游客和市民为主的特定商业区（图 9-28）。②商业区中心：是以一个步行街、某个区段为特征的，由单一的结构变成包容一到两个广场的综合体建筑群和由人行道、高架人行道、升降梯、地下购物中心组成的场所（图 9-29）。③购物中心：一般指综合性强、内容多、规模大的以步行为特征的购物环境，由一系列零售商店、超级市场组织在一组建筑群内。④步行街：城市中以步行购物者为主要对象，充分考虑步行购物者的地位、心理和尺度而设计建设的具有一定文化内涵的街区称为步行商业街区，简称步行街（图 9-30）。

从城市发展的历史进程来看，多数步行街都是在城市中心区或老城区商业街的基础上改造而来，但在城市新区的建设中，也规划设计了具有现代气息的步行商业街。传统意义上的步行街与现代一般购物中心或商业区的本质区别在于，步行街一般是由旧城区的商业中心发展而来，它不仅是商业空间，更重要的意义在于它的历史文化价值。

步行街环境设计包括很多方面，主要包括视觉上的物质空间形态和意识上的文化形态，有形的空间形态是步行街承担购物、休闲、旅游等活动的形态环境，是为人们所参与感知和改造的物质要素。物质要素主要包括了步行街的空间格局、建筑造型、店面装饰、街道家具、景观小品、广告与标志等。而文化形态环境主要是指步行街环境中所包含的人文精神要素，它包括人们的生活结构、生活方式、价值观念、风俗习惯、审美情趣等。

9.6　城市步行街空间结构

步行街的空间文脉也叫"地脉"，它是步行街在具体空间中的体现，是步行街环境的重要组成部分，也是步行街环境个性与特色的重要体现。

9.6.1 步行街的环境格局

步行街的环境格局是构成步行街物质的总体基础，是体现步行街特色和个性的框架，格局包括了步行街与城市环境或街道周边环境的关系等（图9-31）。步行街的格局一般是在历史发展过程中自觉形成的，是随着城市经济的发展、功能的完善、生活的变化而演变的，是社会形态变化的物质印记。

图9-31　北京前门大街周边环境

上海新天地是具有历史文化风貌的都市旅游景点，它以上海近代建筑的标志——石库门建筑为基础，改变了石库门原有的居住功能，创新地赋予其商业经营功能，把这片反映上海历史和文化的老房子改造成集餐饮、购物、演艺等功能为一体，并发展成为著名的时尚、休闲文化娱乐中心。当人们走进新天地石库门弄堂，可以看到，整个建筑群依旧保留着青砖步行道，红、青相间的清水砖墙，厚重的乌漆大门，雕着巴洛克风格卷涡状山花的门楣。当跨进每个建筑物的内部则发现室内设计非常现代和时尚；每座建筑的内部，都按照当今现代都市人的生活方式、生活节奏、情感世界度身定做，无一不体现出现代休闲生活的气氛。这里所有的一切连同美食广场、国际画廊、时尚精品店、新概念电影中心及大型水疗中心和广场上的花车，无不体现出独特的文化个性，漫步新天地，仿佛时光倒流，有如置身于20世纪二三十年代的上海滩（图9-32、图9-33）。

图9-32　上海新天地1

9.6.2 步行街的肌理

肌理是指构成步行街物质要素的粗细程度，具体是指建筑、空间、招牌、广告、植物、环境设施等的不同组合方式在步行街空间中的体现。步行街的肌理是由组成步行街的物质要素的体量、形式及组合方式来表达的（图9-34）。肌理是构成步行街环境特色的重要标志，决定着人们对步行街的总体视觉感受。传统步行街环境肌理一般表现得比较细腻，具有宜人的空间尺度和亲和力。建筑物各种风格的彰显，巨大的体量和悬殊的高低落差，各种材料的堆砌都使现代步行街的肌理显得粗糙（图9-35）。

图9-33　上海新天地2

经过历史形成的肌理是步行街的特色所在，它们是街区空间深层结构上的形态依据，给步行街环境改造提供了场所暗示及场所空间的内在逻辑，是市民共同记忆的重要依据，是环境改造的一个切入点。另一方面，肌理已经通过宏观形式转化为一个地点的历史，在时间上也形成了对历史事物的某种情感，与建筑形式一起构成场所精神，共同积淀了步行街的文脉。[1]因此，对步行街景观设计来讲，延续步行街原有的环境肌理，对构成步行街环境的建筑、地面铺装、店面装饰、整体色彩等要

图9-34　步行街的构成要素

图9-35　现代步行街的肌理

1　侯鑫著. 基于文化生态学的城市空间理论——以天津、青岛、大连研究为例[M]. 南京：东南大学出版社，2006：174.

素作仔细的研究与分析,把握好现有肌理的延续与发展具有重要意义。

9.6.3 步行街的脉络

步行街的脉络是由建筑、街道、开放空间、公共设施等要素构成的,这些实体组成的不同虚实关系形成了不同的街道脉络,是街道所具有的特色之一。通常情况下,步行街街道有田字型、一字型、曲线型、成角型、轴线型等模式。不同地域、不同时代的街道表现出不同的形式脉络,延续街道原有的空间脉络是步行街改造应关注的重点之一。

步行街的文脉包括了显性的和隐性的。步行街的显性脉络是指人们视觉能够感受到的外部特征,是步行街以实体和空间形式存在的部分,具体包括空间格局、肌理、建筑、街道家具、公共设施、植物、广告等。步行街的形体和空间文脉可以被人们的视觉、触觉和感官直接感受,是步行街环境产生多样化的基础之一。步行街是一种以文化为存在方式的空间形式,文脉中所表现出的空间形态、建筑风格、材质、色彩等显性要素都是在精神意义上的文化等隐性要素的影响下产生的,显性要素只构成步行街空间的表面形式,而隐性要素才是决定步行街空间特色的本质要素。隐性要素更多地表现为人们的思想意识、价值观念、生活方式、风俗习惯、宗教信仰、伦理道德、审美情趣等因素。正是因为这些隐性要素的影响,不同城市的步行街才能各具特色。

城市步行街的形成是一个动态的发展过程,正是因为显性因素和隐性因素的互为作用才使得步行街的文脉在传承中创新,而显性要素一旦成形,也会对隐性要素产生影响。因此,显性和隐性要素的共同作用促进着步行街环境的发展与演变。

9.7 步行街的形态构成要素

不同城市都有其产生的历史渊源,城市的格局和形态都彰显出该城市的历史和文化。历史传统街区中的一街一巷、一砖一瓦、一个牌楼、一口老井都留下了往日市民生活的印记。

9.7.1 步行街的形制

步行街形态的形成和城市的地形地貌、城市发展的历程、城市居民生活居住方式、地域性文化的传承有着密切的关系。步行街空间的变化、建筑群的组成形式、建筑的风格是步行街的格局、肌理和脉络的综合体现,是步行街总体风貌的外在表现。步行街的形制是通过历史积淀形成的,具备一定的审美、历史和文化意义。长期以来,具有传统特色的步行街已成为每个城市特色的象征,它赋予了人们太多的回忆与遐想(图9-36)。

图9-36 天津新意街街景

9.7.2 步行街的遗迹

多数步行街的形成都是围绕具有历史意义的建筑或空间展开的，这些地方往往成为市民进行各种活动的公共空间。如南京夫子庙步行街，既保留了明清风格街区的历史风貌（图9-37），又有孔庙和清代考试院等历史遗迹（图9-38）。成都锦里步行街和武侯祠连成一片，形成了具有蜀文化特色的步行街（图9-39）。山东曲阜五马祠步行街是依托孔府、孔庙等历史古迹逐渐发展形成的（图9-40）。城市步行街历史遗迹的保存，不仅使我们当代人看到了历史发展的文脉，而且也给后人留下了宝贵的遗产，并成为各城市旅游开发的重点。

9.7.3 步行街的特色建筑

步行街的文脉是整个城市历史发展的载体，具有永恒的价值。"一切新的建设都是在原有的环境中发生的，并在某种程度上改变了环境，环境是经历了很多世纪形成的，所以城市的设计必须尊重有意义的、视觉上有特点的东西，无论新的作品多么小、多么寻常，都必须尊重原来的环境特征"。[1] 步行街中的老字号或百年老店是步行街文脉的重要组成要素，是形成步行街特色的重要载体。这些步行街中的老建筑经历了历史的变迁，而老字号店铺则是一种文化的积淀，是市民对城市中的一些场所产生依赖的基础，对步行街特色文化的形成具有重要价值。以天津的步行街为例，几条传统步行街的发展历史都反映了天津经济和社会发展的轨迹。它是历史、文化与物质文明的结合，也是历史形成的政治、经济、文化的积淀。天津的五大道街区，保留了相当数量的租界时期建的建筑，整体建筑风格为英租界时期的欧式风格，整条街道突显浪漫精巧的异国风情，建筑环境的私密性构成了深邃、幽静的氛围。这里曾经居住过达官贵人、商甲富豪，这里发生过太多的故事，并且也见证了天津的历史与发展。因此，五大道街区不仅是建筑艺术的表现，更记载着这个城市的历史与文化的信息（图9-41）。

南京1912步行街，因1912年是民国元年而得名。民国是中国建筑历史上一个繁荣鼎盛的时期，南京作为当时的首都及政治文化中心，是中西文化交融之地，因此民国建筑都带有中西合璧的味道。1912步行街比邻总统府，对此处的恢复和兴建，就是希望通过此地历史与文化资源的唯一性，展现其历史文化特质（图9-42）。1912步行街作为南京人的第一间"城市客厅"，不仅凸显了南京古都的风貌，而且通过现代娱乐、餐饮、著名商业企业的引入，使历史街区焕发了新生（图9-43）。

图9-37　夫子庙街景

图9-38　夫子庙贡院街景

图9-39　成都锦里步行街

图9-40　曲阜五马祠步行街

1　F·吉伯德著．市镇设计[M]．程里尧译．北京：中国建筑工业出版社，1983．

图 9-41　天津五大道历史街区（左）
图 9-42　南京1912步行街1（中）
图 9-43　南京1912步行街2（右）

城市的生命是在历史的延续和传承过程中得以体现的，立足于城市建设和文化认同的公共文化区域，使之成为记叙历史沧桑、反映城市居民生存理想、营造城市环境美学和昭示城市精神的有形载体。城市的精神与文化是可以通过这个特定区域内人的行为、情感、意志等可以感知的方式显露出来的。正是各城市所具有的地域文化特质，使居住在该城市中的市民呈现出内聚性和认同性。

9.7.4　步行街的文脉

城市步行街是在历史的发展进程中逐渐形成的，历史是步行街文化永久传承的基石。具有传统特色的步行街不仅是一种空间形态的遗存，更是人们生活方式、精神文化的展现。步行街发展中所形成的自身特有的文化是步行街发展的本质力量，建筑只不过是这种文化力量的表现形式，因此，步行街的环境设计，不仅要从物质形态方面入手，更重要的是要与步行街形成的特色文脉相联系，才能找到步行街环境建设与改造的根源。

步行街环境作为文化的一种形态受到地域性的影响而呈现不同的特色。不同城市的步行街，其形成与发展方式不同，加之社会发展、经济技术、文化因素的相互影响，使得不同地域的步行街表现出一定的差异性。例如：北京大栅栏步行街（图9-44）；上海的里弄、南京路和城隍庙步行街（图9-45）；广州的过街骑楼、上下九路步行街；南京的民国建筑（图9-46）、夫子庙步行街；天津的古文化街

图 9-44　北京大栅栏步行街（左）
图 9-45　上海城隍庙步行街（中）
图 9-46　南京民国时期建筑（右）

图 9-47　天津古文化市场（左）
图 9-48　上海南京路步行街（右）

（图 9-47）等，都成为各城市文脉的一种象征。由于存在地域性文化上的差异，反映在城市面貌、商业特色、步行街环境上就大不相同。由此可见，步行街的面貌与城市的历史文脉血肉相连，不同的风格也反映出该地域特有的文化面貌。每个城市的步行街都是该城市的特色行为场所，它浓缩了城市的历史，是城市市民物质、精神文化生活重要的活动场所之一。步行街所反映的文化内涵集中体现在"场所精神"中，场所精神是环境特征集中和概括化的体现。

　　上海的南京路是海派文化的发源地，至今一直保持着海派特色的建筑、商业和人文环境（图 9-48）。这些都是支撑上海南京路步行街发展的内在因素。北京前门外大街大栅栏地区，在历史上是北京著名的商业区，这里曾经商铺林立，有许多著名的老字号店铺。但随着历史的变迁，这些历史遗迹和特色文化遭到破坏或被遗忘。为了迎接 2008 年北京奥运会的召开，北京市进行了大规模的城市建设与改造，其中前门大街就是城市重要的改造项目之一。在北京奥运会召开之前，恢复了昔日的街区风貌，并在保留原有建筑物和构筑物的基础上，恢复了一些文化实体和老字号（图 9-49），体现出前门外大街地区的传统梨园戏曲文化、中华美食文化、绸缎鞋帽文化、茶叶陶瓷文化、同仁国药文化、古玩字画文化等特色。尤其是在步行街上恢复了古色古香的"叮当车"，唤起了许多老人童年的记忆（图 9-50）。这些文化符号和生活文化的展示真正体现了北京市民的市井生活。四川

图 9-49　北京老字号商铺（左）
图 9-50　叮当车（右）

成都的梦源大街在规划设计中大打楚文化牌，街道两侧的建筑造型、街区中的景观小品、老字号店铺的恢复都彰显了楚文化的特色（图9-51）。

通过以上案例我们可以看到，一条街区的发展是靠它固有的文脉来支撑，然后通过时间的积累形成自己的文化特色的。不过，任何景观的形成都是在继承原有环境的基础上产生和发展起来的，传承性是步行街环境发展演变过程的普遍规律。不同步行街的文脉有其内在的延续性，一种是空间形态的延续性，一种是文化形态的连续性。

当今，随着世界经济、科技、文化交流的日趋加剧，步行街的文脉表现出它的变异性，也就是环境文脉的异化。变异性是步行街文脉历史性的一个方面，它是步行街纵向发展变化过程中的一部分，步行街环境文脉在传承中具有较强的稳定性，但是，在步行街固有的环境文脉与异质文化形态交流的过程中，当传承性处于弱势时，表现出对原有文脉的偏移或对立。步行街是一个地域的社会有机体，具有地域文化的人居环境，需要保持具有历史价值和精神价值的城市环境，在文化的继承性与变异性相统一的过程中达到可持续发展。

图9-51　成都梦源大街

9.7.5　市民的生活方式

城市市民的生活方式是通过物质载体表现出来的，而城市的精神文化，如市民的价值观、精神追求、理想信念、伦理道德、风俗习惯，一部分是通过物质载体得以保存，另一部分则以思想观念、意识形态等形式留存在城市市民中。"城市，它是一种心理状态，是各种礼俗和传统构成的整体，是这些礼俗中所包含并随传统而流传的那些统一思想和感情所构成的整体——城市已同居民们的各种活动连续在一起，它是人类属性的产物。"[1] 步行街是市民在城市活动的重要空间，步行街的发展伴随着市民的生活而发展，在人们长期的共同生活中，在共同的经验交流中所达成的那些思想、习俗、文化、情感等，铸就了步行街的历史文脉和精神气质，并通过文脉长期地影响着人们对步行街的感情。

图9-52　哈尔滨中央大街欧式建筑

外来文化的侵入也会对生活在该城市中市民的生活和审美产生影响。在近代，由于帝国主义的入侵，我国许多城市沦为入侵者的殖民地，殖民者在上海、大连、哈尔滨、青岛、天津等地建设了许多欧式风格的建筑（图9-52）。随着时间的推移，这些城市中的市民对步行街中的欧式风格建筑逐渐接受；反映在审美方式上，这些建筑周围都改造成步行街，街道环境中大量运用了西方风格的装饰和环境设施。反映在生活方式上，就是市民对西方生活方式的效仿，如在步行街上开设了许多欧式的商店和酒吧等。

1　R·E·帕克等著.城市社会学[M].北京：华夏出版社，1987：1.

总之，保留至今或正在恢复的步行街总是凝结着市民的生活历程，记载着传统文化，体现出民族精神与地域性特色。步行街更是我国逢年过节展示传统文化的大舞台。我国传统步行街一般都表现出强烈的市井气息，从这种气息中，我们可以寻求到城市往日市民生活的印迹。

9.8 现代步行街景观设计思路与方法

城市步行街的建设与改造是一个持续的动态发展过程，在一定的时空中会表现出自身的阶段性和稳定性，新环境的加入，必然与原有环境的时空关联相互作用、相互影响，共同形成新的文脉体系。街道的过去和城市的过去是步行街的历史，而步行街的现在又是未来的历史，用延续的方法确定步行街改造中的设计思路是一种可持续的设计方法。对于步行街文脉的延续，不仅要从步行街环境的表层来研究，还要关注与步行街相关的人们的生活方式、审美观念等深层结构的延续。步行街的环境改造设计一方面要求给人以视觉上的感受，另一方面要从社会文化意义上促进和引导人的积极行为的发生，强化历史文化影响下步行街的场所感，让市民充分体验步行街文化的连续性（图9-53）。因此，对于步行街的改造，不仅要从物质形态上考虑新建环境与旧环境的视觉关系，更重要的是强化与步行街相关的历史文化的挖掘（图9-54）。步行街的发展正是共时性要素和历时性要素共同作用的结果，我们应运用时空观的思路探索步行街环境设计的方法。

图 9-53　北京前门大街历史文化街区

图 9-54　苏州观前历史文化街区

9.8.1 步行街风格的延续

有主题或传统风格、地域性风格较为突出的步行街环境的识别性较强，容易形成清晰的环境意象，从而使人们产生较强的归属感和场所感，对于步行街风格的延续主要有外在形式的模仿和对形态的抽象表现两种方法。

模仿是将步行街中固有的建筑形式特征直接运用到新的形态设计中，模仿的方法对于历史步行街区的改造很有用处，对建筑的形态、空间布局、细部装饰等的模仿，可以延续街道建筑的整体风格。当然，完全模仿是不可能的，著名建筑师贝聿铭先生说过"我注意的是如何利用现代的建筑材料来表达传统，并使传统的东西赋予时代的意义"（图9-55）。

抽象也是现代步行街建设改造中常用的手法，在抽象形式上可以采用形象抽象和空间抽象。形象抽象往往表现为一种概括的象征符号，通过这些符号唤起市民对街道传统特征的记忆，把历时性的特征用共时性的形式表现出来。空间抽象是通过对空间组织的抽象来体现街道的传统特征，意在延续街道的空间组织原则而非形式。

图 9-55　苏州博物馆

9.8.2 步行街形态的延续

形态是关于建成形式的位置、周边、内与外关系的描述。利用造型上的特征,与街道的现有文脉要素相一致,从而达到视觉上的统一,这是一种整旧如旧的方法,使步行街中新介入的建筑与相邻建筑的形式一样,这种方法能很好地保证原有街道特征的延续。形态延续主要是从视觉上要求新形象与旧形象形成统一的整体,任何微观形态上的不协调都会影响到改造后的步行街环境上的文化品位。另外,还要保持几何关系的相似性,如建筑的高度、体量、立面以及轮廓的相似性,以保证步行街整体环境的视觉连续性和整体效果,这是保证步行街形态统一协调的基础。

多数步行街都是在原来结构的基础上发展起来的,原来的结构是步行街空间依附的骨架,也是街区生活的血脉。步行街结构分为表层结构和深层结构,表层结构包括步行街建筑的组合模式与开放空间的组合模式等;深层结构是指步行街的环境意向,主要包括环境中所寄托着市民情感的、具有场所性的记忆空间以及标志性的物体(图9-56)。所以,在环境改造中,新的设施的加入要与原来的结构相联系,以达到步行街表层和深层结构的延续。

图9-56 历史符号的运用

9.8.3 步行街色彩的延续

一般来说,城市步行街的色彩在历史中形成了连续性的特点,保持了街道总体视觉效果的统一性与完整性。当新建建筑介入老建筑群时,要注意新建筑与原环境之间的色彩关系,照顾到相邻色彩间的协调和主次关系。不同地域和历史条件下形成的街区,它给人的感受是相对既定的,由此,人们在步行街中接受色彩信息的方式,如视觉距离、视野范围等具有了相对的既定模式。作为一个有效的视觉语言,步行街色彩的整体协调性有十分重要的意义,对于改造后步行街景观特征的形成非常必要。城市步行街的发展伴随着不同时代而发展,不同的历史时代又会给步行街打上时代的印记。不同年代、不同功能的设施决定了各自色彩的不同,因此,步行街在整体色彩上要突出重点,层次关系明确,使整个步行街景观色彩有张有弛、节奏分明,充分体现步行街色彩的层次性和丰富性。

9.8.4 步行街空间尺度的关联

城市中传统步行街的形制是生活在其中的人们经过世代与环境的磨合而生成的,街道中建筑的体量和空间尺度形成了街道的整体关系,在环境风格的形成上起了重要的作用,通过步行街的空间尺度,可以反映出当地市民的日常生活与休闲方式,充分表现街道的人文和美学内涵。

9.8.5　步行街材质的关联

城市街道的连续界面或形体中连续出现相同或相似的材质，在视觉上给人们一种连续性；步行街区功能的多样性导致街道界面材质构成的繁杂性。一般来说，在步行街的建设改造中，应该首先保持街道两侧建筑立面材质的一致性，新介入的建筑要运用相同或相近材质和色彩的材料，这样可以保证建筑立面形成统一质感的肌理。其次，步行街铺地的材质也需和整体环境协调统一，铺地材料的选择如果种类、色彩过多，组合形式繁杂，往往导致整体形象混乱，破坏了步行街的整体感。

9.8.6　生活方式的延续

步行街文脉连续的根本出发点在于促进城市生活的延续，有的城市步行街在改造中只注重了街区空间本身文脉的延续，而忽视了城市生活方式的延续。步行街是一个城市文化的集中体现，以传统文化为代表的街道一般都有自己悠久的历史和文化。比如：吴文化、老北京文化、楚文化、岭南文化影响下的步行街都表现出不同的文化特征。步行街的建设应充分尊重该步行街文化生存的规律，尊重当地人的生活习惯、生活方式和审美意识，从深层次来理解步行街环境设计与文化生存之间的关系。

当然，社会的发展使当今社会生活有了许多的改变，无论是现代意义和传统意义上的步行街区都应满足现代城市市民的生活需求，如何处理好传统文化与现代生活的关系是步行街改造需要关注的问题。因此，对人们生活影响深远的生活方式要注重保留，用一定的空间和场所延续这些有意义的生活内容。对于与步行街有关的生活场景用景观的方式记录下来，是一种延续文脉的有效方式，对人们产生较大影响的生活方式或生活情境可以用环境小品的形式表现出来，从而增强人们的场所精神，延续步行街的历时性文脉（图 9-57）。步行街环境通过历史变迁而逐渐形成一种文化氛围，这种文化氛围凝结着步行街空间的场所精神，而延续这种无法用语言表达的街区场所精神对于步行街文脉的传承具有积极的意义。

9.8.7　传统活动的延续

步行街区作为一个社会环境，是各种社会关系整体表现的空间组织，从社会学的角度来看，城市活力正是通过市民和团体之间在街道中的聚集和互动产生的。[1] 在传统步行街中，尤其是遇到我国传统节日，步行街就成为展示民俗传统

图 9-57　传统生活场景的表现

1　王佐著. 城市公共空间环境整治 [M]. 北京：机械工业出版社，2002：179.

图 9-58　天津老城厢步行街（左）
图 9-59　西藏拉萨市的八廓街（右）

文化的聚集地。各种传统文化活动在此地的举行，更容易得到市民的认同，这些活动对于凝聚步行街的人气、文气，活跃商业气氛，营造生活氛围有着积极的作用。

天津老城厢步行街是具有600多年历史的老街，是天津历史文化遗产的重要组成部分，建筑以四合套为主，街巷纵横交错，分布着文庙、鼓楼、会馆等著名传统建筑，作为市民重要的民俗文化场所，天津的许多传统诸如婚丧嫁娶、年节庆典等活动仪式都是在老城厢的环境中传承下来的（图9-58）。西藏拉萨市的八廓街，两边商店林立，但一年到头都有川流不息前来朝圣转经的信徒，他们手持转经筒，周而复始地行走在这条街道上（图9-59）。

9.8.8　社会结构的延续

社会结构是城市文脉结构的重要组成部分，也是步行街区文脉的根本要素。延续原有的城市结构对步行街的环境设计尤为关键。生活在步行街周围的市民，与周围人群或步行街的物质环境结成了亲密的社会网络，步行街文脉性设计的本质之一是支持和培养市民的社会网络。因此，要把与步行街环境有关的市民社会生活通过空间的形式表现出来。

对于城市步行街来说，文脉在构成层次上表现为显性和隐性，显性文脉在步行街的环境中表现为地域性、场所性；隐性文脉在发展中表现为传承性和变异性。文脉的地域性和场所性决定了城市步行街环境改造要遵循系统性原则、保护与开发原则，文脉的传承性和变异性要求步行街在改造中要坚持传统与现代结合的原则。而审美和多样性既是步行街空间要素发展的依据，又受时间要素发展的制约，因此，总结出基于文脉的步行街景观设计方法，才能实现步行街横向和纵向文脉的延续。

第10章
城市滨水景观设计

第10章 城市滨水景观设计

10.1 城市滨水景观的兴起

滨水景观是随着城市滨水区的复兴而兴起的。综观世界各国,自20世纪70年代以来所进行的滨水区开发,均受到经济、社会、环境、文化等因素的影响。

经济因素:城市在开始选址建立时,近水往往是主要考虑因素,近水不仅是人类生存对水的依赖,而且有着交通上的原因。在历史上不少城市的兴衰都和航运交通有关。自从工业产业结构发生调整,同时加上现代交通运输的进步,水体在交通上的影响也发生了变化。首先,靠水运为主的工业在发达城市都出现了衰落,最早的滨水工业,如面粉加工业、燃煤发电厂等,或者因为生产技术流程发生了变化,或者因单个工厂效率的提高,不再需要大量的中小工厂。这样,原先占有沿水地区的工业用地便空置出来。另外,世界经济的全球化,使一些工业生产迁到发展中国家。如美国、德国的不少制造业迁到南美洲和东南亚地区,城市里的工业地区,包括滨水工业地带,都出现了空置。在航运交通上,由于高速公路和集装箱的兴起,内河水运本身就出现了衰退。同时,由于技术的进步,码头作业的效率大大提高,从而减少了用地面积,大吨位的大型集装箱船需要水位更深的泊位。于是,港口都向更深的海域迁移,使原先浅水的内港区闲置。如美国费城的港口,此港口是20世纪60年代新建的,1995年正式停止使用。原因是港口的水深不再能满足巨型货轮的吃水深度要求。凡此种种,在经济结构转型后发展起来的高科技新工业基本上落户在郊区,使城市滨水地区的工业用地、港口用地、铁路用地都大量空置,需要寻找新的用途。正是由于城市滨水地区相对的低地价和优良的区位,使各国城市都纷纷转向滨水景观的开发,政府希望以滨水地区的开发来带动城市经济的发展和振兴。

社会因素:政府和市场对滨水地区再开发的兴趣,也是近30年来社会变化的结果。首先是"全球文化"对旅游、休憩和户外活动的提倡,由此造成对开敞空间的消费热上升。滨水地区濒临水面,视野开阔,是旅游、体育锻炼和其他户外活动的好场所。社会对城市公共开放空间的重视和需求,促使政府和市场建造更多的公共开放空间。其次,由于旅游业的发展,公共节日在城市中的重要性上升。政府和市场为了利用节假日来推动经济、促发商机,滨水地区的开发也和商店、餐饮、购物、休憩等相结合,在有条件的地点,还和历史古迹、文化内容的开发相结合。如巴黎塞纳河旁的现代艺术博物馆就是由巴黎老火车站改造而成的。

环境因素：从人类发展的本质来看，滨水环境对于人类有着一种内在和持久的吸引力，滨水环境是吸引人类聚居的主要区域之一。当人类进入工业革命时期，为了追求最大的经济利用，滨水带周围布满了工厂、仓库、码头，水体受到严重污染。近年来，随着人们环保意识的增强，工厂和码头的迁移，以及各国政府对环境保护的重视，环境治理的成效终于显现。水体变得清洁，空气变得纯净；随着环境质量的改善，使得对滨水地区的开发得以保证，"近水"、"亲水"重新成为一种吸引力。南京的秦淮河，长期以来由于水体污染、环境恶劣而被当做城市的"包袱"；但经过近几年的整治，水体及周边环境得到极大的改善，沿河两岸很快成为城市开发的热点。所以，治理水体、改善水质、美化环境是促使滨水周边环境开发的基本保证。

文化因素：自20世纪70年代起，西方发达国家对历史文化保护的热情开始上升，在文化上有了更高的要求。此外，现代建筑流行了几十年，人们对那种单调、简单的方盒子形式感到了厌倦。人们怀念传统建筑的艺术性和富有人情味，并开始重视历史建筑的修复和利用。历史古迹和文化旅游的兴起，也引起政府部门对历史建筑保护和开发的兴趣，从而为维修历史建筑提供了经济支持。这种对历史建筑的兴趣反映在滨水地区的开发上，以20世纪欧美国家对河流两岸的旧仓库、旧建筑的修缮热为实践案例。例如：巴尔的摩内港区把原来的发电厂改成了科学历史博物馆。新加坡在"船艇码头"改建中保留了原有东方特色的旧建筑，现在这一条东方式的商业街成了最吸引游客的场所之一。

10.2 城市滨水与城市发展的关系

10.2.1 河流与城市安全

人类为了生存的需要，在居住选址上绝大多数选择有水源的地方。因此，绝大多数城市依水或跨河而建，河流不仅给城市的居民提供了水源，而且在城市的防御上发挥了重要作用。但是，河流在给人类带来幸福的同时，也会发生洪泛威胁到城市的安全。所以，在城市滨水环境的规划设计中，利用河流水体的多样性或人工来控制城市滨水区的水域变化，从而使河流在确保城市安全的前提下，又能为美化城市发挥作用。

10.2.2 河流与城市交通

城市的生存与发展离不开生产与贸易，而生产与贸易又离不开交通运输系统。在古代，陆路交通方式运输物资，不但运力有限而且速度慢，安全性较差，而水

图 10-1　威尼斯水城河道（左）
图 10-2　乌镇的水路交通（右）

路运输具有运量大、安全性强等优势。因此，河流一直伴随着城市的发展并成为城市对外物资交流的重要载体，一些位于大江大河的港口城市也因此发展迅速。河流不仅承担着城市交通的重任，在一些河流水网发达的城市，它还是人们日常出行的重要途径。如意大利的威尼斯水城、我国的乌镇等（图10-1、图10-2）。

10.2.3　河流与城市生态

从景观生态学的角度来看，河流廊道是最具有连续性、生物丰富性、形态多样性的生态系统，其生态功能在养分输送、动植物迁移等方面是其他生态类型无法取代的。而城市化对于地球自然生态系统的破坏是有目共睹的，城市景观的破碎度远高于自然景观。河流廊道作为一个多样性的整体，在城市生态系统中发挥着重要的生态作用。

10.2.4　河流与城市景观及文化

河流由于其柔和的质感与蜿蜒狭长的空间形态，成为城市中最具有特质性的绿地空间。河流像一条绿色的纽带，将沿岸大小各异的开放空间贯穿联系起来，成为城市绿地系统中的生态轴。在工业化发展的进程中，城市河流沿岸一度被各种工业或民用建筑以及道路挤占，以至于城市滨河环境支离破碎。如今，随着对城市滨水景观开发的重视，滨河绿地不断扩大，滨水景观系统已成为城市生态系统重要的组成部分。

城市河流的景观价值是不可估量的，河流不仅为城市提供了丰富的开敞空间，而且是城市中最有活力和魅力的地区。河流穿过城市不同的功能区域，将相对独立的开敞空间联系在一起，构成一个整体性的步行共享空间，成为市民乐于前往的休闲娱乐的公共交流场所。由于河流的特殊形态，为人们提供了更加开敞和多样的观景视角。城市河流丰富多样的面貌成为最有利于塑造城市特色的景观，城市中一些重要的建筑纷纷依水而建，沿河展开，城市重要的开放空间节点也以具有良好生态基础的河流为依托来布局。现代城市已经把打造城市水岸生活作为提高城市品质、塑造城市特色的一种有效的模式。河流在城市发展中主宰着城市的空间布局，因此许多城市被授予"水乡"、"水城"、"桥乡"的美誉，这些名称不仅概括了城市空间形态的特色，也成为城市历史、文化、景观特色的代名词。

10.2.5 城市滨水景观特点

城市滨水景观不是河流与城市景观的简单叠加，它有着十分丰富的内涵。伴随着城市的沿河发展过程，城市河流区域包容了河流自然景观特征和城市物质空间特征，两者之间的边界越来越模糊。城市滨水区既是陆地的边缘，又是水体的边缘，它包括一定的水域空间和与水体相邻的城市陆地空间，是自然生态系统和人工建设系统相互交融的城市公共开敞空间。[1] 滨水是连接城市建成区与郊野的重要生态廊道，是城市生态系统和城市气候的调节器，是城市绿地系统中最具连续性的开放空间，是城市户外生活最活跃的场所，是城市文化活动的载体，也是最能够彰显城市景观特色和城市活力的景观元素。城市滨水区临水傍城，有着良好的区位优势，对于大多数以水系为依托而发展起来的具有悠久历史的城市来说，其滨水区多数是当地传统建筑文化积淀较为集中地所在，是展现当地特色文化的窗口。世界上众多城市都是因其极富特色的河流景观而得名。巴黎的塞纳河蜿蜒十几公里，沿河架设了 36 座各具特色的桥梁，河流沿岸分布着数不胜数的名胜古迹，成为当今世界各国民众向往的旅游胜地（图 10-3）。另外，还有英国伦敦泰晤士河、意大利的威尼斯城、南京的秦淮河都是将城市形象与河流景观紧密联系在一起（图 10-4、图 10-5）。

城市是人类社会发展的产物，它集中了社会大多数的生产活动，而河流作为人类文明的发祥地，也成为城市赖以生存的血脉。可以说，城市与河流维系着一种共生关系，人类在不断地对河流进行治理、改造、利用的同时也促进了自身文明和城市的发展。

图 10-3 巴黎塞纳河

图 10-4 威尼斯水城

图 10-5 南京秦淮河

10.2.6 城市滨水发展的新理念

工业化的进程和科学技术的发展不仅改变着世界的面貌，而且也使地球的生态与城市环境遭到了严重的破坏。其中，河流生态环境的破坏，对整个城市环境产生了严重的影响。随着人类社会跨入 21 世纪，西方发达国家已将保护生态环境作为现代城市建设的核心理念。我国作为发展中国家，在城市建设上，也适时

---

[1] 李国敏，王晓明. 城市滨水区的开发利用与立法思考——以汉口沿江地段为例 [J]. 规划师，1999, 15(4):124-127.

提出了建设"园林城市"、"山水城市"、"生态城市"的发展理念,共融共生成为处理城市与滨水关系的重要手段。

10.3 城市滨水的功能与价值

10.3.1 城市滨水的自然功能

河流是城市中重要的自然生态资源,河流廊道如同血脉,为整个城市生态系统输送养分。河流不仅为生活在城市中的市民日常用水提供水源,同时也为城市中的其他物种提供水源。河流廊道的多样性,为特定生物提供了形态各异的环境生境,并为各种生物提供了不同类型的栖息地,河流栖息地对当今城市来说尤为珍贵,它为大多数动物提供了食物来源。自然河流可利用河漫滩、沙洲、滨河湿地调蓄洪水、调节稳定河流水位。城市的现代化建设导致了污染的加剧,城市热岛现象越来越显著,而城市河流廊道是调节城市气候必不可少的进气通道和微风通道。河流水体的流动与河流中水生植物的净化功能对提高河流水质及城市水环境都有积极的意义。

10.3.2 城市滨水的社会功能

河流廊道以流动的水体和两岸的景色构成城市中具有动态美感的自然景观,城市滨水为城市提供了开阔的空间视野,连续的开放空间不仅满足了城市居民亲近自然、回归自然的意愿,而且成为市民休闲娱乐的场所。城市滨水是人们对城市形态的重要识别要素之一,也是有效分割城市地区,产生边界、区域和营造视觉中心的重要设计因素。可以使城市群、城市地区乃至小地区表现出有秩序、有效率的延展。通过活动特征区域、道路、节点空间等来组织有活力的城市空间,并支持人在城市空间中的各种行为,对于实现城市空间的人性化具有重要意义。

滨水地区是城市文明的发源地,是城市居民赖以生存和精神寄托的空间场所。不同城市的历史文化特征形成城市的不同特色,而滨水文化则可以成为城市旅游的重要项目之一,同时滨水文化娱乐功能可以提高城市生活的品质,为城市精神文明和社会的和谐发展起到积极的促进作用。

10.3.3 城市滨水的生态功能

城市滨水以其生态系统的多样性,为城市提供了众多的生态功能与环境,它在维护城市生态系统、改善人居环境、提高城市生活品质方面发挥了重要作用。另外,从城市经济、社会、生态方面考虑,城市滨水首先具有重要的经济价值。其中包括了直接和间接经济价值,河流作为城市休闲旅游资源开发可直接获得经济价值，以及由此带动的相关服务业的价值。其次，城市滨水的生态系统对于未来具有直接或间接可利用的价值。其生态价值包括其选择价值、遗产价值、存在价值等。再次，城市滨水本身及周边的自然景观、人造景观、人文景观所具有的社会价值，以非物质形式显示出来，它们往往影响着社会的意识形态和价值观，从而更加深远地影响人们对待城市滨水的态度和对其进行价值开发的方式。

10.4 城市滨水开发类型及发展趋势

在当代，随着城市公路、航空运输的迅猛发展，内河水运的作用大幅下降，并且一些河道由于疏于管理和疏通，逐渐失去了运输的功能。而工业基地的衰退、水体的污染，以及城市郊区化与逆城市化过程缓慢，使得城市滨水区陷入到一种尴尬的境地，但是，因其所处优越的地理位置，而成为政府和许多开发商开发的兴趣所在。

我国政府对 21 世纪城市可持续发展提出三种模式，即生态城市、山水城市、园林城市，虽然提出的目标不同，但其内涵是一样的。通过挖掘、利用城市本身的山水资源、个性特征，进行全方位、多层次的城市生态规划、生态设计，建设一个社会、经济、自然可持续发展的人类理想的生产生活居住区，最终要达到科技生产力的发展与自然生态平衡的高度融合。[1] 近年来，针对城市河流生态所面临的严峻形势，国外景观界一批有识之士纷纷投身城市滨水景观的实践中来，并探索总结了一些先进的理论和实践经验。这些实践案例的共同特点是将生态学的理论基础与现代景观规划有机结合，强调生态资源的保护、修复和生态格局的构建，贯彻以生态服务功能和审美功能相结合的评价体系。德国、瑞士等国于 20 世纪 80 年代末提出了"近自然河流"概念，即用接近自然的能够保护景观生态的方法进行河川的治理。受这一观念影响，日本于 20 世纪 90 年代初开始倡导"多自然型河川"建设，迄今为止已经改造了几百条河流，是实践最多最成功的国家。[2] 日本"多自然型河川"建设的关键是：保全和复原丰富多样的河流环境，保护生物物种的多样性；确保河流在上、下游方向和横向的连续性，以保护河流及周边的生物网络；保护和复原特征性动植物赖以生存的特征性河流环境；确保水系的循环性，加强地下水、泉水与河流的联系和交换等。由此可见，在未来城市滨水景观设计由人工化向自然生态化转变将成为其发展的总趋势。

景观设计在我国的发展仅十几年，其核心是协调人与自然的关系。滨水以其

---

1 王建国，吕志鹏. 世界城市滨水开发建设的历史进程及其经验 [J]. 城市规划，2001（7）：8.
2 李振海，赵蓉，祝秋梅等著. 城市生态景观河湖的调查、研究与设计 [M]. 郑州：黄河水利出版社，2005：47.

自然属性成为现代城市中最具特色性的空间景观，因此也越来越深刻地影响着城市整体景观格局和生态环境质量。城市滨水景观治理与开发的重要性越来越突出，这反映出滨水建设已从单纯的水利工程建设向综合人居环境建设转变的趋势。

10.5　城市滨水的地域性和差异性

10.5.1　地域性

现代生活的丰富性与多样性决定了现代城市的功能与城市空间需满足不同市民工作与生活的要求，现代人文地理学派、现象主义景观学派都强调人在场所中的体验，强调普通人在普通的、日常的环境中的活动，强调场所的物理特征和人的活动，其物理特征包括场所的空间结构和所有具体的现象。中国地域辽阔，从南到北，从东到西，地形地貌产生巨大的变化。河流流经不同的区域，各个流域的环境、空间、景观、生态、人文、水文、植被、建筑等都不同，所有这些都构成了独特的地域性特色（图 10-6～图 10-10）。

图 10-6　北京什刹海滨水景观

图 10-7　南京秦淮河滨水景观

10.5.2　差异性

不同的地域性特色必然表现出河流环境景观的差异性，俗话说，一方水土养一方人。几千年来，长江和黄河养育了流域两岸的民众，并形成了不同的民风和传统文化。大地景观也是一部人文的书，人类在大地上留下的痕迹，都讲述了人与人、人与自然的爱与恨。当我们漫步在江南水乡的街巷中，就能感受到当地居民那种悠闲的生活状态。当我们面对汹涌澎湃的黄河时，就会感受到生活在此地的人们所具有的豪迈性格。从本质来看，水只存在水质的好坏，水不仅延续了人类的生命，而且造就了不同的自然环境和人类不同的文明。

图 10-8　苏州古运河滨水景观

图 10-9　青岛滨水景观

图 10-10　扬州古运河滨河景观

10.6 我国城市滨水环境现状

近年来,随着我国经济的发展,城市建设步伐的加快,片面追求政绩和经济效益的现象,造成了生态环境的严重破坏,再加上我国在城市生态研究上起步较晚,城市生态建设较为薄弱。突出表现在城市河流流域的生态质量降低,城市水陆生态失衡,主要表现在以下方面:

(1) 河流生态资源破坏严重。许多城市将工业、生活废水直接排入城市河流,引起河水富营养化和重金属污染等,严重破坏了动植物赖以生存的水环境,大大降低了城市生态的质量。由于城市用地盲目拓展与人们生态意识淡薄,河流周边的水系有许多被另辟他用,其中尤以内河湿地的减少最为突出。这直接影响到河流发挥生态效应的能力。在水体遭到污染、环境遭到破坏之后,滨水植物群落所赖以栖息的环境场所不复存在,直接威胁到河流生物资源的稳定。另外,城市的大规模无序建设也间接地摧毁了原来稳定的生态平衡。

(2) 城市滨水生态用地缺乏。随着城市河流景观价值的挖掘,城市滨河土地开发的强度虽不断加大,但却主要追求眼前的经济效益,以居住和商业办公开发为主,很少有真正从城市生态结构和河流生态出发而设置的生态绿地。最终导致城市河流两岸的地表硬质化程度很高,实际生态效能却很低,从而更加剧了河流生态质量的下降。

(3) 河流整治的生态化考虑不足。近年来,我国许多城市开展了城市河流治理工作,但大多数都是做表面文章,河流整治的目标没有体现生态要求,未能从河流自然生态过程考虑,制定相应的整治措施。其次,河流治理的技术手段和生态科学性研究还较落后,从而并未能对改善河流生态发挥真正作用。另外,城市滨水绿地系统建设也缺乏生态设计,在植被的适应性、层次性、多样性等方面都缺乏整体性考虑。

10.7 城市滨水带景观设计策略

10.7.1 滨水与自然环境的融合

水作为自然资源被保留在江、河、湖、海、湿地、沟渠、土壤、地下等"容器"或物质中,而水又是流动的,它的形体是多变的。一个自然地表水系并不仅仅是一个线性的结构,它就像一个枝繁叶茂的大树,有着众多的分枝与根系。城市中纵横交错的水网都需要足够的空间来适应水流的变化,同时,也为滨水流域的动植物提供丰富的生存场所。因此,滨水景观设计的对象不仅是滨水的界面,而且是复杂的滨水空间和岸线系统。

中国的大多数城市人口密度较高，在城市建设的过程中，应遵循将城市与景观高度融合的空间发展模式。在我国经济较发达的东南部地区，水网密布，其工业、农业和城市的发展与水文因素紧密地联系在一起，为了保障城市的可持续发展，水体和滨水是城市景观规划中的重要因素。保证城市良好的水资源，对城市经济建设与开发具有多元的价值，城市的发展既需要保持安全的水位，又需尽可能地保留足够的、洁净的地表水，以保持生态的平衡。滨水设计的首要作用在于保持尽量多的水体在地表。滨水设计是一个综合复杂的过程，在对重要的资料如水文、土壤、滨水生态状况、交通和各项设施的规划，以及经济发展的可行性等有了充分了解后，还需综合考虑地表水的容量和面积、自然净水的能力、生态水岸等各方面因素，形成一个综合的设计方案，以实现城市与景观的真正融合。

10.7.2 滨水用地结构的更新

城市中的大多数滨水区不仅有着丰富的自然资源，具有优美怡人的景观环境，而且成为市民向往的休闲娱乐场所，它与周边的自然环境、街道景观、建筑物构成有机的整体，并对当地的文化、风土人情的形成产生重大影响。因此，我们需要对滨水区所具有的价值进行重新评价，这对具有多种功能的滨水区用地结构的规划和更新有着重要的现实意义。

10.7.3 滨水景观特色魅力的体现

河流的魅力可以分为两个方面，即河流本身及其滨水区特征所具有的魅力，以及与河流的亲水活动所产生的魅力。从河流滨水的构成要素来看，这些魅力主要包括了河流的分流和汇合点，河中的岛屿、沙洲，富有变化的河岸线和河流两岸的开放空间（图10-11），河流从上游到下游沿岸营造出的丰富的自然景观，还有河中生动有趣的倒影。沿河滨水区所构筑的建筑物、文物古迹、街道景观以及传统文化，都显现出历史文化和民俗风情所具有的魅力（图10-12～图10-14）。河水孕育了万物，是生命的源泉，充满活力的水中动物表现出生命的魅力。河流滋润了河中及两岸滨水的绿色植物，不同的树木和水生植物表现出丰富的美感，营造出无限的自然风光，是河流滨水区最具魅力的关键要素。当人类在滨水区从事生产、生活、休闲娱乐时，滨水区的魅力从人们愉悦的表情中充分体现出来；人们那种愉悦的表情，各种活动的本身和其他魅力要素构成了滨水带场所精神的全部，也是人们感受到河流魅力的重要原因。

图10-11 瑞士小镇琉森风貌

图 10-12　威尼斯水城风貌（左）
图 10-13　西塘水乡风貌（右）

图 10-14　圣彼得堡市涅瓦河风貌（左）
图 10-15　南京石头城公园（右）

10.7.4　滨水景观人文特色的体现

当今科学技术和信息化技术影响到人类社会生产生活的方方面面，它给人类社会带来的进步与发展有目共睹；但科学技术与信息技术全球化的结果却大大推进了场所的均质化，均质化的象征就是"标准化"、"基准化"、"效率化"作为城市整顿建设的目标，千城一面成为市民对我国城市建设的善意评价，城市化的进程使得人类正在遮掩体现生命力的痕迹。

俗话说人们最难忘的是乡音，为什么呢？因为乡音有特点，是掩藏在心中的痕迹和牵挂。在全球化的今天，学术界谈论最多的是民族性、地域性和个性化，作为城市环境的个性特色，它包含了自然景观的特色，历史的个性，人为形成的个性，这些个性特色是构成滨水区景观特色的要素。例如：南京秦淮河滨水区石头城公园（图10-15），是秦淮河滨水区的其中一段，沿河一侧环绕着具有几百年历史的明城墙，这些遗迹充分展现了历史的特色与价值，而由特殊的地形地貌所形成的人脸造型又赋予了滨水区更多的传奇故事和人们的想象，形成一种特有的景观特色。如何将滨水环境特色反映在景观的规划设计中，是设计师需要研究的重点之一。

10.8 滨水空间亲水性的营造

"水者何也？万物之本源，诸生之宗室也。"（《管子·水地篇》）古人对于水的认识已经上升到哲学高度，世界几大文明古国都有水生神话；而关于人类水生的科学根据也日益增多。正是由于水的生态意义如此重要，加之水的物理特性，使人们对水产生偏爱。尤其是古代充满智慧哲思的中国人对于水的思考、面对水的感怀，留下了千古传颂的名篇佳句和动人传说，水成为不折不扣的文化现象——人们对于水的情感已经超出了水本身的意义而成为一种精神的追求。

10.8.1 水环境对人的行为与心理的影响

城市滨水大面积的水体形成连续的界面，它有着开阔的空间、良好的视野、清新的空气，人们紧张的身心在这里得到抚慰和放松。人对环境的认知，主要通过眼、耳、鼻、舌、皮肤等感觉器官接受外界刺激而实现。因此，人对于水环境的行为与心理感受途径主要通过视觉、听觉、触觉和体觉等。

视觉：视觉是人类对外界最主要的感知方式，一般认为，对于正常人约70%～80%的信息是通过视觉获得的，同时90%的行为是由视觉引起的。视觉使人们能够看到水，感受水的主要特征，包括形态、颜色、肌理和流动，感受水面的开阔、平静、秀丽、清纯，进而感受到整个滨水带的开放性和包容性。可以说人们对滨水的整体意象主要是其视觉特征。

听觉：滨水由于水的流动而产生稳定持续的背景音，进一步掩盖了城市中的噪声，更加净化了人们的听觉空间。听觉起到视觉的辅助作用，在视觉不及的范围内，听觉又可以引起人们的注意。

触觉：触觉更能加深人们对水的特性的感知，水的凉爽、柔软、流动带给人们的触觉感受是很丰富的。俯下身子触摸水，光着脚在水边漫步，这些行为能否实现是评价亲水性建构成功与否的重要标准。这也是夏季滨水地段更加吸引人的原因之一。

体觉：人们置身水中最能加深对水特性的感知，这包括人乘船游览和在水中游戏。在城市中的滨水带，提供水上观光的游船和开辟滨水浴场对于亲水性的创造将有很大帮助。

10.8.2 环境现状特征与亲水性

人类具有亲水的天性，环境特征及其设施对人类亲水性活动产生重要的影响，影响因素主要有：①亲水性活动与地域性的关系：不同地域的水环境是有差异的，海滨城市的亲水活动和江南水乡城市的亲水活动有许多的不同（图10-16～图

10-18）。②河道的形态对亲水活动的影响：有的河道水位升降不大，护坡呈自然形态，护岸边坡坡度平缓，人和水面很容易亲近；而有的河道需要排洪和泄洪的功能，应季节的关系水位落差非常大，它的护坡需人为地修建防洪堤和防洪墙，以保证河流两岸市民的安全，人们的亲水活动必须通过人工修建的设施才能进行。③水质和流量对亲水活动的影响：清澈见底的水质很容易吸引人们的游憩活动，水的流量和流速对人的安全会产生影响，也就会影响到人们发生亲水活动的可能性。④河流的生态性与亲水活动的关系：河流生态保持的好坏直接影响到河水的水质和河流景观的多样性、丰富性。⑤景观特征与亲水活动：滨水空间的丰富性、开放性，自然的、人工的景观等构成了河流景观的主要要素，这些构成要素组成了滨水区河流的整体景观效果，这些景观对吸引人们进行亲水活动发挥了重要的作用。

图 10-16　海滩日光浴（左）
图 10-17　港湾休憩（中）
图 10-18　水乡生活场景（右）

10.8.3　亲水活动的类型划分

为了能有效地将亲水设施导入适宜的河流环境中，首先应将亲水活动的类型进行分类，在此基础上作进一步的详细划分，这不仅可以有效地将以亲水活动为中心的河流及特征和需求反映在规划中，而且还可以进一步地突出从场所利用角度考虑空间的特征。同时，亲水活动类型的划分使得规划本身目标更明确。从亲水活动类型来分主要有自然观赏型——观赏自然风光、照相留影、摄影、写生等（图10-19、图10-20），休闲散步型——老人、情侣、游客在悠闲地散步、座谈等（图10-21），户外活动型——在河边放风筝、垂钓、游泳等（图10-22），集

图 10-19　水上游览（左）
图 10-20　游艇码头（中）
图 10-21　休闲漫步（右）

图 10-22 水边垂钓（左）
图 10-23 赛龙舟（中）
图 10-24 游船（右）

会型——赛龙舟、水上音乐会、灯火晚会等（图 10-23），休闲运动型——划船、赛艇比赛等（图 10-24）。不同年龄层次的人对亲水活动类型的要求是有差别的，人们在滨水区的亲水活动有时是多方面的、综合性的，这些也是亲水设施导入需要关注的问题。

10.9 城市滨水景观规划的基本策略

开敞的环境景观使人产生愉悦的感情，自然的湖泊、河流和海洋沿岸都是未经加工或是无定性的空间，它们有许多使人并不太满意的地方，但还是有许多地方充满着魅力，而经过人工加工后会产生更多的引人注目的滨水景观意象。滨水景观中的意象元素有很多，各元素之间的联系十分密切，因此我们应该了解滨水景观意象各元素的组成和造型特点，从整体上把握滨水景观设计。

10.9.1 建筑与滨水景观设计的关系

滨水区沿岸建筑的形式及风格对整个水域空间形态有很大影响。滨水区是向公众开放的界面，临水界面建筑的密度和形式对城市景观轮廓线有着重要的影响。靠近滨水区沿岸的建筑应适当降低密度，保证视觉上的通透性。注意建筑与周围环境的结合。可考虑设置屋顶花园，丰富滨水区的空间布局，形成立体的城市绿化系统（图 10-25）。另外，还可将底层架空，使滨水区与城市空间形成通透视廊，这不仅有利于形成视线走廊，而且形成了良好的自然通风，有利于滨水区自然空气向城市内部的引入。建筑的高度在符合城市总体规划要求的基础上，还需根据滨水区环境的特点考虑建筑设计的高度，并在沿岸布置适当的观景场所，设置最佳观景点，保证在观景点附近形成优美、统一的建筑轮廓线，以达到最佳视景效果。

在临水空间的建筑、街道的布局上，考虑留出能够快速、容易到达滨水区的通道，便于人们前往进行各种活动。另外，还要考虑周围交通流量和风向等因素，可使街道两侧沿街建筑上部逐渐后退以扩大风道，降低污染和气温。

图 10-25 滨水公园风貌

建筑造型及风格也是影响滨水区景观的一个重要因素。滨水区作为一个开敞的空间，沿岸建筑成为限定这一空间的界面。而城市两岸的景观不再局限于单纯的轮廓线，具体到单体建筑的设计上，要与周围建筑形成统一、和谐的形式美感。

10.9.2 滨水区与交通构成元素的关系

道路与城市滨水区景观有着密切的关系，它既要符合城市规划的要求，又要和滨水景观区紧密结合。景观区中的道路不仅要考虑水上交通和陆上交通的连贯性，而且还要考虑车流和人流的分离。滨水区环境中除了交通道路以外，还有很多辅助的交通枢纽，如码头、桥梁等，这些意象元素是滨水景观中所特有的，它们成为滨水景观中的亮点。

图10-26　乌镇水乡拱桥

桥梁可能是滨水景观中最富有特色的意象元素，因为它只有在河道景观中才会出现，桥梁将两岸的交通联系在一起。桥在滨水景观中很难分清楚到底是节点还是标志物，如江南水乡的拱桥，串联了整个威尼斯水城的各种桥梁，形成了一系列连续的节点，而美国的金门大桥和悉尼港湾大桥又成为了整个城市的标志性建筑（图10-26～图10-28）。桥梁在滨水景观中还有另一种作用，由于它的存在，使原来较为平坦的滨水景观带构成了多维的空间，使得滨水景观更加丰富多彩。

图10-27　威尼斯城中桥梁

码头是滨水景观带中特有的节点元素，它既有交通运输枢纽的功能，又可以使滨水更有其独特的风韵。当我们探寻江南水乡的历史痕迹时，人们一定会提到小桥和河道中的各种码头。这些码头曾经给他们的生活带来了便利和乐趣，昔日这些码头是妇女们淘米、洗菜、洗衣物、孩子们戏水的场所（图10-29）；同时，这些码头也是他们坐船出行、运输物资的交通港（图10-30），而且这些码头还增加了水和人的亲和力。如今，在我国乌镇还能领略到镇中人们的市井生活，其成为现存的唯一枕水而居的水乡小镇（图10-31）。因此，在现代城市滨水景观规划设计中，像这种与自然面对面的对话在现代都市生活中已经很少见了。

图10-28　美国金门大桥

图10-29　江南水乡生活雕塑

图10-30　水乡西塘镇码头一景

图10-31　枕水而居的水乡——乌镇

图 10-32　贡多拉（左）
图 10-33　篷船（右）

城市滨水中有了水和舟就更具有了活力，而河流中往来穿梭富有特色的舟船，会给予人们留下鲜明的印象。人们到威尼斯旅游乘坐"贡多拉"不仅是为了体验当地人的生活，更重要的原因是只有在"贡多拉"上才能真正感受到威尼斯这座城市的历史与文化（图10-32）。在水乡乌镇，只有登上篷船才能体验到水乡的生活与魅力（图10-33）。

10.9.3　滨水区景观空间层次的创造

在人们的脑海里，城市滨水景观通常是一幅美丽的画卷，滨水带不仅有较开阔的空间，而且有着丰富的景观层次。为了保证能达到预期的景观设计效果，很重要的一点就是要保留河道的自然流线，如果河道笔直，一览无遗，空间层次必然要削弱；"曲径通幽处"这句话很好地诠释了空间层次的本质。空间层次的创造还在于滨水空间节点的合理规划和布局以及河流两岸景观层次的塑造。

10.10　城市滨水景观设计的生态化途径

城市滨水生态化不是简单地与城市功能相匹配的一般城市绿地研究，而是围绕河流景观生态化的核心问题，着重研究生态规划的工作方法在滨水景观中的应用。

10.10.1　城市滨水景观生态化的实质

城市滨水景观建设是一项复杂的工程，它需要多种专业的合作才能完成，由于各专业对城市河流生态的理解有所不同，因此，有必要明确从景观角度而言的城市河流生态的实质。

什么是景观生态规划呢？从广义上理解，它是景观规划的生态学途径，也就是将广泛意义上的生态学原理和方法及知识作为景观规划的基础。从狭义上理解，它是基于景观生态学的规划，也就是基于景观生态学关于景观格局和空间过程的关系原理的规划。[1] 城市河流景观生态化的理论基础是景观生态规划，它与生态水工学所提倡的"多自然型"河流生态修复理论之间是有区别的。前者主要关注城市河流的景观格局和各种景观过程（包括自然过程、生物过程、人文过程）的恢复建立，其研究对象是城市河流廊道各种生态景观要素间的动态平衡。而后者主要关注河流物理系统的修复，从而促进生物系统的恢复，其研究对象是河流的物质形态。相对于传统城市规划以城市功能结构为指导的物质空间规划来说，景观生态规划则是一个逆向的规划过程。而城市河流景观生态规划正是遵循此过程，给城市的可持续规划提供参考，防止机械化的功能分区给脆弱的河流景观生态廊道带来破坏的同时，力求保护城市的自然景观特色。

10.10.2　城市滨水景观生态化的核心

城市河流景观生态化本身是比较抽象化的，其工作成果并不直接表现为设计方案或工程设施，而是以控制性指标形式出现的。河流作为自然界的一部分，具有自然属性。河流的自然过程维持了它的健康，保障了河流的生态安全。城市化与工业化的进程直接导致河流生态的破坏，因此，学术界认为，恢复河流的自然过程是城市河流生态化的首要措施。

景观生态学所研究的景观格局是指景观的空间格局，即景观元素的类型、数目以及空间分布与配置等。自然景观中，景观系统的生态过程产生景观格局，景观格局又作用和制约着各种生态过程。景观格局与景观系统的抗干扰能力、系统稳定性和生物多样性有着密切的关系。[2]

10.10.3　城市滨水景观生态化设计方法

对于城市河流景观生态设计 Steinitzd 提出了六步骤模式，即景观生态规划的理论框架，成为可供城市河流景观生态化设计参考的比较完整的方法论依据。这个框架显示，规划不是一个被动的，完全根据自然过程和资源条件而追求一个最适、最佳方案的过程，在更多的情况下，可以是一个自下而上的过程，即规划过程首先应明确什么是要解决的问题，目标是什么，然后以此为导向，采集数据，寻求答案。[3]

---

[1] 俞孔坚，李迪华，刘海龙. "反规划"途径 [M]. 北京：中国建筑工业出版社，2005：29.
[2] 邓毅. 城市生态公园规划方法 [M]. 北京：中国建筑工业出版社，2007：126.
[3] 俞孔坚，李迪华，刘海龙. "反规划"途径 [M]. 北京：中国建筑工业出版社，2005：29.

1. 生态化设计的工作方法

主要是针对规划设计红线内,场地基本认知的描述。一般采用麦克哈格的"千层饼"模式,以垂直分层的方法,从所掌握的文字、数据、图纸等技术资料中,提炼出有价值的分类信息。具体的技术手段包括:历史资料与气象、水文地质及人文社会经济统计资料;应用地理信息系统(GIS),建立景观数字化表达系统,包括地形、地物、水文、植被、土地利用状况等;现场考察和体验的文字描述和照片图像资料。

2. 过程分析

这是生态化设计中比较关键的一环。在城市河流景观设计中,主要关注的是与河流城市段流域系统的各种生态服务功能,大体包括:非生物自然过程,有水文过程、洪水过程等;生物过程,有生物的栖息过程、水平空间运动过程等,与区域生物多样性保护有关的过程;人文过程,有场地的城市扩张、文化和演变历史、遗产与文化景观体验、视觉感知、市民日常通勤及游憩等过程。过程分析为河流景观生态策略的制定打下了科学基础,明确了问题研究的方向。

3. 现状评价

以过程分析的成果为标准,对场地生态系统服务功能的状况进行评价,研究现状景观的成因,及对于景观生态安全格局的利害关系。评价结果给景观改造方案的提出提供了直接依据。

4. 模式比选

生态化设计方案的取得不是一个简单直接的过程。针对现状景观评价结果,首先要建立一个利于景观生态安全,又能促进城市向既定方向发展的景观格局。在当前城市河流生态基础普遍薄弱,而且面临诸多挑战的前提下,要实现城河双赢的局面,就要求在设计上应采取多种模式比选的工作方式,衡量各方面利弊因素。

5. 景观评估

在多方案模式比选的基础上,以城市河流的自然、生物和人文三大过程为条件,对各方案的景观影响程度进行评估。评估的目的是便于在景观决策时,选择与开发计划相适应的模式比选的工作方式,这可以为最终的方案设计树立框架。

6. 景观策略

在前面深入细致的研究之后,一套具有可操作性的城市河流生态景观格局已呈现出来。在项目设计中,则根据前期模式制定性条件,提出针对具体问题的景观策略和措施,由此可以最终形成实施性的完整方案。

以上六步工作方法是渐进式的推理过程;其中每一步骤的完成都能产生阶段化的成果,即使没有最终的实施策略,之前的阶段成果也能为城市河流景观的生态化战略提供有指导性的建议。

10.11 目标和评价体系

10.11.1 目标体系

城市河流的生态建设是一个长期持续的过程，而景观建设只是整个工程的开始。因此，建立阶段性全面综合的目标控制体系，对指导河流景观生态建设有重要意义。目标体系的构成是基于河流景观过程的研究，其主要组成包括了河流自然水文过程的恢复、河流生物生态系统的构建、河流滨水文化景观格局的形成和滨水游憩网络的建立。但无论是自然过程、生态系统多样性，还是人文景观格局的恢复，都要经历设计、建立、维护管理、检测调整等一系列步骤才能形成稳定、丰富的景观格局。所以每项目标都应有近期、中期、远期的阶段性指标。

以河流水文过程恢复为例。水文过程是形成河道物理结构和多样化的河流生境的主动力，也是实现水体输送、转运功能和影响洪水过程的主要因素。城市工业化的进程使众多城市河道被固化、渠化和截弯取直，其结果是河流自然水文过程的彻底破坏和其他景观过程严重损毁。河流生态的恢复目标就是要去除大部分人工渠化设施，尽量使河流按照自然规律运行，保持自身稳定的生态调节功能。这符合当今国外景观设计界推崇的"近自然型河川"的设计理念。

10.11.2 评价体系

评价体系是对景观设计方案优劣与否的综合评价标准，它和目标体系之间有一定的联系，评价体系通过指标体系，针对规划要解决的问题，对设计中所列举的景观模式进行评价，从而对景观规划决策和策略产生指导意义。评价体系包括景观过程影响评估和社会效益评估两大部分，这两大评估体系说明城市河流景观生态规划具备两大职能：一是协调自然生态的健康安全与城市发展之间的关系；二是要协调河流为城市提供的生态服务与河流资源利用给城市安全和社会效益提供的价值之间的关系。城市河流生态景观规划的体系分为 3 大板块、14 个指标，即：

(1) 物理指标系——是否考虑城市河流行洪，为洪水过程预留一定宽度的泛洪区；是否有利于保持河流的自然形态；是否有利于河道结构的稳定；是否有利于城市微风通道的形成。

(2) 生态指标系——是否有利于保持足够的生态需水量；是否有足够面积和多样性的生态斑块为生物栖息提供场所；是否有利于生物迁徙廊道的形成；是否有利于景观异质性的存在；是否有足够宽度的缓冲带屏蔽干扰；是否有利于河流廊道生态服务功能向城市腹地渗透。

(3) 景观指标系——是否有利于景观均好性的发挥；是否有利于景观视觉廊道的形成；是否有利于文化遗产廊道的形成；是否有利于城市基础设施的拓展。

10.12　城市滨水亲水设施规划设计

亲水设施和人的亲水活动有着密切的关系，所谓"亲水活动"是指通过在滨水空间中进行休闲娱乐、运动锻炼、垂钓、戏水等活动，并在自然滨水景观中获得心理和精神的满足。亲水设施包括了用于开展亲水活动的所有实施。

10.12.1　城市滨水亲水设施的规划

亲水设施多设置在河流流域的流水部位，在城市亲水设施规划中，首先要考虑河流在不同季节的水位变化。当今各城市在河流整治中，对滨水带河流流域的防洪即水位控制设施进行了综合性考虑，使城市滨水带既满足了市民休闲娱乐、美化城市的需要，又使城市安全有了保证。如果不能对城市河流水位进行有效的控制，就不能真正实现滨水带亲水设施的规划目标。

亲水设施的导入应充分考虑人的亲水活动类型和内容，在了解和掌握有关河川的特征、特性、魅力等方面的内容之后，对必要的内容和资料进行归纳和整理，并对亲水活动类型进行划分，从而提出亲水设施的规划方案。

10.12.2　城市滨水亲水设施的设计

亲水设施的设计首先要有效利用现已形成的河流形态、动势及生态系统的特征；创造能体现地区历史文化魅力的，具有河流自然生态特征的滨水景观。亲水设施的设计前提是对安全性的思考；对使用者舒适性方面的关注；与地域性特征及本土文化的相协调；设施在滨水带景观规划中的合理性；河流工程学方面的合理性；建造的经济性和以后管理的便利性等方面的因素。

(1) 设施的安全性——亲水性是人的本性，而一定深度的河流必然会对人的安全产生危险。因此，亲水设施的设计首先要对设置的场所进行选择，原则上不在水位较深、流速较大的地段以及有潜在危险的地方设置，如果一定要设置，必须采取相应的安全措施。对于河道堤岸较陡、较高的护坡应采用在堤岸护坡设置坡道和阶梯，尽量使用防滑材料进行铺装。在河道存在危险的地段，可以采用灌木植栽的方法。对于亲水活动区域尽量设置在河水较浅、水流较缓的地段。在条件适合的宽敞地段，把水引到岸上，使其成为静态的浅水池，并对其进行景观处理，或做成园林式的，或做成现代的水景小品，使人更容易近水、亲水、戏水、用水（图10-34）。

图10-34　戏水池

(2) 设施的舒适性——在进行亲水设施设计时,人性化的关注是设计的重点,设计的设施应该具有安全性和舒适性,从视觉上令人产生使用的欲望。要充分考虑到河流区域中可能发生的种种现象,如水位的涨落、泥沙的淤积、水生植物的生长、设施的材料是否经得住日晒雨淋、设施结构的牢固性等因素。另外,还应该考虑老人、儿童、残疾人等特殊人群的需求(图10-35、图10-36)。

亲水设施应根据场所的特点和亲水活动的行为方式,考虑护岸的坡度,踏步的高度和踏面尺寸,护栏、扶手、表面的装饰,使用的材质,散步道的线性、宽度等因素。在河道水流较为平缓的地段通常设计人工平台设施,可以将平台伸入水中,这样使人更加感受到水面的开阔,增强了亲水性,这种人工平台也适合与游船码头设计相结合(图10-37、图10-38)。

(3) 景观设计的合理性——亲水设施的营造是在自然环境中增添人类的聪明才智,我们对城市滨水景观的开发,并不是在做河流区域平面的、表面的文章。而应该将这些自然因素看做是贯穿表现自然的、河流的物理变化的特性,反映城市社会历史、文化的特质及河流区域发展、演变过程的景观。

随着时间的推移,河流也因自然界的变化而不断地改变着自己的面貌,而人们对河流的认识,也会随着社会的发展不断地发生变化。为了能使这种文脉不断传承,充分体现民族特色和表现地域性文化,并将其形象地体现在亲水设施的规划设计中,需要对形象和素材的选择进行认真的思考(图10-39、图10-40)。

图10-35 亲水木平台(左)
图10-36 金属与玻璃制成的亲水平台(中)
图10-37 与游船码头相结合的亲水平台(右)

图10-38 伸入水中的亲水平台(左)
图10-39 亲水长廊(中)
图10-40 中国传统特色的水榭(右)

（4）河流工程学方面的合理性——城市滨水区景观设计必须符合河流工程学方面的要求，景观设施不得对堤防安全造成影响和威胁；应尽量不在河道的狭窄处、河水冲刷强烈的部位、支流的分（合）处以及河流状况不稳定的地方、河水较深和流速较大的地方、拦河坝及水闸等河流管理设施的附近设置亲水设施。

（5）亲水设施的维护管理——要想使城市滨水景观可持续发展，亲水设施的维护与管理也是重要的方面，除了需要管理部门日常加强管理和维护以外，更需要城市市民的爱护。

10.13 城市滨水驳岸生态化设计

人类各种无休止的建造活动，造成自然环境的大量破坏。人们更加关注的是经济的增长和技术的进步。然而，当事物的基本形态有所改变时，人们的价值观也会发生变化。为了保护我们的生存环境，我们应该抛弃所谓的"完美主义"，对人为的建造应控制在最低限度内，对人为改造的地方应设法在生态环境上进行补偿设计，使滨水自然景观设计理念真正运用在设计实践中。

建设自然型城市的理念落实在城市滨水区的建设中，对河道驳岸的设计处理十分重要。为了保证河流的自然生态，在护岸设计上的具体措施如下：

（1）植栽的护岸作用——利用植栽护岸施工，称为"生物学河川施工法"。在河床较浅、水流较缓的河岸，可以种植一些水生植物，在岸边可以多种柳树。这种植物不仅可以起到巩固泥沙的作用，而且树木长大后，在岸边形成蔽日的树荫，可以控制水草的过度繁茂生长和减缓水温的上升，为鱼类的生长和繁殖创造良好的自然条件（图10-41）。

（2）石材的护岸作用——城市滨水河流一般处于人口较密集的地段，对河流水位的控制及堤岸的安全性考虑十分重要。因此，采用石材和混凝土护岸是当前较为常用的施工方法。这种方法既有它的优点，也有它的缺陷，因此在这样的护岸施工中，应采取各种相应的措施，如栽种的野草，以淡化人工构造物的生硬感。对石砌护岸表面，有意识地做出凹凸，这样的肌理给人以亲切感，砌石的进出，可以消除人工构造物特有的棱角。在水流不是很湍急的流域，可以采用干砌石护岸，这样可以给一些植物和动物留有生存的栖息地（图10-42、图10-43）。

图10-41 植栽护岸

图10-42 石材护岸

图10-43 人工垂直驳岸

第11章
城市居住区景观设计

第 11 章 城市居住区景观设计

城市居住区环境是城市的有机组成部分，相对于开放性城市公共空间来讲，城市居住区具有社区性和私密性特征。居住区的建立不仅为居民提供生活居住空间和各项服务设施，而且使城市规划与发展更科学合理，城市变得更加有秩序，更加和谐。老子云："安其居，乐其业"，创造良好的人居环境既是社会的理想，也是人类生活的基本需要。

11.1 居住区形态的历史演变

在原始社会中，人类过着依附于自然界的采集生活，当时人类没有固定的居住点，以居穴、巢穴为主要居住形式。随着社会的进步，生产力的发展，人类能够获得稳定的生活资料后，便开始了定居的生活，这是人类社会发展的一大进步。由于人类生存的环境不同，形成了不同的生活习惯和民族文化，形成了不同的居住区形态。

当今，由于全球环境日趋恶化，人们比以往任何时候都更加需要寻找身心栖息的家园，创造适宜的人居化环境，使之与人类的生活和整个地球环境的安全相协调是我们面临的重要问题。

11.1.1 西方传统居住形态的特点

农业时代人们对自然充满敬畏和崇拜，他们用心中的庙宇模式来设计神圣的居住环境，四大文明古国之一埃及的卡洪城、底比斯城等居住区以神庙为中心分布。古希腊人认为人、神"同形同性"，他们投入极大的热情在卫城山上塑造他们城邦精神的理想，同时也将城市看做是一个为着自身的美好生活而保持小规模的社区。

中世纪的欧洲一直处于政教分离的状态，基督教会的势力渗透到社会生活的各个方面，形成了教区与居住区的合一。人们围绕教堂居住，通过精神活动相互联系，容易形成比较亲密和有人情味的居住区，同时它也体现了严密的社会组织和秩序。这种居住模式不仅影响了欧洲中世纪的城市文化与生活，同时也对以后西方居住区模式的发展有着深远影响。

当人类社会发展到文艺复兴时期，科学精神的追求使人们的思想观念发生了巨大的转变，文艺复兴解放了人性和科学，人们开始推崇以人为中心的理性分析的世界观和方法论，因此几何化、图案化的理想城市模式开始出现。

11.1.2 中国传统居住形态

中国古代是一个以农耕为主的社会，我们的先民学会种植谷物和饲养牲畜，开始以村落为主要居住形式定居。在漫长的社会发展过程中，形成了不同形态的居住模式，即与自然交融的传统乡村居住模式和封建统治下的城市居住模式，这两种模式都受到政治体制与传统文化的影响，表现出各具特色的居住环境。中国传统居住形态的特点主要表现为：

（1）血缘为纽带的宗法共同体。我国封建社会受传统儒家哲学思想的影响，崇尚礼制、重视家庭，发展了以血缘、宗族为纽带的居住形式。宗族长老建立并维持着村落社会生活各方面的秩序。大小不同层次的祠堂分布于村落中，住宅一般聚拢在其所属的祠堂周围（图11-1、图11-2），这和欧洲中世纪时期以教堂为中心的布局很类似。

图11-1　藏族村落（上）
图11-2　福建永安土楼村落（下）

（2）以政治为中心的居住模式。早在商周时期，城市就被划分成宫廷区、居住区、手工作坊区，后来逐步发展成里坊制和街市制，居住建筑和商业设施混杂布局，营造出充满活力的城市居住形态。

（3）天人合一的思想对居住模式的影响。中国人居环境理论与中国文化"天人合一"的思想一脉相承，强调人于天调，天人共荣。其中风水观成为我国传统村镇、城市选址和规划的理论，并形成了独特的中国古代理想的居住图式。

11.1.3 现代西方城市规划思想对居住形态的影响

当人类社会进入工业化时代，大工业化生产使城市规模不断扩大，同时也给城市带来诸多矛盾和问题，如环境污染严重、人口膨胀、住房短缺、交通困难等，尤其是居住环境日趋恶化，这些问题引起西方国家社会各阶层的广泛关注，并进行了探索性实践，这些探索主要分为三个方面：

（1）回归自然。霍华德的"田园城市"理论主张把农村和城市的优点结合起来。赖特提出的"广亩城市"强调人类回归自然、回归土地，让道路系统遍布广阔的田野和乡间，使人们可以便捷地相互联系。马塔提出的"带形城市"主张城市平面布局应呈狭长带状发展，城市沿着交通线绵延地建设，可将原有的城镇联系起来，组成新的城市网络。这些理论的共同点是通过现代化的交通和道路系统把一

图 11-3　巴黎拉德芳斯区

系列的田园城市联系起来，将人口从大城市中吸引到郊区或乡村，解决大城市中人口众多所产生的问题，使人类回归自然，促进城乡协调、均衡地发展。

有许多西方学者认为：城市以其巨大的经济活力吸引着无数人，这是历史的必然，同时城市环境也出现许多新的问题，应该在工业条件下寻求合理解决问题的方法。著名建筑师柯布西耶构思的"光明城市"理论倡导在城市中采用立体式的交通体系、在市区中修建高层建筑、扩大城市绿地、创造接近自然的生活环境等原则，其设计理念已被许多城市在实践中运用，具有代表性的实例为巴黎拉德芳斯区的规划（图 11-3）。

（2）后工业时代的探索。从 20 世纪 70 年代开始，人类从工业时代富足的梦想中逐步清醒，设计师开始从对美的形式与优越的文化的陶醉中转向对自然的关注以及对其他文化中人与自然关系的关注。人们经历了逆都市主义到新都市主义的思想转变，主张在郊区建立具有传统城镇特征的新住宅区，或在城市中心废弃的旧区重新开发新的集生活、工作、购物、娱乐、休闲为一体的居住区，以代替以往单调、划一的居住区模式。美国的滨海市就是最著名的新都市主义住宅小区的实践案例。目前西方国家仍然在继续探索新的住宅区建设模式，在探索中，形成了三种具有代表性的成果，即："新传统主义"居住区，借鉴了 19 世纪欧洲和北美的郊区城镇规划设计经验，关注行人方便的设计模式，促进社区的交流和互动；"行人口袋式"住宅区，这种居住模式力求解决的是步行道路系统和外部公共系统的结合问题；"乡村式"居住区，是根据开发的需要，在城市外围的乡村中，把居住区和田园景观结合起来。

（3）生态学思想的倡导。工业文明带来种种危机的思想根源就是机械世界观，它是西方近代文明的深层核心观念，也是造成目前人类所面临的生存危机的主要原因。而生态世界观把世界看成是相互联系的动态网络结构，形成对人和自然相互作用的生态学原则的正确认识。生态学世界观决定了生态城市是在人—自然系统整体协调、和谐的基础上实现自身的发展。

11.2　居住区的界定

居住方式、居住建筑及居住区环境是社会变迁的组成部分和具体方式。由于各个国家的地域环境、生态条件、历史文化背景、经济发展水平的不同和差异性，住宅具有强烈的地方性。这导致各国在住宅区的规划和设计方式上的不同。反过来，居住建筑和居住区环境也会影响到居住行为。

世界各地住宅区的演变是和当地特殊的地域条件和文化需要相一致的，它们根植于不同的文化圈，反映着生态、社会、技术和经济的发展状况。住宅区范围内的空间是一种内向的空间，是居民的领域，有一定的界限与外界隔离，设置集中控制的监视系统，实行相对封闭的管理。现代住宅区已趋于较为单纯的居住性质，除必要的便民设施和社区服务站设在住宅区适当的位置外，其他大型的公共配套设施一般都设在住宅区外，由若干个居住区共同使用。

11.3 居住区空间组合形式

当前我国居住区规模的大小主要取决于该城市的规划布局、房地产开发商的投资规模、居住区周围道路的间距和日常性生活服务公共配套设施等因素。由于每一个居住区所处的城市位置不同，地形、地貌、地物及周围环境都不一样，造成居住区空间组合的形式也千变万化。由于住宅建筑和环境存在着一些基本的要求，其包括物质与精神、社会与经济、生理和心理等方面的要求，因此，居住区在整体规划、建筑设计、套型设计、景观设计等方面都有一些规律可循。比如：住宅建筑的朝向问题、通风问题等，无论在我国的南北方城市都是设计师考虑的重要因素。

我国的住宅在历史的发展过程中，出现了多种多样的形式，尤其是20世纪80年代至今，设计师们对居住区规划及住宅间组合形式进行了大量的探索与实践，归纳起来居住区基本住宅类型有阶梯式、外廊式、内廊式、集中式、独立式、并列式、联排式。居住区住宅群体平面主要有以下几类组合形式：

（1）行列式——顾名思义是一种有规律的排列形式，建筑按行或列布置，这种组合形式表现出一种统一性和秩序感，但缺点是形式过于单调、缺少变化。正因为这些原因，设计师在摒弃单一的行列式布置后，在它的基础上加以发展变化，创造出后行列的形式。后行列式打破了原有行列式单调的空间形式，使空间活泼有趣（图11-4）。

（2）自由式——居住区自由组合形式往往和地形地貌有着紧密的关系，但无论组合形式

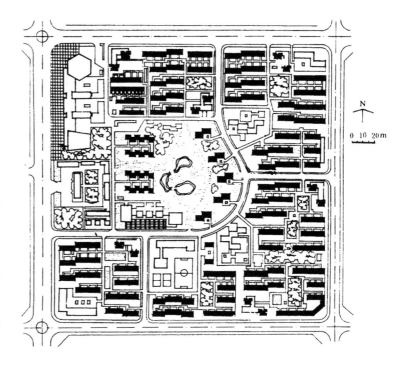

图11-4 行列式

图11-5 自由式

图11-6 新周边式

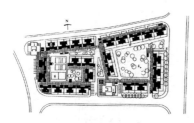

图11-7 院落与组团式

图11-8 绿地型

多自由，居住区内的交通、建筑的朝向、通风等还是设计师要考虑的重要因素（图11-5）。

（3）新周边式——这是一种围合式住宅空间，但又不同于传统街坊那种在住宅周边布置的形式，它既考虑到住宅的朝向问题，又避免了行列式组合产生的弊病，增强了空间的围合感和场所感（图11-6）。

（4）院落与组团式——住宅院落是城市最基本的生活单元，在规模较大型的住宅小区中，这种设计方法被广泛采用。居住区规划以院落为基本的生活居住单位，采取院落两级布置，两级布置可以充分利用地形、地貌的特点，自然地将住宅划分成若干组团，通过居住区内部的道路将不同组团联系起来，院落与组团式通过优化组合，可以留出更多的绿地和活动空间（图11-7）。

（5）绿地型——住宅建筑较自由地分布在景观系统中，形成住宅嵌入景观类型，这种形式以景观的整体性为主，建筑围绕景观组织分布，争取最佳的景观和观景的效果，是整体性园林的演化，由自由形的道路系统分割景观并形成连续的景观流线（图11-8）。

11.4 居住区景观构成要素

居住区相对独立和围合的空间给人以安全感，但理想的居所应该是自然场址和景观环境的完美结合。景观的基本要素不仅是住宅区的组成部分，而且还是人与自然交流的生命物体。景观要素不是孤立存在的，它只有与其他元素相结合并融为一体时，它的含义才是固定的、内在的。

居住区景观构成要素主要有：场地、地形地貌、住宅建筑和辅助建筑、公共设施、开放性公共活动空间、水体、绿地、植栽、环境小品等显性要素和历史文脉等隐性要素。

11.5 居住区景观规划设计的基本目标

人性化设计是当今设计界倡导的理念，而家庭作为人类身心的栖息地，它的位置十分重要。家庭是社会构成的最小细胞，人类的生存离不开家庭，离不开社区中的家庭生活，离不开与之相融合的居住区环境。

居住区整体环境设计所要达到的基本目标主要有：①安全性——居住区相对

于城市开放性公共空间来讲是一个相对封闭和私密的空间环境，人们生活在这种居住环境中，不必担心来之外界的各种干扰和侵袭，使人具有安全感和家园的感觉。②安静——由于居住区的功能特点，决定了居住区有别于其他公共环境，人们在外工作之余回到家后，需要一个安静的休息环境，使疲惫的身心得以恢复。③舒适性——居住区的舒适性除了包含以上两点外，还应该具有良好的空间环境与景观、安全的生态环境、充足的光照、良好的通风、葱郁的绿化、良好的休闲运动场所等条件。除了以上三点目标外，居住区设计还要结合国情，体现实用性、多样性、美观性、经济性的原则。居住区的景观形态是外在的表象，通过形态的创造来达到高品质的空间才是主要目的。

11.5.1 个性的塑造

个性特色是一个居住区区别于其他居住区环境的标志性特征，它有助于居民产生对家园的归属感和自豪感，有助于居民通过不同景观和标志的特征较容易地识别居住建筑的位置和回家的路线。居住区景观的个性表达不仅依据功能和场地的自然特征，而且又涉及设计师设计意图的表达；前者是居住区本身固有的，后者则属于主观因素，是由设计者赋予的。居住区景观设计可以借助形式来表达一定的理念和审美价值，赋予形式以某种象征意义，借此突出场所的性格特征。

11.5.2 适应性

居住区景观设计应该满足不同年龄、不同层次人群的需要，能够同时提供多用途的体验。

在居住区中，人群的多样性决定了他们在公共空间活动的丰富性，在场地允许的情况下，空间环境设计是否具有亲和力非常重要，它不仅可以成为居住区人们的活动中心，而且还可以加强市民的交流和沟通。

11.5.3 多样性

多样性首先要求环境场所具有良好的秩序和丰富的构成要素，达到秩序化最简单的方法是构成元素的和谐与统一，多样性并不是景观构成的杂乱无章。著名建筑师赖特曾尝试用四种形式美构成法则，即秩序、均质、层级、并列，用它们来设计高秩序、高复杂性的景观。景观中形式要素和细节的差异称之为多样性；景观设计的多样性是指景观中多样化的程度和数量，它强调的是景观设计中的变化和差异，它是设计的一项重要属性。

自然景观中的多样化程度受到地理气候的影响；自然条件越是恶劣，它的景观格局就越简单。通常在文化混合的区域内景观具有较多的多样性。

11.5.4 统一性

景观设计中的统一性是指具有多样性的统一性,自然景观本身就具有良好的统一性,如果将劣质的人造景观要素引入,就会打破自然景观固有的统一性。景观中的要素种类越少,统一性越强,但统一性的设计也应当是生动和富有节奏的。

11.6 居住小区景观设计的步骤

居住区的景观规划是建立在前期建筑规划的基础上的,前期规划方案的优劣对后面的景观规划有着重要的影响。居住区的景观规划通常分为三个步骤。首先是总体环境规划,这个阶段规划师和建筑师已经开始了前期的设计工作与创意,若景观设计师能够早期地介入前期的规划与设计,发挥各专业的优势,可以使设计方案更加完善,以便为后面的景观设计打下良好的基础。景观设计师首先需要了解新建居住区的开发强度、建筑的密度、容积率是多少,建筑是多层、高层、小高层还是别墅,是自由式还是组团式。居住区的地形、地貌、周围的环境景观如何?与城市道路网的关系、日照和通风等都是需要考虑的设计因素,只有在合理满足使用功能的基础上,扬长避短,扬优蔽劣,才能设计出真正适合人居的环境。其次是居住区的硬质景观设计,场地中的硬质景观包括了地形的塑造、建筑形态方面的因素,以及场地环境中的其他构筑物。第三是场地中的软质景观设计,如树木、草地、水体等。只有充分发挥不同专业设计师的智慧与创造力,才能设计出充满生命活力的居住区景观。任何工程的设计步骤,都是一种工作程序和科学方法的运用,居住区设计理念的创新才是设计的真正灵魂。

11.7 居住区环境景观设计关注要点

居住区与人类的日常生活有着紧密的联系,它是人们不断寻求理想居所的愿望与现实社会的物质状态不断折中的结果。居住区景观设计的目标就是通过设计尽可能地满足人们的基本居住需求,同时建立人与自然、人与社会、人与人之间的和谐关系。适宜的居住区景观的营造会给居住环境带来生机,现代的居住区功能应该考虑适当交叉、重叠,创造多义性、随意性空间,居住空间环境生活的安全、宁静、舒适、便利、情趣的居住氛围成为追求理想环境的聚居理念。

11.7.1 以人为本

任何设计都是为了满足人的需求，它包括了物质和精神两个方面。人类有自然属性的一面，他和动物一样需要解决饥饿、安全等基本的生存问题；只有解决了温饱和安全问题，才会考虑休闲娱乐和审美的追求。因此，安全性是居住区环境设计首要考虑的因素。人是社会中的人，他们需要进行社会交往，渴望美和秩序等，在居住区景观设计中，必须理解人类自身这一特定服务对象的多重需求和体验要求，这是景观设计的基础。同时必须综合考虑在人与自然相互尊重的前提下，自然系统本身的演变。居住区景观设计的任务之一，就是创造符合现代生活模式、适合各种人群行为及心理需要的活动场所和交往空间。"以人为本"的景观设计理念具体体现在：

从居民的需求出发；居住区公共设施要求多样化、个性化、特色鲜明；充分考虑不同人群的需求；满足人们的精神需求。在居住区景观设计中，要充分考虑到居民每天的生活轨迹和行为方式，找出他们的共同点和兴趣点，站在使用者的角度去感知、体验、想象和感受场所。居住区景观设计所要达到的目标就是创造符合现代生活模式，适合各种人群行为及心理需要的休闲活动场所和交往空间，适宜的居住区景观的营造会给居住环境带来生机。

11.7.2 功能性

形式满足功能的需求是现代主义设计思想的重要理念之一。当代城市不断扩展，人口膨胀，土地资源严重匮乏，每一幢建筑、每一处景观都应充分发挥它的功能作用。现代主义对景观设计的最大贡献就在于强调功能设计的重要性。我国人口众多，土地资源严重匮乏，最大限度地利用有限的资源十分重要，强调居住区景观设计的功能性具有重要的现实意义。理想的居住环境景观必须符合人类的需求，即满足安全性和实用性要求，其次才是追求形式和质量的有意识设计。居住区空间环境承载着不同年龄层次的居民和他们不同的行为需求，它为居民提供了休憩与交往的场所。居住区的环境设计首先考虑的是如何满足使用者对空间的各种需求，根据居民的行为规律和居住区的功能进行规划设计，从人的心理和审美要求出发来营造居住区景观，建立适宜的自然尺度、环境尺度，创造多义性、随意性的空间环境，形成有利于邻里间交往与沟通及良好的人际关系的环境场所，使人产生归属感，真正实现居住环境的人性化和人情化。

人类社会在注重环境的同时，对功利性的追求也折射在景观的营造中，理想的景观必须符合安全性、实用性要求。设计首先应该明确的是它的用途，其次才是形式美和质量的有意识设计，并以最好的形式来表达功能。居住区环境有其特

图 11-9　居住区景观 1

图 11-10　居住区景观 2

图 11-11　居住区景观 3

图 11-12　居住区景观 4

殊的功能要求，它的空间环境需满足不同使用者的各种需求。只有从人的心理和审美要求出发，符合环境生态学的发展要求科学地进行居住区环境设计，才能真正满足人类的需求。

11.7.3　审美性

当人类开始能够摆脱土地的制约时，才开始了对自然景观的审美活动。人类对景观的审美态度是和他们的生存状态分不开的，美是人类生活永恒的主题，美是人类生活追求的目标之一。人们对城市景观的审美态度和他们的生存状态是分不开的，从本质上看，人类首先需要解决的是生存问题，有饭吃、有衣穿、有地方住；只有保证了基本的生存条件，人类的追求才会发生质的变化。随着我国经济的发展，现代人的居住理念已经从生存意识发展到更高层次的审美与生存品质的追求。当今，增强环境保护的意识已成为人类可持续发展的共识，景观设计师的任务是给人们创造健康愉悦的居住环境，这种环境不仅利于人们日常的交往，更可以通过优美的环境净化人们的心灵。

随着人们生活水平的提高，现代人的居住理念已经从生存意识发展到更高层次的环境意识。人们对居住的环境质量提出了更高的要求，尤其重视对环境中审美感受的营造。居住区景观的艺术性主要表现在建筑的造型美、空间的秩序美、环境的自然美、景观小品的艺术美（图 11-9～图 11-13）。

我们不能仅仅从肤浅形式的观察得出景观设计的美学评价，而不顾文脉等其他因素，设计观念离不开一定的美学原则，审美意识是建立在一定的哲学、美学思想基础上的。人在景观中的审美体验是多层次的，除了视觉以外，听觉、嗅觉、触觉、动感等同样能给人带来美的感受。

11.7.4　文化传承

人类自起源起就以非凡的能动性改造着周围的环境，人类依照自身的需求对自然环境中的自然和生物现象施加影响，从而使景观打上人文的痕迹。美国著名建筑师沙里宁曾说："让我看看你的城市，我就能说出这个城市居民在文化上追求的是什么。"

历史的延续将人类文明慢慢积淀，它是一种来自社会内部的整合力量在不断发展探寻过程中所呈现出的状态，而非传统文化的简单汇集。人类的社会价值观、审美意识、哲学取向都和传统文化有着紧密的联系，并对城市环境设计产生深远的影响。生活在不同地域环境、文化传统、民族习惯中的人们的社会价值观、审美态度、哲学思想都会对城市景观设计产生深远的影响。中国社会深受儒家、释家和道家思想的影响，尤其是道家的天人合一的思想不仅决定了人对自然的态度，而且也影响着人们改造自然的方法。当今，人们已经从对美学形式的关注转向对其他内涵，如文脉、社会、生态、精神等的重视，我们只有在把握对人类文化的理解，保持传统文脉的传承，把地域文化融入到现代文明中，创造出具有文化特色的居住区环境，才能让当今的民众真正产生归属感。

图 11-13　居住区景观 5

11.7.5　社会性

居住区环境的发展与社会的发展紧密联系，社会经济的发展、文化意识的进步，促进了居住景观的发展和设计领域的不断拓展。社会因素一直是景观发展最深层的原因；从社会伦理角度看，居住区不仅是个人生活的私密空间的组合布局，它同时也是个人成长的空间与人际交往的空间，与整个社会环境的形成密不可分。居住区景观形态从不同的侧面折射出社会生活的百态，又能形成某种特定的文化氛围而影响着居住在其中的人们。

居住区的社会性是指社会交往、社会认同而实现的社会聚集；人们具有一种以邻为善、远亲不如近邻的居住倾向，不同阶层及家庭在居住区中相互接触、交流，对和谐社会的建立具有重要的意义。

居住区的环境建设不仅是设计师和建设者智慧的结晶，而且随着时间的推移，它会越来越体现出居住在其中居民的价值取向，倡导居民参与居住区环境景观的设计、建设与管理可以更好地体现出社区文化，增强社区的凝聚力。因此，通过居住区环境的建设可以促进居住区居民的内聚力，提供居民交往的公共空间，增进邻里关系。

从社会性的角度看，居住区不仅是个人生活的私密环境，它同时也是个人成长的空间与人际交往的空间，与整个社会环境构成一个整体。社会经济的发展、社会文化的进步，促进了居住区景观的发展和设计领域的不断拓展，社会因素一直是景观发展最深层的原因。居住区景观形态从不同的侧面折射出社会生活的方方面面，又能形成特定的文化范围影响居住在其中的人们。

11.7.6　生态性

现代工业的发展，促进了城市文明的进步，同时也导致地球生态环境日趋恶化，并威胁到人类的生存。当今，人类重新审视自己的发展，用科学的态度和探索实践提出了生态设计的重要性。从理论上说，人类的一切活动对自然环境都是一种干扰，人类对自然环境的影响既有积极的一面，也有消极的一面；积极的方面表现在人类的活动尊重自然界的客观规律，谋求与自然界最大的和谐共存；反之则起到消极的影响。居住区是市民生存的主要场所，它和整个城市甚至更广区域的生态环境紧密联系在一起。因此，居住区的生态环境建设直接影响到人类的生存环境。

要实现生态设计,首先要了解自然环境、自然现象和自然界中各种物种的生长规律,考虑不同地域的特点,即通风、采光、水源、生物多样性等问题。居住区环境景观设计必须适应场所的自然条件,依据场所中的阳光、地形地貌、水、风、土壤、植被等自然因素,减少人为的破坏、人工材料的污染和能源的浪费,以实现人与自然的和谐共生。

11.7.7 整体性

居住区景观设计和它所处的地域环境有着紧密的关系,这种联系不仅表现在居住区的内部空间,而且还表现在居住区和城市空间之间的整体性上。居住区景观设计要充分和地形地貌相结合,最大限度地发挥原有自然物质因素,使住宅景观真正融入到城市的整体环境中。

11.8 居住小区景观形态的营造策略

对于中国住宅市场的巨大需求,社会上相关的有识之士呼吁居住区建设要重视人的价值,科学合理地利用宝贵的资源,重视城市环境与生态的保护与恢复,尊重和保护传统文脉的延续,使现代居住区有机地融入城市的整体环境中。

11.8.1 确立居住区景观的整体设计理念

居住区景观的整体设计有利于居住环境的形态与功能的统一,将居住区的外部空间作为一个整体来营造,使居住区环境具有公共性、亲和性,创造一个多层次领域感的空间环境。居住区整体设计理念的贯彻,不只是居住区本身环境设计的问题,它对城市整体空间环境和风貌都有着重要的影响。

11.8.2 重视场所精神的体现

场所的特征和氛围有赖于整体设计的把握,最为关键的是,这种现象是在与人的生活的关联中获得其深刻含义的。舒尔茨认为:"场所是自然环境和人造环境有意义聚集的产物,是人们生活的居地,人们在场所中的居住不仅意味着寄身于场所之中,而且还包含了更为重要的精神和心理上的尺度与场所。"居住环境的场所精神就是使人们体会居住在某种空间形式之中的总体氛围和生活在物质环境中的意义。安全感则是场所的一个重要质量标准,它表明人们可以获得环境适宜、结构可靠、便于防卫的生活环境意象,因而也是人们获得场所感的重要前提。同时,归属感也是人们居住场所的重要因素。因此,场所精神应该具有意义感、安全感、归属感和属于感。

11.8.3 注重居住区景观空间品质的塑造

居住区的景观形态是外在的表象，通过形态的创造来实现高品质的空间才是主要目的。居住区在一个城市中，它的环境及景观设计要具有识别性、连续性、私密性。识别性是指在环境中人通过感官能够直接感受或预言环境的使用和意义。识别性不仅可以通过景观的形态，而且可以通过空间的比例、尺度、环境氛围的营造以及构筑物或景观小品等构成要素来给人提示。连续性则要求场所具有良好的秩序。私密性说明了场所的特殊性要求。居住区空间环境既要求具有私密性，又要求具有包容性和多样性。不同地点、不同规模的居住区，它们融入城市空间结构的方式也不相同。在城市中心地段，由于建设用地有限，居住区规模一般较小，建筑密度较大，功能也相对单纯，不利于外环境景观的营造，但容易形成认同感、安全感，有利于塑造内向型的居住环境。理想的居住区应该是具有完善的公共配套设施、便捷的交通，既有个性的特征，又有共性的一致，多样性与整体性的统一。

图 11-14　居住区道路

11.8.4 居住区交往空间的营造

在现代城市生活中，人们除了日常工作中的协作之外，彼此之间缺乏广泛的交流；长此以往，这种现状对人的身心健康将产生不利的影响，现代居住区集居住、娱乐、休闲等多项功能于一体，为居民创造了更多的相互了解与沟通的机会。

居住区中社会交往的形成与否取决于居民在经济、政治和意识系统方面是否有共识，空间形式对社会关系的发展不具决定作用，但"物质环境以及功能性和社会性的空间处理能够拓展和扼杀发展机会，用一系列的公共设施可以丰富住宅群；通过安排穿过公共空间的住宅通道和合理的建筑布局等方式，可以引导居民形成某种活动模式；设计含有各种空间和设施的物质环境结构，可以吸引所有的居民和居民群体。"[1] 根据扬·盖尔的户外空间理论，户外活动可以划分为三种类型，即：必要活动、自发性活动和社会性活动。每类活动对物质环境要求都不大相同，但物质环境设计可以为更广泛的活动产生创造条件。

图 11-15　木质铺装

（1）步行空间——居住区的道路系统是居民使用率较高的公共空间，路径是居住区的构成框架，一方面它起到组织交通的作用，另一方面它作为边界可以限定空间（图 11-14），起到划分空间区域的作用，路径与空间的结合创造了景观的复杂性和有机形态；路径形式设计包括了不同路径形式设计及其组织关系，不同路径有不同的功能和目标，它们的美学含义和给人的感受也不相同（图 11-15、图 11-16）。合理的步行空间设计可以延长人们在户外逗留的时间，使人

图 11-16　石材漫步小径

1　扬·盖尔著. 交往与空间 [M]. 北京：中国建筑工业出版社，2002：57.

图 11-17 步行空间节点

图 11-18 道路与景观小品的结合

图 11-19 小区内休闲空间

图 11-20 小区内长廊景观

们感到舒适和安全,并愿意驻足观赏、交谈,为交往创造条件(图 11-17)。

对于步行空间的设计,首先要解决的是人、车分流问题,车行道要有足够的回旋余地。较长的路径可以延长人们的逗留时间,但更需重视感觉距离,富有创意和变化的路径会给人一种遐想。路径的线性、宽窄、材料、装饰在赋予道路功能性的同时,和路径两侧的其他景与物构成居住区最基本的景观线,人们通过这条景观线去体验环境的美(图 11-18、图 11-19)。

(2)廊道空间——廊道是可通过的围合边界,通常可以作为建筑的延伸,同时又是相对独立的构筑物。廊道空间可以作为模糊空间,是一个内外交接的过渡区域,建筑的实体感被削弱,空间显示出整体独立性和多义性。它是一种能够有效促进人们日常生活交往的空间形式,具有流动性和渗透性。它既是交通空间,又可以作为休闲空间,具有不确定性(图 11-20、图 11-21)。

(3)院落空间——根据住宅区的规划要求,建筑与建筑之间都会有大小不一的院落空间,而根据居住区院落的性质不同,院落空间又分为专用庭院和公共庭院(图 11-22、图 11-23)两类。专用庭院是指设计在一层住户前面或别墅外面供私家专用的院落。专用庭院利用首层与地面相连的重要特征提供了接触自然、进行户外活动的私人场所空间,也成为保护首层住户私生活的缓冲地带。现代住宅区的公共庭院属于一个组团居民的共用空间,相对于组团内的住宅而言,它是外部空间,相对于整片居住区来讲,它又是内部空间,和城市中的开敞公共空间是有区别的。

居住区公共院落不仅能促进户外与户内生活的互动,而且院落空间强化了归属感和领域感,可以形成组团的内聚力,维护邻里关系的和谐。院落空间具有多元化的功能,它可以满足不同年龄层次人的不同行为方式的需要,成为居民休闲、娱乐、活动、交流、聚居的主要场所。

(4)多层次的景观结构——居住区景观向内部围合成具有安全感、尺度适宜

图 11-21 休息廊架

的内部生活交往空间；同时可向外借景，将城市良好的自然景观引入到居住区的景观中，形成丰富开阔的景观层次。

11.8.5 居住区个性景观形态的营造

在居住区景观规划的基础上，居住区景观的风格、意境、情趣等设计理念的表达对营造个性景观十分重要，重点是要关注对主题性景观的演绎和景观中视觉焦点元素的设计。

1. 主题景观的创意设计

在满足整体环境规划的前提下，居住区的景观设计可根据居住区环境的特点，进行各个空间区域的主题景观设计。可以根据当地的自然风貌、地理状况、水文、植被条件等因素进行主题景观的创意设计，也可以根据当地的传统历史文化和居住区风格的设计定位选题，将主题贯穿于整个景观设计中，运用写实、写意、具象、抽象、象征和隐喻的表现手法，通过具体的形象，如建筑、环境小品等造型元素突出主题（图 11-24、图 11-25），同时也可以通过象征意义的图形、色彩、标志、植物等要素来表现（图 11-26），如梅、兰、竹、菊被称为四君子，在中国传统文化中，常常用它们隐喻人的高尚情操。在中国传统景观设计语言中，以方位象征建筑物的等级，以特定的数字符号象征吉凶、尊卑、阴阳，以方、圆等几何图形象征天地六合，都会给设计师的主题景观创作带来灵感。

隐喻是中国传统文化常用的手法，它是将景观比照其他相当的事物来描述，需要根据景观的地形、地貌等特征，运用想象力，以人造景物来隐喻自然景观，以静态表现动态，这种手法通过对自然景观的提炼和补充，达到超越自然景观的精神境界。如在以水景为主题的景观设计中，利用枯水景观来隐喻自然流水（图 11-27）。

图 11-22　院落空间 1

图 11-23　院落空间 2

图 11-24　以喷泉为中心的休息空间

图 11-25　中国语言特色的建筑立面

图 11-26　材质与色彩体现小区风格

图 11-27　会所庭院枯水景观

城市景观规划设计

图11-28 居住区入口景观

图11-29 中心庭院水景

图11-30 居住区中心水景

2. 景观视觉焦点的设计

在居住区的景观设计中,各个居住区景观设计是否具有鲜明的特点,对城市整体景观风貌的形成、居住区景观个性的营造、增强该居住区在整个居住区域的识别性是十分重要的;居住区景观视觉设计焦点的要素主要有小区大门、景观小品、场所中的某些自然景观和人造景观等(图11-28~图11-30)。

3. 景观设计的艺术性

居住区景观个性的塑造离不开艺术品质的提高,人类社会的生活需要美,美的形态总能给人带来愉悦,这其中包括了建筑造型的美、空间形态的美、地形地貌的美、植被绿化的美、景观小品的美、环境色彩的美。

4. 细部设计

居住区环境品质的优劣需生活在此的居民在实际生活中经过体验才能得出准确的评价,景观设计的好坏不仅体现在它的整体规划、构思创意及造景手法上,而且景观的细部设计也决定了景观的定位与品质。细部设计使景观变得更加丰满和有血有肉,创意的巧妙、造型的精美、色彩的和谐、施工的精良等因素都会给居住区的居民增加生活的情趣(图11-31~图11-35)。

社会生活的进步和科学技术的发展使得当今的城市景观呈现出景观要素的多元化,对于自然元素提炼的深度与广度的拓展,自然与人工以更加灵活和睿智的方式结合。人们已逐渐转向以更加多元的途径体验多层次的景观环境,现代景观设计在更加开放的技术经验交流条件下,审美体验得到了极大的丰富。

图11-31 护坡细部设计

图11-32 庭院细部设计

图 11-33　建筑细部设计　　　图 11-34　入户细部设计　　　图 11-35　道路细部设计

11.9　居住区环境绿化设计策略

根据居住区的特点，居住区绿地类型主要分为住宅区公共绿地、宅旁绿地、道路绿地、其他绿地（专用绿地、阳台绿化、屋顶绿化）。

由于地域环境的不同，植物生长所需条件的不同，居住区的植物配置也有很大的差异性。因此，居住区绿地环境植物的配置主要遵循乔木和灌木相结合、常绿与落叶树种相结合、观枝与赏叶相结合、花与草相结合、多样性与统一性相结合的设计策略。在植栽的形式上，根据空间环境的特征，充分考虑平面设计与竖向设计的视觉效果，将规则型与自由型合理地规划与组织。在植栽形式上尽量避免等距栽植（行道树除外），可采用孤植、对植、丛植，装饰性绿地和开放性绿地相结合，充分利用不同植物品种的特征与变化特性（形、色、叶、花、果等）所具有的观赏性，创造居住区环境的季相景观效果。

居住区的环境绿化是城市绿化的组成部分，它起到连接、导向、分割、围合等作用，它可以增加住宅区的绿化覆盖率，减少周围交通的噪声，创造居住区的微气候，美化居住区的环境，为居民创造一个美好的生活环境。

11.10　我国现代居住区景观设计存在的主要问题

中国经济的快速发展得益于改革开放，西方现代设计思想的引入及设计实践所取得的成就，极大地推动了我国建筑和景观设计的发展。近年来，我国的城市住宅建设呈现出快速发展的趋势，住宅建设成为改善民众居住条件、推动社会经济增长的重要动力。然而，居住区的建设发展良莠不齐，尤其在居住区的开发和环境景观设计上还存在着许多问题，主要表现在以下几个方面：

（1）居住区开发的密度过大，超大型居住区比比皆是，而相应的公共配套设施不完善，居住区的交通建设滞后，给居住区市民的生活、工作、出行等造成诸多不便。

（2）由于经济利益的驱动，大多数房地产开发商将居住区开发的密度提高，造成居住区室外公共活动空间减小、绿化率降低，对居住区的停车场设计考虑不够，更没有考虑到居住区附近集中式停车场的建设，无法满足可持续发展的需要。

（3）大多数居住区住宅建筑缺少鲜明的特征，造成千城一面的景象，识别性较差。

（4）居住区景观建设出现两种状况，一种是居住区景观缺少科学的规划和设计，有些只是在空地上铺设一层草皮，零零散散栽种一些树木。另一种状况是居住区景观建设过于追求奢华与繁琐，造成景观美观眩目，缺少适用价值，造成不必要的浪费。

我国是一个发展中国家，人民的生活正逐步得到改善，城市居民的居住条件得到较大的改善，但和西方发达国家相比，还存在较大的差距。所以，我国在居住区的建设上还要加大投入，在景观设计上还需精益求精。

第12章
城市公园环境景观设计

第 12 章 城市公园环境景观设计

现代城市公园产生于第一次城市化。纵观世界现代发展史，城市公园伴随着城市化进程而处于不断的演进当中，从第一个城市公园——纽约中央公园的产生到现在，城市公园已发展成为一个庞大的家族，并在城市中担当越来越重要的角色。公园最初的功能较为单一，主要为城市中的市民提供休闲、散步、赏景的公共场所，随着公园建设的不断发展，公园的功能具有了更多的内涵，增加了很多的活动内容。现代城市公园一般具有观赏游览、休闲运动、小憩休息、儿童游戏、文娱活动、科普教育、提供服务等功能。城市公园不仅为市民提供了一个开放型的公共空间，而且对改善城市区域性生态环境发挥了重要的作用。

12.1 城市公园的概念

12.1.1 城市公园的概念

不同时期对城市公园的定义均不相同，有不同的侧重点，如强调公园美学意义的、强调公园游憩娱乐意义的、强调公园综合功能的等。无论何种解释，从人类对城市和生活的角度来看，城市公园是指自然的或人工的开放性公共空间，是由不同地形地貌、植物、水体、道路、广场、建筑、构筑物及各种公共设施和景观小品组成的综合体。公园的概念不仅包括各种专题类公园和综合性公园、花园、自然森林公园，还包括城市郊区的休闲农庄、水上公园等，在城市建成区域范围内设置的公共性公园都归类为城市公园。

12.1.2 主题公园的概念

学术界对主题公园的准确内涵与外延有不同的认识，周向频先生认为："主题公园是一种以游乐为目标的拟态环境塑造，或称为模拟景观的呈现。"保继钢先生将主题公园定义为："一种人造旅游资源，它着重于特别的构想，围绕着一个或几个主题创造一系列有特别环境和气氛的项目吸引旅游者。"而美国"主题公园在线"给出的定义为：主题公园是"这样一个公园，它通常面积较大，拥有一个或多个主题区域，区域设有表明主题的设施和吸引物"。

图 12-1　纽约中央公园鸟瞰（左）
图 12-2　纽约中央公园夜景（右）

12.2　城市公园的发展与演变

12.2.1　西方国家城市公园的发展过程

城市公园是从西方工业革命以后在欧美国家中产生并推广到全世界的。工业革命促进了生产力的极大提高，大量的人口涌入城市，人们的对应关系由扎根于土地田野的传统农业的雇佣关系转变为围绕着机器大生产的劳动雇佣关系，居住形式由具有田园风光的农业开敞空间进入到狭窄局促的城市小空间，其结果导致社会结构的颠覆性调整，造成城市环境的破坏和日趋恶化，人们迫切需要找回心目中的世外桃源——自然原野和田园牧歌。因此，城市公园被引入到城市中帮助生活在城市中的人们实现他们的这种宿愿。因此，城市公园的出现是历史的必然。

工业革命的发源地英国是最早出现城市公园的，1881 年伦敦建成了以富裕市民为服务对象的摄政公园，1847 年利物浦建成以工人阶层为服务对象的伯金海德公园等，这些公园是现代城市公园的萌芽。现代城市公园运动的里程碑是纽约中央公园，其建于 1857 年，是真正意义上的第一个城市公园，是第一个真正意义上的有绿色休闲功能的城市开放空间；公园建成后，带动了周围地段的投资，从纽约中央公园（图 12-1～图 12-3）开始，美国掀起了"城市公园运动"，在旧金山、芝加哥等大城市兴建了许多大型的城市公园。当时，建造城市公园是为了保护好城市周边优美的自然景观，以提高土地的商业价值，为将来的城市发展留出足够的风景体系，为后人保留一些可持续发展的资源。19 世纪的欧美国家属于资本主义繁荣的成长初期，先进生产力得到发展，财富迅速聚集，城市快速发展，为了保护城郊的自然风貌，避免由于城市开发建设的不当造成环境的破坏，美国的许多城市相继制定了城市发展蓝图，其中重要的一个方面就是建立城市公园系统。美国的城市公园与城市的关系相比较而言更侧重于有机性与和谐性，更注重城市区域连续景观的美感。与早期的大型城市公园建设有所不同的是，城市

图 12-3　纽约中央公园平面图

公园系统中补充了小公园的分布，城市公园系统更具科学性、系统性。

12.2.2 我国城市更新中城市公园的发展状况

中国近代城市公园的发展是在西方造园思想指导下进行的殖民形式的园林创作。1868 年在上海建造了我国第一个城市公园"黄浦公园"；1919 年建造了"兆丰公园"，即中山公园；1906 年在无锡、金匮两县，乡绅俞伸等建造了具有中国特色的城市公园"锡金公花园"。辛亥革命以后，我国一些城市相继兴建了广州越秀公园、中央公园、汉口政府公园、昆明翠湖公园，这些公园有的是在原有风景区、古园林旧址上建造的，有的是在新址上参照欧洲公园特点建造的。

我国第一个五年经济发展规划时期（1953～1957 年），是建国以后我国城市公园发展的第一个小高潮，伴随着全国各个城市结合旧城改造，各地大量新建城市公园，同时对原有的公园进行充实提高。在后面的几年中，由于受到一些客观因素的影响，城市公园建设的速度有所放慢，以上两个阶段中兴建的城市公园在规划设计手法上，主要是学习了前苏联建设公园的模式，强调公园的功能分区，注重群众性文化活动，这种公园设计模式极大地满足了当时人民的游览休闲以及对精神生活的需求。改革开放 30 年来，我国经济有了极大的发展，人们的生活形态向多元化发展，对生活品质和精神有了更高的要求，这些因素都推动了我国城市的更新与城市公园的建设发展。城市公园建设呈现出蓬勃发展的趋势，各种主题公园应运而生。

12.3 影响城市公园发展的主要因素

12.3.1 城市化发展对城市公园演变的影响

在第一次城市化浪潮中，西方主要发达国家迅速实现工业化而带来了城市化的第一个成长期。19 世纪以来，工业化对于社会、城市生活造成了根本性的变化，其表现为人口的极度膨胀、城市环境的日趋恶化、城市成为产业和贸易的中心。改革开放之前，由于我国经济落后，城市公园发展缓慢；改革开放 30 年来，中国城市建设和乡镇城市化取得了快速发展，工业化与城市化水平有了很大的提高。当前我国正在进入大规模的城市化发展期，城市不断向郊区扩张，城市中心区进行旧城改造、土地置换，中小城市进行升级，农村进行城镇化建设。在城市化的改造过程中，许多城市在寸土寸金的城市中心花巨资兴建公园、公共绿地，使这些城市变得更加整洁美丽，重新焕发了活力。近年来，我国有几个城市先后被授予"联合国人居荣誉奖"、"国际花园城市"、"中国人居环境奖"等荣誉称号。

图12-4　法国拉维莱特公园1（左）
图12-5　法国拉维莱特公园2（右）

12.3.2　当代艺术发展对城市公园的影响

从第一个城市公园诞生以来，城市公园的风格一直受到不同艺术风格与流派演变的影响，从英国工艺美术运动开始，新艺术派、分离派、未来主义、现代主义、后现代主义、解构主义等每一次艺术运动，都在不同程度上影响到城市公园设计的艺术倾向。

早期的一些英、美公园，如纽约的中央公园明显受到当时田园画、风景画艺术的影响，表现出一种对自然风光的眷念。从哈佛革命开始，现代主义成为公园设计的主流，公园设计开始在追求艺术表现的同时，强调形式与功能的统一性。现代园林发展到今天，可以说成为展现各种艺术风格的舞台。比如：法国的拉维莱特公园（图12-4、图12-5）、雪铁龙公园。拉维莱特公园的建设是解构主义在城市公园中一次重要的实践活动。而雪铁龙公园设计糅合了现代主义简洁及文脉等多种艺术理念。因此，不同的艺术实践活动都促使城市公园有了新的突破。

图12-6　德国杜伊斯堡北部风景园1

12.3.3　生态主义思想对城市公园演变的影响

有关城市生态的研究，最早起源于20世纪20年代的芝加哥大学。当时芝加哥大学的学者运用生态学原理，以芝加哥城市为对象，研究人口空间分布的社会原因与非社会原因，分析测试不同人口分布情况下的土地利用模式。20世纪60、70年代，宾夕法尼亚大学教授麦克哈格提出了综合性生态规划的思想，为整个景观设计领域开辟了广阔的天地，使园林设计不再局限于原有的知识领域，真正系统地综合应用多学科知识，使景观设计进入了新的发展时期。他的一系列基本的生态观点已被设计师广泛地应用于城市生态和城市公园的建设实践中。20世纪90年代，生态学研究的重点转向生物多样性的保护，生态城市、生态绿地作为生物多样性保护的重要环节被许多城市列入发展战略。生态学与景观生态学等生态思想在城市公园建设中被广泛地运用，如德国杜伊斯堡北部港口风景园（图12-6、图12-7）、北京的奥林匹克森林公园（图12-8、图12-9）等均是生态设

图12-7　德国杜伊斯堡北部风景园2

图 12-8　北京奥林匹克森林公园（左）
图 12-9　北京奥林匹克森林公园生态环境（右）

计实践活动在城市公园设计中的体现。

12.4　城市公园的价值与功能

12.4.1　城市公园的价值

城市公园最初诞生于早期工业化城市中，工业化的发展使城市环境日趋恶化，在城市中兴建公园可改善城市环境和卫生状况，为市民提供一些优美的休闲娱乐公共场所。逼真的自然环境为人们提供了良好的环境，新鲜的空气、葱郁的植被、游憩与运动的空间，从而改善了人们的心理与身体的健康。

城市与公园的结合可以使城市的土地价值提升，有效地改善了城市的投资环境。英国的利物浦公园、美国的纽约中央公园等城市公园在建园初期均使周边的土地升值。从西方城市发展的历史看，优美的城市公园使城市富有魅力和综合竞争力，因此，城市公园从一开始就成为城市发展规划中必不可少的部分，并被列入城市的整体发展规划中，是不可替代的公益性的城市基础设施。近年来，我国城市公园建设的一些实例表明，城市公园可明显地改善一个区域的投资环境，成为市民向往的居住区，比如南京石头城公园（图 12-10）、宝船公园（图 12-11、图 12-12）。正因如此，有的城市在发展规划中提出"环境是资本，管理出效益"、"环境也是一种生产力"的口号。

图 12-10　南京石头城公园（左）
图 12-11　南京宝船公园 1（中）
图 12-12　南京宝船公园 2（右）

12.4.2 城市公园的生态功能

城市公园是城市系统中最大的绿色生态斑块,是动植物资源最为丰富之所在,城市公园被人们称之为"城市绿肺"、"城市的氧吧"。它对于改善城市生态环境起着积极的、有效的作用。城市公园还担当着生物多样性保护的重要功能,今天的城市很难再找到动物的栖息地了,而城市中大小斑块公园之间形成的生物多样性保护廊道理所当然地成为城市保护生物多样性的场所。

12.4.3 城市公园的景观功能

城市公园在城市空间景观上,起着重要的作用。当今,城市的更新改造、建设开发,使城市的原有景观遭到严重的破坏,而城市公园在合理规划的前提下,可以重新组织构建城市的景观,并成为文化、历史、休闲娱乐的表现要素,使城市重新焕发活力。北京借举办奥运之机,将奥林匹克体育场馆和奥林匹克森林公园选址规划在城市北面,通过这一人造环境的建设,使北京城北部的城市环境有了极大的改善,并使北京城又增添了一处重要的节点和标志性场所。其不仅使北京在城市景观面貌上有了极大的改观,而且还使北京乃至中国在国际上的地位有了显著的提高(图12-13)。

图 12-13 北京奥林匹克体育场馆

12.4.4 城市公园的防灾功能

我国地域辽阔,由于地质结构和气候的原因,在许多地区自然灾害频发,对城市市民和城市设施很容易带来灾难和破坏。2008年5月12日在我国汶川地区发生的特大地震就是一个例子。因此,在地震多发地带,高层建筑密集的大都市,城市公园还担负着防灾避难的功能。在1995年的日本阪神、淡路大地震中,其城市公园尤其是街区公园、邻里公园发挥了很大的作用,保护了城市市民的生命和财产安全,作为城市的公共基础设施,为城市提供了极大的安全效益。目前,我国在城市公园的建设中,基本还停留在造景和美化阶段,而没有完全从城市安全的角度科学地研究城市公园功能的多样性,尤其是在人口密集区和一些老城区基本上还没有像样的绿地空间,缺少防护意识。

12.4.5 城市公园的美育功能

从第一个城市公园产生以来,公园就被赋予了美学的意义,它是人们对理想生活的一种向往与追求。从公园的发展历程来看,无论是传统艺术、民间艺术,还是现代艺术的各种流派,都或多或少地能在城市公园中找到它们的艺术语言表现的痕迹,有的城市公园或以某种艺术流派手法创作,或以几种艺术流派融合,

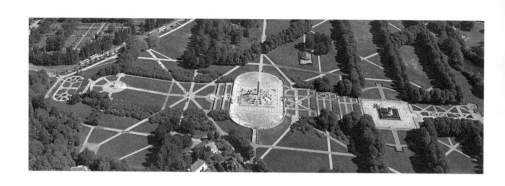

图 12-14　挪威维格朗雕塑公园鸟瞰

图 12-15　挪威维格朗雕塑公园主题雕塑

或以整个公园为对象，或以艺术作品单体融入公园的整体环境中，如法国的拉维莱特公园，是解构主义大师屈米的实验性作品。以著名雕塑家作品为主题的雕塑公园，如挪威的维格朗雕塑公园（图 12-14、图 12-15）。艺术在城市公园设计中的渗透，给人们带来一种美的享受。

城市公园融生态文化、科学、艺术为一体，符合人与环境的关系中对环境综合要求的生态准则，可更好地促进人们的身心健康，陶冶人们的情操，提高人们的艺术修养水平、社会行为道德水平和综合素质水平，全面提高人民的生活品质。而城市公园根据不同的季节与节假日所举办的主题性游览活动，如桃花节、荷花节、牡丹花节、樱花节、冰雪节等节日活动更吸引了众多的市民前往。

12.5　相关理论的实践与启示

12.5.1　系统论与系统理论

美籍奥地利生物学家贝塔朗菲 20 世纪 40 年代创立了系统论，他指出"系统可以定义为相互作用、依赖的空间要素组成的，具有一定的层次、结构和功能性，属于一定社会环境中的复杂人工系统。"到了 20 世纪 50 年代，这一思想被引入城市规划、设计的领域。现代系统思想就是将世界视作系统与系统的集合，将研究和处理的对象作为一个系统来对待，强调研究对象的整体性、相关性、结构性、层次性、动态性和目的性。系统的整体性是系统研究的核心。系统研究的主要任务就是以系统为研究对象，从整体出发来研究系统整体和组成系统整体各要素的相互关系，从本质上说明其形式、结构、功能、行为和动态，以把握系统整体。

系统方法的基本原则为：整体性原则、层次性原则、结构原则、环境相关原则。系统理论为城市绿地系统、城市公园绿地系统的理论研究及实践提供了基本的方法论依据和理论范式。

12.5.2 生态可持续发展理论

1987年，挪威首相布伦特夫人在世界环境与发展委员会上公布的《我们共同的未来》报告中提出"可持续发展战略"的论述，其指出"可持续发展是满足当代人的需要，又不对后代人满足其需要的能力构成危害的发展"。

对可持续发展的属性从四个方面进行了定义，即从自然属性方面定义为"保护和加强环境系统的生产和更新能力。"从社会属性方面定义为"在生存于不超出维持生态系统承载能力之情况下，改善人类的生活品质。"从经济属性方面定义为"当发展能够保证当代人的福利增加时，也不会使后代的福利减少。"从科技属性方面定义为"可持续发展就是转向更清洁、更有效的技术,尽可能接近'零排放'或'密闭式'工艺方法，以减少能源和其他自然资源的消耗。"生态可持续发展理论，对现代社会的各方面发展都有着重要的影响并提供理论指导。城市公园绿地系统的建立与完善，城市公园设计建设的过程中，都体现着人们对生态可持续发展的追求。

12.5.3 景观生态学理论

景观生态学是地理学、生态学以及系统论、控制论等多学科交叉、渗透而形成的一门新的综合学科。它主要来源于地理学上的景观和生物学中的生态，它把地理学对地理现象的空间相互作用的横向研究和生态学对生态系统机能相互作用的纵向研究结合为一体，以景观为对象，通过物质流、能量流、信息流和物种流在地球表层的迁移与交换，研究景观的空间结构、功能及各部分之间的相互关系，研究景观的动态变化及景观优化利用和保护的原理与途径。景观生态学理论为综合解决资源与环境问题，全面开展生态环境建设，提供了新的理论和方法，开辟了新的科学途径。景观生态学理论作为新兴的边缘学科，在城市公园系统的规划中也将发挥更重要的作用。

12.5.4 人本主义、行为主义理论

以人为本的思想就是把人的行为模式作为环境设计的重要依据，这也是现代景观设计的重要特点。人对空间的需求表现出公共性、私密性、领域性。行为理论建构了设计者、行为学者和使用者之间的联系桥梁。它以社会学、心理学以及人的需要层次等理论为基点，从环境中人的心理欲望和行为习惯出发，提出了新的人性化景观设计的程序。

人性化一般分为物质和精神两大层面。物质层面主要是指景观的空间构成，分为人工物质环境和自然环境两方面内容。物质层面的人性化表现在注重人们的

图 12-16　巴黎雪铁龙公园 1

图 12-17　巴黎雪铁龙公园 2

知觉感受。精神层面主要是指景观设计的历史文化传统。

人本主义是一切理论的核心，一切理论的建立都是为了人类更好地生息、繁衍与发展。人性化是人本主义理论的体现方式之一，人性化分为物质与精神两大层面，也可以分为群体与个人两个范畴。城市公园设计应当从整体系统、景观规划到具体的空间设计都能真正体现人性化的精神。城市公园在城市范围内的均布，除了生态的价值外，人性化的考虑应是更为根本的原因。

12.5.5　文脉主义理论

城市公园设计解决的是人与自然的关系、人与景观的关系、公园景观与其所在城市的关系、整个城市与其文化背景之间的内在关系，这些关系都是局部与整体之间的对话关系，必然存在着内在的、本质的联系。对文脉进行研究和探讨，有助于正确地传播信息，明确景观环境和城市的明显性。强调公园景观设计的文脉，就是要强调公园是整个城市景观环境的一部分，注重城市景观在视觉、心理、环境上的沿承性、连续性。公园景观设计在传承历史、文化的同时，又反过来影响并支配着文脉的发展。因此，城市公园是城市景观重要的组成部分，城市公园的设计也深受文脉主义思想的影响，例如：1992 年建成的巴黎雪铁龙公园就是文脉主义设计思想的集中体现（图 12-16、图 12-17）。

12.6　城市公园建设的总体发展方向及设计目标

城市公园的发展方向和设计目标的确立，是其他一切具体工作的前提和基点。有了正确的方向和实现目标，公园的成功建设才成为可能，而错误或不切实际的设计方向和目标必将从一开始就注定了公园建设的失败。

12.6.1　发展方向

对城市更新中城市公园的建设来讲，除了要在体制、机制、观念上进行变革与创新外，挖掘、恢复、包装历史文化景点和自然资源尤为重要，悠久而深厚的历史文化积淀是很多城市公园建设可依托的优势所在，只有同时拥有深厚的文化积淀和鲜明的主题特色，不断地推陈出新，向独具特色的、有一定文化内涵的城市公园方向发展，才能继续发挥其强大的生命力。城市公园的建设首先要把握城市的总体规划和公园基地的现状，因地制宜，并在此基础上重点挖掘基地自身的历史文化特色，鲜明地凸现公园主题，在众多城市公园中独树一帜，才能成为市民向往的休闲场所。

12.6.2 设计目标

城市更新中公园的建设要解放思想，辩证地解决建设中历史与现代、开发与保护、新与旧之间的一系列矛盾，力争做到"保古创新"、"古为今用"，最终达到旧貌变新颜的目标。要实现此目标需具备以下特点：

(1) 时代性——公园的建设能够反映当今社会环境下的科技、文化特点，体现现代人的审美和心理需求。

(2) 独特性——城市公园规划设计的目标不是盲目地"赶时髦"，而是通过独特的创意、新颖的手法、新的技术、多元多层次地反映城市公园在现代社会中的个性和特点。

(3) 文脉性——城市公园的规划设计要充分发掘和表现与公园相关联的文化渊源、历史文脉、风土人情、民俗精华等人文资源，切忌盲目跟风。

(4) 地域性——每个城市都有着各自的人文资源和自然风貌，城市公园特色的形成和公园内部的地形地貌、植被状况、水文特点有着密切的关系，充分利用这些自然资源不仅能保持城市的原有风貌，而且通过和其他构成要素的结合，能强化公园的特色。

图 12-18　南京雨花台烈士陵园

12.7　主题公园

12.7.1　主题公园的分类

根据当今世界城市公园的开发类型，主题性城市公园大致分为以下几类：

(1) 著作再现型——以名著或经典著作、卡通动画等为原型，在原型的基础上，通过想象力的创造，将其形象和重要情境再现出来。如上海的大观园、太湖三国城等。

(2) 历史再现型——以重要历史事件、历史遗址、历史人物、历史故事等重要情节为蓝本形成场景再现历史面貌。如南京的雨花台烈士陵园（图12-18）、宝船公园，北京的圆明园（图12-19）。

图 12-19　北京圆明园遗址

(3) 名胜微缩型——将世界各地的名胜古迹、建筑、风景按一定比例缩小，以微缩景观的形式整体展现当地的风貌。如深圳的锦绣中华公园、北京的世界公园等。

(4) 民族风情型——以模拟民族风情和生活场景为主题，让游客参与其中，亲身感受不同民族人们的生活，通过歌舞表演、民俗仪式的展示、生活场景的再现使主题更加突出，如深圳的中国民俗文化村、昆明的云南民俗村。

(5) 文化艺术型——以各种文化类型进行主题公园的创意，如影视文化、体育文化、雕塑、绘画、书法艺术等。游客通过游览电影拍摄场景、参观体育设施、

图 12-20　美国迪斯尼公园（左）
图 12-21　南京绿博园（中）
图 12-22　杭州西溪湿地公园（右）

欣赏艺术作品，使他们的审美水平和艺术修养得以提高，如美国的好莱坞影城迪斯尼公园（图 12-20）、挪威的维格朗雕塑公园等。

（6）自然生态型——以自然界中的自然风貌、地质特征、动植物为主要构成元素创建主题公园。如张家界国家森林公园、香港的海洋公园、南京中山陵植物园、南京绿博园（图 12-21）、波特利姆野生动物园、杭州西溪湿地公园（图 12-22）等。

12.7.2　公园主题与景观的关系

（1）景观与旅游的关系——主题公园是旅游业发展的产物，是旅游发展的一个重要领域，主题公园与旅游业有着密切的联系，所有主题公园的景观营造必然要以适应人们旅游的行为需求为基础。

（2）景观与产业化的关系——主题公园景观既是旅游资源也是旅游产品的组合，建造主题公园的目的之一就是为了能够取得良好的经济效益，它集旅游观光、餐饮、娱乐、购物等为一体。

（3）景观与参与体验的关系——主题公园的参与性不仅表现在某些活动项目的参与上，而是让旅游者有一种身临其中的感受，主题景观的参与性与体验性包括视觉感知和身心体验两个方面，使游客与园区环境产生共鸣，亲身体验场景所表达的主题含义。所以主题公园区别于其他公园的一大特征就是创造参与和体验的环境景观。

（4）景观与寓教于乐的关系——主题公园的主题选择一般都是以人类文明为来源，具备相当的文化与知识含量，游客在轻松、愉快的游览过程中理解与感受其文化内涵。通过游客的参与给他们带来更多的快乐。

（5）景观与可持续发展的关系——主题性公园的建设应充分考虑其可持续性发展，因此，主题公园的规划设计、生态保护与城市生态一体化设计、游客对休闲娱乐方式的新要求、审美趣味的不断提高等都是主题公园能否可持续发展要考虑的因素。

12.7.3 主题公园景观特色营造

（1）公园主题的定位——主题公园需要有一个鲜明的主题自始至终地贯穿全园，主题的独特性是主题公园成功的基石，主题的定位对主题公园景观设计具有决定性的作用。

（2）主题景观的营造——主题景观是通过景观形式所表达的园区主题形象，主要通过园区的空间布局、景观建筑的结构、外部形象的造型、植物造景等手段来表达园区的主题思想。通过直觉、联想、想象、情感体验等方法使旅游者深入感受。

（3）景观的个性化表现——主题公园尽管有着明确的主题，但选择何种造型才能鲜明地表达主题这点非常重要，只有突出个性化特征的表现才会使旅游者留下深刻的印象。

12.8 公园景观空间组合序列

12.8.1 公园景观空间的发端

景观空间的发端是公园景观空间序列的开始，也就是园林设计中的起景，在公园景观设计中，起景就好像拉开了序幕，吸引游览者的注意力，并对后续景观空间产生期待或渴望到达。景观的起景主要有点、线、面三种形式。

"点"起景是指景观空间的起景以"点"的形态作为空间序列的开始，如运用堆砌假山造景、水池造景、花坛造景的表现手法（图12-23）。

"线"起景是指景观空间通过"线"的形态作为空间序列的开始，通过线性空间的延伸引导游客的视线与走向（图12-24）。

"面"起景是指景观空间由一个基面展开，这是城市公园常用的景观空间起点序列展开形式，它往往以公园入口广场的形式而出现（图12-25）。

12.8.2 公园景观空间的延伸

大多数公园由起景空间开始延伸达到高潮，往往采用一种诱导型、延续性的线索来贯穿不同性质的景观空间，以形成一种迂回曲折、时隐时现、虚实相间的空间序列构成形式，它和中国古典园林空间的构成形式极为相似。

12.8.3 公园主体景观的营造

公园景观的起景，经过空间序列的延伸铺垫后，由序曲进入高潮，并设置后景作为反衬，形成空间的收景。公园主体景观是点睛之笔，它往往构成公园的主

图12-23 北京奥林匹克公园入口的"点"起景形式

图12-24 南京玄武湖公园南入口的"线"起景形式

图12-25 南京宝船公园入口的"面"起景形式

题或成为游客心目中向往的去处。

12.8.4　公园空间景观的收合

公园景观的收合既是前一个景观空间序列的结束，又是下一个景观空间序列的开始，游人可以通过空间环境的引导，去迎接下一个环境高潮的到来。每个完整的景观序列都包含着序幕、兴奋、高潮、松弛这四个渐进的阶段，科学合理地组织空间，形成具有节奏性、韵律感的空间序列，是公园在空间组合中引导游人获得最佳游园效果的重要手段，公园内不同景点的均衡设置，是实现空间组合序列节奏的主要方法。

12.9　公园的交通空间设计

图12-26　中国古典园林园路

公园里的园路是公园规划设计中不可缺少的构成要素，是公园的骨架，园路的规划布置，往往反映了公园的面貌和风格，中国城市中的绝大多数公园的规划设计都具有古典园林的风格，园路讲究峰回路转、曲折迂回（图12-26）。

公园的园路功能和城市道路的功能有不同之处，除了表现为组织交通、运输外，还有其景观上的要求。园路规划要满足游览线路的需要，连接不同的景点空间，提供休憩地面。由于园路的特殊性，园路的铺装在满足使用功能的基础上，园路本身也成为观赏对象，园路铺装中所选用的不同材料、不同的拼合形式，以及图案中所表现的内容都具有较高的美学价值（图12-27、图12-28）。

图12-27　美国地理公园休闲小道

公园道路一般分为主要道路、次要道路、林荫道、休闲小道，不同类型的道路由于使用功能的不同，道路尺度都有明确的规定。园路的设置应符合整个公园的规划要求，主路要清晰，所有的园路都应与园区空间的完整性相协调，而公园的休闲小道更要满足游客休闲散步的需要（图12-29）。如加拿大斯坦利公园的环岛道路是游人散步和自行车爱好者的天堂（图12-30、图12-31），在两侧景色优美的道路上，还时常可见滑轮好手的身姿。因此，该公园在道路设计上充分考虑到游客行走与运动的不同要求，将公园的道路分为自行车、轮滑专用道路，游人散步专用道，对道路功能的不同划分，保证了不同行为人的需求与安全。

12.10　影响公园景观设计的因素

12.10.1　自然因素

图12-28　卵石铺地

在城市公园景观设计中，首先要考虑其自然因素，其包括了气候条件、地理环境、植被生长状况等。

气候条件包括气温、湿度、日照、降水量等因素，由于季节的变化，这些自然因素都会影响到自然生态，从而影响到公园的景观设计，比如：公园建筑物的选址，户外场地的使用，水文的状况，以及植物品种的选择和搭配等（图12-32）。

地理条件包含了公园基地的地形地貌，城市公园的地形地貌是全面具体地实现公园景观设计理念的基础条件。公园的规划要充分尊重和保护基地原有的地形和物质形态，因势利导地进行布局规划，只有充分利用自然的山水景观资源，才能创造出和城市整体环境有机协调的生态环境（图12-33）。

植被条件也是公园设计中重要的考虑因素，每一种植物都有其特性，其形状、外观、色彩、质感都是公园景观设计的造型元素，设计师只有将设计理念和实际的视觉效果结合起来，才能真正实现可持续发展的生态城市公园（图12-34）。

在加拿大温哥华市区有一个世界最闻名的公园，也是北美地区最大的市内公园，它就是斯坦利公园（Stanley Park）。斯坦利公园占地面积为6070亩，几乎占据了整个温哥华市北端。斯坦利公园北临巴拉德湾（Burrard Inlet），西临英国

图12-29　尼亚拉加瀑布公园休闲步道（左）
图12-30　加拿大斯坦利公园环岛路1（中）
图12-31　加拿大斯坦利公园环岛路2（右）

图12-32　日本上野公园（左）
图12-33　日本山地公园（右）

图 12-34　日本郁金香公园（左）
图 12-35　斯坦利公园 1（右）

图 12-36　斯坦利公园 2（左）
图 12-37　斯坦利公园 3（右）

图 12-38　斯坦利公园 4（左）
图 12-39　斯坦利公园 5（右）

湾。斯坦利公园的人工景物极少，以红杉等针叶树木为主的原始森林是公园最知名的美景。异彩多姿、丰韵撩人的斯坦利公园有如梦幻般的美、仙境般的神奇，森林草地、簇簇群山、碧水蓝天、船帆桅杆……构成了一幅穷极伟丽的画卷（图12-35～图12-39）。当地人以这种超前的重视人类居住环境的意识，完好地保留了这片净土，并时时呵护着这座城市的巨大绿肺，其成为温哥华市民享受大自然、亲近大自然的快乐之地。因此，在联合国评定的全世界最适合人类居住的城市中，温哥华名列榜首，斯坦利公园这片原始森林和良好的生态环境功不可没。

12.10.2 人文资源

无论是大众化的城市公园还是主题公园,都会以某种传统文化作为主题进行景观形态的创意设计,这种人文资源包含了传统文化中的精髓、地域中的历史故事与遗迹,以及本民族的文化、生活形态与民族风情等。在城市公园设计中,人文资源的引入不仅可以满足人们休闲娱乐的需求,而且可以满足人们的精神需求。

在加拿大斯坦利公园东部的一个三角形绿丛林前,有几根形状大小不一的印第安木刻图腾柱,它们不仅体现了印第安人的文化艺术,同时也为公园增添了一处历史文化景观。这些巨大的图腾柱(图12-40),用整根雪杉木刻制而成,在柱子的四周用刀刻画了许多抽象的动物、人物和文字,刀法粗犷、色彩大胆,给人一种神圣庄严之感,反映了当地印第安人的一种文化和信仰。色彩艳丽、雄浑丰厚的刻画,栩栩如生地为我们讲述着印第安人的故事,并使我们感受到了印第安人文化的深刻内涵。时常可以看到穿着红色的马夹、上身佩戴许多装饰件、头上插着鹰羽、脸上涂着一道道红印、脚上穿着兽皮软鞋、边缘装饰着流苏、珠绣的印第安人在周围徘徊。印第安人都崇拜土地,认为大地是他们的母亲,而苍天则是他们的父亲。

我们通过此案例可以看到,人文资源的保护与挖掘对城市公园发展的重要性。

图12-40 斯坦利公园图腾柱

12.10.3 社会因素

经济与科技的发展对城市公园的建设有着直接的影响,将科学技术运用到公园旅游项目的开发中,可以极大地丰富公园的娱乐活动,增强游客的参与性,而将电子高科技应用于主题公园的建设成为一种发展趋势,这些技术的运用将对旅游业产生革命性的影响,公园的娱乐活动也由原来的被动参观变为游客主动参与。比如:有的主题公园采用声、光、电等技术,模仿大自然的各种现象,将科普宣传和游玩相结合。有些公园设有能供游客参与的大型娱乐设施,如过山车、摩天轮、水滑梯、蹦极等项目(图12-41、图12-42)。

在加拿大斯坦利公园中,除了可以欣赏到美丽的自然景观外,还时常可以看到可爱的浣熊,还有一座人造动物园和温哥华水族馆。建于1956年的温哥华水族馆是加拿大最大的水族馆,还种植了大片的亚马逊热带植物。温哥华水族馆内有8000多种水生生物供游人参观,其中有许多珍稀海洋生物,水族馆内还有各种鸟类和猴子。温哥华水族馆还定期为儿童举办关于环保和保护动物的教育性节目,寓教于乐,很受儿童和家长的欢迎。

图12-41 美国环球影城娱乐项目(左)
图12-42 摩天轮(右)

第13章
大学校园景观设计

第 13 章 大学校园景观设计

大学是人类社会的灵魂，是人类精神文化的家园，大学作为人类精神文化的载体，见证了人类社会历史文化的变迁，科学与人文共同构建了大学这片充满人类理想的伊甸园。大学是培养人才的场所，而校园作为实施大学教育的物质载体，校园空间形态的变化不仅体现在功能需求上，而且表达的是一种社会思潮的变迁、人类对进步文化的追求。大学校园这个特殊的空间环境充满了思想与文化，它不仅点燃了思想的火花，同时也是理论研究与实践探索的奠基石。

13.1 大学校园发展历史演变

13.1.1 西方大学校园发展简述

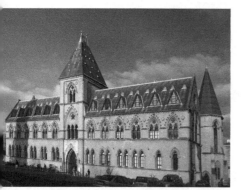

图 13-1　牛津大学校园环境

从世界发展史来看，大学的起源可以追溯到中国的先秦、西方的希腊和罗马。西方较为正式的大学创办于中世纪，欧洲传统的大学是从中世纪的修道院发展而来的，主要为教会服务，如著名的牛津大学、剑桥大学。当时这些大学的校园格局和建筑风格都保持着宗教建筑的性格特征，学院各自独立，生活学习合一，大学完全是与社会隔离的"象牙塔"。欧洲中世纪校园的最大特点是校园与社会完全隔离，每个学院都是由方形的围合建筑群构成，一切活动都在这个封闭、与外界隔绝的环境中进行，这是与中世纪大学教育的模式相适应的。这种四方院奠定了欧洲学院制大学校园内聚性空间的基本形态，它所形成的规划格局、建筑形制对欧美及其他国家的大学都产生了深刻的影响，如美国哈佛大学的校园规划和建筑造型都体现了早期西方大学的风格。英国的牛津大学与剑桥大学是现存中世纪大学的典型，虽历经了七八百年的变迁，但仍然保持着古典主义的特征。这两所大学由一系列学院组成，分部在城市的多个街区，街道和河流从校园中穿过，校园融入到城市的各个角落，建筑组合表现为类似中世纪修道院的合院式格局。每个学院内部往往由建筑物分隔成几个院落，院落之间通常以廊道或门道相通。牛津与剑桥皆为著名的以大学为主体的城镇，整个旧城区也可以被视为一所大学，其美丽的校园成为人们旅游观光的场所（图 13-1、图 13-2）。

文艺复兴促进了人类科学思想的解放和自我的觉醒，近代自然科学的发展使学科出现了分科制，专业化的分科教育，导致校园在传统模式基础上开始出现建筑群体的组合和总体功能分区。功能分区校园模式不仅对欧美大学校园环境设计

图 13-2　剑桥大学校园环境

产生了深远影响，而且对近代中国大学校园的建设提供了借鉴的范本。如清华大学和东南大学初期的校园规划。18世纪之后，许多国家开始设立现代意义上的大学，出现分科制并逐步注重专业化的科学技术研究，专业化教育的分科，使校园空间模式开始由各相对分散的功能单元，按一定结构规律组织形成建筑群组合和功能分区。随着社会的进步与发展，高等教育模式为了适应发展形势的需要也相应地进行变革，当时，德国和前苏联兴办的现实主义风格的校园，是欧洲大陆比较典型的按功能分散布局的大学院校形式。

19世纪初，世界的高等教育中心开始逐步由欧洲向美国转移，受法国学院派和英国学院制院校的影响，美国大学院校逐渐形成两种基本模式，即学院派院校和学院制校园。院校的规划是通过壮观的尺度和严格的构图形式组织建筑群，并表现其庄重和纪念性。美国社会自由化的思想及开放型教育体制，深深地影响了大学院校的空间环境特色；与欧洲传统的校园环境相比，这些美国大学院校总体环境不再是封闭的空间，建筑风格呈现多元化，大多数校园建筑与自然环境有机结合，注重人文景观、文化氛围以及交往空间的创造。如美国的麻省理工大学、斯坦福大学等（图13-3、图13-4），都以其学术地位和优美的校园环境而闻名于世。英国伦敦大学学院（UCL）创立于19世纪初工业革命时期，是一所对平民开放，不分民族与信仰，实行男女平等接受教育的大学。校园由众多分散的建筑组成，跨越了多个街区，城市与大学融为一体；校园布局遵从伦敦城市的肌理，建筑大多沿街平行布置，形成连续的界面，建筑风格朴实大方。

从19世纪中叶到20世纪初，尤其是工业革命后，欧美新兴的城市校园，逐渐发展成开放式的校园格局，半开放的校园院落成为人们相互交流的公共场所，在形成大学开放式空间的同时，又形成了城市的公共空间。科学技术的巨大进步，促使自然学科分科越来越细，而每一门学科都在与整个科学体系的紧密联系中发展，科学技术的综合发展趋势，向现代高等教育提出了更高的要求，为了适应形势发展的需要，一些大学先后扩建成各有特色的综合性大学。当代大学最突出的特点是其开放性，大学的办学宗旨是培养社会发展需要的人才，走的是产、学、研相结合的道路，这就要求大学与社会应保持紧密的联系，这种办学理念不仅体现在教学过程中，而且还表现在院校的规划和学生的日常学习生活中。

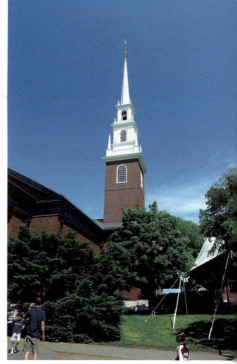

图13-3 麻省理工大学校园环境

图13-4 斯坦福大学校园环境

13.1.2 中国大学校园发展简述

中国真正现代意义上的大学，实际上是近代从西方引入的，它起源于清末洋务派创办的洋务专科学校，以及由外国教会办的教会书院。[1] 这些学校与中国传

---

1 蔡元培. 大学教育[M]. 北京：商务印书馆，1930.

图13-5　东南大学校园环境（左）
图13-6　清华大学校园环境（中）
图13-7　武汉大学校园环境（右）

统的教育模式不同，以传授西方先进科学技术为主。1895年，天津海关成立的"天津西学学堂"，1898年成立的京师大学堂，标志着中国近代大学的开始。而京师大学堂的校园空间格局，充分体现了近代大学在建立初期，传统理念对校园空间设计根深蒂固的影响。当国门打开之后，西方比较先进的思想和技术手段传入我国，开创了现代意义上的大学。在这之后建立的大学校园，受西方的较大影响，校园规划产生了显著的变化，如建于1922年的中央大学（现东南大学）校园规划和建筑群，以西方古典式的对称轴线和西方古典建筑风格构成，形成一种庄重宏大的气势，折射出近代西方复古主义建筑思潮对中国的影响（图13-5）。由美国建筑师亨利·墨菲主持设计的清华大学校园规划，基本仿效美国的学院派校园空间规划设计，以大礼堂和大草坪为中轴线，采用对称方式布置教学楼、图书馆等公共设施，建筑的风格有意模仿西方古典主义和折中主义风格（图13-6）。1927年后，国民政府改革高等教育，倡导民族文化的弘扬，这时期的校园设计风格也开始注意体现中国传统文化特色，如武汉大学（图13-7）、金陵女子大学（现南京师范大学）就是这时期校园规划的代表。

十年动乱期间，我国的高等教育基本处于停滞阶段，高校的建设基本没有发展；改革开放之后，人们的思想得到解放，真正认识到科学技术是第一生产力。因此，我国在发展规划中提出"科教兴国"的战略方针。近年来，随着高等教育规模的不断扩大，我国加大了高校的基础规模建设，国内各地兴建了许多大学校园和大学城，我国的高等教育事业呈现出蓬勃发展的趋势。这时期的校园规划，为了适应当今科技综合化、整体化、开放性的发展要求，校园的空间规划设计也开始出现多元化的趋势，空间功能单纯明确，建筑造型灵活多样（图13-8～图13-10）。设计师们也在探索既适合中国国情，富有民族文化特色，又能满足新时期高等教育发展要求的校园环境。

中国大学的发展在生长与移植中经历了合一分一合的过程，从农耕社会天人合一的田园式校园、私学、书院、国子监到新式学堂、私立学校，直到当今具有现代化、开放性的校园和大学城，充分展示了我国高等教育的发展历程。

纵观我国高校发展的历史，不难看出，高等教育的发展始终与社会、时代、经济的发展密切相关。而作为高等教育发展的物质载体，校园环境建设同样至关重要，它已经从最初被动地适应发展，逐步走向有意识地营造。所以，塑造高品位的校园环境，对大学向着健康的方向发展、全面提高学生的素质有着重要的现实意义。

图 13-8　南开大学校园环境（左）
图 13-9　中国美术学院校园环境（中）
图 13-10　天津大学校园环境（右）

13.2　大学校园空间形态演变的动因

大学是人类社会的灵魂与文化精神的核心，大学校园作为它的载体，不仅见证了人类社会精神理念的历史变迁，而且孕育了几乎超越世俗社会的自由学术理念。

13.2.1　科技的发展

从历史发展的进程来看，科学技术与人文文化有着紧密的联系，科学推动人文文化沿着否定之否定的轨迹发展，文化对科学进行规范、制约、引导与选择，科学技术与人文文化在矛盾的碰撞中进行整合与完善，并且生成宏观意义上大的社会文化系统。当人类社会进入 20 世纪后，科学技术的发展，促使人类社会发生了新的变化，量子力学和微电子技术的发展形成了电子信息技术，基因学说的发展形成了生物工程技术，数字技术的发展促进了信息技术的革新。这些高新技术的产生使现代文化以全新的面貌出现，使人类对自然世界有了新的认识，其不仅对文化的表现形式方面提出了新问题，而且促成了客观外部环境和主观内心世界的巨大变化。大学校园在社会发展的趋势下变为整合统一的综合体，大学在历史的发展中逐步积聚能量。因此，大学城成为当今一种新的发展模式。

13.2.2　人文的影响

大学是民族灵魂的反映，虽然大学从它的产生发展至今，在功能和模式上与过去相比发生了巨大变化，但一种特定的以人文为核心的价值观却一直保持在大学理念中，在这种价值观影响下，学术自由、文化教育、批判性研究等诸多观念得以发展，使大学成为人类知识和思想的发源地。当今，大学仍是传播自由、科学、民主等人文精神的核心，作为载体，大学见证了人类社会精神理念的历史变迁，不仅传播了人类的知识，更是塑造人类社会精神的家园。

13.3 大学校园的空间形态

大学校园的形式首先表现在物质空间形态上，它是大学存在的核心，大学校园空间形态与大学校园整体规划布局有着紧密联系。通过前人的实践与探索，大学校园的空间形态归纳起来主要有以下几种形式。

13.3.1 带状校园空间形态

在轴线型校园规划中，带状布局是常见的空间形态，带状有直线型或曲线型。校园建筑或其他公共设施沿两端延伸扩展，亦可向两侧发展，轴线型校园规划可分为单一线型和复合线型，这种规划方式适合功能复杂的校园，具有丰富的空间形态，校园设施沿几条道路向多个方向带状延伸，从功能上分为教学、服务两条轴线，构成 L 形、T 形、十字形等形式。

13.3.2 块状校园空间形态

块状校园空间是以组团的形式构成，通过一个或几个组团将不同的公共开敞空间联系起来，空间形式表现为辐射型或网状型。它以中心广场或绿地中心构成空间形态。第一种空间形态结构较简单，尺度较大，布局紧凑，主要适合大型集会、典礼。而后一种形式，即以绿地为核心空间组织设施，空间结构清晰，环境优雅，适合户外学习、交往、休憩、活动的需要（图 13–11、图 13–12）。

图 13-11　普林斯顿大学块状绿地

13.3.3 立体校园空间形态

随着城市人口的不断增长，土地资源日趋匮乏，基于实际情况，立体式校园规划构想成为解决城市中大学校园发展的理想方式。立体式校园采用立体化的交通组织以及立体化的设施，即人流、车流在三度空间上分离，以及在人车分流的条件下部分平面与竖向功能分区相结合，构成多层面立体式的公共活动系统。比如：香港理工大学处于繁华的市区，校园建筑容积率较高，校园在规划设计中，利用架空层、屋顶增加室外公共空间活动场所。

图 13-12　麻省理工大学集会绿地广场

图 13-13　美国工程学院校园

13.3.4　混合校园空间形态

许多综合性大学一般规模较大，学科较多，有多个学科组团建筑，校园往往包含多个公共空间环境，如广场、绿地、街区等核心区域。从而形成混合型校园空间形态（图 13-13）。

13.4　大学校园的文化特色

美国设计师克莱尔在其《人性的场所——城市开放空间设计导则》一书中论述道："评价一个大学校园规划好坏与否的重要标准是看规划方案能否最大限度地激发人们与其他学生、教师、游客、艺术作品、书本及非常规活动的即兴交流……，校园规划的功能不仅仅是为大学正规教学活动提供物质环境，每个人的大多数受教育机会都发生在户外，并与他所修的课程关系不大，只有当校园规划具备能够激发好奇心、促进随意交流谈话的特质时……，它所营造的校园氛围才具有真正最广泛意义上的教育内涵。……对许多大学校园的观察表明，在天气允许时，大量的随意交流、偶遇、娱乐及班级间的学习交流都发生在户外……，在学术环境中，这种随意性的交流正是大学精神的核心。"[1] 大学校园空间形式是表现校园文化特色的主

1　（美）克莱尔等著. 人性场所——城市开放空间设计导则 [M]. 俞孔坚等译. 北京：中国建筑工业出版社，2001.

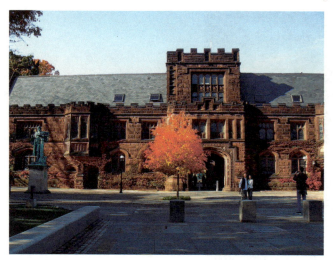

图 13-14　普林斯顿大学拿索大厦

图 13-15　南京大学主楼

图 13-16　普林斯顿大学校园雕塑

要载体，其可以通过建筑特色体现校园环境的文化艺术氛围。建筑是构成校园环境的主要元素，而建筑在造型、体量、色彩、材料、风格等方面，都可以成为表现校园文化特色的载体，在创造校园文化特色的各种设计方法中，建筑本身最具表现力，许多著名大学，都是通过独具特色的校园建筑，彰显其艺术特点和文化内涵的，而有的校园标志性建筑则成为该所大学的象征（图 13-14、图 13-15）。

大学校园的文化气息，存留于校园的各个角落，它不仅表现在校园的各种学术活动，而且融合到学生的生活中。校园中的建筑与景观环境，不仅具有使用功能，而且作为物质存在的实物教材对学生起到重要的精神层面上的作用，对学生的观念和行为起着无形的影响，是校园的灵魂，这种文化内涵隐藏在校园的建筑、构筑物、雕塑、环境小品、植物塑造中（图 13-16）。

13.4.1　历史文化与传统的延续

大学经历了从最初意大利博罗纳大学的创立，12 世纪巴黎大学的兴起，到 14 世纪牛津大学、剑桥大学的古典主义模式，19 世纪柏林大学的改革，20 世纪美国哈佛大学、耶鲁大学的开放式教学等，都证明了大学始终是人类主要精神资源的传递与创造者。美国人佛莱斯纳在其《大学》一书中写道："大学是一个有机体，是社会的表征，是批判地把持一些永久性观念的地方。"因此，可以说大学是以培养"人"为核心的，关心"人性的解放"、"人格的完善"、"人的发展"是大学的本质。每一所大学在长期的办学实践中，都有其历史发展轨迹和历史积淀的精神，大学精神是在大学演绎过程中形成和发展起来的，有着稳定而丰富的内涵。在校园中，学生们受到文化和思想教育与熏陶，对他们的思想观念的形成、人生的价值追求都会产生重要的影响。我国许多高校都将名句或格言作为校训，如清华大学的校训是"自强不息，厚德载物"（图 13-17）；南京林业大学的校训是"团结朴实、勤奋进取"；而"严谨、勤奋、求实、创新"的学风和"民主、团结、进取、献身"的集体主义精神，是北大倡导和实践的校园精神。

第13章 大学校园景观设计

一所大学的建立和发展有着其特定的历史背景和文化渊源，大学学术文化底蕴的形成与历史文脉有着密切的联系。特定的校园环境和建筑承载着校园发展的历程，记录了校园的精神、历史事件和人物故事（图13-18）。北大校园中矗立的烈士纪念牌，正是大学精神的弘扬（图13-19）。许多大学校园环境中都设置了该校校长、著名教授以及取得卓越成就的杰出校友的人物雕像或题词（图13-20、图13-21）。因此，大学的精神与传统、校园文化与特色是由方方面面构成的，校园景观建设离不开这些核心要素。

图13-17 清华大学校训

图13-18 清华大学校园纪念碑

图13-19 北大校园烈士纪念碑

图13-20 湖南大学毛泽东雕像

图13-21 北京大学李大钊雕像

图13-22 南京工业大学校园环境（左）
图13-23 中国美术学院校园环境（右）

13.4.2 地域性特色的反映

大学校园景观的形成很大程度上依赖其自然基础，从选址到景观的规划建设，都离不开对区域的地形、地貌、植被等要素的综合考虑。在形成校园特色的诸多因素中，最重要的是充分利用当地的自然条件，地域性环境风貌对突出校园环境的整体特色起到重要的作用。例如：湖南大学校园规划围绕岳麓山展开，充分利用了岳麓山的自然条件，将校园环境与自然环境完美地融合，使湖南大学成为全国最美丽的校园环境之一。近几年，在新建的大学校园中，有一些高校非常注重校园的选址，比如南京工业大学将新校区选择在南京江北老山山脉脚下，校园山峦起伏，自然植被茂盛，教学区、图书馆、办公区、体育场、学生宿舍等设置在不同的山峦之中，建筑物在茂密的山林中时隐时现，山水在校园中穿过，这一独特的地形地貌形成了该校的校园特色（图13-22）。另外，中国美术学院新校区也选择在山清水秀的地域环境中，校园地形高低错落，建筑师在校园建筑造型的设计中，融入了具有江南民居风格的建筑语汇和符号，追求建筑与自然的融合，整个校园建筑和环境体现出浓郁的江南风韵，具有强烈的地域性特色（图13-23）。

对地域性环境特点的考虑使位于不同地域的大学环境景观具有不同特质，而大学校园景观塑造中对地域性的考虑正是对现有自然环境特质的延续（图13-24～图13-26）。

图13-24 哈佛大学校园环境（左）
图13-25 普林斯顿大学校园环境（中）
图13-26 加州大学校园环境（右）

图 13-27　中央美术学院校园雕塑（左）
图 13-28　加州大学入口广场构筑物（右）

图 13-29　普林斯顿大学校园雕塑（左）
图 13-30　哈佛大学古建筑（右）

13.4.3　塑造人文学术氛围

19世纪功能分区的校园中，学术环境与生活环境是截然分开的，这造成了校园生活结构的解体，学习和生活相互脱节。学校是传播思想与真理，探索科学奥秘的场所；因此，学术交流的意义重大，大学可以通过建立学术交流中心、博物馆、图书馆、文化活动中心、展览馆、美术馆等设施，以及户外广场、绿地等室外公共空间等途径，实现大学校园的学术交流职能。

通过使用主体的主动行为实现交流职能，这种交流对知识的建构、研究和拓展，以至校园人文景观的形成，都有重要的意义。校园学术氛围的营造不仅表现在动态的学术活动中，而且校园静态环境景观的塑造对烘托人文气息发挥着重要作用。比如：对具有历史价值的建筑、古物的保护，校训的昭示、人物雕塑的设置等，都成为表现校园人文气息的载体（图 13-27 ～图 13-30）。

13.5　大学校园景观规划策略

13.5.1　校园景观规划指导思想

大学校园的环境规划首先要以我国教育部制定的《普通高等学校建筑规划面

《积指标》导则为依据，在借鉴国内外大学校园规划和建设先进经验的基础上，充分体现现代化、智能化、园林化、景观化、生态化、信息化、整体化及高效化，实现景观规划布局科学合理、功能完备适用、文化气息浓郁和校园特色鲜明。

现代化校园的时代特征表现为校园的整体环境规划、建筑和设施，能体现出一定的前瞻性，符合新世纪高等教育的理念，通过先进的设计理念、先进的功能配置以及先进材料的运用展现校园的现代化时代气息（图13-31、图13-32）。

图13-31　苏州大学现代建筑

大学的紧张学习、生活和场所功能的特殊性决定了校园需要一个能令人感受到宁静、自然、松弛的外部环境来调节身心、舒缓压力、启发创意和灵感。大学校园在开放性的公共区域可借鉴中国传统园林空间的处理方法，以园为核心，富景于园，园景融合，强化校园的园林特征，以营造优美的校园环境和浓郁的文化氛围（图13-33～图13-35）。

图13-32　加州大学教学楼

大学校园以景观生态化建设作为建设的基础，教学中心区、行政办公区、学生公寓区以及体育运动区合理的规划设计不仅要给予各个功能区适当的位置，而且应该突出各个功能区之间的联系。校园的景观生态带规划应和城市区域生态绿化相联系，将校园的生态系统纳入到城市的生态规划建设之中，以多层次的绿化环境组织营造人与自然、建筑与自然相互交融的生态空间，体现科技与人文、人工与自然的融合与共生。

当今信息化的发展为人类的交流提供了便捷的通道，它拉近了我们和世界的距离。而创新的基础是信息与科学技术的交流，这种基本的场所氛围是学生与学者圈形成的重要条件。校园环境规划设计应着重进行一系列相关的正式与非正式交流网络的营造，以有利于交往的环境设施作为交流网络的物质条件。

历史上有许多知名大学在其发展的进程中始终保持校园文脉的传承，追求环境的整体化及赋有特色的校园风格。在大学校园环境规划设计中，注重校园环境整体美的营造，对建筑空间及其形态的设计，强调建筑与环境最大程度的融合，公共空间的塑造同整个校园环境及交往氛围相协调，力求校园整体规划、建筑与景观的和谐统一。

图13-33　北京大学校园环境

图 13-34　湖南大学校园环境（左）
图 13-35　同济大学校园环境（右）

13.5.2　校园景观设计的总体思路

现代化大学校园的特点，不仅要具有现代化的教学与科研设施，更重要的是应精心营造一个陶冶人们情操、孕育优良品德、激发学习热情、促进相互交流的整体氛围。国内外著名大学校园之所以给人不同寻常的感受，让人流连忘返，正是因为它们散发出由建筑、户外公共空间、校园景观及教育理念、人文精神等因素所酝酿出来的浓郁的人文气息和优美的自然环境。将自然生态、整体和谐的规划理念贯穿于整个校园环境中。因此，大学校园环境景观设计思路为：

（1）尊重基地的自然特征，充分利用地形风貌，建立校园与周边区域环境的良好关系。

（2）构筑多层次、多元化的校园空间景观。

（3）建立合理清晰的功能分区、简洁便捷的交通流线和完善齐全的配套设施。

（4）塑造富有特色的校园整体景观和浓郁的人文气息。

（5）注重校园的未来发展和良好的成长空间。

13.5.3　大学校园空间组织

现代大学最明显的特质就是现代化的教育理念、科研方式以及大学校园的开放性。增强交往是开放性带来的必然结果，由此重构大学校园空间环境新的概念。大学校园外部环境空间和公共开放空间实际是内部空间的延续，也是教学空间的延续，是传授知识、信息传达、学术交流的场所，它使校园充满了活力。

大学校园的开放型公共空间为校园主体提供了自由交往、学术交流、宣传展示以及体育活动的场所，交往空间涵盖了人与人之间，人与自然之间，与文化、历史之间的交流。因此，交往空间是多功能、多层次的，它渗透在建筑内部空间

城市景观规划设计

图 13-36　普林斯顿大学毕业庆典

图 13-37　湖南大学体育场

图 13-38　南京大学校园一角

到外部总体环境的各个方面。大学拥有较强的集体性、向群性，授课、集会、学术会议、庆典及体育活动都在较大的公共领域空间中举行（图 13-36、图 13-37），而个人领域和小集体领域的活动与交流，则需要一个具有围合、隐蔽、依托感的空间环境（图 13-38）。

在校园总体空间组织上应着重创造层次丰富、形式多样的空间形态，做到空间的相互渗透，为学校师生提供充满活力、富有人情味的学习与交流场所。在整体的空间组织上围绕简洁而清晰的景观轴线，通过合理的绿化系统分布将校园不同的空间串联起来，以收放有致而又自由灵活的手法，创造出富有特色的整体校园环境和空间序列。

13.5.4　大学校园主题景观特色表现

大学校园环境空间透射出的主题特色，实际上就是整个校园空间环境所体现的文化底蕴，主题文化特色表现在文化层面上，就是大学的教育宗旨和价值观。而在现实的空间环境中，作为校园环境中的建筑艺术其造型所表现出的主题性，可以对区域空间起到主导性作用，增强文化特色，形成整体氛围。

大学发展是一个动态的过程，在大学不断扩大与发展的过程中，校园建筑的形态，都有一以贯之的基调，但不同时期的主题建筑都体现各个时期的精神文化内涵。如西方早期的大学校园多以教堂为主题建筑。而近现代大学校园则普遍以图书馆、大礼堂、中心教学楼为主题建筑（图 13-39、图 13-40）。例如：北京大学在校园的发展规划中，充分尊重原有校园环境，强调新、老建筑在视觉、心理、环境上文脉的延续性，使校园精神文化特质得到传承和加强（图 13-41）。美国哈佛大学校园中的早期建筑都是由红砖建造的，而在后期校园建筑的营造中，建筑所选用的建筑材料、色彩保持了和老建筑的一致性，使整个校园环境显得庄重、古朴、典雅、精致（图 13-42）。这些具有时代特色的经典建筑，不仅是宁静怡人的人文景观，而且还洋溢着书香的文化气息，给人们带来精神上的慰藉与享受。

第13章 大学校园景观设计

图 13-39 南开大学主教学楼

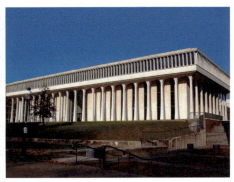

图 13-40 普林斯顿大学建筑

图 13-41 北京大学图书馆

图 13-42 哈佛大学早期建筑

图 13-43 牛津大学教学楼

大学校园的主题景观特色，有的表现在校园整体风貌上，如具有约900年历史的英国牛津大学，整个校园环境体现出中世纪的风格（图13-43）；中央美术学院新校区（图13-44）；英国剑桥大学的校园环境（图13-45）。有的体现在校园中的单体建筑上，如麻省理工大学入口的主体建筑；普林斯顿大学中的教堂建筑（图13-46）和亚历山大楼；香港大学的主教学楼（图13-47）等。

图 13-44 中央美术学院新校区

图 13-45 剑桥大学的校园环境

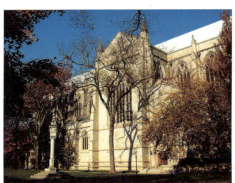

图 13-46 普林斯顿大学中的教堂建筑

图 13-47 香港大学的主教学楼

13.5.5 校园外部空间景观设计

大学校园不同区域的空间形态构成了不同的景观特色，除了大学校园中的建筑形态所形成的景观外，将大学的历史事件、古迹文物、著名人物、文化特色、艺术作品等作为景观设计的要素，对创造富有特色的校园景观、体现大学的文化精神具有重要的意义。另外，校园景观设计可根据不同区域环境的特点，借鉴传统园林的多层次观景空间的处理方法，通过建筑外廊（图13-48）、楼前广场（图13-49）、庭园（图13-50）、步行道（图13-51）、广场草坪（图13-52）等一系列交往空间的营造，构建多层次的校园景观空间。

大学校园绿地休闲空间是校园外部空间重要的组成部分，该类空间是绿地中为提供休憩场所而形成的二级空间，它包括小型的庭院、树林、花园、草地等。校园中的绿地空间具有较强的可达性和开放性，由于大多数校园绿地有良好的树木植被，自然环境优美而宁静，其又具有一定的私密性和依托感，因此深受人们喜爱并吸引了广大师生前往。

环境优美的校园除了人造景观外，还需要有良好的自然环境，师生们可以在校园的自然绿地环境中休憩、交流、阅读、散步、静思、沐浴阳光（图13-53～图13-55），并成为师生学习与活动的第二课堂。

图 13-48　清华大学廊架景观

图 13-49　北京师范大学楼前广场

图 13-50　牛津大学校内庭园

图 13-51　哈佛大学校园小道

图 13-52　普林斯顿大学大草坪

图 13-53　加州大学校园活动

图 13-54　剑桥大学校园活动

图 13-55　北京大学校园活动

13.5.6 校园道路景观设计

大学就像一座城市，校园的规划必须科学合理。20世纪60年代以后，大学向综合性、研究型、开放型的方向发展，大学与社会的交往活动日趋频繁，大量的车辆进出校园。因此，校园道路规划及道路两侧景观设计就显得非常重要。按照大学校园规划设计标准，校园道路需进行分级规划设计，环路为主干道级，采用30m宽的路幅，两侧设绿化和乔木，同时设2.4m宽的人行道，并在交叉路口设置绿岛，形成林荫大道；次干道为12～16m路幅宽，小路则采用4～6m宽，一般不行车，以行人为主，必要时消防车可通行。

校园中车行道一般沿教学中心区、学生宿舍区、体育活动区外围设置校园的内环道路系统，形成畅通的车行路线，一方面可保证各个功能区主要交通的通达性；另一方面保证中心区不被车辆穿越，保持其相对独立与安静，创造舒适的步行氛围和良好的学习环境。

校园中便捷的步行道系统由散步小径、步行广场、林荫道等组成，它们将校园不同区域空间串联起来，既方便各功能区之间的联系，又成为校园景观的游览路径，游览路径可以结合校园的人文古迹和著名景点展现大学的历史与文化（图13-56、图13-57）。

作为一个多元立体的教育结构体系，大学校园必须根据校园主体心理及行为方式特点，研究各空间层次和道路系统组织形态，改变人行空间形式单一的状况，塑造多层次交往空间，以形成多层次、多功能的信息传播和情感交流的空间场所。

大学校园中的停车场规划设计非常重要，它是为保证校园有良好的环境和正常的交通秩序，校园中需集中安排多处机动停车场，对外来车辆进入校区进行有效控制和管理。与此同时，根据学校特点，在学生人流多的地方设置多处自行车停车场，充分满足自行车的停放要求，为了不影响校园景观，自行车可采取地面和地下停放相结合的方式。

图13-56　花园小径

13.5.7 校园绿地系统设计

校园绿地系统需要结合校园内的景观设计进行规划。原则上需采用"点"、"线"、"面"相结合并向空间立体发展。现代校园绿化规划都是按花园式、生态型进行建设的，以中心区的绿化生态带"绿核"和道路两侧的绿化带"绿带"为主体，通过其他绿化，将各建筑组群的庭院绿化连为一体，创造独特的开敞空间和优美的校园环境。

在校园环境中，植物占有重要的位置，它随着岁月的变迁不断生长，从幼苗到参天大树，悄无声息地记载着学校成长的历史。不同种类的植物有其不同的形

图13-57　林荫道

图13-58 东南大学六朝松

态和生长特性,在人与自然共生的过程中,植物就被赋予了诸多的寓意和人的品格,有些植物成为某些城市或地区乃至一个国家的标志和象征。因而将植物的地域性、象征性、文化性特点运用在校园景观的设计中,对塑造校园特色景观具有重要的作用。例如迈阿密大学的棕榈树,亚利桑那州立大学的仙人掌,武汉大学的樱花,它们不仅形成了校园绿地景观的特色,同时也代表了校园独特的地域、历史与文化。有的大学以植物的象征性和不同的品位来塑造校园不同区域的景观,如东南大学的六朝松(图13–58),武汉大学以绿化植物来命名樱园、桂园、枫园、梅园等主题园。南京理工大学专门设置了紫霞园、水杉园、冶园三个植物主题园。另外,还有以梧桐树、雪松、银杏树等树种塑造的校园景观道路,以种植"毕业纪念林"、"青年林"等来彰显校园文化,而美国的哈佛大学校园更以拥有1214hm^{2}哈佛森林而自豪。

13.6 校园景观小品的营造

大学不是因其有多大面积的校园,有多少幢大楼而名声显赫,而是大学本身生生不息的人文精神才是其不断创新与发展的动力。每所大学的人文精神都是其世代学人努力的结果,并形成各自的校风、学风。美国人用简单的词句描述了本国几所著名大学的人文精神面貌,如哈佛的"文静"、麻省的"理性"、耶鲁的"自由"、加州的"艺术"。大学的人文精神表现在显性和隐性两个方面,隐性表现在学校人文精神的传承与弘扬,显性则是通过校园的空间形态、建筑形态、景观小品、公共设施、标志物、植物、校园各种文化活动等来体现。而校园中的景观小品是构成学校人文精神的重要因素之一。

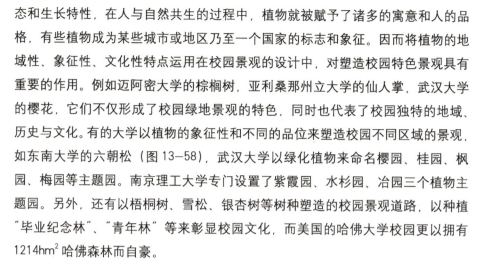

图13-59 哈佛大学的校门

大学校园由不同的功能区域组成,具有历史的大学校园每一个景观构成元素都具有积淀、承载和传承历史变迁所遗留下来的信息功能。因此,与众不同的校园景观往往具有鲜明的文化特色,给人以深刻印象。

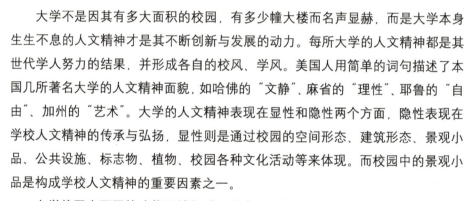

图13-60 清华大学的老校门

13.6.1 大学校门

历史悠久的大学基本上都是采用封闭或半封闭的校园空间形态,我国的绝大多数大学校园至今还是采用封闭的形式,每所大学都非常注重校园整体文化氛围的塑造,人们通过大学校门的形态特征,可以领略到大学历史与文化积淀,许多著名大学的大门已成为该大学的标志与象征,如哈佛大学的校门(图13–59)、清华大学的老校门(图13–60)、北京大学的西校门(图13–61)等。随着历史的变迁,有的校园大门还发挥着通行的功能,而有的则是一种历史文化的体现、人文精神的体现、学科文化的体现、它们的标志性、象征性已远远超越了功能性。因此,当

图13-61 北京大学的西校门

今的大学无论是新建还是扩建，校门的设计都应充分体现出学校的特色与精神。

13.6.2 标志物

凯文·林奇称标志物为"观察者的外部观察参考点，有可能在尺度上变化多端的简单物质元素……。它是人们感知和识别城市或城市区域的重要参照物。标志……的关键特征就是单一性，在整个脉络中具有特有的或被记忆的一些成分。"大学校园中的标志物通常是明确限定的具体目标，如建筑物、构筑物、雕塑、名木古树、小品等。国内外许多著名大学都将校园中具有代表性的建筑作为学校的标志和象征。如北京大学未名湖畔的博雅塔（图 13-62），校园前区广场中的华表（图 13-63）；美国普林斯顿大学的亚历山大楼（图 13-64）；东南大学的老图书馆（图 13-65）等。能成为标志的景观要素最重要的是它的独特性，在造型上具有鲜明的特征，或者对特定的区域产生深刻的印象或回忆。

标志物在环境中往往成为空间的中心和视觉焦点，构成占领性空间，它以其自身的体量、形状、尺度、色彩、材质、位置以及与总体环境的关系，对人的心理和行为产生某种影响，这种影响还会由于该标志在校园发展的历史、文化等方面而富有更具体的情感色彩。因此，标志物在成为人们视觉中心的同时，还成为人们感知和识别大学或大学区域景观的心理参数。

另外，许多大学除了将校园中的著名建筑作为学校的标志物外，还将学校的历史古迹（图 13-66、图 13-67）历史事件、著名人物（图 13-68）等，通过遗迹保护、形象展示等方法弘扬与传承着学校的历史与文化，以达到增强校园环境文化氛围的目的。

图 13-62　北京大学的博雅塔

图 13-63　北京大学的华表

图 13-64　普林斯顿大学的亚历山大楼

图 13-65　东南大学的老图书馆

图 13-66 普林斯顿大学印第安人雕像（左）
图 13-67 剑桥大学的著名古桥（中）
图 13-68 南开大学周恩来纪念碑（右）

13.6.3 校园雕塑

雕塑是景观构成元素中表现历史与文化最显性的方法，它通过静止的造型、艺术性的表现手法，对历史进行再现或对现实生活进行浓缩和提炼。而主体的塑造越鲜明，越有助于人们对环境的理解，以及对所处空间形象的记忆，从而培养出对整个校园环境的情感。

大学的成长发展历程往往与文化名人有着紧密的联系，而雕塑这种艺术表现形式恰恰能用最直观的语言，唤起人们对历史的记忆，传承学校的人文精神。因此，雕塑在校园环境中占有重要的地位，它的意义不仅仅在于美好环境，而是在为后人树立一面旗帜以及对美好生活和远大理想的追求。雕塑的立意相当重要，许多大学都以学校曾经发生的特殊事件，以及与学校有关的著名人物作为雕塑的题材。如哈佛大学大厅前的哈佛铜像（图 13–69）、哥伦比亚大学哲学系馆前罗丹创作的《沉思者》雕塑（图 13–70）、中央美术学院校园中的徐悲鸿雕像（图 13–71）等。

图 13-69 哈佛铜像（左）
图 13-70 《沉思者》雕塑（中）
图 13-71 中央美术学院校园中的徐悲鸿雕像（右）

图 13-72　天津美术学院校园中的雕塑

图 13-73　清华大学校园中的抽象雕塑

大学校园环境中的雕塑多数以主题雕塑和人物雕塑为主，但有些大学根据学校的学科或专业特点，在校园不同的环境区域中设置富有创意的、具有视觉冲击力的装饰雕塑或装置作品。这些作品不仅烘托了环境气氛，而且丰富了校园文化生活，如天津美术学院校园中的雕塑（图 13-72）、清华大学校园中的抽象雕塑（图 13-73）等。

13.6.4　景观小品

大学校园中的景观小品都有其鲜明的特色，它们的独特性在于和学校的历史和人文有着紧密的联系。在我国每所大学都有校训，校训是每所大学办学理念和办学精神的集中体现，因此，校训往往作为学校景观非常重要的表现题材，如东南大学将校训"止于至善"和大礼堂前喷水池的造型结合在一起。南京航空航天大学的校训"志周万物、道济天下"刻在由巨石构成的造型中。

另外，大学校园环境中还有通过其他造型要素表现的景观小品，如清华大学校园中的"王国维纪念碑"题刻着出至陈寅恪、梁思成之手的碑文，老图书馆大草坪前的"日晷"石刻造型（图 13-74）；为纪念东南大学建校一百周年，由江苏省人民政府赠送的铜鼎（图 13-75）；湖南大学校园中的茅草亭；斯坦福大学内庭院连廊的铺地砖上刻着历届毕业班的序号；江南大学设计学院立体构成式的院名（图 13-76）等。国内外著名大学在校园景观设计中，都以各种独特的方式传达学校的历史与文化，他们采用不同的造型形式和艺术语言，默默地向人们讲述着学校发展的历史，让后人领悟到学校传统文化精神的真谛。

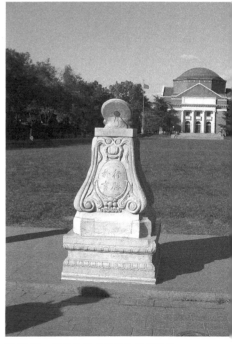
图 13-74　清华大学"日晷"石刻造型

城市景观规划设计

图 13-75　东南大学校园中的铜鼎（左）
图 13-76　江南大学设计学院立体式院名（右）

　　任何国家与城市的发展及竞争实力的增强都离不开人才的培养和科学技术的创新，大学以其独特的条件，成为未来人才培养和科技创新的中心。因此，社会的发展离不开大学。大学校园的环境景观设计既要弘扬古老的传统，又要能体现出时代风貌。

第14章
闲置工业遗址景观改造设计

第 14 章　闲置工业遗址景观改造设计

　　20世纪70年代以后，随着全球范围内社会经济的发展与变革，城市和工业产业进行了更新与产业结构调整，高耗能、高污染、技术含量低的企业开始退出历史舞台，许多工业企业从城市中心向城外迁移，于是在城市中留下了大量工业闲置土地，而无序的开发使大量有价值的工业遗址遭到破坏，同时也造成了资源的浪费。如何利用和开发好城市中的工业遗址，成为人们思考的问题。近年来，随着人们环境保护意识的增强，并逐步认识到工业遗址生态恢复的重要性及开发的价值，城市管理者和设计师们力图通过将工业遗址与新兴产业、文化消费、休闲娱乐、旅游等新型经济相结合，高效、合理、科学、持续地利用和开发这些资源，让它们重新焕发青春和活力。与此同时，还能够使一些具有历史价值的工业遗产得到有效保护。

　　在城市建设与重构的过程中，如何处理和改造闲置的工业用地是当今世界各国普遍面临的问题，而最先接触闲置工业用地改造问题的是建筑师，他们在闲置工业建筑改造方面进行了实践上的探索和理论上的提升，但大多数只是局限在建筑方面，而很少从废弃工业用地的整体环境的整理与改造来考虑。在这一时期，艺术家们则较早地接受了工业化生产的价值观，认识到闲置工业遗址所具有的特殊意义，并通过较为激进的艺术形式表现工业化的美，表达了对工业文明的怀疑与赞美、批判与肯定的复杂心情。当今西方一部分国家对工业遗址的改造已不仅仅是停留在功能的置换和视觉形式的美化上，而是将工业遗址环境生态的恢复与补偿设计放在重要的位置。

14.1　闲置工业遗址的概念

　　本章中之所以采用"闲置工业遗址"一词，是因为以往一些论著中普遍采用"废弃"一词的表述，作者认为用词不够准确，"废弃"从字面上理解，就是没有再利用价值的意思。因此，"工业废弃地"作为术语已经不能反映时代的发展。

　　那么，什么才是城市工业闲置用地呢？"闲置工业用地"一词涵盖面要更广泛，所谓的闲置用地是指曾为工业生产用地和与工业生产相关的交通、运输、仓储用地，后来闲置不用的地段，如矿山、采石场、工厂、工业废料倾倒场、铁路站场、码头、仓库等。在城市的发展历史中，这些工业遗址、工业厂房和工业设施曾发挥了重要的作用，具有功不可没的历史地位，它们见证了一个城市和地区的经济发展和历史进程。有许多国家的工业遗址被列入世界遗产名录的工业遗产地。如法国的阿尔克—塞南皇家盐场，英国的铁桥峡谷工业遗址和布莱纳文工业区，德国的弗尔克林根铁工厂等。虽然工业遗产的概念还没有完全确立，但是作为人类遗产的重要组成部分，这一术语已经被学术界普遍接受。

14.2 西方国家闲置工业遗址改造历程

19世纪末，西方大工业生产带来的危害和弊端越来越显现，人们对于工业化生产有了更深的认识，工业化不仅改变了人们的生活方式，同时也导致全球性的环境污染与恶化，许多批评家对这种工业化现状普遍感到不满并提出了批判。1962年美国生物学家雷切尔·卡逊在其《寂静的春天》一书中集中反映了工业化造成环境污染的严重性，他的著作唤醒了人类环境保护意识，激起了持续至今的环境保护运动的热潮。20世纪60年代，随着后工业时代的到来，世界各国的经济结构发生了巨大的变化，发达国家传统制造业的衰落，本地工业企业的竞争力下降，导致许多工厂企业纷纷破产、倒闭、转行或外迁，造成大量的工业遗址闲置。因此，闲置工业遗址如何再利用成为世界性的问题。

英国是世界上较早重视对环境污染治理的国家之一，同时也是开展工业遗址开发最早的国家。从1960年开始的工业遗址保护到1980年开创工业遗产开发，经历了相当长的时间，并取得了一些开发成功的经验，例如：英国开发的铁桥峡谷工业遗址于1986年被联合国教科文组织正式列入世界自然与文化遗产名录。德国也是开展工业遗产保护开发较早的国家，著名的鲁尔区工业遗产旅游开发区与英国一样，都是以长期的工业衰退和逆工业化过程为媒介的。

西方国家刚开始出现的工业衰退并没有自发地使人们产生将工业遗址和闲置的厂房等当做文化遗产，并与其他产业结合起来开发的观念。工业遗产概念的形成和接受过程，在欧洲经历了多年的怀疑和犹豫，人们开始思考对工业遗址环境的改造和工业厂房的处理。在工业化到逆工业化的历史进程中，出现了一种从工业考古、工业遗产的保护利用而发展起来的新的开发模式，具体而言，就是在工业遗址上，通过保护和再利用原有的工业遗址、工业建筑、构筑物等要素，将其改造成一种能够吸引现代人了解工业文化和文明，同时具有独特的商业与文化价值，并且具有休闲和旅游功能的新方式。

西方发达国家在20世纪60年代就对闲置工业遗址的开发和利用进行了理论研究和实践性的探索，通过对闲置工业遗址的保护与改造，使闲置工业遗址成为人们休闲、观光、旅游的新景点，而良好的环境与氛围为其他产业的发展打下了良好的物质基础，极大地推动了各国经济的发展。

14.3 我国城市闲置工业遗址改造现状

从社会发展的现状来看，我国真正意义上的机器化大工业起源于1860年的洋务运动以后，而建国后兴办的大型工业企业逐步成为我国经济发展的支柱。在我国有许多城市都是以工业作为城市的重要经济产业，比如：我国的石油之城大庆市、老工业基地沈阳市等，由于历史的原因造成当时的大多数工业企业处于城市中。近年来，随着我国城市的发展与更新，产业结构的调整和升级，落后的生产方式，高耗能、高污染的工业企业成为社会经济发展、城市更新发展的绊脚石，一些落后工厂企业的转型与搬迁在所难免。因此，工业闲置地的出现是社会经济发展的必然产物。由于许多工业企业从城市中心迁移到城郊，在城市中遗留下了大量的工业遗址和闲置厂房。如何改造和开发这些闲置工业遗址及工业设施，成为政府和工业企业需要不断探索的问题。

我国早期对工业遗址的改造基本上都是采用卖地、搬迁操作模式，然而这种操作模式所面临的是资源利用率低、拆迁费用高等诸多问题。于是，有很多工业企业开始采用卖地—搬迁—拆房—新建或将闲置厂房对外租赁的模式，这种操作模式造成一大批具有历史文化价值且具有开发潜力的工业遗址和工业建筑遭到破坏和资源浪费。

1998年，台湾前卫建筑师登琨艳对苏州河畔的旧仓库进行了改造，并在此成立了大样环境设计有限公司，经过改造后的旧仓库建筑让人耳目一新，由此吸引了一大批艺术家、建筑师、设计师、广告人等社会各方面人士前来安营扎寨，通过自发性的改造实现了闲置工业遗址的再利用，从而带动了我国旧工业建筑的保护性再开发。当今，我国各大城市都在城市的更新中对闲置的工业遗址进行改造和利用，将这些闲置的工业遗址改建成许多各具特色的文化创意产业园，已开发的文化创意产业园项目有上海的M50、四行仓库、四子坊、8号桥（图14-1）、红坊（图14-2）等，北京的798大山子艺术区（图14-3）、北京时尚设计广场、白工坊等，南京的1865（图14-4）、西祠胡同、幕府山等，苏州的莫干路，成都的红星路等。这些文化艺术创意产业园的业态主要集中在广告制作、音乐制作、动漫设计、影像制作、建筑设计、环境设计、数码技术等创意设计以及艺术创作等方面。而中山市粤中造船厂经过改造后，建成的岐江公园打破了我国传统公园的概念，通过对遗址中一部分工业设施的保留、更新与再利用，保留了原有工业遗址的历史痕迹与城市记忆，唤起参观者的共鸣，岐江公园的成功改造与开发利用，为我国闲置工业遗址的改造与利用提供了可借鉴的经验（图14-5）。

图 14-1　8 号桥文化创意产业园

图 14-2　红坊文化创意产业园

图 14-3　北京 798 文化创意产业园

图 14-4　南京 1865 文化创意产业园

图 14-5　岐江公园

14.4　工业景观的成因

闲置的工业遗址景观之所以能够成为人们的审美客体，是因为它符合了时代对于工业遗址的审美要求，只有基于历史和社会所赋予的遗产意义价值之上，才有可能将工业设施产生的美感提升到艺术美学的高度。另外，东南大学王建国教授认为："西方国家工业遗址的改造与更新，包含了国家宏观政策、城市复兴、经济结构调整、环境整治、发展三产等的一系列规划。"

20 世纪 30 年代，艾黎·福尔在其所著作的《世界艺术史》中预见这种不符合传统美学原则的工业景观代表的是工业社会的推进，就像"一个巨大的谜正在形成，任何人也不知道它会把我们引向何方"。[1] 因此，以福尔为代表的一部分艺术家、理论家、设计师对工业景观的理性审视预示着一种新的美学倾向正在形成。而格罗皮乌斯所领导的德国包豪斯学校，在设计教育上坚持设计面向大众，坚定工业化生产的方针。其教育理念为现代主义设计美学奠定了坚实的基础，并在实践中探索新的审美观念。工业景观就是在这样的情境下，找到了自己的位置。

1　（法）艾黎·福尔著. 世界艺术史 [M]. 第二版. 张译乾，张延风译. 武汉：长江文艺出版社，2004.

世界上第一座真正意义上的框架建筑是1871年建造的法国莫伊尼尔巧克力厂，第一幢玻璃幕墙建筑是1911年建造的德国法古斯鞋楦厂。我们从现代主义建筑大师勒·柯布西耶在《走向新建筑》一书中所说的"这就是美国的谷仓和工厂，新时代光辉的处女作，美国的工程师们以他们的计算压倒了垂死的建筑艺术"，可以看到当时的工业建筑所产生的影响。因此，可以说工业建筑的形成不仅促进了建筑材料、建筑构造、建筑结构等科学技术的发展，而且对现代建筑理论和现代美学的发展产生了重要的影响。工业建筑的兴起，在推动建筑设计和设计美学发展的同时，也出现了许多简陋粗糙的案例，它们的出现破坏了当地的自然景观，遭到许多人的反对与质疑。但也有成功的设计案例，如英国的伯克郡迪德科特电站，建筑师与景观设计师对电站冷却塔进行了精心的设计，将冷却塔从纯粹功能性的构筑物改造成别致的景观。

现代派艺术家比较早地接受了工业化生产的价值观，以及设计美学的思想，并认识到闲置工业场地所具有的特殊意义。构成主义、解构主义、达达主义等艺术流派中的激进艺术家们利用工业化生产的材料及设备，如钢材、铜材、铝材、废弃的厂房、高炉、井架、起重机、行车、机器设备等，进行现成品的集合，工业废品的重新处理，新材料的综合利用，创造出新颖的形态与结构形式，并通过对厂区环境的改造，保留场地肌理，将工业遗址和工业设施提升到艺术的高度，给人以独特的视觉享受。大地艺术家对工业遗址的关注及创作的作品，向人们展示了工业遗址被艺术化再利用的价值。而工业遗址的艺术化利用为景观设计师在处理工业遗址问题上提供了一个很好的思路。当今，随着人类环境保护意识的增强，不同专业的科技工作者、设计师都积极投身到环境生态的保护、生态恢复与补偿的设计中，使人们感受到闲置工业遗址保护的价值、利用的价值及生态恢复的重要性。

14.5 工业遗址潜在的价值

当今人类逐步认识到闲置工业遗址保护、开发、利用的重要性，它的价值主要体现在以下几个方面。

14.5.1 社会历史价值

每个城市中的不同物质形态都打上历史发展的印记，而每个时代的特征都镌刻在一群塑造着整个时代的遗迹和建筑上，保留下来的遗迹和建筑可以告诉我们过去发生过的故事，它直观、全面、生动地向人们倾诉着城市的发展、社会的变迁。作为历史的镜像透射着特定的历史社会面貌及工程技术与造型艺术的成就。比如：

南京的晨光机械厂（现1865文化创意产业园），是由李鸿章在清末负责创办的金陵制造局原址，当时它不仅将西方的工业制造业引入于此，而且还将西方包豪斯工业厂房的建筑形制带到了中国(图14-6、图14-7)。通过现存的厂址及工业建筑，我们可以探寻到近代中国工业的现状和雏形。大多数工业企业都经历了兴盛和衰败的过程，但通过工业遗址和工业建筑保留下来的物质肌理，可以使我们在情感上取得对历史的认同和感知。

社会经济的发展，人口的不断增长，需要更多的资源，占用更大面积的土地，而闲置工业遗址和厂房的再利用具有潜在的社会价值。闲置工业遗址所占土地的有效利用，可以缓解因城市发展造成的土地紧张的局面，可以通过产业的更新或业态的转型提供更多的就业机会，从而起到节约资源、保护环境的作用。闲置工业遗址和厂房的改造对当地的社会、经济、生态、文化事业的发展有着积极的作用。

图14-6　金陵制造局原址厂房1

14.5.2　文化艺术价值

当人类社会进入工业化时代后，人类的许多生产活动就和工厂紧密地联系在一起，由工业化生产的各种产品都体现了当时的社会生产状况和文化价值。文化的表层是物质形态，文化的深层是属于这一文化背景下的群体心态，包括群体的伦理思想、价值观念、审美情趣等。工业遗址和工业建筑正是在这个精神的物化过程中，最本质映射某一社会文化环境下群体心态的物化形式。加上工业遗址和工业建筑抽象性，这种同构对应的关系决定了工业遗产体现文化的深刻性。

图14-7　金陵制造局原址厂房2

工业遗址中构筑物的建造分为有意识和无意识两个方面：有意识地展示工业化的艺术美，大多数都集中在工业厂房建造的探索上，有许多工业建筑具有极高的艺术价值（图14-8）。而无意识所创造的美感则是通过工业生产设备所展现出来的。正因为有了工业化生产才产生了机械美学这一新的美学体系。裸露的管道、锈迹斑斑的金属，各种形态、纵横交错的构件组合在一起，表现出一种结构美、材质美、肌理美、工艺美，这种美不仅影响了绘画艺术，而且对建筑设计以及其他产品设计产生了重要的影响（图14-9～图14-11）。

14.5.3　经济价值

在市场经济条件下，实现闲置工业遗址和工业厂房的经济价值转移是开发者投身闲置工业遗址更新改造实践最个别、最持久的驱动力。这种经济价值的实现主要体现为，以尽可能低的成本投入获取经济利润的最大化。如南京1865创意产业园（原金陵制造局）改造项目，该厂的一部分厂房是民国时期建造的，其工业厂房吸取了早期西方工业建筑的造型，具有较高的历史文化价值，由于其建筑的特殊性，在项目改造中确定以保护为原则，通过对原有建筑内部空间的改造，

图14-8　柏林旧工厂建筑

图 14-9　工业生产设备 1（左）
图 14-10　工业生产设备 2（中）
图 14-11　工业生产设备 3（右）

使原有空间及环境满足现代办公的需要，改造后的工业厂房以创意产业设计为主要业态，集餐饮、休闲娱乐等功能为一体，此项目的成功改造不仅保护了历史建筑，改善了环境，而且还创造了巨大的经济效益。近几年，我国政府部门和一些文化创意产业界有识之士已经意识到工业遗产的价值所在，并力图通过同文化创意产业相结合，高效、合理、科学、持续地利用和开发这些资源，让它们重新焕发青春和活力。

　　创意产业最早从英国兴起，发展至今也只有短短 10 多年时间，1998 年英国创意产业特别工作组首次对创意产业进行了定义。据英国官方统计，以文化为主体的创意产业是英国发展最快的产业，1997～2001 年间年增长率达到 8%，是同期英国总体经济增长 2.6% 的 3 倍多，创意产业产值 2001 年已达到 1125 亿英镑，产业增加值占 GDP 的比例超过 5%；2002 年英国创意产业实现出口 115 亿英镑；2003 年英国创意产业提供了 190 万个就业机会。英国通过对闲置工业用地、工业厂房的环境改造与整合，为创意产业的发展打下了基础，极大地推动了创意产业的发展，并取得了显著的成绩。

　　西方国家在开发利用后工业时代工业遗址中所取得的成功经验，对当前工业化和现代化过程中的中国发展有着重要的启示和值得借鉴的地方。将城市中的闲置工业遗址和工业厂房改造成文化创意产业园，我国有着得天独厚的优势，它可以最大化利用原有的工业遗址和工业厂房，节约资源，减少浪费，它不但能够保护那些有历史价值的工业遗产，更重要的是文化创意产业园区的环境整合设计可以成为城市环境更新的重要手段之一。

　　我国将城市中闲置的工业遗址和工业厂房改造成文化创意产业园的实践探索也只有短短几年时间，但发展速度极快。由于在工业遗产保护、环境整合、改造策略和方法等方面没有太多的经验可循,而各地在积极发展文化创意产业园的同时,重复投资和重复建设造成的资源浪费现象令人担忧,在工业遗址与工业厂房的改造中忽视了工业遗产的保护与生态的恢复,园区形态改造雷同,和城市整体规划联系不够紧密,缺少工业遗址环境整合设计策略和科学的方法研究,没有形成整体园区的环境设计概念。所以,当今中国城市中工业遗址和工业厂房的改造利用,与文化创意产业园区的整体环境设计的策略和方法研究是一个值得我们探索的重要课题。

14.6 工业遗址开发的形态类型

工业遗址景观是人们对工业遗址进行再开发利用而形成的,从人类对工业遗址再开发利用的方式以及工业遗址的景观形态发展演变的过程来看,工业遗址的景观类型主要分为博览场馆类、再生设施类、园林景观类三种类型。

14.6.1 博览场馆类

博览场馆类是指将闲置工业遗址中场地面积较大、建筑层高较高、结构跨度较大的工业厂房改造成以工业遗产文化、历史、科技为主题的博物馆、美术馆、展览馆,形成工业遗产地的博览场馆类景观。工业遗址博物馆重在保留工业实物,突出工业遗址的历史面貌及场景体验。例如,获2005年英国最高博物馆奖——古尔本基安奖的南威尔士莱纳文镇大矿井博物馆,它由一个废旧矿井改建而成,再现了英国煤炭工业的历史,给参观者带来一种亲身的体验和相关知识。另外还有法国巴黎将老火车站改造成现代艺术博物馆。有的将工业遗址改造成能体现该工厂历史文脉的专业博物馆,如煤矿博物馆(图14-12、图14-13)、汽车博物馆等。

图14-12 德国波鸿煤矿博物馆1(左)
图14-13 德国波鸿煤矿博物馆2(右)

当今，工业遗产的价值得到我国社会各界人士的普遍重视。例如，沈阳市是我国著名的老工业基地，随着城市更新发展的需要，沈阳铁西区的钢铁厂将整体搬迁，沈阳市政府决定将原有的钢铁厂遗址作为工业遗产加以保护并改造成为博物馆，通过场景再现的方式，向后人展示我国的钢铁企业开创、发展的历史过程，弘扬老一辈工人阶级艰苦创业的精神，以激励青年一代勇于探索、不断创新。

自从有了工业遗址博物馆，博物馆的功能便发生了转变，由以前主要以收藏和研究为主转变为通过场景再现、实物展示、辅以科普教育、科技研究、史料收藏为主，更加突出科普教育的功能。将工业遗址改造成工业博物馆正是为了适应新形势发展的需要，这类展示工业遗产的博物场馆采取普遍就地保护的方法，打破场馆固定的常规形态模式，逐步倾向将开放的露天式和封闭的室内相结合，此展览形式改变了以往工业遗产冷漠的面孔，使人们通过触摸、体验等各种形式去感受往日工业生产过程的方方面面。

14.6.2 再生设施类

再生设施类是指利用闲置工业遗址中的主要构筑物，营造或传达某种独特的氛围。将工业设施改造成具有商业消费活动、文化艺术活动、居住工作三种功能的开发模式。

（1）商业消费式——闲置工业遗址中的工业建筑及工业设施再利用已成为城市建设与更新的一种模式。对城市中具有价值的工业建筑如何进行保护是我们面临的问题。而劳伦斯·哈普林最先提出的"建筑再循环"理论为闲置工业建筑再利用指明了方向，并将其理论在具体案例中进行了实践与探索。1964 年哈普林设计了美国旧金山渔人码头的吉拉德广场，其利用对旧有巧克力工厂建筑的改造，在保留原有建筑风貌的基础上，新添了一些新建筑，将其改造成综合型商业用途的建筑。20 世纪 80 年代以后，西方发达国家的有识之士对工业遗址地的改造非常重视，并积极推动该项事业的发展。如 1986 年英国将位于伦敦南肯辛顿的米奇林汽车修理厂改造成集购物、餐饮、娱乐、办公为一体的新型集合式场所。

（2）文化艺术式——20 世纪 60 年代之前，人们对博物馆、美术馆、音乐厅等文化艺术场所的认识还停留在传统美学的视角上，这类建筑场馆在人们的印象中应该是庄重、高雅、华丽的。但 1960 年爱尔兰将当地的著名地标性工厂——斯内普麦芽厂改造成音乐厅后，人们的传统观念才发生了根本的转变。改造后的旧建筑保留了原来的钢结构和裸露的斑驳墙面，增添了新的木屋架，所有座椅都由槐树木和藤条制成，使具有乡土气息的工业特征得到进一步升华。1974 年美国华盛顿亚历山大城位于市中心闲置的老鱼雷工厂厂房，由政府拨款尝试将两幢厂房改造成艺术家工作室，艺术家们在改造后的厂房中进行创作、展示、教学、销售作品，使老厂房焕发了新春，独特的艺术氛围吸引了大批的艺术工作者和市民。近年来，我国一些大城市在城市更新的过程中，也尝试着将闲置的工业遗址和工业厂房改造成各种类型的产业园，并取得了很大的成功，如北京的798工厂改造、上海的红坊创意产业园等。

(3) 居住工作式——19世纪后半叶，位于美国曼哈顿西南端的SOHO留下大量空置破败的厂房和仓库，随着世界艺术中心由巴黎移至纽约，大批艺术家移居纽约，SOHO大量的空置厂房由于空间高大而且租金低廉，吸引了许多艺术家和设计师入住或作为工作场所。艺术家将这些旧建筑经过简单的改造后，形成了灵活自由的各类空间。SOHO旧建筑改造再利用的形式得到当地政府和民众的认可，并被政府确定为SOHO高雅艺术与大众消费相结合的发展模式。当今SOHO的建设与改造模式在旧建筑的再利用、城市更新途径中受到空前关注。如奥地利维也纳煤气厂煤气塔的改造项目，当时由于燃气被彻底废弃，煤气厂中的四座煤气塔被改造成集公寓、办公楼、青年旅馆、商业中心、娱乐中心为一体的煤气厂城，此城奇妙的景观形态仿佛现代人居与工业遗产的对话，被誉为居住办公性形态的巅峰之作。

14.6.3　园林景观类

闲置工业遗址中有相当一部分厂址环境遭到严重的破坏和污染，荒废的遗址上没有任何具有价值的建筑和构筑物，面对这样的工业遗址，治理环境、恢复生态是环境改造的首要任务。因此，保留工业遗址的场域特征，保护和恢复生态，利用地形、地貌、植被、水体创造出新的景观形态是设计的重点；而地景艺术形式、园林景观形式比较适合此类工业遗址的改造策略。

(1) 大地艺术——在西方现代艺术的发展中，大地（地景）艺术的出现，为现代艺术的变革与发展，寻找到一条新的道路，并形成了一个与自然环境紧密联系、特征鲜明的艺术流派。大地艺术家以一种批判的眼光和姿态，关注现代都市生活和工业文明带来的变化，以大地作为艺术创作对象，作品多以自然环境，如沙漠、海滩、峡谷和荒废的工业遗址地作为表现对象，通过图片和录像的方式向人们展示它们的作品。史密森是大地艺术的主要代表人物，他的作品创作主要关注工业遗产地的问题，他提出的"艺术可成为调和生态学家和工业学家的一种资源"的想法，强调了大地艺术关注社会和自然环境的创作理念。如在大盐湖石油勘探遗留下的工业废墟作品创作中，他怀着一种高度的社会责任感和对工业遗产地的关注进行创作，通过对工业遗产地特征的彰显，以及对工业文明产生的负面影响进行揭示和批判，呼吁人们关注社会问题和环境生态问题。

(2) 园林景观——工业文明在推动社会发展的同时，工业生产设施的冷漠感和它对环境造成的破坏，使人们对工业景观产生了厌恶，迫切希望回归自然；而自然景观作为符合传统审美的景观形态成为取代工业景观的最好选择。如 1970 年，风景园林设计师理查德·哈格在西雅图煤气厂的改造探索中，为工业遗产的改建提供了一条新的思路。当哈格面对污染严重、没有绿色植物的场地时，他重新思考了那些废弃工业遗址上遗留设备的意义，采取保留场地的历史遗迹的设计方法，一些经过筛选保留下的工业设施和空置厂房被改建成休闲、娱乐之用的公园设施，而被污染的地表，经过科学的规划设计与治理，地表植物得到恢复与新生。当今，这个由煤气厂遗址改造成的公园已经成为最受西雅图市民欢迎的休闲场所之一，哈格的设计方案使原有遗址的印迹和灵魂得以延续，使人们曾厌恶的工业设施与工业景观重新获得了高度的审美情趣与社会价值。

14.7　工业遗址景观形态构成系统

工业遗址地景观形态的创造是建立在人们对工业遗址地形态构成系统基础之上的，如果没有原生工业景观形态构成系统的建构，工业遗址景观形态的再创造也就无从谈起。其中，工业遗址的景观构成系统包括物质形态和结构形式两个基本要素。

工业遗址的物质形态分为自然形态和人工形态。自然形态包括了地形地貌、水体、动植物、微生物等。人工形态包括了建筑、构筑物、机械设备等。

工业遗址的结构形式包含了内部结构形式和外在结构形式。内部结构形式包括工业遗址的布局规划、空间结构、轴线、图底关系、肌理等。外在结构形式包括了形状、色彩、材质、体积、大小、高低、位置、虚实、节奏、韵律等。

工业遗址要想成为工业遗产地，不仅要具有能体现工业景观的结构美学形式，而且工业遗址的内容能够体现工业发展的历史文化。因此，工业遗产景观形态的构成应该是内容与形式的统一。

14.8　工业遗址景观设计理念

西方发达国家对工业遗址的环境改造已经历了几十年的探索实践，设计了许多优秀的工业遗产地景观，通过对这些案例的研究分析，其设计理念可归纳为以下几点。

14.8.1　生态意义上的回归

当今，生态的含义变得越来越宽泛，从生态的意义上来讲，可分为自然生态和文化生态。自然生态是指自然环境中人与动物、植物、微生物等之间的相互关系，以及他们与环境之间的关系。另外，生态的基本含义还可以扩展到社会文化层面，也就是人与社会文化中各个要素以及系统之间的关系。而正是工业遗产地景观形态的保护与创造的理念使得这两方面得以回归。

工业遗址地的价值主要体现在其本身的工业科技价值，越来越多的工业遗址地被改造成为开放型博物馆。由于以往的工业生产给环境生态造成了严重的破坏，因此恢复工业遗址地的生态环境是工业遗址地景观形态创造中需重点考虑的问题，工业遗址地景观的创造必须和自然环境、自然生态紧密联系。例如，德国在杜伊斯堡工业区的遗址改造中，并不是简单地采取种树、铺草的复绿工程，而是在规划设计和生态恢复上采取了多种多样的手段，实现了设计师拉茨提出的"保持工业遗产地原有的生物活动，并艺术化地展示他们变化的过程"的设计理念。其多样的生态恢复方法，给荒废的工业遗产地带来了新的生机，并形成了形式独特、富有艺术魅力的景观形态。

工业文明的产生极大地丰富了人类文化历史，同时也改变了人类的生活方式。当今，后人可以通过闲置的工业遗址了解各种工业类型的生产方式，设计师通过对工厂遗址的场所改造，使其具有新的功能，人们将具有工业遗产价值的场所变成可以亲身体验的乐园，工业遗址地在这种形态转变中重新找到了它在文化生态中的位置。

14.8.2　环境空间的相融与共生

闲置工业遗址地的布局与规划是按工业生产要求设计的，但是有一部分工业遗址早期是没有经过规划设计的。如今在城市的更新中，闲置的工业遗址景观形态已不能和现在的城市环境相融合，因此，工业遗址环境的改造在很大程度上需要进行环境空间的整合，处理好工业遗址地与周边及城市整体环境的关系。环境空间的整合主要体现在对原有空间的优化与新空间的创造。只有"新"与"旧"的空间形态相得益彰才能获得整体和谐的景观形态，对于工业遗址地景观形态的创造和整合是达到共生的手段，而共生则是整合的目的。工业遗址地的整合共生，保证了景观形态与环境、历史文脉的有机联系，所以，工业遗址地景观形态在空间意义上的共生，也体现了文化的传承与共生。

14.8.3　形式上的嬗变

工业遗址地景观是由工业景观转变而来的，带有深深的工业文明的痕迹，并因其背负的工业历史与文化而显得厚重。工业文明和工业景观不仅对人类的生活产生了深远的影响，而且其独特的结构形式推动了美学思想与新的形式的发展。

工业遗址地景观的创造是建立在景观设计师对其意义的理解之上的，并将这种理解反映在探索实践的成果中。瑞士美术史学家海因里希·沃尔夫林在其论艺术风格学《美术史的概念》一书中提出："形式的历史从来没有处于静止的状态。"当工业遗址地景观形态升华为艺术形态时，工业遗址地景观也就成为一种全新的美学形式，工业遗址地原有工业生产的意义让位于其形式本身的表现。工业遗址地中的建构形式、设备形态、材料质感成为一种象征性的符号和一种有意味的形式，带给人们一种新的视觉冲击。因此，工业遗址地形式意义上的嬗变将极大地丰富人类的社会审美意识。

14.9 工业遗址的改造原则

目前，建筑界对工业遗址和闲置工业厂房的改造，尤其是对于某一区域有一定历史价值，或标志性、景观性的旧遗址、旧建筑、工业器械均采取整体保护措施，在不破坏城市文脉和环境肌理的前提下，进行局部改造或更新，使其适合新的功能需求，已有许多改造成功的案例。

目前，西方国家对工业遗址的改造已发展到较为成熟的阶段。例如，英国是开展工业遗址改造较早的国家，它在总结经验中强调城市改造要由政府主导，必须妥善保护和合理利用大量一般性的、公众性的、具有地方风格和地域特色的旧建筑，避免在城市改造、旧厂房改造中破坏城市文化空间和历史记忆。对工业遗址和闲置工业厂房的改造应遵循保护与改造结合的原则，工业遗址和闲置工业厂房、工业器械有些具有较高的历史文化价值，有些表现在城市规划和建筑学层面，有些展示了历史的发展轨迹。对它们的改造应该突出工业遗址中物质的原始品质、特色和属性，以及它们彼此间的联系。尽可能避免对任何原始材料或具有鲜明特征的景观进行拆除和改变。

14.10 工业遗址改造策略

大多数工业遗址都处于城市中心区域，但也有一些地处旷野，如矿山、油田、煤矿、采石场等。处于城市中的工业遗址已成为城市不可分割的一部分，而闲置中的工业厂房对场所的地域意义和自然环境、社会环境的影响，都与外环境社会功能的变化与调整相互作用。因此，对工业遗址的环境改造一定会影响到该地区结构的变化和功能的调整，环境的更新改造不仅涉及工业遗址所在区域环境质量的改善和提高，而且还要处理和协调好与城市整体环境的关系，以及构筑物和景观在空间环境中的地位与影响。

14.10.1 工业遗址外环境改造策略

工业遗址的环境改造必须和国家制定的宏观政策相一致，与城市结构调整和城市环境改造紧密结合，与城市交通、卫生等其他公共设施配套，对遭到破坏的工业遗址环境进行生态恢复设计，对具有价值的工业遗产需重视历史文化景观的培育以及情感环境依托的细节设计。工业遗址中的建筑物、构筑物和其他工业器械保留着大量的历史信息，而对承载着历史信息的工业建筑外立面的改造，大到形式结构上的调整与改动，小到材料肌理上的细节装饰，都会对周围整体环境产生重要的影响。对闲置工业厂房的改造，不能简单地理解为单纯的符号化模仿和形象化复制保留，如果没有新的生命物质的加入，就不能使旧建筑焕发青春。

对工业遗址的外环境更新改造，不能简单地理解为只要种植绿化、铺设道路、设置一些花坛、座椅和雕塑就行了。对于那些具有一定历史意义和文化特征的外环境，其改造设计有局限性和特殊性，设计师必须根据城市的总体规划，充分考虑工业遗址的环境特征、建筑物的风格特点以及场所所表现出的地域性意义、历史与文化价值等方面要素，对整体环境作出最适宜的统筹和布局。不仅要满足使用功能的舒适性和有效性，还必须考虑与人文因素的结合，系统地协调好公共设施、景观小品、艺术作品与自然环境的关系，场所的空间、尺度、色彩、材质、造型等任何一个局部和细节都要服务于整体环境。另外，工业遗址的环境改造要和产业结构的调整紧密结合，只有这样才能使其价值最大化。

在矿山、采石场、煤矿等这类特殊的工业遗址中，大多数遗址中的土壤、水质、植被、生态环境都遭到了严重的破坏，被破坏的地表植被如"狗啃的一般"，甚至于草木不生；废弃的矿山宕口满目疮痍。如何使这些遭到毁容的群山复绿、被破坏的生态环境得以恢复，是矿山遗址环境改造首先需要解决的问题；要想将废弃的矿山遗址环境生态恢复到原有的状态，在裸露的岩石上恢复绿色植被，必须进行科学的规划，采用科学的方法才能实现。通常的做法是通过土壤的更换、水源的治理，恢复绿化面积，利用日光的照射、水的循环、种植不同特性种类的植物等手段进行综合性环境治理，对环境进行生态补偿设计，从而加速环境生态的恢复。例如，南京市环境保护科学研究院的科学家成功地用污水处理厂废弃的污泥，让矿山这类不毛之地长出了植被。在裸露的岩石上要想恢复绿色植被，首先需要解决的就是绿色植被生长的根基土壤。南京环境科学保护研究院的专家将目光投向了污水处理厂的污泥，他们发现污泥虽然恶臭、细菌满身，利用好了却是宝。矿山废弃地植被恢复之所以艰难，主要原因是废弃地有机质含量低，但污泥中的所谓有害物质，实际上却含有大量丰富的有机物和能够促进植物生长的氮、磷、钾营养成分和微量元素，是植物生长的重要营养来源，可以增加土壤的肥力，使寸草难长的宕口变成肥沃的土地。

在具体的做法上,他们首先将这些污泥进行无害化处理,为了让污泥中有毒有害物质及病原微生物含量达到国家限制标准,科技人员选用农作物秸秆和中药厂的药渣作为辅料,在添加了发酵菌液后,对污泥进行处理。经检测分析,污泥中原有的病菌、寄生虫卵几乎全部被杀死,挥发性成分减少,完全满足污泥林地利用的安全条件,这项科学技术成果一举三得,其不仅使污泥有了再利用的价值,而且解决了每年麦收后剩余的秸秆无法处理的问题,最主要的是这些废物的再利用可以促进废弃矿山遗址生态环境的恢复。

当今,在大量的工业废弃地改造过程中,景观设计师基本上采用科学技术与艺术结合的设计手段,以达到工业废弃地环境更新、生态恢复、文化重建、经济发展的目的。德国曾经是欧洲的工业中心之一,从 20 世纪 80 年代后期到 90 年代,德国用现代化的工业生产方式替代了落后的工业生产方式,因此引发了一场大规模的工业遗址和旧工业区的更新改造。而对工业废弃地的保护与再利用过程促进了生态技术的进一步发展,也促进了后工业景观设计的成熟。成功的案例有德国艾姆西尔采矿区的改造,在这个案例中,设计师保留了原有的一些工业设备,在原有的矿渣堆放地种植了杨树和桦树,因采矿造成的地面塌陷和裂缝被改造成了水池和水渠。另一个案例是拉茨教授对德国鲁尔区杜伊斯堡市北部钢铁厂的改造设计,经过改造后的钢铁厂成为现在的杜伊斯堡公园,它是德国 20 世纪 90 年代后工业城市公园的代表(图 14—14、图 14—15)。1989 年德国政府决定将钢铁厂遗址改造成公园,拉茨教授采用生态设计手段处理地表植被遭到破坏的地段;保

图 14-14　杜伊斯堡公园 1(左)
图 14-15　杜伊斯堡公园 2(右)

留工厂中的植被，荒草任其自由生长，工厂中原有的废弃材料也得到尽可能的利用，将红砖磨碎后用作红色混凝土的部分材料，厂区堆积的焦炭、矿渣作为一些植物生长的介质或地面面层的材料，工厂遗留的铁板成为广场的铺装材料。另外，将雨水、污水进行收集，并引至工厂中原有的冷却槽和沉淀池中，经澄清过滤后，流入埃姆舍河。而工厂中的构筑物，如庞大的建筑和货棚、矿渣堆、烟囱、鼓风炉、铁路、桥梁、沉淀池、水渠、起重机等都予以保留。高炉等大型工业设施设计成供游人攀登、眺望的平台，以前检修设备的步道改造成公园中的游览步道，工厂中的一些铁架构筑物设计成攀缘植物的支架，高大的混凝土墙体设计成攀岩训练场等。整个公园在设计手法上不是掩饰那些破碎的景观，而是寻求对这些旧有的景观结构和要素的重新解释。拉茨教授将废弃的钢铁厂转变为具有新型文化内涵和多种功能的现代景观的成功案例，对后工业城市公园设计产生了重要的影响。

工业遗址的环境改造，最重要的是采用科学的方法使遭到破坏的环境恢复原有的生态，如果其环境生态和环境质量得不到恢复，工业遗址地的历史价值和文化价值就不能作为一种遗产得以体现，也就无法成为人们休闲娱乐的场所。

14.10.2 闲置工业厂房改造方法

闲置工业遗址由于使用功能的置换，原有的工业厂房已不能满足新业态对建筑内部空间的要求。要想让工业遗址中的闲置建筑获得在当代社会继续存在下去的意义，首先要给它们植入新的功能。而建筑使用功能的更新要根据原有建筑的空间形式和结构状况，以及遗址中的环境特点和人文因素综合考虑改造的策略，选择最佳的方案。

图14-16　柏林旧工厂改造内部餐饮空间

西方国家在长期的探索与实践中，对工业遗址中旧建筑的改造及使用功能的定位目标明确，他们都会根据各个国家城市的发展状况和整体规划要求综合考虑各种条件因素，来决定改造方法。由于闲置工业建筑一般空间较大，设计师在改造中一般会采用突出社会功能多样化的手段进行设计。如德国柏林市将旧工厂区改造成集商店、餐饮、办公、图书馆、电影院、文化艺术等为一体的休闲娱乐中心（图14-16、图14-17）。因为，当今社会的生活方式和要求与原工业建筑空间结构产生矛盾，原建筑的结构形式在很大程度上影响了对旧建筑的改造使用，尤其是一些建筑形式特异或建筑构造复杂的旧工业建筑，其室内空间和设施已不能满足新的功能要求，所以必须根据建筑的实际空间高度、面积大小合理地、巧妙地对空间作出新的调整和设计。具体设计策略如下：

空间组织的重构——工业遗址中闲置工业厂房功能的改变，随之带来的是符合功能性要求的空间布局调整问题，对旧建筑内部空间结构进行重新组织与整合是改造的重要手段之一。老工业厂房的主要特点体现在功能类型上以大型仓库、

图14-17　柏林旧工厂改造内部商铺空间

图 14-18　法国奥赛博物馆

图 14-19　空间分割

图 14-20　垂直空间 1

图 14-21　垂直空间 2

车间等为主，此类建筑一般跨度较大、层高较高、空间空旷，适合于仓储和工业生产，而在空间尺度上不适合人的活动要求。在建筑结构形式上，老的工业厂房主要以砖混结构为主，另外工业厂房的采光和通风、交通流线、消防设施都不符合当今人类生活的要求。那么，闲置的老工业厂房如何改造才能适应使用功能的转换呢？

首先，闲置工业厂房的使用功能置换应和城市的整体规划和经济发展战略相结合，如果改造后的工业厂房在使用功能上不能适合当今社会发展的需要，改造后的价值得不到体现，这种改造就显得毫无意义。西方国家对闲置工业厂房改造的使用功能定位考虑得非常周全，他们从全局出发，综合分析各种因素，最后确定改造方向。例如，法国将巴黎市闲置的老火车站改造成举世闻名的奥赛现代艺术博物馆就是成功的案例（图 14-18）。设计师在完整保留原有建筑风貌的基础上，使建筑内部空间的格局和使用功能完全符合了博物馆展示与陈列的要求。德国鲁尔工业区在功能的置换上，充分考虑新功能的需要，并根据原有工业设施的特点，使改造后的功能更加多样化。比如，冲压车间被改建成鲁尔区最有品位的餐厅，废弃的火车站和火车车皮被改成了当地社区儿童的表演场所，废旧的储气罐被改造为潜水训练池，还有一些厂房车间被改建成大型剧场。以上两个成功改造案例，为工业遗址的改造提供了多种思路和方向。因此，在工业遗址的改造中，只有科学合理地为废旧工业设施植入新的功能，才能使工业建筑与工业遗址得到最大程度的开发和利用。

闲置的工业厂房，由于内部缺少必要的设备和设施，不能满足新的使用功能要求，而采用对原有设备和新添设备非隐身方式的处理，既可以保留原有建筑内部的空间结构形式，又可以呈现工业建筑的时代感，同时可以节约资源，减少资金投入，完全符合我国的国情和可持续发展的思想理念。

对闲置工业建筑的改造，首先要对符合新的功能性要求的空间布局进行调整，设计师可以从水平方向，如增减墙体对空间进行重新分割，新建墙体可以选择节能环保的轻质材料，将原有空间规划成若干不同使用性质的功能区（图 14-19）。在垂直方向设计上，可以简化吊顶设计，局部采用上下贯通、加层或夹层的方法分割垂直空间（图 14-20、图 14-21）。另外，通过内外空间转化方式增加空间形态的变化。对原有建筑室内空间的布局改造，力求做到科学、合理，充分地利用旧建筑的固有结构和内部空间。

闲置的工业厂房由于功能的调整和空间的重构，旧建筑的原有风格必然遭到破坏，如何处理好新与旧的关系，保留旧建筑的肌理和语言符号以

第14章　闲置工业遗址景观改造设计

及历史文脉的传承，是能否实现其设计理念的重要因素之一。对旧厂房的形态改造设计，应尽量保持原来的风貌，如果实在是因为其他原因，必须进行改造的话，还可以通过强调"新"与"旧"的融合，运用"新"与"旧"对比的设计手法，如采用传统材料、仿旧材料及构成形式模拟旧的建筑形态，此种改造设计手法意在强调建筑物新旧肌体的协调与统一。以新型建筑材料和构成方式来塑造建筑的装饰风格，突出"新"与"旧"的差别。旧建筑肌体生命的转变在美学与社会文化层次上都需要一种全新的形象，因此强化新与旧的对比，可以使旧建筑的历史感在新的环境中表现得更加强烈（图14-22～图14-25）。在一些旧工业建筑厂房中，废弃的工业器械、设备等对再现历史痕迹、烘托环境气氛、塑造环境个性、渲染场所精神起到画龙点睛的作用，一座锅炉、一架行车、一台机床、一条管道等要素都体现了一个时代的特征，保留它们的原貌，可以唤起人们对历史的记忆（图14-26～图14-29）。

图14-24　旧建筑改造3

图14-22　旧建筑改造1

图14-23　旧建筑改造2

图14-25　旧建筑改造4

图14-26　废弃的工业设备1

图14-27　废弃的工业设备2

图14-28　废弃的工业设备3

301

14.10.3　工业遗址中公共设施与环境小品的设计

对工业遗址的环境改造不只是单纯的绿地规划、道路整治、建筑外立面的改造和环境的美化。工业遗址环境改造和其他环境设计在景观规划设计上有很多相同之处，但对于工业遗址这类具有一定历史意义和文化特征的特定场所，设计师必须综合考虑工业遗址中各种要素以及场所的地域意义等多方面因素，对整体环境作出最适宜、最科学的规划。尤其是工业遗址的环境改造及公共设施的设计，不仅要满足使用功能和审美上的要求，还必须充分考虑与传统、人文等因素的结合。

工业遗址中的各种设施、设备和环境包含了特有的意义，它体现了那个时代的工业文明，对工业遗址中的环境设施和小品设计，关键是设计师对整体环境设计风格的定位和观念的表达，一种设计方式可表现为新与旧的对比；而另一种则完全可表现为怀旧的情节。在此类场所的公共设施或景观小品设计中，如果创意设计独特，常能起到画龙点睛的作用，通过不同造型的塑造来表现工业遗址的历史、人文和精神，从而更好地烘托环境气氛。

21 世纪是一个知识和信息的经济时代，知识和信息是推动经济发展最直接的动力，而创意、旅游、休闲娱乐、文化消费等产业日益成为经济新的增长点，面临这种发展机遇，对闲置工业遗址的开发利用与环境更新改造，为新型经济的繁荣打下了良好的基础条件，并为城市的更新找到了一个新的发展思路。

图 14-29　废弃的工业设备 4

第15章
城市雕塑设计

第 15 章 城市雕塑设计

雕塑是从何时产生的至今没有一个明确的定论，在久远的年代，雕塑就作为一种独立的艺术形式被古人运用在祭祀等活动中（图15-1、图15-2），后来逐渐成为宗教、皇权宣传其思想和统治的最好工具。当欧洲进入拿破仑时期，拜伦赫斯曼主持了伦敦重建规划设计，展现出新的城市风貌，宽广开阔的大街成为城市的新景观，而大街也成为设置雕塑和观赏雕塑的绝佳场所。当现代主义运动在西方盛行时，艺术作品创作不再强调国家立场，不受传统与民族文化的限制，而是突出艺术作品的国际性（图15-3），那些与建筑物、城市广场或和国家文化形成紧密关系的固定式纪念物，其艺术形式似乎不再是雕塑家创作的固定模式。雕塑作品也逐渐由室内架上雕塑转向城市公共环境空间，而现代雕塑在形式上、内容上、表现手法上、新材料运用上，都打破了传统的范畴，各种精神的要素或物质的要素，已经有了极大的延伸，相互交错，相互影响，使得现代雕塑的范围与概念比传统的雕塑来得更广泛，雕塑演变成非雕塑之雕塑了（图15-4～图15-6）。

雕塑艺术的广泛性与多样性的发展，对美化现代城市环境、提高城市的品质、满足现代人类的精神需求发挥了重要作用。雕塑是以物质实体性的形体塑造可视而且可触的立体艺术形象，借以反映社会生活、时代精神，表达创作主体的审美感受和审美理想。现代城市规划设计理念，为城市的可持续发展，展示城市雕塑的艺术魅力提供了良好的空间环境，而城市雕塑在赋予城市环境、建筑以各种含义和意义方面扮演着十分重要的角色。城市雕塑是城市文化的重要组成部分，也是城市文化水平的象征，具有其他文化无法替代的作用。

图 15-1　图腾柱

图 15-2　祭祀柱

图 15-5　抽象雕塑

图 15-3　现代雕塑

图 15-4　装置艺术的雕塑

图 15-6　公共艺术

目前，世界各国的字典中，对雕塑都有较准确的定义，而关于城市雕塑，则没有具体明确的定义。《剑桥百科全书》将雕塑定义为："传统上是指以黏土或蜡等软材料制作的模型，有时制成后浇铸金属；或以石、木等硬质材料进行雕刻。20世纪出现了装配艺术，只要把预制件拼凑到一起就完成了大部分工作。"而鲁迅美术学院陈绳正教授将城市雕塑解释为："城市雕塑主要是指设置在室外的，城市公共环境中的雕塑艺术品。"[1] 根据城市雕塑所起的作用及内容与形式，城市雕塑可分为纪念性雕塑、主题性雕塑、装饰性雕塑、功能性雕塑。城市雕塑是城市文化的载体，它从一个侧面反映出该城市的历史文化、科学与教育水平，以及城市的品质、市民的文化素质与精神面貌。

图 15-7　依附于建筑的雕塑 1

15.1　城市雕塑与架上雕塑的区别

"架上"原意出自俄文 Ctachok（工作台）一词。架上雕塑是指陈列在可以移动的相当于工作台上的雕塑作品，"架上"是相对于室外大型雕塑和案头的小型工艺装饰雕塑而言的，架上雕塑大多数陈列于美术馆、博物馆等室内环境中，一般体量较为适中，适合近距离观赏。城市雕塑是为城市特定环境而创作的雕塑，城市雕塑的创作首先要考虑环境因素，其包括了自然环境与人文环境。雕塑的艺术性和独特性是从特定的因素中提炼出来的，它需要雕塑家结合环境的空间特点与精神内涵，运用艺术表现手法进行形式上的创新。

城市雕塑与架上雕塑是两种不同的概念，架上雕塑在作品的形式、尺度、色彩、材质等方面基本不受环境的影响和制约，而城市雕塑则受外在环境因素影响较大。架上雕塑和城市雕塑相比一般体量较小，受场地条件的影响，只能在特定的场所近距离供少数人观赏。而城市雕塑大多数设置于城市开放型公共空间中，来往穿梭的人流均可在远、近距离欣赏到雕塑。

图 15-8　依附于建筑的雕塑 2

15.2　城市雕塑与建筑的关系

城市雕塑与建筑是两种不同的造型艺术，但它们都是城市景观重要的组成部分，从西方古典建筑造型来看，雕塑在一定程度上依附于建筑，雕塑作为建筑的装饰语言，强化了建筑的艺术性和精神内涵（图15-7～图15-9）。

现代建筑已成为融各种艺术形式于一体的综合性造型艺术，而雕塑则成为城市环境中不可分割的重要组成部分，建筑在造型上的探索及许多建筑造型设

图 15-9　依附于建筑的雕塑 3

1　陈绳正. 城市雕塑艺术 [M]. 沈阳：辽宁美术出版社，1998：8.

图 15-10　具有雕塑感的建筑 1（左）
图 15-11　具有雕塑感的建筑 2（右）

计所具有的雕塑化倾向，使我们有时很难区分建筑与雕塑之间的具体区别（图 15-10、图 15-11）。

关于建筑与雕塑的关系，黑格尔论述道："我们在讨论建筑时曾提出独立的建筑和应用的建筑这一重要区别，现在我们对于雕塑也可以指出类似的区别，有些雕塑作品本身是独立的，有些雕塑作品是为了点缀建筑空间服务的。前一种环境只是由雕塑艺术本身所设置的一个地点，而后一种之中最重要的是雕塑和它所点缀建筑物的关系，这个关系不仅决定着雕塑作品的形式，而且在绝大多数情况下还要决定它们的内容……，雕塑作品的内容和题材也可随多种多样的地点和建筑的性质而有无穷的变化。"客观地说，建筑不是雕塑的仆从，雕塑也并非从属于建筑，尽管它们在某些方面有相似之处，但建筑要求建构供人使用的良好内部空间，而雕塑却要求有具体的思想情感与艺术造型，正是这种相得益彰的共生关系，使雕塑和建筑艺术相互烘托，共同成为城市空间审美创造最基本的艺术形式。

15.3　城市雕塑的特性

城市雕塑的设置主要由城市管理部门根据城市发展规划的需要统一安排，通过城市雕塑来反映该城市一定历史时期的政治、经济、历史、文化等方面的内容。

15.3.1 城市雕塑的公共性特征

城市雕塑一般都设置于开放性公共空间，因此，雕塑的语言应满足广大市民的审美要求，被大众所接收。作为城市公共环境中的艺术品，城市雕塑的设置具有长期性，能对空间环境产生持久的影响。城市雕塑作为一种三维的立体造型艺术由于受特定的条件制约，它多放置于城市广场（图 15-12），城市重要交通节点的街心花园（图 15-13），城市公园，城市重要的政治中心、文化中心及休闲商业中心等位置（图 15-14、图 15-15）。因此，城市雕塑所放置的特定场所位置，决定了它具有强烈的公共性特征。

15.3.2 城市雕塑的景观性特征

城市雕塑是城市环境建设的组成部分，城市雕塑在环境中扮演着重要的角色，所以雕塑作品应考虑周围环境的性格特征。雕塑家必须与规划师、建筑师、景观设计师密切合作，使雕塑作品融入到整体环境中，才能使雕塑更好地阐述空间的特征，更加深刻地表现其内涵。城市雕塑不是环境的附属和填充，而是环境景观品质提高的要素之一，它在环境空间中往往起到视觉中心的作用，使城市整体环境景观的品质得到升华（图 15-16～图 15-18）。

图 15-12　青岛五四广场雕塑

图 15-13　陆家嘴广场雕塑（左）
图 15-14　北京奥体公园雕塑（右）

图 15-15　法国拉德芳斯广场雕塑（左）
图 15-16　法国街头雕塑（右）

图 15-17　欧洲街头雕塑（左）
图 15-18　南京城市雕塑（右）

15.3.3　城市雕塑的文化性特征

城市雕塑作为造型艺术，用其独特的语言展现着它的艺术魅力，这种魅力的表现不只是形态的展示，最主要的是它所体现出的文化内涵。城市雕塑通过各种造型来展示文化，有些讲述的是历史，告诉人们这个城市曾经发生过的故事；有些表现的则是民风和民情，为人们展示当地的风俗文化。城市雕塑作为可视的文化视觉符号，具有纯粹性和相对持久性的特征。因此，城市雕塑成为最合适的文化传播媒介，对文化的传播发挥了重要的作用（图 15-19～图 15-21）。

图 15-19　奥体公园唐代打马球雕塑

图 15-20　人物雕塑（中）
图 15-21　印第安土著雕塑（右）

图 15-22　金属材料雕塑 1　　　图 15-23　金属材料雕塑 2　　　图 15-24　金属材料雕塑 3

15.3.4　城市雕塑的工程性特征

雕塑艺术的特点，决定了雕塑作品必须通过三维立体来展现它的造型，雕塑塑造材料的选择是雕塑表现的要素之一，艺术家通过对材料的加工来塑造雕塑的形体。城市雕塑作为开放性公共环境中的艺术作品，除了要考虑其造型美外，还要考虑其材质美、肌理美、工艺美，同时还要考虑材料的牢固性、耐久性。因此，城市雕塑的艺术魅力不仅需要雕塑家的创作灵感，更要依托特有的工程加工技术才能得以实现（图 15-22～图 15-24）。城市雕塑的工程性特征主要表现为加工技术、新型材料的应用、与科学技术的结合等方面。

随着科学技术的发展，文化与审美呈现多元化的发展趋势，雕塑造型与制作材料趋于多样化，雕塑家在城市雕塑艺术的创作中，在继承传统制作工艺的基础上，对现代加工技术在城市雕塑中的运用进行了不断地探索与尝试。焊接技术和铸造技术的进步，现代工程技术的运用都促进了城市雕塑制作水平的提高，缩短了建设周期；尤其是钢结构技术的发展对城市中大尺度雕塑的建造起到了重要的作用（图 15-25～图 15-27）。

图 15-25　抽象雕塑

图 15-26　仿生雕塑（左）
图 15-27　雕塑与喷泉的结合（右）

图 15-28　动态雕塑 1（左）
图 15-29　动态雕塑 2（中）
图 15-30　动态雕塑 3（右）

图 15-31　波普艺术喷泉雕塑（左）
图 15-32　光与雕塑的结合（右）

雕塑艺术的造型与材料密不可分，材料是雕塑的造型语言，而不同材料的运用对突出雕塑的主题与内涵发挥了重要作用。传统雕塑的建造主要依靠石质材料和金属材料两大类，石材主要是花岗石和大理石，金属材料主要是铜材。随着材料学的发展，新型材料不断涌现，极大地丰富了城市雕塑的艺术形式，推动了城市雕塑的繁荣与发展。

科学技术的发展，使当代城市雕塑在创作中更多地融入了新的技术，雕塑造型不仅由传统的静态形式发展出动态形式（图 15-28～图 15-30），而且还将声、光、电、数字信息等现代技术运用到雕塑的创作设计中。现代城市雕塑颠覆了传统雕塑的凝固艺术的历史，使雕塑有了动态特征和光感特征，使城市雕塑有了更加丰富的构成形态和艺术形式，提高了城市雕塑的观赏价值和趣味性（图 15-31、图 15-32）。

15.4　城市雕塑的类型

按照雕塑艺术的表现形式，可分为圆雕和浮雕；按照雕塑的艺术表现手法，可分为写实雕塑和抽象雕塑；按照雕塑的性质，主要分为纪念性雕塑、主题性雕塑、装饰性雕塑、功能性雕塑。

第15章 城市雕塑设计

纪念性雕塑是指以雕塑的形式来纪念某个人或某个历史事件，这类雕塑往往设置于纪念性建筑或者事件的发生地点，通过雕塑表达某种特定的意义。如南京雨花台烈士陵园入口的革命烈士人像群雕（图15-33）；美国的"自由女神像"（图15-34）也是一件优秀的纪念性雕塑，她是美国人民追求民主与自由的象征。

主题性雕塑并不一定都是为纪念历史人物或历史事件而建，但它们都鲜明地表现了某个具有重大社会意义的主题，并通过特定的形式来反映历史和时代的潮流、人们的理想和愿望。主题性雕塑多以形象的语言、象征和寓意的手法揭示某个特定的主题，表达丰富的思想内涵（图15-35、图15-36）。

装饰性雕塑是相对于写实性雕塑的表现手法而言的，装饰性雕塑可以表现具象的题材，也可以表现抽象的形式，表现的题材和内容十分广泛。装饰性雕塑主要有三个特点：第一是装饰性雕塑在构图和尺寸上比较容易适应环境的设计要求。第二是重视材料的多样性，制作工艺的技巧性。第三是装饰雕塑具有宜人的尺度，具有亲和力和趣味性。装饰性雕塑对丰富城市景观、满足市民的审美要求发挥了重要的作用。

图15-33 革命烈士人像群雕（左）
图15-34 自由女神像（右）

图15-35 主题性雕塑——"造船"（左）
图15-36 主题性雕塑——"淮海战役"（右）

图 15-37　具有休憩功能的雕塑 1（左）
图 15-38　具有休憩功能的雕塑 2（右）

现代城市雕塑走出了以往说教性质的呆板样式，从高大的基础上走下来，融入到开放型公共环境空间中，其雕塑造型由具象的形态转向形态的多样化，雕塑题材由以人物为主扩展到其他方面，雕塑形式有写实、抽象、装饰等多种表现手法，雕塑的塑造材料也呈现多样性。雕塑在环境中已不仅是一个被观赏的对象，而且成为具有一定功能性的，既可满足市民的审美需求，又可供人们参与其中的构筑物（图 15-37、图 15-38）。

抽象雕塑泛指一切非写实的雕塑作品，只表达思想感情和情绪感受的意义，很少采用具体自然形态的特征，它主要通过抽象的形态、色彩、材料表现一种新的视觉效果。雕塑从具象的写实发展到抽象的表现形式，从传统雕塑的精雕细刻，走向简洁鲜明的形式，不只是一种单纯的造型变革，而是特定时代人们审美观念的直接反映，折射出当时的社会背景与状况。

抽象雕塑的主要特点为：强调形体的节奏与韵律感，注重雕塑的环境空间特征，注重雕塑的动态效果和形态的抽象构成形式。总之，抽象雕塑给人们提供了一种新的观察方式，在雕塑与人之间建立了一种新的关系，使人们得到一种新的体验，有助于改变城市环境面貌。

15.5　城市雕塑制作材料

材料是雕塑造型的物质载体，由于城市雕塑设置于城市开放性公共环境中，要保持其长久的艺术魅力，就必须使用坚固耐久的材料。早期的城市雕塑使用的材料主要以石材和铜材为主，随着科学技术的进步，材料有了很大的发展，雕塑风格的多元化，除使用传统的石材和铜材等材料外，不锈钢、铝材、钛合金、混凝土、玻璃纤维、玻璃、合成材料等也被运用到雕塑制造中。同时雕塑的加工手段在继承了传统雕刻、铸造等工艺的基础上，又增添了锻造、模压、焊接、铆接、电喷、喷涂等新的工艺技术。因此，城市雕塑制造材料范围的扩大、制作工艺与技术的提高,都极大地丰富了城市雕塑的语言和艺术表现力。

现代城市雕塑造型语言的多样性、丰富性促进了雕塑与城市公共空间环境的融合,而雕塑材料的多样性使雕塑与周围建筑物和构筑物有了更多的和谐(图15-39~图15-44)。

图 15-39　不同质感的对比(左)
图 15-40　青铜人物群雕(右)

图 15-41　木质雕塑(左)
图 15-42　不锈钢材质雕塑(右)

图 15-43　彩色喷涂雕塑(左)
图 15-44　塑钢材质雕塑(右)

15.6 城市雕塑对公共空间的作用

雕塑是空间中的艺术，通常人们认为雕塑的空间性分为实空间和虚空间两类，实空间是指雕塑形体之间的距离，是内涵的载体；而虚空间是指形体之外的空透部分，体现雕塑影像的关系。虚实空间相生，形成了雕塑。城市雕塑置身于城市公共空间中，空间因雕塑的存在而富有诗意，是空间的灵魂。雕塑只有与空间环境取得和谐，才能获得存在的合理性，才能更好地诠释空间的内涵。因此，城市雕塑对于公共空间的作用主要体现在以下四个方面。

15.6.1 控制空间

城市雕塑设置在城市开敞或闭合的空间中，在它的周围会形成一个视觉场，雕塑变成一个视觉焦点，在雕塑存在的空间中，雕塑不但实际占有了空间，更重要的是它通过人的视觉作用来控制空间，将消极空间转化为积极空间。

雕塑以其独特的造型以及丰富的内涵成为环境中的视觉中心，视觉控制的空间没有明确的边界，它的大致范围是由起占领作用雕塑的高度与体量来决定的。雕塑的高度越高，所形成的空间范围越大。另外，雕塑的体量对于实体占领空间也起到一定的作用，体量转化为一种能量，体量越大，对空间的影响就越大，所限定的空间也越广。

环境空间中的任何物体对周围都会产生两种作用，一种是向外扩张，另一种是向内凝聚，前者是以中心为基点，或强或弱地向外辐射着它的影响力，表现自身的存在。后者则表现为一种向心力的形式，一个实体的存在，对周围空间起到凝聚的作用，以它为核心形成一个力的磁场。这两种作用不是孤立出现的，而是表现为对立统一的方式。

15.6.2 引导空间

雕塑在线型空间中可以作为空间变化的标志，可以通过外在形式的指向性、内在蕴涵的方向，对空间起到引导作用，由于人的视线顺着雕塑所指的方向运动，使静态的空间具有了流动感，在雕塑的创作中，雕塑家常常利用雕塑的这种特性来引导人流或表达某种意向。

15.6.3 划分空间

雕塑在空间环境中，自然地将环境空间加以划分，雕塑对空间的划分表现在两个方面，一种是通过自身的形体把空间划分为不同的区域，另一种是通过雕塑的视觉延伸增加空间的层次感，使雕塑所在的空间更加丰富。因此，雕塑在空间中的划分作用对环境具有积极的意义。

15.6.4 赋予空间活力

雕塑能活化环境，人们会根据雕塑主题的不同，相应地产生不同的情感反应。在现代城市雕塑创作中，雕塑家常常利用声、光、电、色、质等效果来活跃环境。现代城市雕塑和现代科技手段相结合，不仅有静态的，而且有动态的；不仅白天可看，而且晚上可赏。雕塑家在现代城市雕塑的创作中更多考虑的是如何和环境结合，运用或写实或抽象的手法，通过形、色、质等造型要素创造一种新的视觉语言，使环境充满活力。

15.7 城市雕塑与公共环境的联结

随着人们对城市景观品质的要求越来越高，城市雕塑已不仅仅是城市空间的简单填充，而是要与自然景观、建筑环境、城市的历史文化等相关因素统一考虑，从而决定雕塑的题材、形式、位置、尺度、材料、色彩等。任何一个城市雕塑都存在于一定的空间环境中，雕塑的创作应以环境特征为前提，城市雕塑与环境是相辅相成、互为补充的关系。

15.7.1 表层联结

"多样统一"即在差别中寻求相同和相似的形式美法则，是城市雕塑与空间环境表层联结的原则。雕塑表层结构的多样，空间环境的千差万别，雕塑家个人的艺术风格、喜好及艺术修养的不同，都决定了雕塑与环境的表层联结必然是错综复杂的。尽管这种联结表现在许多方面，但概括起来主要表现在以下三个方面：即形态上的联结、材质上的联结、色彩上的联结。

15.7.2 形态上的联结

形态是雕塑给人的第一印象，雕塑造型元素的选择、内涵的彰显、与空间界面的协调与否、和环境的和谐统一，将直接影响到环境的整体气氛。市民对城市雕塑的体验是四维的，即三维空间和时间。城市雕塑的设置应充分考虑不同角度形象与空间环境的一致性，不能顾此失彼，在室外环境中的雕塑，随着时间的流逝，光影对雕塑形体的效果也要考虑。因此，城市雕塑的创作必须考虑空间整体形态的联结。雕塑只有与环境融为一体，使两者达到高度的统一，才能形成一种意境，但是雕塑作品与环境"协调"、"统一"的概念是模糊的，还需要雕塑家进行提炼、深化，将自己的审美观念与大众的审美需求相结合，使雕塑的语言与环境相互统一（图 15-45、图 15-46）。

15.7.3 材质上的联结

随着现代科技的发展，新材料不断出现，城市雕塑的制作材料的范围更加广泛。在选择雕塑制作材料时，如果能选择与空间界面的某种材料或相近的材料，如石材、不锈钢、玻璃等，可使雕塑与环境的关系更为密切（图 15-47）。

15.7.4 色彩上的联结

色彩是城市雕塑主要的造型要素之一，在有些环境中它发挥着重要的作用。体量大的雕塑可选用与空间环境相似的色彩，在色彩较深暗的环境中，应设置色彩明亮的雕塑，通过对比来增强雕塑的形象，反之亦然。总之，雕塑与环境的明度差别对突出雕塑的形象相当重要。另外，在现代城市环境中，具有现代气息的建筑形态更加简洁、明快，建筑师往往采用不同质感和色彩的材料装饰建筑的外立面。因此，现代城市雕塑的色彩设计应融入到整体的环境设计中，通过雕塑与环境色彩的"大统一、小对比"烘托雕塑的形象。

15.8 城市雕塑的创作原则

无论是历史悠久的城市还是新兴的城市，城市雕塑都是作为建筑物与城市环境的衍生物而出现的，城市的发展规划、城市的历史风貌、城市的地理环境特征等因素都成为雕塑家创作的重要依据。因此，城市雕塑的创作应遵循一定的原则。

（1）整体性原则：这是城市空间环境构成中最为主要的设计原则。具体说就是在城市空间环境中确定设置雕塑之前，从整体空间环境出发来考虑它与周围环境的关系，如环境的空间形态、空间的比例尺度、空间的属性、环境周围建筑物的风格等因素，以确定雕塑的形体大小、风格、表现手法、制作材料等（图 15-48～图 15-50）。

（2）关联性原则：客观世界是一个相互联系的整体。因此，空间构成的关联性原则是客观辩证法的普遍联系法则的具体运用；空间环境中的任何物体，都不是孤立存在的，而是相互联系、相互作用的（图 15-51、图 15-52）。

（3）时空性原则：雕塑除了具备其他艺术的基本特征以外，还有一个重要特点就是它的时空性，无论是具象雕塑还是抽象雕塑，它们都是在三维的立体空间中塑造形态；雕塑向人们展示的是全方位的立体造型，人们可以在任何一个角度观赏它，所以空间对雕塑家和观赏者是非常重要的。雕塑艺术同时又是时间的艺

图 15-45　城市街头人物雕塑

图 15-46　楼前广场雕塑

图 15-47　钢材雕塑

图 15-48 雕塑尺度与环境尺度的和谐统一（左）
图 15-49 雕塑风格与基座的比例关系（右）

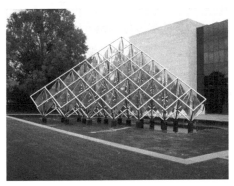

图 15-50 建筑与雕塑风格的统一（左）
图 15-51 雕塑与环境的相互映衬（右）

图 15-52 雕塑带给人们的环境启示（左）
图 15-53 以建筑为背景的城市雕塑（右）

术，当人们随着时间的推移、行为方式的变化、季节的转换，从不同的空间角度，在不同的时间去观赏雕塑时，都会获得不同的美的享受。

(4) 主次性原则：空间构成的物体具有一定的层次性。空间环境中的物体必须是按主次关系进行组合的，比如以建筑为背景的城市雕塑。在城市空间中，为突出主要物体，就要求雕塑既能和整体环境相协调，又能充分展示其相对独立性，形成中心感，从而体现出整体构成的最佳视觉效果（图 15-53）。

(5) 对比性原则：这个原则主要是在空间环境设计中为了避免特征重复而设立的，雕塑作品与空间构成中的任何物体都要有一定的差异性，避免呆板、机械性的重复。在统一的前提下，突出个性化特征；通过大小对比、高低对比、材质对比及色调的冷暖对比等艺术表现手法，使雕塑作品符合整体统一的设计原则。

15.9 影响城市雕塑创作的相关因素

城市雕塑和架上雕塑的区别在于城市雕塑所处的特殊环境，它和周围环境景物既相互联系又相互制约。因此，雕塑家在城市雕塑的创作中应重视以下几个方面的问题：

(1) 城市雕塑的设置首先要从区域性的总体环境出发，先研究环境再确定雕塑，将城市雕塑融入到环境中，使雕塑、环境与人之间形成一个和谐的整体。如果忽视了雕塑作品与环境的内在联系，即使再精美的雕塑作品也不能最充分地展示它的艺术价值，同时还会对环境带来不利的影响。所以城市雕塑的位置选择要综合研究下列因素，即城市的总体规划，环境的性质与功能，空间环境的界面、尺度，人流的交通流线，观赏角度的景观效果，光线朝向等（图 15-54、图 15-55）。

(2) 雕塑是特定环境场所的焦点，它应在某些方面体现空间的性质，使空间的内涵更为丰富，与空间融为一体。雕塑家应根据不同的空间环境、不同的要求，在合适的空间创造出既具有形式美感又能体现城市空间特色的雕塑作品，而不能将城市雕塑作为见缝插针的填充物（图 15-56 ～图 15-58）。

(3) 我们要创造一个舒适、愉快的雕塑空间环境，必须在科学规划的基础上，运用合理的设计手法对雕塑空间环境进行设计，使雕塑空间环境满足人们的心理需要和行为需求。只有消除雕塑空间环境中不利因素的干扰，确立合理的空间尺度和空间形态，才能满足雕塑空间环境的需要。因此，必须对空间环境进行整合，

图 15-54 雕塑选择在视点中心（左）
图 15-55 西安大雁塔公园雕塑（右）

图 15-56　纪念性的人物雕塑（左）
图 15-57　夸张的雕塑语言（中）
图 15-58　人物雕塑（右）

空间环境的整合通常有三种方法，即减法原则、加法原则和综合原则。雕塑的空间整合是根据雕塑的视觉控制范围，通过空间环境的加、减法处理，使雕塑的空间形象得到充分展现。雕塑视觉控制范围其实质是雕塑的张力对环境的要求，与人的心理感受有关，没有明确的界限。只有根据雕塑的张力来设计空间环境，才能达到知觉力的协调。

（4）城市雕塑的空间转换，应考虑雕塑所处环境的人流动线、视觉效果。空间转换是指雕塑空间与周边空间的衔接与过渡。雕塑空间附近的空间环境设计，对雕塑空间有着重要影响，周边空间是城市雕塑艺术的组成部分。通过周边空间的转换、过渡、导引使雕塑给人的感觉更为强烈。通过周边空间节奏的抑扬顿挫、跌宕起伏，有效地烘托雕塑的艺术效果。

雕塑作品的尺度问题是每一位雕塑家在创作实践过程中都会遇到的问题。为每件城市雕塑作品确定一个适当的尺度，是充分展示作品表现力的重要因素之一。尺度是建立在雕塑与环境整体美感基础上的，是雕塑与人的相互关系的一种反映。根据雕塑表现主题和环境空间的大小而确定雕塑的尺寸，确保雕塑的尺寸与环境相吻合，才有利于雕塑艺术效果的展现。

15.10　我国城市雕塑创作存在的问题与解决策略

中国的雕塑有着久远的历史，形成了独特的艺术风格和美学体系；但真正意义上的城市雕塑出现则始于 20 世纪 80 年代，改革开放及经济的发展使我国城市文化形态呈现出多元化的趋势,对象的复杂性促使雕塑家积极深入地思考,雕塑家、理论家开始在文化的层面上思考城市雕塑的创作问题,探索我国现代城市雕塑创作新的艺术形式。当今中国的城市雕塑在大规模的城市化建设进程中得到蓬勃的发展。历史人物、历史故事、体育运动、社会市井、动物、抽象造型等题材都成为城市雕塑的重要表现内容。城市雕塑由以往的纪念功能和教化功能扩展到寓教于乐和纯粹的审美等其他功能要求,城市雕塑已成为全社会的公共艺术,成为城市景观的重要组成部分。

15.10.1 存在的问题

我国城市雕塑的发展和西方国家相比还处在起步阶段,但新中国成立至今,我国的雕塑家也创作出了许多优秀的城市雕塑作品,著名的城市雕塑作品有"人民英雄纪念碑"浮雕、雨花台烈士群雕墙(图15-59)、"朱自清雕像"(图15-60)、"周恩来雕像"(图15-61)、"五卅惨案"、"八女投江群雕"(图15-62)等具象形式的人物雕塑,另外,还有许多抽象的城市雕塑作品。许多优秀的城市雕塑已成为城市的标志。在我国城市雕塑取得可喜成绩的同时还存在许多问题,概括起来主要体现在以下几个方面:

1. 城市雕塑理论方面研究的薄弱

由于中国长期处于半殖民地半封建的社会,经济和科学技术的落后,极大地影响了思想与文化的发展,社会文化的发展缺少哲学思想与美学思想的引领,造成艺术创作缺乏创新,艺术创作理论研究成为无根之木,这不仅影响了我国的艺

图 15-59 雨花台烈士群雕墙

图 15-60　朱自清雕像（左）
图 15-61　周恩来雕像（中）
图 15-62　八女投江群雕（右）

术创作和理论研究，同时也影响到城市设计和城市雕塑设计的发展。另外，我国的高等艺术院校在相关理论的教学上不够重视，大多数学生对专业学习非常用功，而对相关理论的学习不感兴趣，在我国绝大多数美术学院的雕塑专业都不具备开设城市设计、景观设计、建筑设计等学科的相关知识理论课程的条件。造成了雕塑专业的学生在此方面的知识匮乏，阻碍了雕塑家创新能力的培养和设计水平的提高。

2．本位主义思想的影响

大多数雕塑家在城市雕塑创作中比较注重作品本身的研究，因缺少相关城市设计等方面的理论知识，忽视了对城市环境方面的研究，造成城市雕塑许多问题的出现，比如：雕塑作品缺少创新，模仿风气盛行；城市雕塑主题的符号化倾向；片面追求雕塑的形式；城市雕塑与环境空间不能和谐统一等问题。优秀的艺术家大多数都具有强烈的个性特征，而作为城市雕塑艺术家，在强调个性化、风格化的同时，还应关注雕塑作品与城市环境、建筑环境及人的和谐。过分强调雕塑作品的本身，夸大雕塑作品在环境中的作用，都不是一个真正合格的、优秀的雕塑家和城市雕塑作品。城市雕塑对城市环境的影响很大，因此，雕塑家要有一种社会责任感，树立敬业精神，广泛听取各方面的意见和建议。

3．综合创新能力亟待提高

雕塑作品的实现是以物质化为载体的，雕塑家创作思想的体现除了雕塑作品的构思、造型的手段和表现风格等因素外，雕塑材料的选择、工艺制作水平的高低、科技手段的运用也都对雕塑作品有着重要的影响。随着雕塑概念外延的拓展，城市雕塑作品的创新不仅表现在思想观念、艺术表现形式上，材料的创新与运用、制作水平的提高、科技手段的综合利用对我国城市雕塑的发展都有着重要的推动作用。

15.10.2　解决的策略

1. 建立城市雕塑管理体制

城市雕塑的创作与管理体制的建构，在本质上反映的是对城市雕塑特性的认识。当今城市雕塑的创作在社会实践中出现了许多不正常的现象，一些原本是艺术的问题却往往异化为权力与利益之争。因此，城市雕塑的设置应由城市的管理部门统一规划，把握大的方向，提出控制性要求。城市雕塑方案的设计实行招投标制度，聘请不同学科的专家及市民进行评审。只有这样，才能保证雕塑作品的艺术质量，有利于优秀雕塑作品的诞生。城市雕塑作为一种公共艺术，属于城市文化范畴，因此，对于城市雕塑的批评监督不应只局限在专业范围内，而应利用社会的力量，发挥公众的监督与参与作用。

2. 重视城市雕塑规划

城市雕塑的规划必须和城市总体发展规划相统一，在制订城市雕塑规划的相关问题上，应由规划部门、文化部门、艺术家和广大公众共同参与。城市空间环境的可持续发展，需要实现城市雕塑与城市空间的共生，它要求公共空间为城市雕塑提供良好的环境，雕塑家应与城市规划师、建筑师密切合作，致力于城市环境研究，实现雕塑与环境的深层对话，提升城市环境的品质。在雕塑题材与形式的选择上，应重视雕塑作品与不同性质空间环境的和谐。在城市规划设计中，应给雕塑作品留有良好的空间环境，使雕塑的艺术性能够得到充分的体现。

在大多数城市空间中，建筑物、道路、构筑物、植物等众多空间围合物的秩序都是相对稳定的，城市雕塑的设置如不考虑环境的因素，便会造成环境空间秩序的混乱。因此，城市雕塑的建设应综合考虑原有空间关系，完善城市空间环境，只有将雕塑作品融入到环境之中，延续原有的空间秩序，才能更好地提升环境的品质。

第16章
城市公共艺术设计

第16章 城市公共艺术设计

城市是由人类早期的聚集点逐步建设与发展而形成的，自19世纪进入工业化时代后，城市的功能和作用具有了更大的内涵与外延。当今城市空间环境和物质形态发生了深刻的变化，城市已成为交流沟通、社会转型、进化的重心。《澳大利亚城市设计》一书提出："好的城市应展示城市发展与建筑艺术，应赋予市民最大的利益，产生良好的环境效益，反映地方的特色和需要，既能密切与过去的联系，又与当今时代性相符。"

公共艺术从广义上讲是一种既古老而又新颖的艺术形式，它泛指从古到今人类所从事的一切有积极意义的艺术创作活动，从远古时代的岩画到现代城市中形形色色的艺术作品，对应着一个国家政治、经济、文化发展的不同阶段，公共艺术相应地都会有着不同的内涵。现代城市公共艺术设计多数体现以人为本的思想，依托城市公共环境空间，运用综合的艺术和技术手段，调整公共空间形态，整合环境景观，烘托环境气氛。

近年来，随着我国城市建设的快速发展，"公共艺术"这一概念逐步得到传播，但大多数人将公共艺术仅以城市雕塑简单地取而代之，这是对城市公共艺术观念片面的理解和认识的不全面。因此，我们在此章中对城市公共艺术这一概念作详细的阐述。

16.1 公共艺术的基本概念

什么是公共艺术？公共艺术是指艺术家和设计师在城市和乡村的环境中的工作及工作方式。公共艺术不是一种艺术形式，而是指艺术家与设计师深度介入公共空间的创造构思，公共艺术没有确切的定义，它也许是和建筑物合为一体的构筑物而形成的一个新的环境空间；也许是艺术围墙和栅栏、艺术砖砌、艺术墙面、艺术铺地、艺术字体、艺术照片、艺术照明等。它们有可能是由硬质材料制成的，也可能是由软质材料构成的，如挂毯、地毯、编织等纤维艺术。它们可以是雕塑、纪念碑、地标、大地作品、摄影艺术、影像作品、高科技艺术、表演艺术等，表现形式多种多样。公共艺术形成于20世纪80年代；公共艺术不同于传统的城市雕塑和纪念碑，现代城市公共艺术与城市的发展有着密切的联系。"公共"一词包含了开放性和大众的参与性，并完全公开平等地面向大众。公共艺术之所以存在是因为它们均处于公共场所；位于公共场所使它们与城市公共空间的关系成为可能。公共艺术和城市公共空间及构筑物有不同的表达方式，它们表现出不同的历史印迹，给公众以不同的感受力，它们彼此独立而又共存。

公共艺术大多数采用造型的艺术方式，公众通过视觉去感知，其表现形式与手法有些是抒情性的，富有幽默感的，有些是前卫的或有争议的抽象概念。城市中公共艺术创作的目的是将艺术家和设计师的专业技能、想象力和创造力融入于创造新空间及城市环境品质复兴的整个过程，通过创造一个具视觉冲击力的视觉艺术而赋予城市空间新的活力。

优秀的公共艺术品应与环境和谐共存，融为一体，在城市公共空间环境中起到画龙点睛的作用，对提高城市景观的品质发挥重要的作用。城市公共艺术有些是永久性的，它们在前期城市规划中就进行了合理的设计，成为城市景观的重要组成部分；而有些却是临时的。公共艺术属于城市，因城市而存在。从艺术家与公众的关系而言，公共艺术不是艺术家的专利，而应该属于广大普通市民，它不是体现文化与公众之间的鸿沟，而是主张艺术大众化、艺术家市民化。公共艺术带有广泛的社会功能，它把大范围中的各种具体艺术与社会需求一起融入作品。它的语言是社会科学、艺术、建筑物和城市设计的杂合。

图 16-1　具有思想内涵的公共艺术作品

16.2　公共艺术及其文化特征

公共艺术既是一种外在的、可视的艺术形式，同时在整体上也是一种蕴涵丰富社会精神内涵的文化形式，它是艺术与整体社会的纽带，是社会公共领域文化艺术的开放性平台，也是城市管理者、公众社会和艺术家群体之间进行合作、对话的重要来源。因此，公共艺术不仅仅是艺术本身，而是蕴涵着、展现着与其不可分割的社会政治思想和人文精神（图16-1、图16-2）。

图 16-2　充满人文精神的公共艺术作品

现代城市公共艺术的缘起，主要始于20世纪30年代的美国，以街头艺术形式为主要表现手段，其主要目的是为了提高城市民众的文化生活品质和环境品质（图16-3～图16-8）。墨西哥三位杰出的现代公共艺术家迭戈·里维拉、何塞·克莱蒙特·奥罗斯科、大卫·阿尔法罗·希克罗斯，他们三位为了追求和展现宏大史诗般的永恒和充满人性、面向大众的艺术形式，在城市公共建筑上描绘了许多歌颂民族文化、民族精神和政治意义的壁画作品。从而掀起了一场艺术与社会文化、公共环境及政治生活密切关联的艺术运动，其对世界现代公共艺术的发展产生了深远的影响。

公共艺术的表现形式多种多样，表现手段和采用的媒介呈现多样化，表现题材和表现内容有些是显性的，有些是隐性的；有些作品具有国际化的审美特征，

图 16-3　街头行为艺术　　　　图 16-4　大地艺术　　　　　　　　图 16-5　装置艺术

图 16-6　壁画艺术（左）
图 16-7　地景艺术（右）

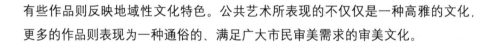

有些作品则反映地域性文化特色。公共艺术所表现的不仅仅是一种高雅的文化，更多的作品则表现为一种通俗的、满足广大市民审美需求的审美文化。

16.3　公共艺术的种类与特点

现代城市的开放性、公共性特点，孕育了现代公共艺术。因此，现代公共艺术主要汇集在城市广场、公园、街心公园、街道、商业步行街、社区开放性空间等公共区域。公共艺术的种类繁多，形式各异，表现题材广泛。从具象的造型到抽象的形式，从平面的表现形式到立体的造型，艺术家们用不同的语言和符号表现各种审美文化。

在城市环境中，公共艺术的种类有雕塑、壁画、装置艺术、大地艺术、装饰艺术、照明艺术等，它们多选用坚固耐久的材料，材料的种类繁多，有金属、石材、木材、有机物、各种废弃物、纺织物、水、沙石等；公共艺术作品有些是静态的、永久性的，有些可能是动态的、临时的（图 16-9～图 16-19），它以各种各样的形式融入到人们的生活中。

图 16-8　具有游憩功能的公共艺术

第16章 城市公共艺术设计

图16-9 地景公共艺术

图16-10 结合户外家具的公共艺术

图16-11 藤制装饰艺术

图16-12 以游憩设计形式构成的公共艺术作品

图16-13 艺术雕塑——生锈的金属

图16-14 广告式公共艺术作品

图16-15 以古代相关符号构成的公共艺术

图16-16 地景艺术

图16-17 仿生公共艺术

图16-18 抽象公共艺术（左）
图16-19 陶土材质公共艺术（右）

327

城市环境的特点在某些方面决定了公共艺术的艺术特点，公共艺术的最大特点是艺术家和设计师用各种艺术形式向公众传达他们的艺术思想、审美观念。公众意识和公共性是公共艺术的最大特点，它借以区分其他艺术形态的特征。

16.4 公共艺术的表现形式

公共艺术的表现形式涵盖了传统艺术和现代艺术形式，根据公共艺术的特点和属性，公共艺术的定义已超出传统意义上的雕塑概念，现代艺术的发展使传统公共雕塑的概念和形式有了很大的拓展，抽象艺术、装饰艺术、波普艺术、装置艺术、视觉艺术、数字艺术的发展给公共艺术在艺术语言与形式的表达上，为艺术家和设计师提供了更广泛的创造力，而现代建筑理论的建立与实践的探索，促进了建筑艺术、城市规划、景观艺术的发展，同时为公共艺术的发展创造了更多的交流对象和创作空间。

公共艺术的特点包含了公共艺术形式之间的连带关系、公共艺术与环境空间的关系、公共艺术所表达的文化内涵等。这使我们把目光投向更广泛的公共艺术领域。传统式主题性雕塑是城市公共艺术重要的组成部分，我们已在第15章中进行了重点论述。此章从现代艺术发展的视角来看，公共艺术的表现形式已突破了传统艺术形态的范畴，这种突破不只是形式上的，更重要的是观念上的改变，而现代艺术和后现代艺术的发展创新为公共艺术的发展创造了新的艺术语言，城市空间又为现代艺术的实践与探索提供了良好的物质环境。对公共艺术表现形式的讨论，我们必须看到西方现代艺术和后现代艺术的发展对其产生的影响。

现代艺术是现代文化的精华之一，形式主义是西方国家工业文明兴起后的历史时期审美与特征的产物，工业文明给整个西方社会创造了丰裕的物质生活，促进了人们生活方式的转变，这给艺术家和设计师提供了一种全新的感受、理想和冲动，而科学的发展使人们以往崇尚对宗教的信仰逐步转向利用科学技术的成果，分享科学的方法与逻辑，在作品中追求结构的内在形式美、逻辑性与条理性，以及对新材料的合理性运用等。

现代艺术的传统是反抗的传统，它在不断创新中向前推进，并且达到形式主义的高峰、形成了风格的多元化。现代主义艺术成就是巨大的，但其形式的不断纯化，极端的概念化、纯粹性、标准化、实用性也丧失了与生活对话的能力。从本质上来说，现代艺术是表现语言的创造，突出本体论和形式主义。立体主义、构成主义、未来主义、波普艺术、极少主义等艺术流派均从多维度、多层次地进行各种观念、材料、技术的探索和试验，寻找新的绘画语言、造型语汇与符号。因此，现代艺术思想理念的建立、形式的探索对其他门类艺术和设计学科的影响是深远的，这种影响同样也渗透到公共艺术中。因此，有许多现代派艺术家将城市公共空间作为他们作品创作和展示的最佳场所。

后现代艺术是后工业社会文化矛盾冲突中涌现出的新思潮，它是信息时代的文化衍生体，与西方后工业化社会同步发展，并逐渐取代了现代主义而成为世界性的主流文化。后现代艺术强调包容性，任何一种传统、文化、风格、形式、表现技巧都可以综合运用。艺术家有最大的自由度，他们关注现实世界中存在的问题，诸如人权、生态、环保、可持续发展等，艺术家将作品创作和人类社会的发展与生存紧密地联系在一起。他们从人类的历史文化、政治经济、意识形态、价值观念来重新审视、评判人类自身所面临的各种问题；他们希望用艺术去塑造一个理想的人类社会。因此，后现代艺术家们在其自身所创造出的波普艺术、观念艺术、偶发艺术、过程艺术、涂鸦艺术、装置艺术、多媒体艺术、地景艺术等艺术门类中，找到了艺术与人类交流的语境。

当代城市公共艺术的发展与现代艺术、后现代艺术的探索实践有着密切的关系，许多艺术家从表现自我的艺术创作逐步发展到关注社会生活的方方面面，他们的作品从架上走向了公共空间，参与到城市环境的建设与文化的创造中。在公共艺术中，有一部分作品表现出一种对现实物体的介入，它们借用现实物品的形象，通过和其他符号、要素、形式的组合来完成作品。其中装置艺术（图 16-20）、行为艺术（图 16-21）、符号艺术（图 16-22）、观念艺术（图 16-23）、大地艺术（图 16-24、图 16-25）、波普艺术（图 16-26）、涂鸦艺术（图 16-27）、集合艺术（图 16-28、图 16-29）等多种艺术形式在城市景观设计中都有表现。

当人类社会进入信息化与数字化时代后，人们的思想观念、物质技术、生活方式、审美意识都发生了变化，这使得文学与艺术领域的思想学说和价值观念上的单一化、权威化和恒久化逐渐转化为多元化、非权威化和动态化。反映在城市公共艺术的创作与实践上便是时代性的文化与审美情感，形式的多样化及科学技术与新材料的运用。现代社会人们生活方式的改变，对城市公共艺术的创造与发展提出了更高的要求和期望。

图 16-20　装置艺术（左）
图 16-21　行为艺术（中）
图 16-22　符号艺术（右）

图 16-23　观念艺术

图 16-24　利用植物形态创造的地景艺术

图 16-25　大地艺术

图 16-26　波普艺术

图 16-27　涂鸦艺术

图 16-28　集合艺术1

图 16-29　集合艺术2

16.5 公共艺术与城市公共空间的关系

公共艺术是现代城市公共环境的重要组成部分，是城市景观设计的要素之一。它和城市环境中的自然要素和人工要素构成了环境的主体和形态特征，公共艺术在城市环境中已不再是可有可无的东西，它成为城市环境建设与城市文化建设规划需要重点考虑的问题。

16.5.1 场所的因素

每个城市在规划决策与设计中，对城市不同开放性公共空间在空间的性质和功能上都有明确的定位，而场所空间特征与功能定位对公共艺术作品的创作将产生直接的影响。公共艺术依托于城市公共环境，从属于特定的环境，如果公共艺术作品的创作无视场所的特征和环境因素，过分强调自身的艺术特点，公共艺术作品就不可能真正融入到城市环境中。因此，公共艺术作品的创作不仅要符合城市建设与规划的要求，而且要针对具体环境空间特征，及城市历史文脉的全面理解和把握进行创作，才能真正体现出公共艺术的艺术价值与精神价值。

16.5.2 功能的因素

城市开放性公共空间是为了满足不同的功能要求，而公共艺术自身的属性，即自然属性和社会属性都将直接影响到艺术家的创作。公共艺术属于三维立体造型艺术，它通过形、色、光、材质等构成要素来表现形象特征，在环境空间中它可以作为一个独立元素而存在，这是它自然属性的一面。公共艺术属于城市发展脉络中重要的组成部分，它具有一定的社会价值和文化内涵，隐性地传达某种信息，对完善空间结构、改善环境气氛、给市民带来审美享受起到重要作用。作为城市中的公共艺术，在一定程度上，通过公共艺术的表现形式和审美意趣来展现城市的历史文脉、文化特色，反映城市中市民的生活习俗，从而增加市民对城市的认同感和归属感。因此，公共艺术作品在城市中的社会属性是显而易见的，城市的发展是动态的，它经历着新与旧的不断更替、传统与现代的对话，公共艺术作品的创作必须根植于城市传统文化的土壤，和城市发展的脉络相结合，和市民的审美需求相适应，才能使公共艺术作品真正地融入到城市环境中，成为城市的一个标志。

城市景观设计和城市公共艺术创作有着密切的联系，当今城市公共空间艺术氛围的表现已不再仅仅依靠雕塑作品来完成。因此，在公共艺术的创作中，除了雕塑家积极参与外，更多的建筑师、艺术家、设计师及各行业人士也参与到其中。

图 16-30　海滨装置艺术（左）
图 16-31　与园林结合的公共艺术（中）
图 16-35　与建筑结合的公共艺术（右）

在现代城市景观设计中，开放性、公共性、休闲娱乐性、参与性、人性化、绿色环保、生态与可持续发展成为城市环境建设的主要目标。设计师和艺术家将公共艺术创作更多地融入到整体环境设计中，除了主题性雕塑和功能性的装置外，他们更加注重公共艺术品的形式美感，强调形式与环境的结合（图 16-30～图 16-36）。

图 16-32　与环境相结合的大地艺术（左）
图 16-33　与建筑结合的构成艺术（右）

图 16-34　建筑结构与材料相呼应的公共艺术（左）
图 16-36　将铺装与水相结合的地景艺术（右）

第17章
城市户外公共家具设计

第 17 章 城市户外公共家具设计

城市是人类社会发展的产物,它集中了人类社会大多数的生产活动,城市的兴起也是统治者以实现对内维护自己统治、对外进行防御或攻击为目的的。《吴越春秋》中"筑城以卫君,造郭以守民"之说就是有力的佐证。城市人口的集聚,促进了生产力的发展和商业的繁荣。因此,城市成为商品交换的场所。进入工业文明社会后,城市更是扮演着工业生产中心和贸易中心的角色,人类的绝大部分生产活动都发生在城市。到了后工业时代,城市已成为大多数人生活工作的地方,人们对城市的环境品质要求也越来越高。城市从起源发展到现今的超大型规模,都决定了城市需要科学的规划、良好的秩序、完善的城市功能和各种服务性公共设施。而城市中的户外公共家具是城市公共设施的重要组成部分,其在城市的安全、卫生、服务、交通、景观、文化等方面发挥着重要作用。

17.1 城市户外公共家具的概念及内容

早期的城市功能相对比较简单,公共设施较为单一,主要是休息类型的设施。因此,提起早期的城市户外公共设施,人们往往会混同于室内家居,其实不然。城市户外公共家具(也有称街道家具的,"街道家具"是从国外的 Street Furniture 直译而来)是构成城市公共设施的重要元素,城市户外公共家具的概念源于欧美等经济发达国家,泛指遍布城市街道中的诸如公交候车亭、报刊亭、公用电话亭、垃圾容器、公共厕所、休闲座椅、路灯、道路护栏、交通标志牌、指路标牌、广告牌、花钵、城市雕塑、健身器材及儿童游乐设施等城市公共环境设施(图 17-1、图 17-2)。之所以称之为"城市户外公共家具",是因为它准确地诠释了人们渴望把城市变得像家一样和谐整洁、便捷安全、舒适美丽的美好企盼。

图 17-1 饮水台

图 17-2 公交候车亭

城市户外公共家具按功能分为公共设施类:如公共汽车站、自动厕所、报刊亭、电话亭、路灯、垃圾桶、休息座椅等(图 17-3~图 17-4);指示标志类:如交通标志牌、道路指示牌、广告牌等(图 17-5~图 17-7);景观装饰小品类:如花坛、装饰雕塑小品等(图 17-8、图 17-9);景观建筑小品类:如亭、廊、棚等(图 17-10)。当今世界学术界在城市户外公共家具或城市公共设施的归类上也没有一个权威性的定论,但总的概述和表达的含意还是能够被大家认同的。

第17章 城市户外公共家具设计

图 17-3 电话亭

图 17-4 路灯

图 17-6 道路指示牌

图 17-5 广告牌

图 17-7 公共信息牌

图 17-8 花坛与坐凳

图 17-9 艺术小品

图 17-10 公园凉亭

17.2 城市户外公共家具对城市环境的意义

当人类社会进入工业化时代,汽车这种新型的交通工具出现后,人们的生活方式在许多方面发生了根本的变化,城市道路变得更加宽敞、复杂,通行变得更加快捷,交通标志和道路指示牌也就需要更加完善,例如:公共汽车站、地铁出口必须和公共汽车、地铁站相配套(图17-11、图17-12)。在信息技术和大众传媒高度发达的今天,电话亭、报亭(图17-13~图17-15)、各种广告牌和街头刷卡机等设施应运而生。工业的发展和科学技术的进步,使城市中很多户外公共家具都成为工业化生产的产品,这些工业化产品极大地丰富了城市户外公共家具的类型,提高了户外家具的品质,扩大了产品的运用范围,增强了产品的安全性、可靠性,延长了使用寿命,极大地提高了工作效率。工业化产品同样也涉及功能、技术、材料、审美几方面的内容,只有几方面有机地结合,才能成为统一体。科学技术的进步促进了材料科学的发展和工艺加工水平的提高,城市户外家具在部分继续使用传统材料,如木材、石材等的基础上,大量地使用新型材料,如不锈钢、铝材、玻璃、有机玻璃、塑料、合成材料等,这些新型材料经过工业化的技术加工,使产品显得更加精美,更具时代感,许多户外家具和声、光、电、计算机等高科技结合,使其功能更加完善、适用。在手工艺时代,技术和艺术紧密地结合在一起,表现出一种手工艺的美,而我们所处的工业化社会,技术和艺术经过短暂的分离后,重新走到一起,产生了一种新的美——技术美、材料美,它体现了一定的秩序和规律。

城市户外公共家具作为城市景观的一个重要组成部分,其形式和内容的确定,取决于诸多的因素,它涉及功能、环境、材料、造型、审美、尺度、文化、民俗习惯等方面;当今城市生活需求的丰富性,决定了城市设施的多样化,城市中所有的户外公共家具都是为了城市中的人们生活的便捷、快速、和谐、安全、有秩序而设立的。

图17-11 道路指示牌

图17-15 公用电话亭

图17-12 公共信息亭

图17-13 报亭

图17-14 电话亭的组合

图 17-16　公共座椅（左）
图 17-17　无障碍饮水台（中）
图 17-18　可移动的户外座椅（右）

17.3　城市户外公共家具的功能

城市户外公共家具和一般家具的区别在于其开放性与封闭性、公众性与个体性、景观构成元素与家庭陈设等方面的区别。按照城市景观公共领域与公共空间的特点，结合城市户外公共家具的属性，城市户外公共家具的功能主要表现在以下三个方面。

17.3.1　实用性功能

城市的发展是一个动态的过程，它不仅改变了人们的生活方式，而且促进了城市功能的不断完善，进入数字化和信息化时代后，城市公共设施的内涵和外延都有了许多质的变化，但无论城市如何发展与变化，城市需要更加科学的、智能化的、配套完善的、具有人性化的公共设施。因此，城市户外公共家具的实用性是最重要的（图 17-16、图 17-17）。

17.3.2　审美性功能

城市户外公共家具除了它的实用性功能外，作为城市景观构成元素，其形式美也十分重要。随着科学技术的发展，城市功能的不断更新与完善，城市公共家具不仅要满足功能性要求，而且在造型上要和不同的环境相协调，和当代人们的审美趣味相适应（图 17-18）。

17.3.3　文化性功能

作为构成城市景观以及公共艺术的城市公共家具，如何确定不同城市公共家具设计的定位是设计师在环境设计中要重点考虑的问题。首先，要对城市的历史文化、风土人情、民俗习惯等方面因素进行了解。我们从每个城市的发展脉络及城市的构成要素等方面可以看到它的发展轨迹和文化的传承，如一座灯塔、一盏

图 17-19　北京前门大街路灯　　图 17-20　特色饮水台　　图 17-21　土著风格的座椅

图 17-22　售货亭

路灯、一个井台、一个招牌、一条历史街道都展现着该城市的历史印迹与传统文化气息。人是城市中的主体，是城市的建设者、行为者、参与者，他们在自己城市的建设中，都会将其思想意识、文化、生活方式融入其中，尽管城市公共家具在城市中是一些微小的元素，但它们包含着许多信息，并成为城市历史文化、生活气息的标志和识别性节点（图17-19～图17-22）。

17.4　城市户外公共家具的构成要素

在城市户外公共家具设计中，公共家具构成要素主要由形态、色彩、材质等视觉要素构成，并通过声、光、电等技术形成较强烈的视觉效果、听觉效果、触觉效果。

17.4.1　公共家具的形态

城市户外公共家具由于功能的不同，各自有着不同的形态，在城市中处于不同的区域位置。户外公共家具形态的特征是公共家具本身及所处空间环境主题营

图 17-23　园林风格的公交站台（左）
图 17-24　艺术性的公共座椅（右）

造的一个重要方面，它主要通过公共家具的造型、尺度、比例及与空间环境的层次关系，对人心理产生影响，使人产生区域感、亲切感、安全感、认同感。因此，城市公共家具形态设计的优劣直接影响到市民的参与意识（图 17-23、图 17-24）。

17.4.2　公共家具的色彩

色彩是造型艺术的构成要素，它和形态、材质构成物质的主要特征。城市公共家具设施的色彩设计主要考虑其色相、纯度、明度以及色彩对人的生理、心理产生的影响。各种色彩都有不同的性格倾向，不同色彩和色彩之间的组合都会给人带来不同的感受。因此，城市公共家具色彩设计要根据其功能特点及环境特征进行色彩的选择与定位，如信息类公共家具的色彩设计应该简洁明快，让人一目了然（图 17-25）；而休憩类家具力求宁静、自然（图 17-26）。总之，公共家具的色彩设计要科学合理，同时设计师可以通过色彩设计表达其设计理念，表现时代特色与地域性文化。

图 17-25　醒目的红色电话亭（左）
图 17-26　自然的木质座椅（右）

图 17-28　中国特色的石鼓凳

图 17-29　天然木质坐凳

图 17-30　与自然环境融合的公共卫生间

图 17-27　古老的金属饮水台

17.4.3　城市公共家具的材质

人们通过物质的形态和色彩来感知其特征，而材料的质感和肌理会增强人的视觉感受，并达到心理联想和象征意义，正如赖特认为的："每一种材料都有自己的语言，每一种材料都有自己的故事。"不同材料的质感和肌理带给人不同的心理感受，设计师可以根据不同材料的特点与其设计理念结合在一起，充分表达特有的主题（图 17-27～图 17-30）。

17.5　城市户外公共家具设计策略

城市户外公共家具的设计、选择与区域位置的关系应关注以下几方面，即功能性、安全性、适宜性、人性化、环保性、审美性等要素。

17.5.1　功能性

城市开放空间中的户外公共家具，由于其在城市环境中的作用，决定了它们在使用功能上都有各自的独立性。公共家具功能设计得是否科学、合理、高效，对城市的正常运行，人们在户外活动的安全、便利、舒适都有重要的影响。科技的发展，使城市许多公共家具具有了智能化和信息化功能，给我们在城市中的生活和工作带来了更多的方便（图 17-31）。

17.5.2　安全性

人类生活在自然环境中，天生就具有自我保护意识、寻求安全性的本性，作为城市中的公共家具它在有效地发挥自身功能的同时，给人们提供一个安全的设施是非常重要的，这种安全性体现在造型的确定、材料的选用、工艺的加工、安

图 17-31　欧洲街头时钟

图 17-32　半围合空间中的座椅

图 17-33　花坛与坐凳的结合

图 17-34　欧洲简约的人性化公交站

装及位置的选择上（图 17-32）。

17.5.3　适宜性

不同国家、不同地区、不同城市都有不同的环境特征，这种特征表现为自然环境的差异、人文环境的差异、风土人情的差异等方面，作为城市中的户外公共家具，在充分发挥其功能的前提下，还应在风格与造型的选择、位置的选择、尺度的确定等方面考虑和空间环境的适宜、协调。再好的公共家具，如果不能和环境形成和谐统一的整体，它就不能充分发挥其功能作用，为人服务，为城市环境增色（图 17-33）。

17.5.4　人性化

城市是人类社会不断发展的产物，城市里的一切都因人而存在，为人而设置。因此，城市环境中的公共家具在功能和人性化方面设计得如何，对人将产生直接的影响。公共家具的人性化设计主要表现在功能性和结构等方面，而人体工程学和心理学方面的理论研究和实践，为公共家具的人性化设计打下了基础。因此，城市公共家具设计只有充分满足了人的生理和心理及行为的需求，才能体现其真正的价值（图 17-34、图 17-35）。

图 17-35　满足城市生活的饮水台

17.5.5　环保性

地球是人类共同的家园，随着城市的不断建设与发展，城市环境正日益遭受着破坏，城市环境中的公共家具作为城市的有机组成部分，对城市环境同样会产生影响，因此，在城市公共家具的设计制造和材料的选择上，必须重视其环保性（图 17-36 ～图 17-38）。

图 17-36　环保的可拆装的宣传装置

图 17-37 树池格栅

图 17-38 垃圾桶

17.5.6 审美性

对美的追求是人类社会文明发展的一个标志，城市的美表现在它的整体风貌、和谐的秩序、特色鲜明的建筑、人们的精神面貌等许多方面。城市户外公共家具在环境空间中一般体积较小，在环境中并没有占有显著的位置，但它们和人类之间在尺度和距离上更具有一种亲和力，因此城市公共家具在造型设计上应和其功能完美地结合，造型优美、独特的公共家具能给人们带来一种美的享受，并成为城市环境的点睛之笔。例如，波兰首都华沙热拉佐瓦沃拉地区是著名音乐家肖邦的故乡，肖邦一身创作了许多诗意浓郁，充满着震撼人心的抒情性和戏剧性力量的不朽作品，他的作品具有浪漫主义色彩，表现了强烈的波兰民族气质和情感。波兰人民为了纪念这位 19 世纪伟大的音乐家，在他的家乡华沙城室外公共环境中设置了许多坐凳，选择了其中的 15 张，在这 15 张由花岗石制成的坐凳中，将录制了肖邦音乐的电子芯片设置其中，当人们坐在此处休息时，只要按动坐凳上的按钮就可以欣赏到肖邦的音乐作品。这个设计创意将坐凳的功能进一步拓展，使人们在休息的同时得到美的享受。

城市环境中的公共家具离我们生活很近，和我们生活有着密切的联系，城市的管理者往往对城市规划、建筑、景观的设计比较重视，对城市中的户外公共家具总体规划设计重视不够，多数是由城市管理部门自己选择，很少专门请设计师进行整体的规划与创意设计。另外，由于我国城市管理涉及众多部门，造成了城市公共家具的设计、选择、位置设置缺少整体规划与创意，显得杂乱无章、没有秩序。我国大部分城市的公共家具品质与西方国家的一些城市相比还存在较大的差距，原因除了在城市规划和景观设计方面有差距外，对城市环境中的公共家具的整体规划的重要性没有上升到认识的高度，重视不够。当今，我国一些经济发达城市在更新与改造中，逐步认识到城市公共家具规划建设的重要性，并加大了这方面的投资建设，但是我们又看到，一些城市新建的公共家具遭破坏的现象十分严重，要想改变这种现状，首先城市的管理者需增强城市整体环境设计意识，设计师需提高设计水平和创新能力，其次要不断提高市民的整体素质，提高城市管理者的管理水平，只有这样我们的城市才会变得更加和谐美丽。

第18章
城市色彩设计

第 18 章　城市色彩设计

色彩是物质形态的构成要素之一，我们通过色彩对物质世界具有了意向的认识，当我们提到天空和大海时，都会用碧蓝的天空和湛蓝的海水来形容，当我们形容秋天时都会用金色的秋天来比喻，大自然赋予了不同的物质对象以不同的色彩特征。因此，我们通过色彩设计可以传达某种信息，使人们感受到色彩的美学与文化价值。

18.1　色彩的概念

每个人从出生来到世界上，五彩斑斓的色彩就在他们的脑海中打上了烙印，色彩在人类的心中具有了一种固定的印象，并形成一些象征性的意义。从汉语的词义上看，"色"与"彩"有着不同的概念，"色"是色彩意义的简称，而"彩"是色的集合，是指由多种色彩组合构成的色彩视觉整体效果。色彩作为视觉造型要素，从设计学的角度看，它包含了更广和更深的含义。色彩是人类所拥有的精神财富中最具有生命力的视觉符号要素。因此，色彩设计师通过对色彩的设计，使其摆脱固有的概念，创造出新的形式美感，感染我们的心灵。

18.2　色彩与形态的关系

自从人类有了设计活动以来，色彩作为设计要素，是人类表现自然、展现心灵的重要手段之一，因此，色彩在设计中运用得最为普遍，它和物质形态结合得最为紧密。无论是部落的图腾柱、首领的脸部彩画，还是中国原始彩陶装饰、古建筑彩绘，都将色彩与形态作了最完美的结合。在造型艺术中，外形轮廓成为界定形状的因素，城市有城市轮廓线，建筑通过轮廓展现它的形态，并通过明暗衬托其形体，当色彩与形体结合在一起时，物质形态的特征就更容易显现。然而，在视觉设计中，色彩和形态是两个不同的概念，形态往往被限定在理性的范围内，而色彩却被人类赋予了更多的想象，并借此表达丰富的情感世界。

色彩与形态的关系不只是简单的相互依附关系，两者之间更是一种变化的动态过程。在不同形态中，由于构成的色彩、分布的结构不同，以及色彩和形态通过立体和空间的转换，使人类对物体形态及表面的图形产生不同的结构美感认知。

因此，我们对色彩与形态关系的理解不能仅仅停留在二维平面的装饰效果上，尤其在城市色彩设计研究上，更应综合考虑色彩与形体、空间、环境的关系。

18.3　色彩与视觉

如果没有光，我们人类就无法准确地认识自然物质世界，从人类的生理结构来看，人的视觉器官——眼睛，在人类观察世界时发挥了重要的作用，人类对色彩的感觉是由光的刺激所引起的，而接收光刺激的器官是人的眼睛。因此，所有对色彩感觉的认知都是建立在人的视觉器官的生理反应基础之上。人类在长期的进化过程中，视觉器官具有了一定的适应环境变化和对色彩的敏感辨别的适应能力，这在视觉生理上被称为视觉适应。

色彩是客观存在的，但色彩存在的前提条件都离不开光与视觉系统的正常作用，如果没有光，地球将漆黑一片，人类的视觉功能就失去了它的作用，只有在正常的日照条件下，对光、物体、视觉三者关系有正确的认识，我们才能在色彩设计研究上作出科学合理的决策。

18.4　色彩与心理

色彩的固有色通常只表现物质物理层面的色彩现象，而这种色彩现象并不能真实体现人类心理的色彩，那什么是心理色彩呢？心理色彩是指在人的内心世界中对色彩审美价值判断的色彩现象和色彩表达方式。不同色相、明度的色彩能使人产生不同的心理感受，而这种感受常常左右着人对色彩价值的判断。因此，心理色彩是由心理反应和心理判断并通过记忆、联想和想象的共同作用表现出来的。

色彩对心理的影响涉及多种因素，它是一种复杂的心理反应，它和人的性别、年龄、性格、阅历、情绪、心理状况、民族信仰、传统习惯、受教育程度等方面有着密切的关系。人在不同的年龄阶段对色彩的爱好是不同的，孩童时代，他们更喜爱鲜艳亮丽的颜色，到了中年，他们对沉稳的各种灰色更加偏爱。因此，人的内心对色彩的喜好是随着年龄的增长和经历而变化的，而且岁月的变迁也会逐渐改变一个人心理色彩的变化状态，不同性格的人对色彩的感受也存在差别。每个人在不同的情绪状态下，对色彩的反应也是不一样的，我们不能用一种公式化的定论来套用每个人对色彩的心理感受。

另外，宗教信仰与民族文化在色彩方面对人的心理产生的影响是巨大的，民族文化是一个民族的灵魂，民族文化的心理结构使色彩在整个民族文化中显现出浓郁的文化气息。例如，在北京奥运会期间，场馆中许多人挥舞着手中的中国国旗，

图 18-1　北京鸟巢的红色（左）
图 18-2　北京故宫色彩（右）

使场馆变成红色的"海洋"，在这种环境氛围中，场馆里所有的中国人都热血沸腾，充满着民族的自豪感和自信。因此，在中国人的心目中，红色成为中国的象征，同时也成为重要节日的主色调。在西方，白色和上帝有着密切的联系，白色象征着光明和圣洁；在西方基督教绘画中，黑色是邪恶和阴暗的色彩象征。由于地域环境的差异，人对外界色彩的心理感受也不相同。在心理色彩中，有些色彩已成为人类特定的文化语言，这种语言是由象征产生联想并经过概念转换之后形成的思维方式。例如，红色在中国象征着喜庆，黄色象征皇权（图 18-1、图 18-2）。

在设计领域，心理色彩需要通过具体的物理颜色作为基础，运用色彩这一构成要素来承载人的内心世界。

18.5　城市色彩的概念

前面我们论述了色彩的概念，城市色彩从字面上理解就是城市所呈现的色相、色度、明度的总和，城市色彩包括了自然环境色和人造环境色。城市色彩的营造不是一蹴而就的，它是一个动态的发展和变化过程。随着季节的更替，城市中的树木树叶由绿到黄，随着时间的推移，城市建筑由竣工时明快的色彩逐步变为暗淡，建筑材料也会老化褪色等。尽管有许多变化因素造成城市色彩的不确定性，但这并不影响人们对城市色彩的印象与记忆。北京故宫建成已有几百年的历史，尽管建筑群的色彩没有昔日的辉煌，但黄瓦红墙已在人们心目中留下深刻记忆。粉墙黛瓦是人们对江南地区建筑的描述，这种概念的形成是人们对此地域环境特征、城镇风貌和生活方式的总体认知。

18.6　城市色彩研究的特殊性

城市的发展是动态的，而构成城市的物质载体又是多样的。因此，城市色彩研究与定位不是简单的色彩原理研究，因为每个城市的色彩构成都会受到综合因素的影响。

18.6.1 城市色彩构成的特殊性

城市构成要素的多样性、复杂性、综合性决定了城市色彩构成的特殊性,城市是由不同的介质构成的,在光线的照射下,由于不同介质材料所表现出的物理性质不尽相同,它们对光的吸收和反射也不一样,才使我们能够感受到不同的色彩。学习绘画艺术的专业人员都知道,我们所看到的自然世界根本不存在光谱中那么纯净的颜色,而构成城市的物质载体在光源色和环境色的作用下,所呈现的色彩是动态的和多变的。

城市色彩主要由自然色彩和人工色彩(通常我们称之为"第二自然色彩")组成,纯粹的自然色彩是由客观自然界提供的那些能使我们直观地感觉到的各种天然色彩。如蔚蓝的天空(图18-3)、灿烂的朝霞(图18-4)、金色的麦浪(图18-5)。第二自然色彩主要指城市(图18-6~图18-8)、街道(图18-9~图18-11)、村寨(图18-12、图18-13)、田野(图18-14、图18-15)以及各种人造物(图18-16、图18-17)。这些现实生活中的色彩和纯粹的自然色彩构成了一个复杂、多变、五彩缤纷的色彩世界。

图18-3　蔚蓝的天空

图18-4　灿烂的朝霞

图18-5　金色的麦浪

图18-6　圣托里尼的蓝白色

图18-7　俄罗斯的红色

图18-8　泰国的金色

图18-9　山西常家大院步行街

图18-10　丽江古镇

城市景观规划设计

图 18-11 西班牙小镇街巷

图 18-12 西双版纳傣族村寨

图 18-13 安徽宏村

图 18-14 瑞士的田野风光

图 18-15 安徽农村田野风光

图 18-16 悉尼歌剧院

图 18-17 纽约布鲁克林大桥

根据色彩的可控程度又分为相对恒定色彩（如天空、土地、山峦、河流、植被等）和非恒定色彩（如各种人造材料、人为设计的色彩等），由于每个城市所处地域不同，以及地形、地貌和环境的差异性，城市构成元素和组成介质的多样性等，都决定了城市色彩构成的特殊性。

18.6.2 城市色彩的地域性

地球分为南、北半球，由陆地（七大洲）和海洋（四大洋）构成了地球主要的表面形态，而构成地球的物质元素是多样的。地域环境的不同直接影响着城市最初的选址、规划与建设，同样，它对建筑的形态和色彩的构成也将产生影响。"地域"一般来讲是指一个较广的区域，如我们通常将我国分为东部、西部，或黄土高原、青藏高原、长江流域、长三角地区、珠三角地区等，同时，也会用区域的概念泛指一种风格，如徽州民居、江南民居、山西民居、藏式建筑等。相近的地域在地形、地貌、土壤构成、水系分布、气候条件、植被分布等方面都有较多的相似之处，地理、地质、气候条件不但决定了一个地区的自然景观，也是决定建筑所选用的材料和建筑形制的重要因素。路易斯·斯威若夫在其《城市的色彩》一书中指出："日光的特性是决定一个地区或城市色彩的重要因素，而日光的特性来自于城市在地球上所处的地理位置，例如纬度高低、海拔高度、是否临近海岸线等地理条件，由此而确定该地区的自然环境所具有的特有色彩，所接收阳光的入射角度、强弱等都将共同对建筑色彩的选择产生影响。"由此可见，对一个地域或城市色彩景观产生影响的主要有地质基础、气温、降水、湿度、光照等因素。

18.6.3 城市色彩的环境性

每个城市所处的环境特征和区域自然地理概念相比只属于微观的层面，同属于一个区域的两个城市由于地形地貌的差别，导致城市景观色彩不完全相同，比如同处长三角区域的南京、苏州、上海三个城市，从城市风貌和色彩上看各有特色。

"江南佳丽地，金陵帝王州"这句话概括了南京在自然景物和历史文化方面的优势。南京古城位于长江下游，城区东面有钟山之屏障，西面有长江之天险，并有秦淮河流经其内，而玄武湖则成为城中的一颗明珠，如此优美的自然环境，为南京提供了自然与人文发展的优越条件。南京已有2500多年的建城历史，历经秦、汉、孙吴……明、清、太平天国、民国直到中华人民共和国成立至今，南京或为王朝首都，或是地区重镇，或为通商港埠和交通枢纽。南京特有的地理环境形成其特有的自然色彩和人文色彩（图18-18～图18-20）。

图18-18 六朝古都南京

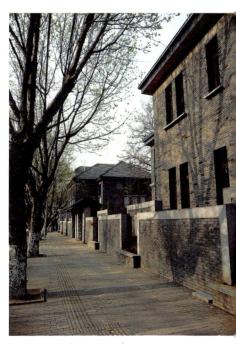

图18-19 南京民国时期建筑

图18-20 南京山水城林

城市景观规划设计

图 18-21　苏州拙政园

图 18-22　苏州盘门

苏州古城始建于公元前 514 年，迄今已有 2500 多年的历史，是吴王阖闾命伍子胥"相土尝水，象天法地"，在江南平原上筑起的一座规模宏大的土城。苏州古城采用了端正的城市布局形式，河路平行，桥梁众多，居民临水而筑，街道依河而建，这就是苏州古城早期布局的雏形。苏州古城的地理特点形成该城水网密布、水陆并行、小桥流水、临水而居、粉墙黛瓦的环境特色（图 18-21～图 18-23）。

上海是中国第一大城市，位于中国的华东地区，地处长江和黄浦江入海汇合处，是长江三角洲冲积平原的一部分。昔日的上海，是吴淞江下游的一个渔村，一个以渔业和棉纺织手工业为营的小镇，至唐宋逐渐成为繁荣的港口。1842 年《南京条约》签订后，上海成为中国对外开放的通商口岸之一，并很快成为东西方贸易交流的中心。至 20 世纪 30 年代，上海成为跨国公司开展贸易和商务的枢纽。今日的上海，不仅是中国重要的科技、贸易、金融和信息中心，更是一个国际文化交流和融合的地方，上海已经发展成为一个国际化大都市，上海外滩沿岸的建筑群，早在 20 世纪三四十年代就被誉为"远东华尔街"，集聚着世界各国的知名银行，自成一体的建筑风格，形成了被誉为"万国建筑博览"的建筑群，充满了西方古典主义的人文色彩（图 18-24～图 18-28）。

图 18-23　苏州河巷

图 18-24　上海外滩 1

图 18-25　上海外滩 2

图 18-26　上海老城隍庙

图 18-27　上海里弄建筑

图 18-28　上海新建筑

通过对上述三个城市的地理位置和城市整体风貌形成特点的分析，我们可以认识到环境对城市景观色彩的影响及所起的作用。

18.6.4　城市色彩的人文性

除了自然地理环境对城市色彩影响外，人文环境因素对城市色彩形成也起到主导性作用。人文环境包括众多因素，如宗教信仰、政治体制、意识形态、伦理道德、民族传统、文学艺术、经济基础、科学技术等要素共同作用形成了各不相同的人文色彩。因此，对色彩人文性的探讨，应从宏观层面和微观层面来进行。通常情况下，从宏观层面看，人文色彩主要从地域性、种族性、历史文化等方面得到体现，通过宏观因素我们能够了解到各国人文色彩的倾向，如欧洲、非洲、东南亚、阿拉伯等国家，由于地域的差异性，必然呈现出它们各自人文色彩的文化特征（图18-29～图18-35）。从微观层面看，一个种族最初聚集在一起，他们有自己的领地范围，有自己的生活方式，有自己的文化和传统，他们从建筑、绘画、服饰、装饰到生活用品的各个方面都打上了本民族人文色彩的烙印（图18-36～图18-40）。

美国著名城市学家伊利尔·沙里宁曾经说过："城市是一本打开的书，从中可以看出它的抱负，让我看看你的城市，我就能说出这个城市的居民在文化上追求什么。"文化是城市的灵魂，是城市人格价值的诉求。因此，我们要想了解一

图18-29　非洲城市色彩

图18-30　威尼斯城市色彩

图18-31　西班牙城市的灰白色

图18-32　泰国的金色

第18章 城市色彩设计

图 18-33 爱琴海的蓝白色

图 18-34 巴黎城市色彩

图 18-35 中国西藏的颜色

图 18-36 威尼斯的面具

图 18-37 荷兰的传统木鞋

图 18-38 印第安的羽毛头饰

图 18-39 西班牙的瓷器

图 18-40 蒙古的毡房

353

个城市的文化，通过物质特色与个性是了解该城市特色的重要途径之一。如苏州是吴国的都城，吴文化的发祥地，古城苏州就是吴文化的精华和重要的象征。2500多年来，吴文化经过不断地发展、更新与传承，形成了一个综合的、系统的文化体系。吴文化是一种区域性文化，苏州文化在整个吴文化体系中是最具特色、最有个性的，是吴文化最完美、最集中的体现。以苏州为中心的吴文化集中表现出多层次、复合式、多元化的文化特色。从地理环境上看，苏州城市具有鲜明的水乡文化色彩，即稻田与水网交织、船桥相望，苏州因水而美、因水而秀、因水而灵，展现出独特的水乡景观色彩（图18-41～图18-44）。其二，吴文化具有浓郁的市民文化特色，苏州古城的历史可以概括成一幅市井图，一个历史故事、一段人物典故都浓缩在每个街巷的名称中，而苏州的昆曲、评弹、小吃、风俗、私家园林等集中体现了苏州城市的人文色彩。由此可见，一个地区或城市文化的形成是受多种因素共同影响和长期历史积淀的结果。

图18-41 苏州的平江路（左）
图18-43 苏州艺圃（右）

图18-42 苏州山塘街（左）
图18-44 苏州太湖（右）

18.6.5 城市色彩的相对永久性

每个城市的色彩都受到环境色彩、人文色彩等因素的影响，但客观地讲，城市是一个动态的演变过程。对城市来讲，从宏观层面角度看，地理环境是一个相对稳定的因素，但从微观角度看，在一年四季当中，地理环境色彩都随着时间的变化而不断地更替，春、夏、秋、冬周而复始。人文色彩在社会的发展进程中也不是一成不变的，如我国在 20 世纪 60 年代，受当时政治环境的影响，绿军装、红袖章成为社会文化的主流色彩。进入改革开放的年代后，人们的思想观念发生了巨大的转变，在穿着打扮上追求个性与时尚，包容性、多样化成为这个时代的主流色彩。

图 18-45　西班牙的石材建筑

城市是人造的产物，在构成城市的要素中，建筑是一种特殊的商品，它以数量多、体积大、建造时间长、使用有效期较长而备受人关注。建筑物一旦建成，便会存在较长的时间（除非遇到特殊情况），对环境产生较大的影响。建筑在建造中，一般都选择那些坚固、耐久、不易褪色的建筑材料，如花岗石、水泥、瓷砖、玻璃、金属材料等（图 18-45 ～图 18-47）。因此，建筑色彩具有了永久性特征。那为什么又是相对的呢？因为再坚固的建筑材料，随着岁月的流逝，总会老化、褪色、破损；另外，在城市建设与更新中，许多建筑的外立面需要重新装饰，这些因素都决定了城市色彩的相对永久性。

图 18-46　荷兰阿姆斯特丹的色彩

18.6.6 城市色彩的公众性

城市作为人类生活与工作的聚集地，市民和城市已融为一体，为了满足城市各种功能的需要，城市建造了大量的建筑和其他公共设施，而这些构筑物都会被每天生活在此城市中的市民所感知。每座城市都是一个开放性的公共空间，人们在这个开放性空间中从事着各种活动,城市为市民创造了一个开放性、公共性的色彩环境，但市民对城市色彩的感知是被动的、不知不觉的，无论喜欢不喜欢，他们都无法左右城市色彩的定位，对城市色彩的信息传递不具备选择性。因此，城市色彩规划设计就显得非常重要，对城市色彩的定位和设计应充分考虑大众的心理感受。

图 18-47　美国现代建筑的金属材质

18.7 人文色彩

18.7.1 人文色彩的表现现象

色彩在人类社会中和人类生活的衣、食、住、行有着紧密的联系，并成为一种表现人类自身精神生活的重要因素，人类对色彩的运用不仅体现了人的创造精神，而且在生活所需的各个方面都渗透着丰富的文化因素。色彩作为一种最具诱惑力的视觉要素在任何一个历史时期都有其独特的视觉特征。因此，色彩永远处于动态的过程中，在不同的历史阶段，色彩的人文性所表现的内涵是不一样的，新技术、新材料、新工艺的出现都会表现出新的人文价值倾向，色彩也会产生新的发展动向，体现出时代特点，人文色彩的表现现象既表现在纵向，又体现在横向，既有传承的精神，又有发展的内核。

18.7.2 人文色彩的相关学说

1. 色彩地理学

色彩学是研究人的视觉对客观自然界色彩关系感知的科学，它要研究的是色彩现象本身的变化对人的知觉产生影响的种种科学规律。地理学是一门以科学的方法对地球表面物质进行研究的科学。由于色彩地理学将色彩研究的重点放到地理这一特定的时空环境中，通过学科之间的交叉研究，使色彩地理学这一新兴学科取得了新的成果。

20世纪60年代，西方地理学的研究获得重大突破，地理学研究从以往较为单一的方向，将研究的目标放到各学科群中，通过不同学科的共同参与，使地理学研究的领域更加广阔，研究的内容更加丰富。在这种新的研究理念指导下，自然现象与人文特色的研究已成为地理学家普遍关注的重点。

"色彩地理学"这一新的学说是由法国著名色彩学家让·菲利普·朗科罗教授创立的。色彩地理学说在新地理学的基础上，从地理环境及其文化学的角度考察和研究色彩与地理环境相互之间的关系，朗科罗教授认为，一个地区或城市的建筑色彩会因其在地球上所处地理位置的不同而大相径庭，这既包括了自然地理条件的因素，也包括了不同种类文化造成的影响。地理学研究成果表明，从人与自然、人与历史共同创造的环境来看，由于色彩要素的导入，人类对造物形式的认定和选择必然反映出其独特的方式，而所有这些文化意义上的产物，都是自然物质和人类文化共同作用的结果。色彩地理学的研究方式以地球表面划分的区域作为色彩研究和描述的对象，在选定的地区内收集所有地理要素，找出相互之间的内在联系，并且在选定的地区内重点对文化特征等方面加强研究，才能在不同区域中找出同类事物的差异性。色彩地理学要求建立科学完整的系统，将所需的研究要素放入到这个系统中进行定位，从而得出合理的地区景观色彩特质。

色彩地理学十分重视景观色彩的研究，景观色彩的特质到底是什么呢？景观色彩是指特定地形地貌和特定景观形象相互之间形成的多种要素，如特定区域中的地理环境特征——地质结构、土壤特质、植被状况等所呈现的色彩（图18—48～图18—53），地域性建筑材料和建筑风格所展示的人文色彩。当今，人们对具有人文色彩地域性环境的保护意识越来越强，色彩地理学这一新兴学科的建立对城市色彩规划研究与策略方法的制定具有战略性意义。

图18-48　中国黄山

图18-49　黄土高原的地形（卫星图）

图18-50　美国的山谷

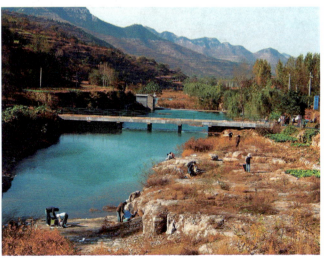

图18-51　中国山东峨庄

图 18-52　赤道附近的雨林（左）
图 18-53　美国黄石公园（右）

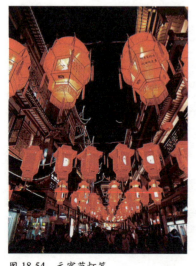

图 18-54　元宵节灯笼

2. 色彩民俗学

民俗学注重的是民间文化的研究，是以民间的风俗习惯为主线所展开的对民间民俗活动进行研究的一门学问，而民俗学又是人文色彩构成的重要因素之一。民俗包含了一个民族生活形态的方方面面，它是一个民族生活习惯的集中表现，如中国的春节，无论我们身在何处，都要赶回去和家人团聚，每个家庭要进行大扫除，贴对联和窗花，大人和孩子都换上干净整洁的衣服，元宵节那天要扎彩灯参加灯会等，在这些民俗活动中，色彩始终是一道亮丽的风景线（图18-54）。

在世界各国各民族的民俗文化中，色彩已成为一种民间民俗思想情感最强烈的表现符号，它和整个民俗文化一样具有一定的历史积累性，并且具有地域性民俗、生活民俗、生产民俗相互结合的很紧密的地方性色彩效应。由于民俗色彩与民俗文化一起被融入人类生活的整个文化传统的对象中，因此，地域性色彩离不开民俗学的色彩研究，民俗学色彩和地理学色彩中的现象完全可以重合在一起，色彩与地域性文化一同成为民俗文化表现特征的主要方面（图18-55～图18-57）。

3. 色彩材料学

人类选择了不同的地域作为他们的生存环境，而不同的地域环境为人类的生存提供了各种自然条件和物质基础，地方色彩形成的重要原因之一就在于地方性材料的运用和传统工艺建造方式的使用。

人类从狩猎到耕作，从洞穴到建造房屋，是一个缓慢的、渐进的过程，当狩猎变得越来越困难时，人们对土地上的自然资源产生一种兴趣和依赖，当人们发现在土地上耕种谷物可以不断地收获并能解决温饱问题，同时发现某些动物经过驯养可以利用时，农业定居成为人们首要的选择。定居就意味着要有住所，建造房屋成为人类的必然，而洞穴是人类建造庇护所的唯一参照物。因此，人类从自然的形式中找到了灵感，这些形式的建构来源于当地的各种自然材料，如泥土、树木、芦苇、稻草等。例如，在土耳其和伊朗边界的扎格罗斯村落遗址中（大约公元前 9000 年），那些房子建在基石上，由一些编织物、芦苇和席子构成了上部结构支撑体。伊朗北部的苏丹尼耶村庄，建于约公元前 3000 年，它的房屋是由泥砖砌成的，而泥砖以稻草、麦秆加固，墙面以泥粉刷。

中国在远古时代，土地辽阔，有着茂密的森林，木材资源极为丰富，人们通过砍伐树木来建造房屋，因此，中国的建筑多为木结构。尽管中国人后来发明了制砖、制瓦，但木材仍然比砖头应用得广泛。人们通过进一步加工，可以在木材上雕刻出更为复杂的纹饰，满足人们装饰性的心理需求。

在自给自足的农耕时代，由于生产力和生产技术极度底下，人类在居住环境的营造上，受自然环境条件的影响是显而易见的，人类只能根据现有的自然环境就地取材，运用现有的技术手段对材料进行加工并实施建造。因此，使用地方性建筑材料是形成地方性自身标志性特征色彩的重要原因，我们在一些至今保存完好的传统老村镇中还可以看到这种遗迹。在城市的建设发展历史进程中，不同时期的建筑尽管风格不尽相同，但坚持使用地方性材料和传统工艺的建筑使城市保持了完整性、统一性，并且景观色彩和文化个性十分鲜明。

18.8 城市色彩景观规划设计的目的性

工业文明的发展推动了整个人类社会的进步，同时也给人类生活的环境带来了许多问题，这些问题在城市中表现得尤为突出，景观建筑学就是在这种社会发展背景下诞生的，景观建筑学是一门新兴的工程应用学科。景观建筑学从学科的建立、理论的研究到实践的探索经

图 18-55　扭秧歌

图 18-56　巴西狂欢节

图 18-57　中国民俗活动

历了100多年的过程，景观建筑学涵盖的内容非常广泛，其中色彩景观是景观建筑学研究的重要内容之一，它通过对城市构成要素的规划，运用视觉美学设计原理创造一个具有美感、高品质的城市环境。

20世纪50年代，由来自12个国家的画家、设计师、建筑师、色彩学家们在荷兰共同组建了"国际色彩顾问协会"（The International Association of Color Consultants/Designers，简称IACC）。IACC成立的宗旨是通过研究解决色彩和人造环境功能的和谐、地域性文化特质、使用者在环境中的心理感知等的关系。随着IACC在色彩理论和色彩实践研究上取得越来越多的成就，它的影响力不断扩大，色彩设计已经渗透到人们生产、生活的方方面面。近年来，世界上相继成立了一些以色彩为研究对象的国际性组织和以色彩设计为研究目的的著名色彩设计协会、色彩设计工作室，如国际色彩协会（International Color Association，简称ICA）、法国著名的3D色彩工作室、日本的CLIMAT工作室等。他们主要通过对色彩的应用研究，关注人类衣、食、住、行等生活的方方面面，通过理论的建构和实践的探索，将城市色彩应用研究拓展到色彩社会学、色彩文化学、色彩心理学等更广的层面。

城市色彩景观与城市环境品质有着密切的联系，从根本上说，城市色彩景观规划设计与以环境的适宜性、便捷性、安全性、舒适性和观赏性为目的的城市设计有着共同的目标和追求，因此，城市色彩景观的规划设计是城市设计的延伸和扩展，是城市规划设计和建筑设计内容的补充和完善。

18.9 城市建筑色彩

现代城市所进行的色彩规划，实际上是对城市色彩形象塑造意义的规划，任何城市中自然要素的色彩相对来说较为恒定，而城市的成因和发展是一个动态的变化过程，在它的主色调中，既有历史形成的，又有新增加的，随着时间的推移，城市中的新建筑也会成为旧建筑，这种变化在城市中不断地演绎，作为城市构成的主要要素，建筑是人类文化积累过程中最重要的标志和文化符号。因此，建筑色彩是城市色调研究的主要内容之一。

在城市中，除去自然要素外，城市的主色调主要体现在建筑上，历史悠久的城市主色调形成于该城市的历史区域，它们的形成经过了历史的、文化的、民俗的等综合因素的作用。而这些综合因素集中体现在城市历史街区的格局形制、建筑造型、建筑装饰、建筑外立面、建筑材料、色彩等方面，其中建筑色彩表现出浓郁的地方特色，是形成历史风貌的重要原因之一（图18-58、图18-59）。王无锡先生在其《建筑的美学评价》一书中对埃及建筑的色彩有一总结性论述："古

图 18-58 中国藏族建筑（左）
图 18-59 中国山西建筑（右）

埃及的建筑被绘画与雕塑所装饰。雕刻有浮雕，也有圆雕，浮雕以刻线为主，同时以色彩加强其表现力，色彩用得很鲜艳，主要是红、黄、绿色。"《中国古代建筑史》对中国古代建筑中的色彩也有记载："凸起的柱、檩柱、额栏也以施朱红、丹黄为主，间以青绿。"从这些论述中可以看出色彩和建筑的紧密关系。另外，在中国人的思想意识中，红色的墙面和黄色的琉璃瓦是皇宫的象征，为皇家专用色。青砖白墙代表了江南传统民居的色彩语言。从中国传统建筑的表象看，古代建筑的生存和相关建筑审美的发展都有赖于地域物质条件下的文化生态环境。

现代设计的发展推动了现代建筑设计与色彩设计的紧密结合，随着现代科学技术的发展，新材料、新工艺的出现，建筑设计理念发生了革命性的变化，文化的多元化、相融性促进了建筑风格的多样化，建筑的发展还体现在建筑色彩在人类文化积累中的同步发展。因此，建筑色彩研究不能忽视其文化载体的独特性。

从西方现代建筑发展史来看，西方现代主义建筑师非常注重建筑形式与建筑色彩的研究，其中法国著名建筑师勒·柯布西耶通过它的设计作品展现了20世纪初期建筑学上关于色彩的两种观点。一种主张早期建筑展示出使用平坦织物饰面对建筑色彩的考虑和应用；另一种主张通过日光和阴影的永恒作用使得色彩开始被用作有形的呈现要素以营造空间和体积。在勒·柯布西耶的色彩理念中，白色是一种抽象的色彩境界。1930年勒·柯布西耶在其《建筑彩饰》一书中写道："我相信，使用一种色彩也可以使墙体富有生气。"他这种哲学意味的色彩理念对现代西方建筑色彩的发展无疑起到了真正意义上的革新作用，他的色彩观念使人们从另一个视角看到色彩对建筑造型的作用及展现的魅力，使人们认识到色彩作为一种视觉要素，它是物质生活和精神生活相互综合的产物。

现代主义建筑设计理论和实践对建筑色彩理解的重点表现在摒弃传统建筑华丽的装饰，使色彩从表面的装饰和装修中解放出来。西方现代建筑设计理论与实践的发展，使现代建筑设计风格呈现出浓厚的技术美学成分，西方现代建筑色彩的呈现随着20世纪国际风格及其美学观念的转变几乎让色彩失去了传统装饰的意义。大量的新材料诸如混凝土、玻璃、金属和其他人造材料被运用在建筑上，现代材料所固有的颜色成为现代城市色彩重要的组成部分（图18-60～图18-63）。

建筑师不仅是设计师，而且是艺术家，他们每个人都有自己的审美价值取向，通过建筑作品展现其个人的设计理念。建筑师是城市重要的建设者之一，他们对城市色彩的规划与定位起着举足轻重的作用。因此，建筑师在城市建筑设计中，在展现自己的设计理念、表现其设计风格时，还要考虑城市不同地域的整体风貌和色彩规划设计要求。

图18-60 现代建筑色彩——石材（左上）
图18-61 现代建筑色彩——玻璃（右上）
图18-62 现代建筑色彩——混凝土（左下）
图18-63 现代建筑色彩——膜结构（右下）

18.10 城市色彩研究的理论依据

城市色彩景观规划设计是从城市相对宏观的角度，对城市环境主要构成要素中的色彩因子进行规划和设计，运用色彩学设计原理，从美学视角和地域文化两个层面展现城市景观特色。通过对可控制的、相对恒定的主要要素的研究和科学的分析与规划，达到控制整个城市色彩景观的目的。城市色彩规划的范围可以是整个城市，也可以是一块区域或一个公共空间，每个城市的主色调不是一天形成的，它是一个循序渐进的发展与积淀的过程。城市色彩研究是在追索历史成因、关注现状的基础上，认识和把握城市发展的脉络，提出科学的、合理的、符合城市发展规律的、满足人们生活与审美要求的城市色彩景观。

不同的城市都有各自不同的空间形态，从城市空间尺度上看，城市色彩景观规划包括城市色彩主色调定位、城市不同区域色彩分区和公共空间色彩景观三个方面。

18.10.1 城市色彩景观主色调

历史悠久的城市中的老城区经过岁月的演变，在格局和建筑风格上已形成相对恒定的整体风格，老城区的主色调相对比较明确，如北京的什刹海老胡同区（图18-64）、南京的老城南夫子庙地区（图18-65）、法国巴黎老城区（图18-66）、意大利威尼斯城区（图18-67）等。色彩设计师可以通过调研、分析与归纳，提取老城区传统色彩标志色并确定主色调，通过此项研究工作，在一定范围和程度上起到引导整个城市的色彩规划与定位作用，使其朝着既有利于整体的和谐性，又保留个性识别的方向发展。

18.10.2 城市色彩景观分区

在城市的发展进程中，从时间上分，城市自然形成了老城区、旧城区、新城区。在一些国家的历史名城中

图 18-64　什刹海老胡同区

图 18-65　南京夫子庙

图 18-66　巴黎老城区

图 18-67　威尼斯水巷

图 18-68　北京 CBD

新城与旧城表现得十分明显，如法国巴黎城市分为以凯旋门、埃菲尔铁塔为中心的老城区，以拉德芳斯金融中心为主的新城区。在我国许多城市中，老城区、旧城区、新城区也显现得十分明显。如北京城市中以故宫、什刹海地区为代表的老城区；20 世纪中后叶所建项目区域，现已成为旧城区；而以中央电视台为中心区域的 CBD 地区成为北京新城区的代表（图 18-68）。另外，南京是六朝古都，历史遗迹众多，形成了以城南夫子庙地区为代表的老城区、以下关等区域为代表的旧城区、以南京河西奥体为中心的新城区。

一般情况下，城市色彩分区有以下几种方式：一是按建设时间进行分区。常用方法是将城市划分为旧城区、新城区和混合过渡区。这种分区方式适合于旧城、老城、新城划分较为明晰的城市，城市中老城区、旧城区、新城区有着相对独立的城市空间，色彩也相对独立。整体色彩基调明确，色相差别较小。而新城区的建设，在当代科学技术的引领下，工业化生产的材料使建筑色彩趋同性增强。

城市的分区对城市色调的定位非常重要，色彩的分区为城市色彩的规划结构和规划形式的表达提供了基础，决定了城市色彩发展的基本方向。通过城市色彩分区设计指导来协调、控制、完善城市各分区内部的色彩设计与运用。根据区块特点在其内部制定基本色调，使色彩与区块功能、性质相对应，在确保整体性的基础上形成风格差异，以保持城市色彩的丰富性和多样性。

18.10.3　城市色彩的控制与设计

城市色彩规划和定位不仅要根据城市的特点、城市景观的分区布局、城市色彩的现状来考虑，还要根据当今城市规划的一些基本要求，如城市的总体规划、区域规划、控制性详细规划、其他专项规划及城市设计中对城市的社会经济发展、文化发展、土地资源利用、景观引导等方面作出的明确要求，并以此为依据，在分析研判的基础上，尽量与之相协调，对城市色彩景观进行宏观的控制与设计。

根据城市景观在城市中的地位、角色和对色彩起决定性的影响程度等因素，按控制层级可分为重点控制区、引导控制带和一般控制带。从重点控制区到一般控制带，随着区域范围的扩大，色彩色系的选取范围会逐步扩大乃至取消限制。

对城市景观进行色彩分区，研判出不同分区色彩规划指导要点，并总结归纳出推荐色谱，这包括主色谱、辅助色谱、点缀色谱及各类分区色彩设计的选色范围。根据各区在城市中的地位、角色和对整体色彩景观的影响程度等，按控制层级又可分为严格控制区、重要控制区、引导控制区和一般控制区。严格控制区是指对城市有重要影响的景观区，如重要的原生态区、滨水区、地方历史文化保护区等，重点控制区包括城市中心区、风貌协调区等。从城市保护的角度看，越是要严格控制的区域，色谱范围越小；而一般引导区域，色谱范围则较大，只提出建议禁用的色谱。从城市规划要求上看，位于自然风貌区和历史文化保护区周边范围的色谱需严格控制，而对于一般区域如工业区，由于它的功能和性质特征决定了工业区的色彩不可能像城市其他区域能体现城市的人文特色，因此工业区色彩选择所受的限制比其他区域要相对小一些。

按照城市公共空间的功能属性，城市公共空间，如道路空间、广场空间、步行街空间、休闲娱乐空间等，都可以通过制定详细的城市色彩导则的办法，实现对城市色彩的精确化，针对性地控制和引导。对不同公共空间不同部位色彩的控制，主要从视觉的可视范围来考虑，如周边物体的界面、建筑物的界面、铺地、建筑小品的色彩等。

18.10.4 城市色彩控制原则

城市色彩规划研究，是根据城市性格的不同，在进行充分的调研与认知的基础上，通过学理研究，运用色彩学设计原理，提出科学的可操作性原则。为城市规划管理者、开发商以及其他专业的设计师提供参考的依据，制定城市色彩规划指导思想，展示城市色彩的定位和未来的发展趋势，为城市景观色彩规划提供科学的策略与方法。

对于城市色彩的控制通常采取两种方法：第一种是在色谱中选出适合该区域的色系，通过制定色谱和禁用色谱的方式，明确可选用的色彩和不可用的色彩，这种方式适合于城市较小的区域。第二种是通过对色彩物理属性的三个基本方面，即明度、色相和纯度中的某一方面或两方面，根据色彩学理论中统一、和谐、对比的原理作出域值限制，使城市景观色彩既达到协调统一的效果，又不失丰富性和多样性。

18.11 城市色彩研究的工作方法

18.11.1 调研阶段

作为设计师来讲，在做任何一个设计项目之前，都要做全面细致的调研工作，而不同类型的设计项目所调研的对象和内容侧重点有所不同。作为城市色彩规划设计的调研，首先要做好对相关文献资料的阅读，如对上位城市规划的解读，了解上位规划对城市提出的规划与控制要点，以及要达到的要求等；通过对地方志的解读，了解该城市的历史发展脉络、地域文化、风土人情等相关社会、政治、经济、文化、民俗方面的信息。

在城市色彩规划设计中，对城市的实地调研是调研阶段的重要环节之一，没有调研就没有发言权。对城市的调研并非是在城市中转转拍点照片那么简单，每个城市都可以通过自然形态和人工形态要素为设计师提供直观的形象资料，如城市的地理环境、气候条件、空间形态、地形地貌、河流分布、植被状况、建筑形制、地方材料等，它们形成了城市色彩的基础和背景。对这些内容的调研与解读，一方面可以实证考察色彩的特质，另一方面也可抓住整个城市的景观特征，找到城市色彩的基本定位。

除了对城市自然色彩进行调研外，城市所蕴藏的人文色彩和生活色彩则需通过一定时间的生活体验才能全面客观地认知，才能真正体会到城市所具有的文化底蕴，揭示城市人文色彩的特质。与色彩主题相关的，会对城市色彩景观产生最直接影响的人文因素主要体现在两个方面，一是当地的历史性传统建筑的建造材料所呈现的色彩现状，另一是当地的风俗习惯使当地人形成对一些色彩的偏爱。因此，我们可从城市的点（构筑物）、线（街道色彩）、面（区域色彩）、建造材料和构件等人工色彩方面进行资料的收集工作。

对城市实地考察与调研可以掌握第一手材料，通过对这些信息的收集、归纳与整理能够更加准确地反映出该城市当前的色彩状况。运用色彩学的理论与设计方法整理出色谱系统，为设计师下一步的研究工作打下基础。

18.11.2 城市色彩设计案例分析研究

在做城市色彩设计工作之前，对国内外相同类型的城市色彩设计成功案例进行分析研究非常重要，通过优秀案例的比较研究，找出城市构成要素与影响因素之间的相同性与差异性，从案例中总结出城市色彩设计的成功与不足，为具体工程项目的城市色彩设计提供可借鉴的经验，从而制定科学、合理的设计方法。

18.11.3 色彩规划设计

城市色彩规划设计是中观层面的景观设计，是城市设计的一部分，在制定城市色彩规划的总体策略，确定设计方法时，都应在城市总体规划的指导下，以城市设计理论为依据，确立相应的城市色彩规划设计理念，提出色彩概念的总谱系统，真正建立科学系统的设计、实施、管理、控制模式。

1. 色谱推导

在城市色彩实地调研中，为了使信息资料的收集和测量方便、灵活，设计师大都采用朗科罗教授创立的设计工作方式，也就是色卡目视比对方式。通过将城市景观和建筑色彩调研成果进一步归纳与提炼，剔除掉与城市区域环境色彩不和谐的要素，以色彩样品得出研究对象现状与色彩关系的评价，按照色度数序排列出研究对象（城市）颜色系统，所得出的色谱要求能够反映城市色彩形象系统的构成状况，抽象出城市色彩配色组织的基本特征，然后制定相应科学合理的城市色彩规划设计策略和方案。

2. 城市色彩管理导则

当人类社会进入工业化、信息化时代后，世界各国的许多城市都有了较大发展，这种发展在我国改革开放30年来体现得尤为明显。经济的发展、科学技术的进步，在推动城市发展的同时，给城市的管理工作也带来了许多新的问题，其中，如何加强城市景观色彩的科学规划管理是我们面临的新课题。

由于色彩是一个非实体性视觉要素，它不可能像对其他构成要素那样用高度、尺度、距离、容积率等一系列定量的数据来加以限定。研究编制城市不同区域景观色彩的个性化、标准化色谱，对实现城市景观色彩意愿，落实色彩管理有着重要作用。而数字技术的发展为城市景观色彩的制定与管理创造了基础条件，通过数字平台可以确定城市不同区域的色彩定位与主色调，从而建立起系统科学的城市色彩管理导则，制定相应的管理法规与制度。

不同城市有着不同的特质，城市色彩管理既要遵循城市的总体规划要求，又要在可控的范围内保留一定的宽松度和灵活性。城市景观色彩设计与管理在我国是一个新兴的研究课题，和西方发达国家相比还存在较大的差距。由于我国城市管理部门众多，造成城市管理谁都管、谁都不管或管理不到位的局面，城市景观色彩规划还没有引起城市管理者和规划部门的重视，而将城市建筑、市容市貌的色彩规划管理纳入到城市管理体系中。因此，我们可以借鉴国外城市景观色彩规划管理的先进经验，建立具有中国特色的城市景观色彩规划管理体系，制定不同分区的具体色彩范围、色彩比例等，对城市重点区域、主要街区、空间节点等方面加强控制管理。

3. 城市色彩设计成果表达形式

城市色彩规划设计成果作为一项指导性技术文件，包括文字与图纸两大部分内容。文字部分应包含任务的由来，设计的对象，案例的分析研究，指导编制的依据，设计思想，设计目标，城市色彩基调的定位，城市色彩分区的划分及各区域色彩设计指引内容，城市重要公共空间的分布、分类及各自色彩设计指引内容，指引的适用范围等，为直观、科学起见，城市景观色彩设计成果应对色彩有精确的表述与示意。

城市色彩规划设计的主要成果包括：城市色彩现状图、城市整体色彩设计指引图、城市色彩分区图、某某区域（如居住区、商业街区）色彩设计指引图、城市景观色彩规划设计文字说明等。城市色彩现状图是对前期调研收集来的相关信息进行整理，按照景观视觉要素的类型进行分类，用列表的方式记录调研对象的各种信息和数据。城市整体与区块色彩指引图（色谱）是以城市研究对象色彩现状关系的评判结果为基础，以确定的色彩设计概念与定位为依据，以色彩学的色彩设计原理为方法，提出研究对象的色彩设计方案，推导出设计对象推荐使用的主色谱、点缀色色谱以及禁用的色彩，实现对城市景观色彩设计的控制。

　　城市是一个复杂的综合体，动态的发展造成城市存在许多不确定因素，当城市色彩规划设计方案实施完成后，需要对方案实施的结果进行检验，以考察愿景的效果，这种检验不能只停留在专家和城市管理者的层面上，而应该让生活在此城市中的市民参与其中，让他们说出心里的感受。城市景观色彩规划方案是以控制为目的的，在城市的发展过程中，它需要不断地修正，只有这样，才能符合色彩规划设计的预期值。

参考文献

[1] 王受之著. 世界现代设计史 [M]. 北京：中国青年出版社，2002.
[2] 夏祖华，黄伟康编著. 城市空间设计 [M]. 南京：东南大学出版社，1992.
[3] 戴志中，刘晋川，李鸿烈著. 城市中介空间 [M]. 南京：东南大学出版社，2003.
[4] 张鸿雁主编. 城市·空间·人际——中外城市社会发展比较研究 [M]. 南京：东南大学出版社，2003.
[5] 赵军编著. 建筑环境景观图集 [M]. 南京：东南大学出版社，2004.
[6] 李道增编著. 环境行为学概论 [M]. 北京：清华大学出版社，1999.
[7] 杨志疆著. 当代艺术视野中的建筑 [M]. 南京：东南大学出版社，2003.
[8] 凯瑟琳·迪伊编著. 周剑云，唐孝祥，侯雅娟译. 景观建筑形式与纹理 [M]. 杭州：浙江科学技术出版社，2004.
[9] 朱建宁编著. 户外的厅堂 [M]. 昆明：云南大学出版社，1999.
[10] 周武忠著. 寻求伊甸园——中西古典园林艺术的比较 [M]. 南京：东南大学出版社，2002.
[11] 王向荣，林菁著. 西方现代景观设计的理论与实践 [M]. 北京：中国建筑工业出版社，2002.
[12] 紫都，刘慕编著. 印象派绘画大师全传——高更 [M]. 呼和浩特：远方出版社，2004.
[13] 紫都，王静编著. 印象派绘画大师全传——塞尚 [M]. 呼和浩特：远方出版社，2004.
[14] 爱德华·路希·史密斯著. 西方当代艺术——从抽象表现主义到超级写实主义 [M]. 南京：江苏美术出版社，1992.
[15] 中央美术学院美术史系外国美术史教研室编著. 外国美术简史 [M]. 北京：高等教育出版社，1998.
[16] 刘贵利著. 城市生态规划理论与方法 [M]. 南京：东南大学出版社，2002.
[17] 傅伯杰等著. 景观生态学原理及应用 [M]. 北京：北京科学出版社，2002.
[18] 周曦，李湛东著. 生态设计新论——对生态设计的反思和再认识 [M]. 南京：东南大学出版社，2003.
[19] 沈实现著. 现代艺术的创作思想对现代景观设计的影响 [J]. 建筑师，2006(5).
[20] 谭立峰，张玉坤著. "里坊制"城市之过渡形态——多堡城镇 [J]. 建筑师，2006(4).
[21] 国际新景观. 2006，2(1).
[22] (美)约翰·O·西蒙兹著. 景观设计学——场地规划与设计手册 [M]. 北京：中国建筑工业出版社，2000.
[23] 邬烈炎，袁熙旸著. 外国艺术设计史 [M]. 沈阳：辽宁美术出版社，2001.
[24] 孔祥伟著. "宣言与叙事——有关当代景观设计学的思考" [M]. 城市建筑，2008(5).

[25] 王晓俊著. 西方现代园林设计 [M]. 南京：东南大学出版社，2000.
[26] 杨·盖尔著. 交往与空间 [M]. 何人可译. 中国建筑工业出版社，2002.
[27] 金俊著. 理想景观：城市景观空间的系统建构与整合设计 [M]. 南京：东南大学出版社，2003.
[28] 诸谦，上海广亩景观设计有限公司. 泛景论——人类永远身处一个巨大进程的瞬间 [J]. 景观设计，2005(3).
[29] 俞孔坚，李迪华著. 可持续景观 [M]. 城市环境设计，2007(1).
[30] 冯伟，李开然著. 现代景观设计教程 [M]. 北京：中国美术学院出版社，2002.
[31] 西蒙·贝尔著. 景观的视觉设计要素 [M]. 王文彤译. 北京：中国建筑工业出版社，2004.
[32] 黄英杰，周锐，丁玉红编著. 构成艺术 [M]. 上海：同济大学出版社，2004.
[33] 李其荣著. 对立与统一：城市发展历史逻辑新论 [M]. 南京：东南大学出版社，2000.
[34] （美）阿摩斯·拉普卜特著. 建成环境的意义——非言语表达方法 [M]. 黄兰谷译. 北京：中国建筑工业出版社，2003.
[35] 俞孔坚，李迪华著. 可持续发展景观 [J]. 城市环境设计，2007(1).
[36] 卢济威著. 城市设计机制与创作实践 [M]. 南京：东南大学出版社，2005.
[37] （日）芦原义信著. 街道的美学 [M]. 尹培桐译. 天津：百花文艺出版社，2008.
[38] 王佐著. 城市公共空间环境整治 [M]. 北京：机械工业出版社，2002.
[39] 过伟敏，史明著. 城市景观形象的视觉设计 [M]. 南京：东南大学出版社，2005.
[40] 王景慧著. 历史文化名城保护理论与规划 [M]. 上海：同济大学出版社，1999.
[41] 侯鑫著. 基于城市文化生态学的城市空间理论——以天津、青岛、大连研究为例 [M]. 南京：东南大学出版社，2006.
[42] 傅刚，费箐著. 都市生活 [M]. 天津：天津人民美术出版社，2002.
[43] 景观设计编辑部，景观设计 (6)——滨水景观设计 [M]. 大连：大连理工大学出版社，2005.
[44] （日）河川治理中心编. 滨水地区亲水设施规划设计 [M]. 苏利英译. 胡洪营校. 北京：中国建筑工业出版社，2005.
[45] 李哈滨著. 景观生态学——生态学领域里的新构架 [J]. 生态学进展，1988. 5(1): 23-33.
[46] 李团胜著. 城市景观异质性及其维持 [J]. 生态学杂志，1998. 17(1): 70-72.
[47] 王棚著. 城市公共空间的系统化建设 [M]. 南京：东南大学出版社，2002.
[48] 包小枫著. 理想空间——中国高校校园规划 [M]. 上海：同济大学出版社，2005.
[49] 景观设计——校园景观规划设计 [M]. 大连：大连理工大学出版社，2004.
[50] 杨欢，王竹著. 大学校园人性化场所的创造 [J]. 华中建筑，2006(6).
[51] 徐苏宁著. 大学的理念与大学校园的设计 [J]. 新建筑，2004(2).
[52] 艾志刚著. 论大学校园开放空间的多样化 [J]. 建筑学报，2005(6).
[53] 李震著. 也谈现代大学校园设计中文化氛围的营造 [J]. 建筑设计与规划，2002(5).
[54] 徐巨洲. 后现代城市的趋向 [J]. 城市规划，1996(5).
[55] （法）J·德卢西奥-迈耶. 视觉美学 [M]. 李玮译. 上海：上海人民美术出版社，1990.

[56] 谭维宁著. 城市规划中的环境保护 [J]. 城市规划汇刊, 1996(5).
[57] 李宏利, 刑同和著. 当今历史环境困境的主体利益根源 [J]. 城市建筑, 2007(2).
[58] 陆伟宏著. 后现代城市公共空间 [J]. 景观设计, 2005(9).
[59] 曲静, 赵宇著. 旧工业区中的水晶城堡 [J]. 建筑师, 2007(5).
[60] 常青著. 建筑遗产的生存策略——保护与利用设计实践 [M]. 上海:同济大学出版社, 2003.
[61] 刘光亚著. 旧建筑空间的改造和再生 [M]. 北京:中国建筑工业出版社, 2006.
[62] 邢同和, 陈国亮著. 让历史建筑重新焕发生命活力 [J]. 建筑学报, 2000(6).
[63] 广川成一, 万谷健志, 东英树著. 上海八号桥时尚创作中心 [J]. 时代建筑, 2005(2).
[64] 葛鹏仁著. 西方现代艺术·后现代艺术 [M]. 长春:吉林美术出版社, 2000.
[65] 温洋著. 公共雕塑 [M]. 北京:机械工业出版社, 2006.
[66] 翁剑青著. 城市公共艺术:一种与公众社会互动的艺术及其文化的阐释 [M]. 南京:东南大学出版社, 2004.
[67] 杰弗瑞·杰里柯, 苏珊·杰里柯著. 图解人类景观——环境塑造史论 [M]. 上海:同济大学出版社, 2006.
[68] 史建华, 盛承懋, 周云, 张连生编著. 苏州古城的保护与更新 [M]. 南京:东南大学出版社, 2003.
[69] 邢庆华编著. 高等学校艺术设计学科教材设计形式系列——色彩 [M]. 南京:东南大学出版社, 2005.
[70] (美) 伊恩·伦诺克斯·麦克哈格著. 设计结合自然 [M]. 黄经纬译. 天津:天津大学出版社, 2006.
[71] (美) 马修·卡恩著, 孟凡玲译. 绿色城市——城市发展与环境 [M]. 北京:中信出版社, 2008.
[72] (美) 约翰·奥姆斯比·西蒙兹著, 程里尧译. 大地景观—环境规划设计手册 [M]. 中国水利出版社, 2008.
[73] (美) 奇普·沙利文著. 庭园与气候 [M]. 沈浮, 王志姗译. 北京:中国建筑工业出版社, 2005.
[74] (美) 弗瑞德·A·斯迪特主编. 生态设计——建筑·景观·室内·区域可持续设计与规划 [M]. 汪芳, 吴冬青等译. 北京:中国建筑工业出版社, 2008.
[75] (美) 蕾切尔·卡逊著. 寂静的春天 [M]. 吕瑞兰、李长生译. 长春:吉林人民出版社, 2004.
[76] (美) 马克·特雷布编. 现代景观:一次批判性的回顾 [M]. 丁力扬译. 北京:中国建筑工业出版社, 2006.
[77] (美) 迈克尔·索斯沃斯, 伊万·本-约瑟夫著. 街道与城镇的形成 [M]. 李凌虹译. 北京:中国建筑工业出版社, 2008.
[78] (美) 詹姆士·科纳主编. 论当代景观建筑学的复兴 [M]. 吴琨, 韩晓晔译. 北京:中国建筑工业出版社, 2008.
[79] (美) 查尔斯·E·阿瓜尔, 贝蒂安娜·阿瓜尔著. 赖特景观——弗兰克·劳埃德·赖特的景观设计 [M]. 朱强, 李雪等译. 北京:中国建筑工业出版社, 2007.
[80] (美) 巴里·康芒纳, 侯文蕙译. 封闭的循环——自然、人和技术 [M]. 长春:吉林

人民出版社，2000.

[81] （英）尼古拉斯·佩夫斯纳，J·M·理查兹，丹尼斯·夏普编著. 邓敬，王俊等译. 反理性主义者与理性主义者[M]. 北京：中国建筑工业出版社，2003.

[82] （美）罗伯特·安德森. 乡土景观——得克萨斯州景观设计的符号和象征[J]. 城市环境设计. 2007(6).

[83] 俞孔坚，李迪华主编. 景观设计：专业学科与教育[M]. 北京：中国建筑工业出版社，2004.

[84] 李如生编著. 美国国家公园管理体制[M]. 北京：中国建筑工业出版社，2005.

[85] 张家骥著. 中国造园论[M]. 太原：山西人民出版社，2003.

[86] 俞孔坚，李迪华，刘海龙著. "反规划"途径[M]. 北京：中国建筑工业出版社，2005.

后 记

　　十二年前，作者为研究生开设了一门"环境艺术设计及理论"的学位课程，以城市景观设计为主要研究方向，从那时起就构想撰写一本有关城市环境设计方面的论著。当时，在全国大部分高校的艺术设计专业中，环境艺术设计学科主要侧重于室内设计方面的理论研究与实践，而景观规划设计学科并没有作为发展的主要方向。近年来，随着我国经济实力的增强，景观设计在城市建设与发展中越来越受到社会的重视，并在城市景观设计理论和实践的探索上都取得了可喜的成绩。而高校作为人才培养的摇篮，景观建筑学学科的建立与人才培养正是为了适应社会发展的需要。

　　我国在城市景观设计理论及实践方面的研究与西方发达国家相比还存在着较大的差距，这种差距主要体现在思想观念、文化艺术、科学技术的创新与发展，而意识形态、社会道德、经济基础、生活方式、管理制度等因素对城市景观设计也会产生重要的影响。

　　当今，从我国城市景观设计的现状来看，大部分景观设计师还停留在西方国家上世纪中后叶在艺术视野下对景观形式设计探索的认识上；因此，绝大部分设计作品很难做到真正意义上的创新。尽管他们也了解西方国家最先进的设计思想与理念，但是，由于教育观念、教育体制、人才培养模式、社会现实状况等诸多因素的制约，造就了许多模仿的设计作品。在二十多年的教学中，作者从最初通过书本去研究国外的设计理论与作品，到亲身去国外许多国家的城市进行实地考察与调研，在其城市中感受他们的文化与生活方式，在其场所中体验大师们的作品，领悟大师们的设计思想；通过亲身感受，对城市景观设计的内在精神有了更深刻的认识。

　　近百年来，人类无论在思想、文化和科学技术等方面都取得了巨大的成就，西方国家的景观设计从早期关注视觉上的艺术形式探索，到如今倡导可持续发展、绿色生态、节约能源、低碳生活等思想观念，对当今城市景观设计产生重要的影响，并成为未来城市景观设计的发展方向。因此，如何在设计实践活动中实现这些理念，对我国高校在城市景观设计教育上提出了新的课题。

　　在景观设计研究与教学的过程中，作者最初较关注景观功能与形式的设计，到当今受到可持续发展等设计理念的启示，使我深深体会到，符合人类生存发展的思想理念，才是景观设计教育的核心，只有将这些先进的设计理念落实于工程实践中，才能使有意味的景观形式具有真正的意义与价值。作为一名有社会责任感的景观规划设计师，不仅要把这种理念贯穿于设计中，更需要采用科学的策略与方法，运用先进的科学技术做保证，才能真正实现这一目标，而不能只停留在理论的研究和形式的追求上。

  此书在长达近十年的撰写过程中，课题组成员前期进行了大量的调研准备工作，拍摄了大量的图片，掌握了第一手资料，特别是赵慧宁教授在美国做访问学者期间，对美国城市景观建设与发展，理论研究及工程实践，城市管理经验等方面资料进行了收集和研究总结，提出了许多建设性的成果，对我国城市景观设计理论研究和工程实践具有重要的指导意义。同时，多届研究生也共同参与了景观设计理论和工程实践的研究工作。

  此书能够顺利出版，凝聚了集体的智慧与汗水；并得到中国建筑工业出版社及张晶编辑的大力支持。在另外，书中的绝大多数图片均由作者在考察和调研过程中所拍摄，个别图片来源于谷歌地图或由好友提供；在此，向提供帮助的朋友们和同学们表示真诚的感谢。

赵军
2010 年 8 月